教育部高等学校电子信息类专业教学指导委员会规划教材
高等学校电子信息类专业系列教材·新形态教材

无线传感器网络

微课视频版

乔建华　田启川　谢维成　主编
张　雄　陈克力　副主编

清华大学出版社
北京

内 容 简 介

本书系统地介绍无线传感器网络，主要阐述无线传感器网络的基本原理和应用技术，并介绍了无线传感器网络领域的最新研究成果。全书共分为 10 章，前 7 章分别介绍了无线传感器网络的基本概念、体系结构、物理层、数据链路层、网络层、传输层以及定位、时间同步、安全、数据融合、接入技术等无线传感器网络的支撑技术；第 8 章介绍了无线多媒体传感器网络；第 9 章介绍了无线传感器网络的应用开发技术，包括硬件平台、软件平台和仿真平台；第 10 章介绍了智能交通和智能家居两个应用实例。

本书适合作为普通高等学校电子信息、通信、计算机、物联网等相关专业的本科生和硕士研究生的无线传感器网络课程教材，也可作为无线传感器网络及物联网技术的科研人员和工程技术人员的参考用书。

图书在版编目（CIP）数据

无线传感器网络：微课视频版/乔建华，田启川，谢维成主编. —北京：清华大学出版社，2023.8（2025.1重印）
高等学校电子信息类专业系列教材. 新形态教材
ISBN 978-7-302-61914-7

Ⅰ. ①无… Ⅱ. ①乔… ②田… ③谢… Ⅲ. ①无线电通信－传感器－高等学校－教材 Ⅳ. ①TP212

中国版本图书馆 CIP 数据核字(2022)第 178322 号

责任编辑： 曾 珊 李 晔
封面设计： 李召霞
责任校对： 韩天竹
责任印制： 丛怀宇

出版发行： 清华大学出版社
网 址： https://www.tup.com.cn，https://www.wqxuetang.com
地 址： 北京清华大学学研大厦 A 座 **邮 编：** 100084
社 总 机： 010-83470000 **邮 购：** 010-62786544
投稿与读者服务： 010-62776969，c-service@tup. tsinghua. edu. cn
质量反馈： 010-62772015，zhiliang@tup. tsinghua. edu. cn
课件下载： https://www.tup.com.cn，010-83470236
印 装 者： 三河市天利华印刷装订有限公司
经 销： 全国新华书店
开 本： 185mm×260mm **印 张：** 21.25 **字 数：** 518 千字
版 次： 2023 年 9 月第 1 版 **印 次：** 2025 年 1 月第 3 次印刷
印 数： 2501～3700
定 价： 79.00 元

产品编号：084994-01

前言

PREFACE

现代信息技术的三大基础是传感器技术、通信技术和计算机技术，无线传感器网络(Wireless Sensor Network，WSN)正是这三大技术结合的产物。无线传感器网络综合了传感器技术、嵌入式计算技术、现代网络及无线通信技术、分布式信息处理技术等领域的先进技术，通过各类微型传感器对目标信息进行实时监测，由嵌入式计算资源对信息进行处理，并通过无线通信网络将信息传送至远程用户。因此，无线传感器网络一经提出，便成为备受关注的、多学科高度交叉、知识高度集成的前沿热点研究领域。

无线传感器网络作为全新的技术领域，具有监测精度高、容错性能好、覆盖区域大、可远程监控等众多优点，在军事国防、工农业控制、城市管理、生物医疗、环境监测、抢险救灾、防恐反恐、危险区域远程控制等许多领域都有重要的应用，具有十分广阔的应用前景，被列为"十种将改变世界的新兴技术"之首，成为"五个国防尖端领域"之一，是信息产业的"第三次革命浪潮——物联网"的基石。

随着无线传感器网络技术的不断发展，教学内容也随之发生改变。无线传感器网络成为物联网工程、电子信息工程、通信工程、计算机等专业的重点课程之一。因此，编者在从事无线传感器网络技术多年工程实践和教学活动的基础上编写本书，系统介绍了无线传感器网络的结构、原理、相关技术及最新成果，以适应当今社会发展的需要。

本书全面梳理了无线传感器网络分层结构的控制机制和关键技术，以帮助读者形成关于无线传感器网络系统全面的知识体系。全书共分 10 章，各章内容如下。

第 1 章主要介绍了无线传感器网络的发展、特点、性能指标、包含的关键技术，与无线数据网络、物联网的区别与联系，相关的标准协议，以及无线传感器网络的应用。

第 2 章主要介绍了无线传感器网络的体系结构，包括系统结构、节点结构、网络结构、协议栈结构等。

第 3 章介绍了物理层的技术，包括无线电波与无线信道，调制与解调，天线，超宽带、ZigBee、蓝牙等短距离无线通信技术。

第 4 章介绍了数据链路层的控制，包括介质访问控制层(MAC)协议、拓扑结构和控制技术、覆盖和连通的模型和算法。

第 5 章介绍了网络层协议，包括平面路由协议、分层路由协议以及其他路由协议。

第 6 章介绍了传输层机制，包括拥塞控制机制及以可靠性为中心的协议等。

第 7 章主要介绍了无线传感器网络的多种支撑技术，包括定位技术、时间同步技术、安全技术、数据融合技术和接入技术等。

第 8 章介绍了新兴的无线多媒体传感器网络，包括无线多媒体传感器网络的架构、关键技术、编解码技术、融合技术和跨层控制方法等。

第 9 章介绍了无线传感器网络的应用开发技术,包括 CC2530 硬件平台、ZigBee 协议栈组网、TinyOS 等操作系统的软件平台、NS 等仿真平台。

第 10 章从设计角度分别介绍了智能交通和智能家居两个应用实例。

为了适合教学需要,每章都提供了完整的教学课件和微课视频,前 9 章后面均附有习题。通过本书的学习,可以系统掌握无线传感器网络的基本结构和原理、设计与开发的基本技术,为今后从事无线传感器网络系统和物联网的应用与开发打下良好的基础。

本书由北京建筑大学田启川,太原科技大学乔建华、张雄、李素月、武迎春、武晓嘉、赵贤凌,西华大学谢维成、陈克力共同编写。第 1 章由田启川编写,第 2、10 章由乔建华编写,第 3 章由李素月编写,第 4 章由谢维成编写,第 5 章由陈克力编写,第 6 章由武迎春编写,第 7 章由乔建华、张雄编写,第 8 章由武晓嘉编写,第 9 章由赵贤凌编写。全书由乔建华统稿。

感谢在编写过程中许多老师的帮助和指正,以及侯筠、吴言等多位研究生的工作。同时,本书参考了大量文献资料,并引用了部分成果,在此向这些文献资料的作者们表示诚挚的感谢。

由于编者水平有限,书中难免有疏漏和错误,恳请读者批评指正。

编　者

2023 年 6 月

学习建议

LEARNING TIPS

• **本书定位**

本书可作为物联网工程、电子信息工程、通信工程、计算机等专业本科生和研究生的无线传感器网络课程的教材，也可供相关研究人员、工程技术人员阅读参考。

• **建议授课学时**

如果将本书作为教材使用，本课程的教学可分为课堂教学和实验教学两部分。建议教学学时 48～56 学时，课堂讲授 38～44 学时。教师可以根据不同的教学对象或教学大纲要求安排学时数和教学内容。

• **教学内容、重点和难点提示、课时分配**

序号	教学内容	教学重点	教学难点	课时分配
1	无线传感器网络概述	无线传感器网络的发展、特点、性能指标、包含的关键技术，与无线数据网络、物联网的区别与联系，相关的标准协议，无线传感器网络的应用	关键技术、标准协议	2～4 学时
2	无线传感器网络体系结构	WSN 组成结构、节点结构、网络结构、协议栈结构	协议栈结构	4 学时
3	物理层技术	无线电波与无线信道，调制与解调，信道编码，扩频通信，天线，超宽带、ZigBee、蓝牙等短距离无线通信技术	无线信道、信道编码	4 学时
4	数据链路层控制	介质访问控制层(MAC)协议，拓扑结构和控制技术，覆盖和连通的模型和算法	覆盖和连通的模型和算法	2～4 学时
5	网络层协议	路由协议概述，包括平面路由协议、分层路由协议及其他路由协议	分层由协议、多径路由	4 学时
6	传输层机制	传输层协议概述，拥塞控制机制，以可靠性为中心的协议	拥塞控制机制	2 学时
7	无线传感器网络的定位技术	定位技术分类，基于距离的定位，与距离无关的定位	定位协议	2～4 学时
8	无线传感器网络的时间同步	时间同步的概念、原理、分类，典型协议	时间同步原理、协议	2 学时
9	无线传感器网络的安全	安全问题概述、分类，入侵检测技术，密钥管理技术，典型协议	典型协议	2 学时
10	无线传感器网络数据融合	数据融合概述、分类，常用算法，典型方法	典型方法	2 学时

续表

序号	教学内容	教学重点	教学难点	课时分配
11	接入技术	多网融合体系,面向 WSN 接入,WSN 接入 Internet,网关设计	网关设计	2 学时
12	无线多媒体传感器网络	无线多媒体传感器网络的架构,关键技术,编解码技术,融合技术,跨层控制方法	跨层控制方法	4 学时
13	无线传感器网络应用开发技术	设计原则,硬件平台,ZigBee 协议栈组网,软件平台,仿真平台	ZigBee 协议栈组网、仿真平台	4 学时
14	无线传感器网络应用实例	基于无线传感器网络的智能交通,基于无线传感器网络的智能家居	系统实现	2 学时

- **网上资源**

请扫描相关二维码直接观看微课视频,其他教学资源可从清华大学出版社官网获取。

微课视频清单

视频名称	时　长	位　置
视频 101　WSN 的发展、特点和应用	9′41″	1.1 节节首
视频 102　无线网络的分类	6′42″	1.1.2 节节首
视频 103　WSN 关键技术	13′55″	1.3 节节首
视频 104　无线传感器网络与物联网	8′39″	1.4 节节首
视频 105　WSN 的标准化	9′14″	1.5.1 节节首
视频 201　WSN 系统结构	5′37″	2.1 节节首
视频 202　WSN 节点结构	22′37″	2.2 节节首
视频 203　WSN 网络结构	6′28″	2.3 节节首
视频 204　WSN 协议体系结构	8′31″	2.4 节节首
视频 301　无线传感器网络物理层概述	11′13″	3.1 节节首
视频 302　物理层主要技术	13′27″	3.3 节节首
视频 303　短距离无线通信技术 UWB	7′58″	3.5.1 节节首
视频 304　短距离无线通信技术 ZIGBEE	11′54″	3.5.2 节节首
视频 401　数据链路层控制概述	3′28″	第 4 章章首
视频 402　MAC 概述	8′15″	4.1.1 节节首
视频 403　ALOHA 协议	4′43″	4.1.2.1 节节首
视频 404　CSMA/CD 协议	6′21″	4.1.2.2 节节首
视频 405　IEEE 802.11MAC 协议	7′57″	4.1.2.3 节节首
视频 406　S-MAC 协议	6′24″	4.1.2.4 节节首
视频 407　T-MAC 协议	6′46″	4.1.2.5 节节首
视频 408　SIFT 协议	3′30″	4.1.2.6 节节首
视频 409　基于分配型的 MAC 协议	5′59″	4.1.3 节节首
视频 410　时分多址	4′13″	4.1.3.1 节节首
视频 411　基于分簇网络的 MAC 层协议	4′19″	4.1.3.2 节节首
视频 412　TRAMA 协议	4′22″	4.1.3.3 节节首
视频 413　SMACS/EAR 协议	4′18″	4.1.3.4 节节首
视频 414　拓扑控制	4′11″	4.2 节节首
视频 415　网络拓扑结构	9′30″	4.2.1 节节首
视频 416　拓扑控制设计目标	8′48″	4.2.2 节节首
视频 417　基于邻近图的功率控制	4′09″	4.2.3.1 节节首
视频 418　基于节点度的功率控制	5′26″	4.2.3.2 节节首
视频 419　基于方向的功率控制	3′10″	4.2.3.3 节节首
视频 420　基于干扰的拓扑控制	2′26″	4.2.3.4 节节首

续表

视频名称	时　长	位　置
视频 421　睡眠调度	3′21″	4.2.4 节节首
视频 422　连通支配集算法	7′01″	4.2.4.1 节节首
视频 423　ASCENT 算法	8′10″	4.2.4.2 节节首
视频 424　SPAN 算法	8′30″	4.2.4.3 节节首
视频 425　覆盖和连通基本概念	5′50″	4.3 节节首
视频 426　覆盖和连通基本术语	6′04″	4.3.1.2 节节首
视频 427　覆盖的评价标准	4′46″	4.3.1.3 节节首
视频 428　传感器节点感知模型	7′23″	4.3.2 节节首
视频 429　覆盖的分类	7′26″	4.3.3 节节首
视频 430　覆盖算法	5′47″	4.3.4 节节首
视频 501　网络层协议概述	1′27″	第 5 章章首
视频 502　网络层的服务实体	4′16″	5.1.1 节节首
视频 503　路由协议的基本问题	5′29″	5.1.2 节节首
视频 504　路由的过程	10′10″	5.1.3 节节首
视频 505　传感器网络路由的评价标准	2′26″	5.1.4 节节首
视频 506　路由协议分类	5′14″	5.1.5 节节首
视频 507　Flooding 和 Gossiping 协议	6′28″	5.2.1 节节首
视频 508　SPIN 路由协议	6′30″	5.2.2 节节首
视频 509　DD 定向扩展路由协议	5′40″	5.2.3 节节首
视频 510　Rumor 协议	4′37″	5.2.4 节节首
视频 511　层次型路由协议	4′20″	5.3 节节首
视频 512　LEACH 协议	12′06″	5.3.1 节节首
视频 513　HEED 协议	3′58″	5.3.2 节节首
视频 514　TEEN 协议	5′51″	5.3.3 节节首
视频 515　TTDD 协议	3′58″	5.3.4 节节首
视频 516　PEGASIS 协议	11′33″	5.3.5 节节首
视频 517　地理位置路由	1′22″	5.4.1 节节首
视频 518　GAF 协议	5′38″	5.4.1.1 节节首
视频 519　GEAR 协议	3′20″	5.4.1.2 节节首
视频 520　GPSR 协议	3′27″	5.4.1.3 节节首
视频 521　QoS 路由	2′17″	5.4.2 节节首
视频 522　SPEED 协议	4′56″	5.4.2.1 节节首
视频 523　SAR 协议	3′37″	5.4.2.2 节节首
视频 524　多径路由	1′47″	5.4.3 节节首
视频 525　MMSPEED 路由	3′57″	5.4.3.1 节节首
视频 526　能量多路径路由	6′47″	5.4.3.2 节节首
视频 601　传输控制协议概述	5′16″	6.1 节节首
视频 602　拥塞控制机制	1′47″	6.2 节节首

续表

视 频 名 称	时 长	位 置
视频 603 可靠传输机制	3′07″	6.3 节节首
视频 701 WSN 定位技术概述	17′54″	7.1.1 节节首
视频 702 基于距离的定位	11′	7.1.2 节节首
视频 703 RSSI 定位	12′38″	7.1.2.4 节节首
视频 704 与距离无关的定位	28′37	7.1.3 节节首
视频 705 WSN 时间同步概述	9′54″	7.2 节节首
视频 706 时间同步机制的基本原理	6′40″	7.2.3 节节首
视频 707 时间同步算法分类	5′57″	7.2.4 节节首
视频 708 典型时间同步协议	13′28″	7.2.5 节节首
视频 709 WSN 安全问题概述	13′54″	7.3.1 节节首
视频 710 安全攻击和防护手段	14′10″	7.3.2 节节首
视频 711 入侵检测技术	16′19″	7.3.3 节节首
视频 712 密钥管理技术	20′39″	7.3.4 节节首
视频 713 网络安全框架协议	10′48″	7.3.5 节节首
视频 714 无线传感器网络数据融合	4′37″	7.4 节节首
视频 715 数据融合分类	5′31″	7.4.2 节节首
视频 716 数据融合算法分析	6′56″	7.4.3 节节首
视频 717 无线传感器网络数据融合方法	9′35″	7.4.4 节节首
视频 718 网络层的数据融合	6′52″	7.4.5 节节首
视频 719 接入技术	15′51″	7.5 节节首
视频 720 WSN 接入 Internet	16′18″	7.5.3 节节首
视频 721 多网融合网关的硬件设计	16′47″	7.5.4 节节首
视频 801 无线多媒体传感器网络概述	2′41″	8.1 节节首
视频 802 无线多媒体传感器网络架构	4′05″	8.1.3 节节首
视频 803 无线多媒体传感器网络的关键技术	6′52″	8.2 节节首
视频 804 静态图像预测编码技术	7′46″	8.3.1 节节首
视频 805 视频编码 MPEG 系列标准	10′11″	8.3.2 节节首
视频 806 视频编码 H.26X 系列标准	7′33″	8.3.2.2 节节首
视频 807 分布式信源编码技术	3′01″	8.3.3 节节首
视频 808 无线多媒体传感器网络的数据融合	7′05″	8.4 节节首
视频 809 无线多媒体传感器网络跨层设计方法	3′01″	8.5.2 节节首
视频 901 WSN 应用设计原则	3′25″	9.1 节节首
视频 902 ZigBee 硬件平台	8′06″	9.2 节节首
视频 903 ZigBee 协议栈组网	17′45″	9.2.4 节节首
视频 904 WSN 软件平台	6′	9.3 节节首
视频 905 WSN 仿真平台	11′34″	9.4 节节首

目录
CONTENTS

第1章 无线传感器网络概述

CHAPTER 1

物联网(Internet of Things,IoT)是新一代信息技术的重要组成部分,作为物联网神经末梢的无线传感器网络也日益凸显出其重要作用。随着无线通信、传感器、嵌入式计算机及微机电技术的飞速发展和相互融合,具有感知能力、计算能力和通信能力的微型传感器开始在各领域得到应用。由大量具有微处理能力的微型传感器节点构建的无线传感器网络(Wireless Sensor Network,WSN)可以通过各类高度集成化的微型传感器密切协作,实时监测、感知和采集各种环境或监测对象的信息,以无线方式传送,并以自组织多跳的网络方式传送到用户终端,从而实现物理世界、计算机世界及人类社会的连通。

无线传感器网络作为物联网的重要组成部分,其应用涉及人类日常生活和社会生产活动的许多领域,无线传感器网络不仅在工业、农业、军事、环境、医疗等传统领域具有巨大的应用价值,还将在许多新兴领域体现其优越性。可以预见,未来无线传感器网络将无处不在,将更加密切地融入人类生活的方方面面。

1.1 无线传感器网络的发展

视频

无线传感器网络是新兴的下一代网络,被认为是21世纪最重要的技术之一。传感器技术、信息技术以及无线网络等领域的快速进步,为无线传感器网络的发展铺平了道路。传感器通过捕获和揭示现实世界的物理现象,将其转换成一种可以处理、存储和执行的形式,从而将物理世界与数字世界连接起来。传感器已经集成到众多设备、机器和环境中,产生了巨大的社会效益。无线传感器网络可以把虚拟(计算)世界与现实世界以前所未有的规模结合起来,并开发大量实用型的应用,包括保护民用基础设施、精准农业、有毒气体检测、供应链管理、医疗保健和智能建筑与家居等诸多方面。

然而,无线传感器网络的应用与设计也面临着严峻的挑战,因为其所需知识包括了电子、计算机工程和计算机科学领域的绝大多数研究方向。同时,无线传感器网络也是很多科研项目和研究论文的关注点。

1.1.1 发展历程

无线传感器网络的初期研究是在军事领域进行的。1978年,美国国防部高级研究计划局(DARPA)举办了分布式传感器网络研讨会,会议重点关注了传感器网络研究的挑战,包括网络技术、信号处理技术以及分布式算法等,对无线传感器网络的基本思路进行了探讨。

DARPA 开始资助卡耐基·梅隆大学进行分布式传感器网络的研究,该分布式传感器网络被看成无线传感器网络的雏形。1980 年,DARPA 启动了分布式传感器网络计划,后来又启动了传感器信息技术 SensIT 项目。

20 世纪八九十年代,无线传感器网络的研究主要集中在军事领域,成为网络战的关键技术;从 20 世纪 90 年代中期开始,美国和欧洲等发达国家和地区先后开始了大量的关于无线传感器网络的研究工作。

1993 年,美国加州大学洛杉矶分校与罗克韦尔科学中心(Rockwell Science Center)合作开始了无线集成网络传感器(Wireless Integrated Network Sensors,WINS)项目,其目的是将嵌入在设备、设施和环境中的传感器、控制器和处理器建成分布式网络,并能够通过 Internet 进行访问,这种传感器网络已多次在美军的实战环境中进行了试验。1996 年发明的低功率无线集成微型传感器(LWIM)是 WINS 项目的成果之一。

2001 年,美国陆军提出了"灵巧传感器网络通信"计划,其基本思想是在整个作战空间中放置大量的传感器节点来收集敌方的数据,然后将数据汇集到数据控制中心融合成一张立体的战场图片。当作战组织需要时,就可以及时地发送给他们,使其及时了解战场上的动态,并以此及时调整作战计划。稍后美军又提出了"无人值守地面传感器群"项目,其主要目标是使基层部队人员具备在他们希望部署传感器的任何地方部署的灵活性。部署的方式依赖于要执行的任务,指挥员可以将多种传感器进行最适宜的组合来满足任务需求。该计划的一部分就是研究哪种组合最优,可以最有效地部署,并满足任务需求。

在工商业领域中,1995 年美国交通部提出了"国家智能交通系统项目规划"。该系统有效地使用传感器网络进行交通管理,对车速、车距进行控制,还能提供道路通行状况信息、最佳的行驶路线,在发生交通事故时还可以自动联系事故抢救中心。

随着无线传感器网络研究的不断深入,其应用领域也越来越广泛。2002 年 5 月,美国能源部与美国 Sandia 国家实验室合作,共同研究用于地铁、车站等场所的防范恐怖袭击的对策系统。该系统融检测有毒的、奇特的化学物质的传感器和网络技术于一体,传感器一旦检测到某种有害物质,就会自动向管理中心通报,并自动采取急救措施。2002 年 10 月,美国英特尔公司公布了"基于微型传感器网络的新型计算发展规划"。该计划显示英特尔公司将致力于微型传感器网络在预防医学、环境监测、森林防火乃至海底板块调查、行星探查等领域的广泛研究并投入应用。美国国家自然科学基金委员会(ANSFC)于 2003 年制定了传感器网络研究计划,投资 3400 万美元,在加州大学成立了传感器网络研究中心,并联合加州大学伯克利分校和南加州大学等科研机构进行相关基础理论的研究。

对传感器的应用程度能够大体反映出国家的科技经济实力。目前,从全球总体情况来看,美国、日本等少数经济发达国家占据了传感器市场 70%以上份额,发展中国家所占份额相对较少。其中,市场规模最大的 3 个国家分别是美国、日本、德国,分别占据了传感器市场整体份额的 29.0%、19.5%、11.3%。未来,随着发展中国家经济的持续增长,对传感器的研究与应用的需求也将大幅增加。

我国在 20 世纪八九十年代将传感器技术列入国家重点攻关项目,开展了以机械、力敏、气敏、湿敏、生物敏为主的五大敏传感技术研究。但是对无线传感器网络的研究起步较晚,正式启动出现于 1999 年中国科学院《知识创新工程点领域方向研究》的"信息与自动化领域研究报告"中,无线传感器网络是该领域的五大重点项目之一。20 世纪 90 年代后期和 21

世纪初，出现了基于现场总线技术的智能传感器网络。该网络采用现场总线连接传感控制器，构建局域网络，其局部测控网络通过网关和路由器可以实现与Internet无线连接，在国家建设和管理领域引起了重视。

近年来，中国科学院、清华大学、南京大学、北京邮电大学等一批高校对无线传感器网络展开了相关的研究，并且取得了一定的研究成果。无线传感器技术智能化研究与应用水平不断提升，逐步接近世界水平。

传感器网络技术的发展过程见表1-1-1。

表1-1-1 传感器网络技术的发展过程

年份	连接	覆盖
1965—1979	直接连接	点覆盖
1980—1994	接口连接	线覆盖
1995—2004	总线连接	面覆盖
2005至今	网络连接	域覆盖

1.1.2 无线数据网络

视频

目前，无线网络主要分成两类：一类是有基础设施的无线蜂窝网，此类网络需要有固定的基站。例如，移动、联通和电信网络需要高大天线和大功率基站的支持。常见的有基础设施的网络为无线宽带网，包括GSM、CDMA、3G、Beyond3G、4G、WLAN(Wi-Fi)、WMAN(WIMax)等，都有固定的基站。一般地，该类网络的规划、部署、配置、管理、维护和运营都需要专门的管理机构来完成。

另一类是无基础设施的无线网络，又称无线自组织网络(Ad Hoc Network)，可分成无线传感器网络和移动自组织网络两类。它们都具备分布式特点，没有专门的固定基站，但能够快速、灵活和便利地组网，基本不用人为干预，以自组织方式完成组网。这类网络可以借助成熟的无线蜂窝网或有线网，将信息传送到更远的地方。

总体来说，由于覆盖范围、传输速率和用途的不同，无线网络可以分为无线广域网、无线城域网、无线局域网、无线个域网和无线体域网。无线数据网络的类型和特点比较见表1-1-2。

表1-1-2 无线数据网络的类型和特点比较

无线数据网络	通信载体	覆盖范围	传输速率	代表技术
无线广域网(WWAN)	通信卫星	最大	>2Mb/s	3G、4G
无线城域网(WMAN)	移动电话或车载装置	城市中大部分的地区	100Mb/s～1Gb/s	IEEE 802.20、IEEE 802.16标准
无线局域网(WLAN)	各工作站和设备之间	较小	11～56Mb/s	IEEE 802.11、HomeRF
无线个域网(WPAN)	同一地点终端与终端间	<10m	>10Mb/s	IEEE 802.15、Bluetooth、ZigBee
无线体域网(WBAN)	人体身上	0～2m	较低	IEEE 802.15.4等短距离协议

(1) 无线广域网(Wireless Wide Area Network,WWAN):主要是指通过移动通信卫星进行的数据通信,其覆盖范围最大。代表技术有3G、4G等,一般数据传输速率在2Mb/s以上。我国常见的无线广域通信网络主要有CDMA、GPRS、CDPD三类网络制式类型。

CDMA(Code Division Multiple Access)即码分多址,是在无线通信领域使用的技术,CDMA允许所有的使用者同时使用全部频带。GPRS(General Packet Radio Service),即通用分组无线服务,它是利用"包交换"(Packet-Switched)的概念所发展出的一套基于GSM系统的无线传输方式。CDPD(Cellular Digital Packet Data),即蜂窝数字式分组数据交换网络,是以分组数据通信技术为基础、利用蜂窝数字移动通信网的组网方式的无线移动数据通信技术,被人们称作真正的无线互联网。

(2) 无线城域网(Wireless Metorpolitan Area Network,WMAN):主要是通过移动电话或车载装置进行的移动数据通信,可以覆盖城市中大部分的地区。代表技术是2002年提出的IEEE 802.20标准,主要针对移动宽带无线接入(Mobile Broadband Wireless Access,MBWA)。另一个代表技术是IEEE 802.16标准体系,主要有IEEE 802.16、IEEE 802.16a、IEEE 802.16e等。

(3) 无线局域网(Wireless Local Area Network,WLAN):一般用于区域间的无线通信,即各工作站和设备之间的无线通信,其覆盖范围较小。一般来讲,凡是采用无线传输媒体的计算机局域网都可称为无线局域网。1990年7月,成立了IEEE 802.11工作委员会,该工作委员会负责制定无线局域网物理层及媒体接入控制(MAC)协议的标准。IEEE 802.11委员会对无线局域网的业务及应用环境、功能条件等提出了完整的基本要求。代表技术为IEEE 802.11系列,以及HomeRF(家庭射频)技术。数据传输速率为11~56Mb/s,甚至更高。

(4) 无线个域网(Wireless Personal Area Network,WPAN)是为了实现活动半径小、业务类型丰富、面向特定群体、无线无缝的连接而提出的新兴无线通信网络技术。WPAN能够有效地解决"最后几米电缆"的问题,进而将无线联网进行到底。在网络构成上,WPAN位于整个网络链的末端,用于实现同一地点终端与终端间的连接,如连接手机和蓝牙耳机等。WPAN所覆盖的范围一般在10m半径以内,必须运行于许可的无线频段。WPAN设备具有价格便宜、体积小、易操作和功耗低等优点。典型的技术是IEEE 802.15(WPAN)、HomeRF、UWB、Bluetooth、ZigBee、IrDA(红外)等技术,数据传输速率在10Mb/s以上。表1-1-3和表1-1-4是对WPAN主要技术的说明和技术指标。

表1-1-3 WPAN的主要技术说明

关键技术	说明
IrDA(红外)技术	利用红外线进行通信,最高通信速率115.2kb/s,采用异步、半双工方式
超宽带(UWB)技术	基于IEEE 802.15.3的超高速、短距离无线接入技术,能实现每秒数百兆位的数据传输率
HomeRF技术	数字无绳电话技术与WLAN技术融合发展的产物,采用共享无线连接协议(SWAP),工作在2.4GHz ISM频段
Bluetooth技术	采用分散式网络结构以及快速跳频和短包技术,支持点对点及点对多点的通信,采用时分双工传输方案
ZigBee	短距离、低功率、低速率无线接入技术,工作在2.4GHz ISM频段,速率20~250kb/s,传输距离10~100m

表 1-1-4 WPAN 主要技术的技术指标

技术指标	Bluetooth	HomeRF	IrDA	UWB	ZigBee
工作频段	2.4GHz	2.4GHz	红外线(30～40THz)	3.1～10.6GHz	2.4GHz
传输速率	1～50Mb/s	6～10Mb/s	16Mb/s	480Mb/s	20～250kb/s
通信距离	10～240m	50m	1m	10m	10～100m
应用前景	好	中	一般	好	好

(5) 无线体域网(Wireless Body Area Network,WBAN):以无线医疗监控和娱乐、军事应用为代表,主要指附着在人体身上或植入人体内部的传感器之间的通信。从定义来看,WBAN 和 WPAN 有很大关系,但是它的通信距离更短,通常为 0～2m。因此无线体域网具有传输距离非常短的物理层特征。

目前,IEEE、ITU 和 HomeRF 等组织都致力于 WPAN 标准的研究,其中 IEEE 组织对 WPAN 的规范标准主要集中在 IEEE 802.15 系列。IEEE 802.15.1 本质上只是蓝牙底层协议的一个正式标准化版本,大多数标准的制定工作仍由蓝牙特别兴趣组(SIG)完成,其成果由 IEEE 批准,原始的 IEEE 802.15.1 标准基于 Bluetooth 1.1,目前大多数蓝牙器件中采用的都是这一版本。新的版本 IEEE 802.15.1a 对应于 Bluetooth 1.2,它包括某些 QoS 增强功能,并完全后向兼容。IEEE 802.15.2 负责建模和解决 WPAN 与 WLAN 间的共存问题,目前正在标准化。IEEE 802.15.3 也称 WiMedia,旨在实现高速率,原始版本规定的速率高达 55Mb/s,使用基于 IEEE 802.11 但与之不兼容的物理层。后来多数厂商倾向于使用 IEEE 802.15.3a,它使用超宽带(UltraWideBand,UWB)的多频段 OFDM 联盟的物理层,速率高达 480Mb/s,并且生产 IEEE 802.15.3a 产品的厂商成立了 WiMedia 联盟,其任务是对设备进行测试和贴牌,以保证标准的一致性。IEEE 802.15.4 也称为 ZigBee 技术,主要任务是低功耗、低复杂度、低速率的 WPAN 标准制定,该标准定位于低数据传输速率的应用。

1.1.3 无线传感器网络

无线传感器网络综合了传感器技术、嵌入式计算技术、现代网络及无线通信技术、分布式信息处理技术等,能够通过各类集成化的微型传感器协作地实时监测、感知和采集各种环境或监测对象的信息,然后通过嵌入式系统对信息进行处理,最后通过随机自组织无线通信网络以多跳中继方式将所感知信息传送到用户终端,从而真正实现“无处不在的计算”理念。

无线传感器网络是由大量部署在监测区域内的、具有无线通信与计算能力的微小、廉价传感器节点,通过自组织方式构成的,能根据环境自主完成指定任务的分布式智能化网络系统。无线传感器网络节点间距离很短,一般采用多跳(Multi-hop)的无线通信方式进行通信。无线传感器、感知对象和监测者构成了无线传感器网络的 3 个要素。无线传感器能够获取监控不同位置的物理或环境状况(例如,温度、声音、振动、压力、运动或污染物);感知对象是指在监测区域内需要感知的具体信息载体;监测者不仅包括观测者,还包括监测信息处理中心的软硬件等系统。

无线传感器网络既可以在独立的环境下运行,也可以通过网关连接到互联网,使用户可以远程访问。无线传感器网络的作用是协作地感知、采集和处理网络覆盖区域中被感知对象的信息并发送给监测者。因此，无线传感器网络的作用主要包括3个方面：信息感应、信息通信和信息计算(包括硬件、软件、算法)。信息感应是通过传感器将感知对象的非电量信息转化为可以无线发送的电量信息；信息通信是通过无线通信协议将感应的信息发送至目的地；信息计算是依据系统的硬件、软件和算法对传送来的信息进行数据处理、整理和应用。

移动自组织网(mobile Ad hoc network)是一个由几十到上百个节点组成的、采用无线通信方式的、动态组网的多跳移动性对等网络。目的是通过动态路由和移动管理技术传输具有服务质量要求的多媒体信息流。通常节点具有持续的能量供给。

虽然无线传感器网络和移动自组织网络有许多相似之处，但也存在很大的差异，主要集中在以下3个方面：节点规模、节点部署和工作模式。

1. 节点规模

移动自组织网络一般由几十个到上百个节点组成，节点数量比较少，采用的通信方式是无线的、动态组网的、多跳的移动性对等网络，大多数节点是移动的。

2. 节点部署

移动自组织网络的节点部署采用较成熟的自组织路由协议，早期的无线传感器网络就是借用这种路由协议发展起来的。但随着无线传感器网络技术深度发展，二者的节点部署又有不同，主要体现为：移动自组织网络中的节点具有强烈的移动性，网络拓扑结构是动态变化的，给路由协议的设计带来了很大的局限性；在部署完成后，无线传感器网络的大部分节点不会再移动，网络拓扑是不变的，虽然部分节点会因为拓扑控制等调度机制，或者能量消耗等原因造成节点失效而改变网络拓扑结构，但总体来说，无线传感器网络的网络拓扑是不变的。

3. 工作模式

从工作模式比较，移动自组织网络的路由协议比无线传感器网络的路由协议要复杂得多，二者的差异主要体现为：移动自组织网络中任意两个节点之间都是可以相互通信的，即一对一的通信模式，网络的路由协议是以信息传输为主要目的的；无线传感器网络中的终端节点是将数据传输到上一层路由节点或者汇聚节点，即多对一的通信模式，而终端节点之间是不通信的，路由协议是以数据为中心设计的。

无线传感器网络虽然与无线自组网具有许多相似之处，但也存在较大的差别。传感器网络是集成了监测、控制以及无线通信的网络系统，节点数目更为庞大，分布更为密集，由于环境影响和能量耗尽的因素，传感器节点更容易出现故障，导致网络拓扑结构的变化。此外，传感器节点具有的能量、处理能力、存储能力和通信能力等都十分有限。传统无线网络的首要设计目标是提供高服务质量和高效带宽利用，其次才考虑节约能源；而无线传感器网络的首要设计目标是能源的高效使用。

无线传感器网络与现有的自组织网络有很大的区别，见表1-1-5，导致已有网络中的许多技术并不能直接应用到无线传感器网络中，无线传感器网络的研究领域也存在许多新的挑战。

表 1-1-5 无线传感器网络与移动自组织网络比较

比较指标	无线传感器网络	移动自组织网络
节点功能	节点监测周围环境事件,检测区域的事件可以激活无线传感器网络	无感知行为,网络通信由用户应用管理
节点尺寸	节点尺寸微小	节点较大(如 PDA、LAPTOPS 等)
节点能量	节点电能、处理能力有限	有固定的电能供给
节点成本	节点成本低	节点成本较高
节点维护	节点部署一次成形,节点维护与失效处理困难	节点维护相对方便,节点供电可以更换电池
节点寿命	节点寿命与节点附带的电池有关	节点电池可以更换
节点密度	节点密度高,冗余度大	低密度、低冗余
通信距离	短距离通信(3~30m)	长距离传输(10~500m)
节点处理和存储能力	节点处理能力和存储能力有限	节点处理能力、存储能力较强
节点工作时	节点周期性处于工作、休眠状态	节点大部分时间监听无线信道
通信目标	以数据为中心的通信方式;数据包的使用目标根据采集的数据属性而定	用户间根据需求进行通信
通信连续性	非连续通信,只在检测到数据时才进行通信	大部分持续通信,如媒体数据流
通信带宽	低带宽(1~250kb/s)	高带宽(如 IEEE 802.11x 达到 1~54Mb/s)
网络应用	网络操作面向任务	网络运行面向应用

1.2 无线传感器网络的特点和性能指标

目前,常见的无线网络包括移动通信网、无线局域网、蓝牙网络、自组织网络等,与这些网络相比,无线传感器网络具有以下特点:

(1) 传感器节点体积小,电源能量有限,传感器节点各部分集成度很高。由于传感器节点数量大、分布范围广、环境复杂,有些节点位置甚至人员都不能到达,传感器节点能量补充遇到了困难,所以在考虑传感器网络体系结构及各层协议设计时,节能是设计的重要考虑目标之一。

(2) 计算和存储能力有限。由于无线传感器网络应用的特殊性,要求传感器节点的价格低、功耗小,这必然导致其携带的处理器能力比较弱,存储器容量比较小,因此,如何利用有限的计算和存储资源,完成诸多协同任务,也是无线传感器网络技术面临的挑战之一。事实上,随着低功耗电路和系统设计技术的提高,目前已经开发出很多超低功耗微处理器。同时,一般传感器节点还会配上一些外部存储器,目前的 Flash 存储器是一种可以低电压操作、多次写、无限次读的非易失存储介质。

(3) 通信半径小,带宽低。无线传感器网络利用“多跳”来实现低功耗的数据传输,因此其设计的通信覆盖范围只有几十米。和传统的无线网络不同,传感器网络中传输的数据大部分是经过节点处理的数据,因此流量较小。根据目前观察到的现象特征,传感数据所需的带宽将会很低(1~100kb/s)。

(4) 无中心和自组织。在无线传感器网络中,所有节点的地位都是平等的,没有预先指定的中心,各节点通过分布式算法来相互协调,可以在无须人工干预和任何其他预置的网络设施的情况下,自动组织成网络。由于无线传感器网络没有中心,所以网络不会因为单个节点的损坏而损毁,这使得网络具有较好的健壮性和抗毁性。

(5) 网络动态性强。无线传感器网络主要由3个要素组成,分别是传感器节点、感知对象和观察者,三者之间的路径也随之变化,网络必须具有可重构性和自调整性。因此,无线传感器网络具有很强的动态性。

(6) 传感器节点数量大且具有自适应性。无线传感器网络中传感器节点密集,数量巨大。此外,无线传感器网络可以分布在很广泛的地理区域,网络的拓扑结构变化很快,而且网络一旦形成,很少有人为干预,因此无线传感器网络的软、硬件必须具有高健壮性和容错性,相应的通信协议必须具有可重构性和自适应性。

(7) 以数据为中心的网络。对于观察者来说,传感器网络的核心是感知数据而不是网络硬件。以数据为中心的特点要求传感器网络的设计必须以感知数据的管理和处理为中心,把数据库技术和网络技术紧密结合,从逻辑概念和软、硬件技术两方面实现一个高性能的、以数据为中心的网络系统,使用户如同使用通常的数据库管理系统和数据处理系统一样,自如地在传感器网络上进行感知数据的管理和处理。

根据无线传感器网络应用的特殊要求,考虑传感器网络系统的特有结构以及优于其他技术的优点,可以总结出无线传感器网络系统有以下几个关键的性能评估指标：网络的工作寿命、网络覆盖范围、网络搭建的成本和难易程度、网络响应时间。但这些评定指标之间是相互关联的,通常为了提高其中一个指标必须降低另一个指标,如降低网络的响应时间性能可以延长系统的工作寿命。这些指标构成的多维空间可以用于评估一个无线传感器网络系统的整体性能。

视频

1.3 无线传感器网络的关键技术

近年来,人们对无线传感器网络的研究不断深入,无线传感器网络得到了很大的发展,也产生了越来越多的实际应用。随着人们对信息获取需求的不断增加,由传统传感器网络所获取的简单数据越来越无法满足人们对信息获取的全面需求,使得人们已经开始研究功能更强的无线多媒体传感器节点。使用无线多媒体传感器节点能够获取图像、音频、视频等多媒体信息,从而使人们能获取监测区域更加详细的信息。

无线传感器网络有着十分广泛的应用前景,可以大胆地预见,将来无线传感器网络将无处不在,完全融入人们的生活。例如,微型传感器网络最终可能将家用电器、个人计算机和其他日常用品同Internet相连,实现远距离跟踪;家庭采用无线传感器网络负责安全调控、节电等。但是,我们还应该清楚地认识到,无线传感器网络刚开始发展,它的技术、应用都还远谈不上成熟,国内企业更应该抓住商机,加大投入力度,推动整个行业的发展。

1.3.1 关键技术

1. 拓扑控制

对于无线的自组织的传感器网络而言,网络拓扑控制具有特别重要的意义。通过拓扑控制自动生成的良好的网络拓扑结构,能够提高路由协议和MAC协议的效率,可为数据融合、时间同步和目标定位等很多方面奠定基础，有利于节省节点的能量来延长网络的生存期。所以，拓扑控制是无线传感器网络研究的核心技术之一。

2. 通信协议

由于传感器节点的计算能力、存储能力、通信能量以及携带的能量都十分有限，因此每个节点只能获取局部网络的拓扑信息，其上运行的网络协议也不能太复杂。同时，传感器拓扑结构动态变化，网络资源也在不断变化，这些都对网络协议提出了更高的要求。传感器网络协议负责使各个独立的节点形成一个多跳的数据传输网络，目前研究的重点是网络层协议和数据链路层协议。网络层的路由协议决定监测信息的传输路径；数据链路层的介质访问控制用来构建底层的基础结构，控制传感器节点的通信过程和工作模式。

3. 时间同步

时间同步是需要协同工作的传感器网络系统的一个关键机制。例如，测量移动车辆速度需要计算不同传感器检测事件时间差，通过波束阵列确定声源位置节点间时间同步。Internet 上广泛使用的网络时间协议(Network Time Protocol，NTP)只适用于结构相对稳定、物理链路相对稳定的有线网络系统；全球定位系统(Global Position System，GPS)能够以纳秒级的精度与世界标准时间(UTC)保持同步，但需要配置固定的高成本接收机，在室内、森林或水下等有遮盖物的环境中无法使用。因此，它们都不适合应用在传感器网络中。目前已提出了多种时间同步机制，研究也在不断深入。

4. 定位技术

位置信息是传感器节点采集数据中不可缺少的部分，没有位置信息的监测消息通常毫无意义，确定事件发生的位置或采集数据的节点位置是传感器网络最基本的功能之一。为了提供有效的位置信息，随机部署的传感器节点必须能够在布置后确定自身位置。由于传感器节点存在资源有限、随机部署、通信易受环境干扰甚至节点失效等特点，因此定位机制必须满足自组织性、健壮性、能量高效、分布式计算等要求。

5. 数据管理

传感器网络存在能量约束。减少传输的数据量能够有效节省能量，因此在从各个传感器节点收集数据的过程中，可利用节点的本地计算和存储能力处理数据的融合，去除冗余信息，从而达到节省能量的目的。由于传感器节点的易失效性，传感器网络也需要数据融合技术对多份数据进行综合，提高信息的准确度。

6. 网络安全

无线传感器网络作为任务型的网络，不仅要进行数据的传输，而且要进行数据采集和融合、任务的协同控制等。如何保证任务执行的机密性、数据产生的可靠性、数据触合的高效性以及数据传输的安全性，就成为无线传感器网络安全问题需要全面考虑的内容。

7. 覆盖与连通

覆盖问题是无线传感器网络配置首先面临的基本问题，因为传感器节点可能任意分布在配置区域，它反映了一个无线传感器网络某区域被监测和跟踪的状况。随着无线传感器网络应用的普及，更多的研究工作深入到其网络配置的基本理论方面，其中覆盖与连通问题就是无线传感器网络设计和规划需要面临的一个基本问题之一。

8. 软硬件集成技术

传感器节点是无线传感器网络的基本构成单位，由其组成的硬件平台和具体的应用要求密切相关,因此节点的设计将直接影响到整个无线传感器网络的性能。传感器节点通常是一个微型的嵌入式系统,构成无线传感器网络的基础层支持平台。传感器节点兼顾传统网络节点的终端和路由器双重功能,负责本地信息收集和数据处理,以及对其他节点转发来的数据进行存储、管理和融合等处理,同时与其他节点协作完成一些特定任务。而汇聚节点连接无线传感器网络与互联网等外部网络,需要实现两种协议栈之间的通信协议转换。因此,节点的软、硬件设计是一项高密集、多任务的高度集成的技术。

1.3.2 面临的挑战

无线传感器网络除了具有自组织网络的移动性、自组织性等共同特征以外,还具有很多其他鲜明的特点,这些特点同时需要面对一系列挑战。

(1) 因为节点的数量巨大,并且处在随时变化的环境中,这就使它有着不同于普通传感器网络的独特个性。首先是无中心和自组网特性。在无线传感器网络中,所有节点的地位都是平等的,没有预先指定的中心,各节点通过分布式算法来相互协调,在无人值守的情况下,节点就能自动组织起一个测量网络。因为没有中心,所以网络不会因为单个节点的脱离而受到损害。

(2) 网络拓扑的动态变化性。网络中的节点处于不断变化的环境中,它的状态也在相应地发生变化,加之无线通信信道的不稳定性,网络拓扑也在不断地调整变化,而这种变化方式是无人能准确预测出来的。

(3) 传输能力的有限性。无线传感器网络通过无线电波进行数据传输,虽然省去了布线的烦恼,但是相对于有线网络,低带宽则成为它的天生缺陷。同时,信号之间还存在相互干扰,信号自身也在不断地衰减。不过因为单个节点传输的数据量并不算大,所以这个缺点还是能忍受的。

(4) 能量的限制。为了测量真实世界的具体值,各个节点会密集地分布于待测区域内,人工补充能量的方法已经不再适用。每个节点都要储备可供长期使用的能量,或者自己从外面汲取能量。

(5) 安全问题。无线信道、有限的能量、分布式控制使得无线传感器网络更容易受到攻击。被动窃听、主动入侵、拒绝服务则是这些攻击的常见方式。因此,安全性在网络的设计中至关重要。

视频

1.4 无线传感器网络与物联网

物联网(Internet of Things,IoT)是在互联网的基础上,将其终端延伸和扩展,在物品之间进行信息交换和通信的网络概念。2009 年以来,一些发达国家纷纷出台物联网发展计划,进行相关技术和产业的前瞻布局,我国也将物联网作为战略性新兴产业予以重点关注和推进。整体而言,目前无论国内还是国外,不同领域的专家学者对物联网研究所基于的视角各异,对物联网的描述侧重于不同的方面,有关物联网的定位和特征还存在一些混乱的概念,对系统模型、体系架构和关键技术也缺乏清晰的界定。具有代表性的物联网定义为:物联网是指通过信息传感设备,按照约定的协议,把任何物品与互联网连接起来,进行信息交换和通信,以实现智能化识别、定位、跟踪、监控和管理的一种网络。它是在互联网基础上延伸和扩展的网络。

一般认为,狭义上的物联网指连接物品到物品的网络,实现物品的智能化识别和管理。广义上的物联网则可被看作是信息空间与物理空间的融合,将一切物品数字化、网络化,在物品之间、物品与人之间、人与现实环境之间实现高效信息交互方式,实现物理世界与信息世界的无缝连接,是一种将物-人-社会相连的庞大的网络系统。物联网与传感网、互联网的关系如图 1-4-1 所示。

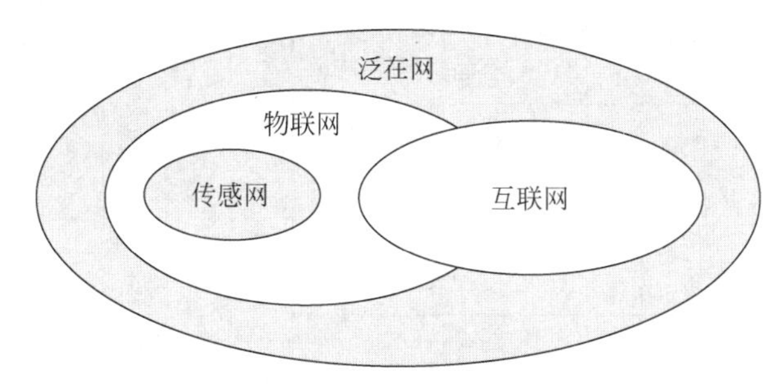

图 1-4-1 传感网与物联网、互联网的关系

泛在网以无所不在、无所不包、无所不能为基本特征,以实现任何时间、任何地点、任何人、任何物都能顺畅地通信为目标,是人类通信服务的极致。"5C+5Any"是泛在网络的关键特征,5C 分别是融合、内容、计算、通信、连接;5Any 分别是任意时间、任意地点、任意服务、任意网络、任意对象。总体含义是:通过底层的全连通的、可靠的、智能的网络,以及融合的内容技术、微技术和生命技术,将通信服务扩展到教育、智能建筑、供应链、健康医疗、日常生活、灾害管理、安全服务、运输等行业,并为人们提供更好的服务。

从通信对象和过程来看,物联网的核心是实现物品(包含人)之间的互联,从而能够实现物与物之间的信息交换和通信。物联网的主要作用是缩小物理世界和信息系统之间的距离,它可以通过射频识别(RFID)、传感器、全球定位系统、移动电话等设备,将世界上的所有物品全部连接到信息网络中,信息服务和应用可以和这些智能物品通过网络进行交互,体现了物理空间和信息空间的融合。

物联网的基本特征可概括为:全面感知、可靠传送和智能处理。全面感知是利用射频识别、二维码、传感器等感知、捕获、测量技术,随时随地对物品进行信息采集和获取。可靠传送是通过将物品接入信息网络,依托各种通信网络,随时随地进行可靠的信息交互和共享。智能处理是利用各种智能计算技术,对海量的感知数据和信息进行分析并处理,实现智能化的决策和控制。

一般可以将物联网分为 3 层:感知层、网络层和应用层,其结构模型如图 1-4-2 所示。感知层实现物品的信息采集、捕获和识别;网络层是异构融合的通信网络,包括现有的互联网、通信网、广电网,以及各种接入网和专用网,通信网络对采集到的物品信息进行传输和处理;应用层面向各类应用实现信息的存储、数据的挖掘、应用的决策等,涉及海量信息的智能处理、云计算、中间件、服务发现等多种技术。物联网三层结构的应用情况如图 1-4-3 所示。

物联网可以将传感器网络作为实现数据信息采集的一种末端网络。除了各类传感器外,物联网的感知单元还包括 RFID、二维码、定位终端等。与信息物理融合系统(Cyber

Physical System,CPS)相比,物联网着重于万事万物的信息感知和信息传送,而CPS更强调反馈与控制过程,突出对物理设备的实时、动态的信息控制与信息服务。CPS更偏重理论研究,更多地受到了学术界的关注,是将来物联网应用的重要技术形态。

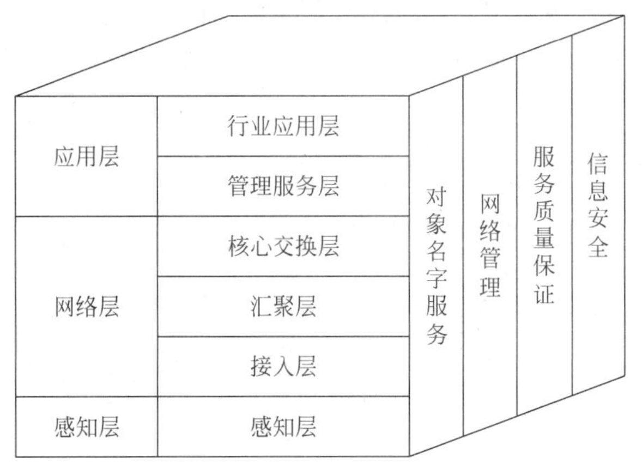

图 1-4-2 物联网层次结构模型

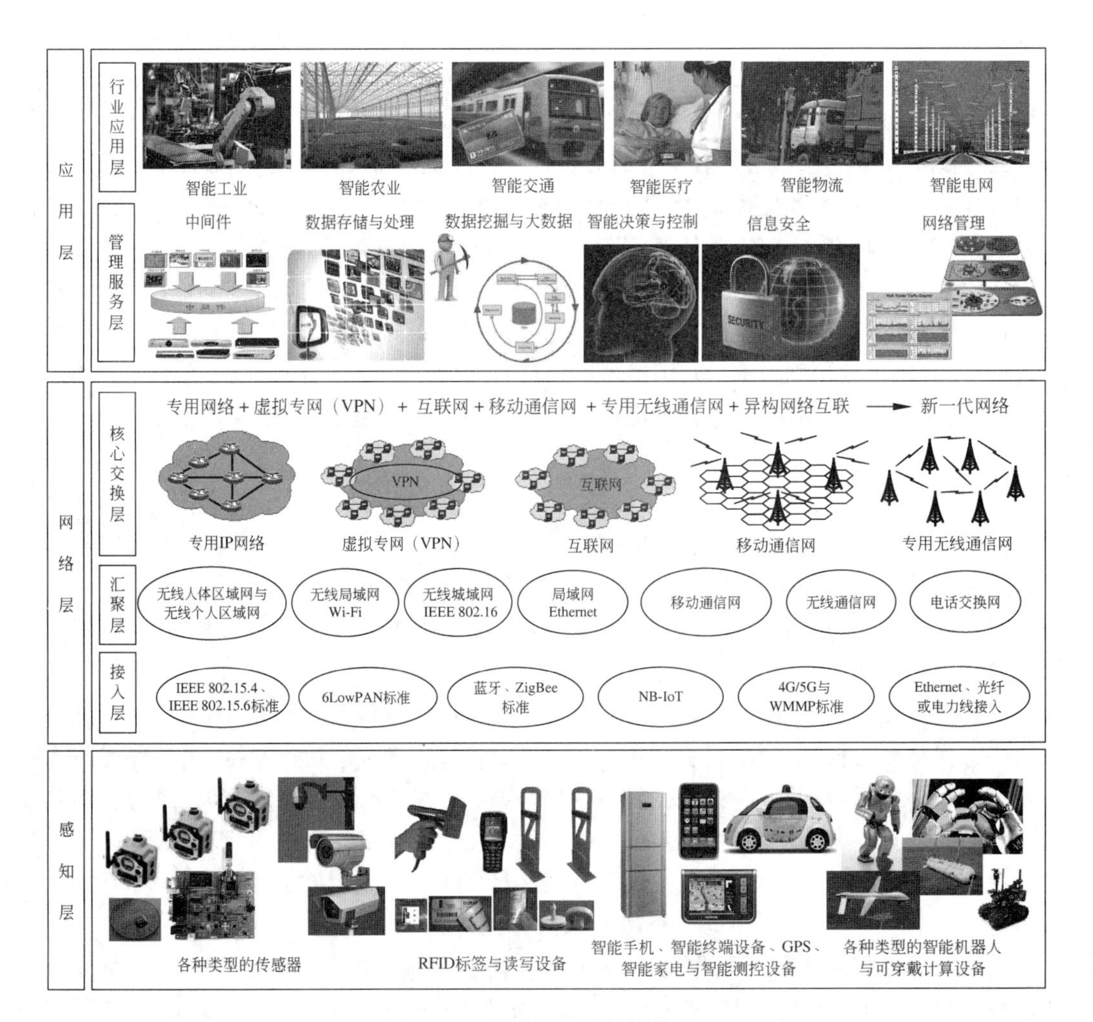

图 1-4-3 物联网三层结构模型

在物联网概念如日中天的今天，无线传感器网络和 RFID 常常被人们与物联网等同起来，无线传感器网络似乎成为物联网的别名。实际上，WSN 仅仅是物联网推广和应用的关键技术之一，早在物联网提出之前 WSN 已经得以应用。WSN 与物联网在网络架构、通信协议、应用领域上都存在不同。在物联网这样特殊的大环境下，WSN 必须与物联网中的其他关键技术相结合，多技术的融合研究发展才能推动物联网的快速应用。

1.5 无线传感器网络的标准化

1.5.1 ISO/IEC JTC1 WG7 标准框架

视频

ISO/IEC JTCI（国际标准化组织/国际电工委员会的第一联合技术委员会）是一个信息技术领域的国际标准化委员会。ISO/IEC JTCI 是在原 ISO/TC97（信息技术委员会）、IEC/TC47/SC47B（微处理机分委员会）和 IEC/TC83（信息技术设备）的基础上，于 1987 年合并组建而成的。2009 年 10 月，ISO/IEC JTC1 全体会议在以色列召开，会上正式通过了成立传感器网络标准化工作组（ISO/IEC JTC1 WG7）的决议。

ISO/IEC JTC1 WG7 将其他的国际标准组织以及各分技术委员会协调在一起，建立了一个统一架构，制定了标准体系相关的系列标准；确定了在各行业应用领域内传感器网络存在的差异性以及共性等，同其他的标准组织实现共享信息；推动了各工作组之间能够在传感器网络研究领域内充分实现信息交流以及共享等。目前，该工作组制定了 3 项传感器相关标准（ISO/IEC WD29182、ISO/IEC NP30101、ISO/IEC WD20005），见表 1-5-1。

表 1-5-1　ISO/IEC JTC1 WG7 传感器网络标准制定

编　号	名　称
ISO/IEC WD29182	第一部分：概述和需求
	第二部分：词汇表
	第三部分：参考结构
	第四部分：实体模型
	第五部分：接口定义
	第六部分：应用配置
ISO/IEC NP30101	第七部分：智能网络系统中传感器网络及其接口的互操作指南
ISO/IEC WD20005	智能传感器网络中支持协作信息处理的服务和接口

在 ISO/IEC JTCE WG7 的研究报告中，列出了与无线传感器网络相关的标准，主要包括 ISO 系列相关标准、IEC 系列相关标准、ITU-T 系列相关标准、IEEE 802.15 系列相关标准、IEEE 1451 系列相关标准、IEEE 1588 相关标准、ISA100 相关标准、ZigBee 联盟标准、IETF 相关标准和 OGC OpenGIS 相关标准等。

1.5.2 IEEE 802.15 系列相关标准

随着通信技术的迅速发展，人们提出了在人自身附近几米范围之内通信的需求，这样就出现了 PAN（Personal Area Network，PAN）和 WPAN（Wireless PAN）的概念。WPAN 为近距离范围内的设备建立无线连接，把几米范围内的各个设备通过无线方式连接在一起，使它们可以相互通信甚至接入 Internet。1998 年 3 月，IEEE 802.15 工作组成立。该工作组致力于 WPAN 网络的物理层和 MAC 层的标准化工作，该系列标准主要包含以下内容。

(1) IEEE 802.15.1 标准：主要用于蓝牙无线通信标准。这是一个中等速率、近距离的 WPAN 网络标准，通常用于手机、PDA 等设备的短距离通信。

(2) IEEE 802.15.2 标准：主要研究蓝牙标准和 Wi-Fi 标准之间的兼容性。为所有工作在 2.4GHz 频带上的 WPAN 和 WLAN 无线共存应用建立一个标准。

(3) IEEE 802.15.3 标准：主要研究 UWB(UltraWideBand，UWB)标准，该标准主要考虑无线个域网在多媒体方面的应用，追求更高的传输速率与服务品质。

(4) IEEE 802.15.4 标准：主要针对低速无线个人局域网 WPAN 进行研究。该标准把低功耗、低速率、低成本作为重点研究目标，旨在为个人或者家庭范围内不同设备之间的低速互联提供统一标准。

(5) IEEE 802.15.5 标准：研究 WPAN 的无线网状网(Mesh)组网。该标准致力于研究提供 Mesh 组网的物理层及 MAC 层的必要机制。

(6) IEEE 802.15.6 标准：主要针对医疗环境下应用的人体局域网标准。用于对病人的身体特征实现连续实时的动态监测，旨在为卫生保健系统构建一个完全的无线传感器网络。

无线传感器网络中较为主要的通信技术是基于 IEEE 802.15.4 标准的无线个域网技术，其规定了面向低速无线个域网的物理层和介质接入控制层(MAC)规范。该标准规范的目标是面向 10～100m 的短距离应用，具有低速、容易布设、较为可靠的数据传输、短距离操作、超低成本和合理的电池生命周期等特点。IEEE 802.15.4 标准工作组于 ISM 频段定义了 2450MHz 频段和 868MHz/915MHz 频段的两个物理层规范，这两种物理层规范均基于直接序列扩频技术，对于不同频段的物理层，其码片的调制方式各不相同，见表 1-5-2。

表 1-5-2 IEEE 802.15.4 标准各频点主要物理层参数

频段	868MHz	915MHz	2.4GHz
带宽	0.6MHz	2MHz	5MHz
信道数	1	10	16
码片调制方式	BPSK(二进制相移键控)	BPSK	OQPSK(偏移四相相移键控)
传输速率	20kb/s	40kb/s	250kb/s
应用区域	欧洲	美国	全球

1.5.3 IEEE 1451 系列相关标准

基于各类现场总线的网络化智能传感器存在接口不统一问题，对系统研发、集成和维护带来了很多问题，为此 IEEE 及美国国家标准技术总局(NIST) 联合推出了 IEEE 1451 网络化智能传感器接口标准。该标准的推出使得各厂商研制的网络化智能传感器能够相互兼容，实现了各厂商传感器之间的互操作性与互换性。

1. IEEE 1451.1

IEEE 1451.1 定义了网络独立的信息模型，它使用了面向对象的模型定义提供给智能传感器及其组件。该标准通过采用一个标准的应用编程接口(API) 来实现从模型到网络协议的映射。同时，该标准以可选的方式支持所有的接口模型的通信方式，如其他的 IEEE 1451 标准所提供的 STIM、TBIM 和混合模式传感器。

2. IEEE 1451.2

IEEE 1451.2 规定了一个连接传感器到微处理器的数字接口，描述了电子数据表格 TEDS 及其数据格式，提供了一个连接 STIM 和 NCAP 的 10 线的标准接口，使制造商可以把一个传感器应用到多种网络中，使传感器具有"即插即用"的兼容性。该标准没有指定信号调理、信号转换或 TEDS 如何应用，由各传感器制造商自主实现，以保持各自在性能、质量、特性与价格等方面的竞争力。

3. IEEE 1451.3

IEEE 1451.3 定义标准的物理接口指标，为以多点设置的方式连接多个物理上分散的传感器。例如，在某些情况下，由于恶劣的环境，不可能在物理上把 TEDS 嵌入在传感器中。IEEE 1451.3 标准提议以一种"小总线"方式实现变送器总线接口模型，这种小总线因为足够小且便宜，所以可以轻易地嵌入到传感器中，从而允许通过一个简单的控制逻辑接口进行最大量的数据转换。

4. IEEE 1451.4

IEEE 1451.4 定义了一个混合模式变送器接口标准，如为控制和自我描述的目的，模拟量变送器将具有数字输出能力。它将建立一个标准允许模拟输出的混合模式的变送器与 IEEE 1451 兼容的对象进行数字通信。每一个 IEEE 1451.4 兼容的混合模式变送器将至少由一个变送器、一个 TEDS 控制和传输数据进入不同的已存在的模拟接口的接口逻辑。变送器的 TEDS 很小，但定义了足够的信息，可允许一个高级的 IEEE 1451 对象来进行补充。

5. IEEE 1451.5

IEEE 1451.5 标准即无线通信与变送器电子数据表格式（Wireless Communication and Transducer Electronic Data Sheet Formats）。标准定义的无线传感器通信协议和相应的 TEDS，旨在现有的 IEEE 1451 框架下，构筑一个开放的标准无线传感器接口。

6. IEEE 1451.6

IEEE 1451.6 标准用于本质安全和非本质安全的应用，基于 CANopen 协议的变送器网络接口标准主要致力建立在 CANopen 协议网络的多通道变送器模型，定义了一个安全的 CAN 物理层。

1.6　无线传感器网络的应用

传感器技术的出现和应用扩展了人们感知外围环境的途径，传感器技术和节点间的无线通信能力为传感器网络赋予了广阔的应用前景。最早的传感器网络应用出现在军事防御和反恐领域，它还在环境、健康、家庭和其他工商业领域中有应用。在空间探索和灾难拯救等特殊的领域，传感器网络也有其得天独厚的技术优势。

1. WSN 在军事与安全方面的应用

在战争中，指挥员往往需要及时、准确地了解部队、武器装备和军用物资供给的情况，铺设的无线传感器网络将采集相应的信息，并通过汇聚节点将数据送至指挥所，再转发到指挥部，最后融合来自各战场的数据形成完备的战区态势图。在战争中，对冲突区和军事要地的监视也是至关重要的，通过铺设传感器网络，以更隐蔽的方式近距离地观察敌方的布防；当然也可以直接将传感器节点撒向敌方阵地，在敌方还未来得及反应时迅速收集利于作战的信息。无线传感器网络也可以为火控和制导系统提供准确的目标定位信息。在生物和化学战中，利用无线传感器网络及时、准确地探测爆炸中心，将会为军方提供宝贵的反应时间，从而最大可能地减少伤亡，同时也可避免核反应部队直接暴露在核辐射的环境中。

美国国防部较早开始启动无线传感器网络的研究，将其定位为指挥、控制、通信、计算机、打击、情报、监视、侦察系统不可缺少的一部分。自2001年起，DARPA已投资几千万美元，帮助大学进行"智能尘埃"传感器技术的研发。美陆军2001年提出了"灵巧传感器网络通信"计划，旨在通过在战场上布置大量传感器为参战人员搜集和传输信息。2005年又确立了"无人值守地面传感器群"项目，其主要目标是使基层部队指挥员根据需要能够将传感器灵活部署到任何区域。而"传感器组网系统"研究项目，其核心是一套实时数据库管理系统，对从战术级到战略级的传感器信息进行管理。

美国军方采用Crossbow公司的节点构建了枪声定位系统，节点部署于目标建筑物周围，系统能够有效地自组织构成监测网格，监测突发事件(如枪声、爆炸等)的发生，为救护、反恐提供了有力的帮助。美国科学应用国际公司采用无线传感器网络构建了一个电子防御系统，为美国军方提供军事防御和情报信息。系统采用各个微型磁力计传感器节点来探测监测区域中是否有人携带枪支、是否有车辆行驶，同时系统利用声音传感器节点监测车辆或者人群的移动方向。

除美国外，日本、英国、意大利、巴西等很多国家也对无线传感器网络的军事应用表现出极大的兴趣，并各自开展了该领域的研究工作。

2. WSN在环境监测方面的应用

随着社会、经济的快速发展和人口的不断增加，人类面临的生态环境问题日益突出，主要表现在耕地减少且质量下降、水土流失严重、荒漠化加重、水域生态失衡、森林覆盖率降低、湿地破坏、草地退化、城市污染、海洋生物资源退化、酸雨增加、沙尘暴和地质灾害频发、生物多样性下降等。在全球变暖背景下，气候灾害和极端气候事件(洪涝、干旱、热浪、沙尘暴、暴风雪等)频繁发生，对生态安全、粮食安全、水安全、碳安全等造成了重大影响，直接威胁到人类的生存与可持续发展，已经引起了各国政府和科学家的高度关注。因此，在气象环境、生态环境、海洋与空间生态等环境中，都可以应用无线传感器网络进行跟踪和监测。

在智能建筑中，由于无线传感器网络具有灵活性、移动性和可扩展性且数据采集面广、无须布线等优点，因此可以在建筑物内灵活、方便地布置各种无线传感器，依靠分布式传感器组成的无线网络，获取室内诸多的环境参数，以实施控制，来协调并优化各建筑子系统。

在消防联动与安保控制系统中，无线传感器网络也有广泛的应用前景，采用无线传感器网络技术，将消防与安保控制系统中各种报警与探测传感器组合，构建一个具有无线传感器网络功能的新型安保系统，将大大促进智能建筑的消防联动控制子系统与安保自动化子系统的网络化、数字化、智能化进程。

无线传感器网络也可用于公共照明控制子系统、给水排水设备控制子系统中的各种参数的测量与控制。另外，无线传感器网络在智能家居中有着广阔的应用前景。智能家居系统的设计目标是将住宅中的各种家居设备联系起来，使它们能够自动运行、相互协作，为居住者提供尽可能多的便利和舒适性，而无线传感器网络技术可以提供一个完美的解决方案。

又如，困扰城市的地下通道、交通涵洞和立交桥下的积水问题造成了车辆损失，甚至威胁生命。过去是雨天派人守候，把情况上报。仅北京市就有上百处易积水的区段，派人力现场观察路段墙壁上刻画的积水深度警戒线和积水深度标尺，全人力的控制、预警和调度的工作量很大，环节较多，容易引发问题。研发和使用无线传感器网络控制系统，传感器预警水位，无线传输数据给调度中心，同时联动相关的变频水泵排水，能够使复杂工作变得简便和安全。

3. WSN 在医疗健康方面的应用

无线传感器网络也用于多种医疗保健系统中，包括监测患有帕金森病、癫痫病、心脏病的病人，监测中风或心脏病康复者和老人等情况。开发可靠且不易被察觉的健康监护系统，可穿戴在病人身上，医生通过无线传感器网络的预警和报警来及时实施医疗干预，降低了医疗延误，也减轻了人力监护工作的强度。

无线传感器网络在医疗卫生和健康护理等方面具有广阔的应用面景，包括对人体生理数据的无线检测、对医院医护人员和患者进行追踪和监控、医院的药品管理和贵重医疗设备放置场所的监测等，被看护对象也可以通过随身装置向医护人员发出求救信号。

无线传感器网络的远程医疗管理使得医生可以对在家养病的病人或在病房外活动的病人进行定位、跟踪，及时获取其生理指标参数，减少了病人就医的奔波劳累，也提高了医院病房的利用率。无线传感器网络为未来更发达的远程医疗提供了更加方便、快捷的技术手段。

4. WSN 在智能交通方面的应用

21 世纪将是公路交通智能化的世纪，人们将采用智能交通系统（Intelligent Transportation System，ITS）来管理交通。智能交通系统是将先进的信息技术、数据通信技术、传感器技术、控制技术及计算机处理技术等有效地集成运用于整个地面交通管理而建立的一种在大范围内全方位发挥作用的实时、准确、高效的综合交通运输管理系统。它是一种先进的一体化交通综合管理系统，是交通的物联化体现。在该系统中，车辆依靠智能在道路上自由行驶，公路依靠智能将交通流量调整至最佳状态，借助于这个系统，管理人员将会对道路状况和车辆的运行状态掌握得一清二楚。

智能交通系统的典型架构是运用大量传感器网络，配合 GPS 系统、区域网络系统等资源，使所有车辆都能保持在高效、低耗的最佳运行状态，且能实现前后自动保持车距，推荐最佳路线，并就潜在的故障发出警告。利用该项技术来改善传统设备，如图像监视系统，在能见度低、路面结冰等情况下无法对高速路段进行有效监控的问题。另外，对一些天气突变性强的地区，该项技术能极大地帮助降低汽车追尾等恶性交通事故发生的概率。

5. WSN 在农林业方面的应用

农业生产的特点是面积大，植物生长环境因素随机多变，情况复杂。智慧农业是农业生产的高级阶段，集信息领域先进的互联网、移动互联网、云计算和物联网技术于一体，依托部署在农业生产现场的传感器网络，能够通过各种传感器节点（环境温湿度、土壤水分、二氧化碳、图像等）和无线通信网络实现农业生产环境的智能感知、智能预警、智能决策、智能分析、专家在线指导，为农业生产提供精准化种植、可视化管理、智能化决策。无线传感器网络可以监控农业生产中的土壤、农作物、气候的变化，提供一个配套的管理支持系统，精确监测一块土地并提供重要的农业资源，使农业生产过程更加精细化和自动化。

大量的传感器节点散布到要监测的区域并构成监控网络，通过各种传感器采集信息，以帮助农民及时发现问题,并且准确地确定发生问题的位置。这样,农业将有可能逐渐从以人力为中心、依赖于孤立机械的生产模式转向以信息和软件为中心的生产模式,从而大量使用各种自动化、智能化、远程控制的生产设备。

例如,变量喷药监测系统通过对杂草分布的监测获取杂草分布位置,就可以现场控制喷洒了,不仅可以电动控制喷洒,而且可以调整除草剂的用量及混合比。在产量监测器的相关设备中都使用了质量流量传感器、湿度传感器和一个 GPS 接收器等,以便对产量进行远程实时监测;这些传感器能够测量谷物流量的体积或质量(谷物流量传感器)、种子清选机的速度、碾磨速度、谷粒的含水量和穗高。

在加拿大布奥克那根谷的一个葡萄园里,某个管理区域部署了一个无线传感器网络,采用 65 个节点,布置成网格状,用来监控和获取温度的重大变化(热量总和与冻结温度周期)。在葡萄园中,温度是最重要的参数,它既影响产量又影响品质。酿酒用的葡萄只有在 10℃以上才会真正生长,更重要的是不同品种的酿酒用葡萄需要不同的热量,也就是不同的区域适合不同的葡萄生长。该网络的部署主要是为了测量在生长季节里当地温度超过 10℃的时间,即使管理者在外出或休闲时间也能随时收到相关信息,加强和方便田间管理,提高了作物的质量和产量。

6. WSN 在智能家居中的应用

智能家居是以住宅为平台,综合应用计算机网络、无线通信、自动控制与音视频技术,集服务、管理于一体,将家庭供电与照明系统、音视频设备、网络家电、窗帘控制、空调控制、安防系统,以及电表、水表、煤气表自动抄送设施连接起来,通过触摸屏、无线遥控、电话、语音识别等方式实现远程操作或自动控制,提供家电控制、照明控制、窗帘控制、室内外遥控、防盗报警、环境监测、暖通控制等多种功能,使住宅内的各种家居设备联系起来,使它们能够自动运行、相互协作,实现与小区物业与社会管理联动,达到居住环境舒适、安全、环保、高效与方便的目的。智能家居研究的主要内容有智能家电、家庭节能、家庭照明、家庭安防等。

7. WSN 在工业生产中的应用

目前,工业作为传感器网络的重要应用领域,正处于智能转型的关键阶段,也是我国制造业提质增效、由大变强的关键期。实现"数字化、网络化、智能化"制造是制造业发展的新趋势,也是新一轮科技革命和产业变革的核心所在。现代工业通过将传感器网络嵌入装配到电网、铁路、桥梁、隧道、公路、建筑、供水系统、油气管道等各种工业设施中实现与工业过程的有机融合,从而大幅提高生产制造效率,改善产品质量,并降低产品成本和资源消耗,将传统工业提升到智能工业。

制造业是国民经济的主体,是立国之本、强国之基。所谓智能制造(Intelligent Manufacturing,IM),是一种由智能机器和人类专家共同组成的人机一体化智能系统,在制造过程中能进行智能活动,诸如分析、推理、判断、构思和决策等。通过人与智能机器的合作共事,扩大、延伸和部分取代人类专家在制造过程中的脑力劳动。它把制造自动化的概念更新,并扩展到柔性化、智能化和高度集成化上,而传感器网络为其提供制造装备的各种信息。智能制造包括产品智能化、装备智能化、生产方式智能化、管理与服务智能化。产品智能化是将传感器、处理器、存储器、网络与通信模块与智能控制软件融入产品之中,使产品具有感知、计算、通信、控制与自治的能力,实现产品的可溯源、可识别、可定位。装备智能化是通过先进制造、信息处理、人工智能、工业机器人等技术的集成与融合,形成具有感知、分析、推理、决策、执行、自主学习与维护能力，以及自组织、自适应、网络化、协同工作的智能生产系统与装备。制造业是无线传感器网络的重点应用领域。

智能制造方面涉及的关键技术主要有新型传感技术、模块化系统技术、嵌入式控制系统设计技术、先进控制与优化技术、系统协同技术、故障诊断与健康维护技术、高可靠实时通信网络技术、功能安全技术、特种工艺与精密制造技术、智能识别技术等，传感器网络的核心技术都涵盖其中。智能制造的核心之一是工业过程的智能监测。将传感器网络技术应用到智能监测中，将有助于工业生产过程工艺的优化，同时可以提高生产线过程检测、实时参数采集、生产设备监控、材料消耗监测的能力和水平，使得生产过程的智能监控、智能控制、智能诊断、智能决策、智能维护水平不断提高。

习题 1

1. 简述无线传感器网络的概念和特点。
2. 简述无线传感器网络的关键技术。
3. 简述无线传感器网络和物联网、互联网的关系。
4. 无线传感器网络的相关标准有哪些？
5. 简述无线传感器网络的应用。

第2章 无线传感器网络的体系结构

CHAPTER 2

体系结构是无线传感器网络的研究热点之一。无线传感器网络是一种大规模自组织网络，在研究无线传感器网络体系结构时，需要考虑以下几个特点：由于无线传感器网络具有较一般自组织网络更多的节点，从网络的可扩展性来说要复杂很多；无线传感器网络节点主要通过电池供电，所以其能耗是在网络系统设计中最重要的因素之一；由于无线传感器网络应用环境的特殊性，其无线通信信道很不稳定，而且由于能源受限，传感器节点受损概率远大于一般的自组织网络，因此对无线传感器网络的健壮性保障是必需的；无线传感器网络的拓扑结构具有动态变化的特性。这些特点使得无线传感器网络有别于传统的自组织网络，在体系结构设计中需要重点考虑。

视频

2.1 系统结构

无线传感器网络是由部署在监测区域内大量的廉价微型传感器通过无线通信方式形成的一个多跳的自组织的网络系统，其目的是协作地感知、采集和处理网络覆盖区域中被感知对象的信息，并经过无线网络发送给观察者。传感器、感知对象和观察者构成了无线传感器网络的3个要素。无线传感器网络的系统结构如图2-1-1所示。

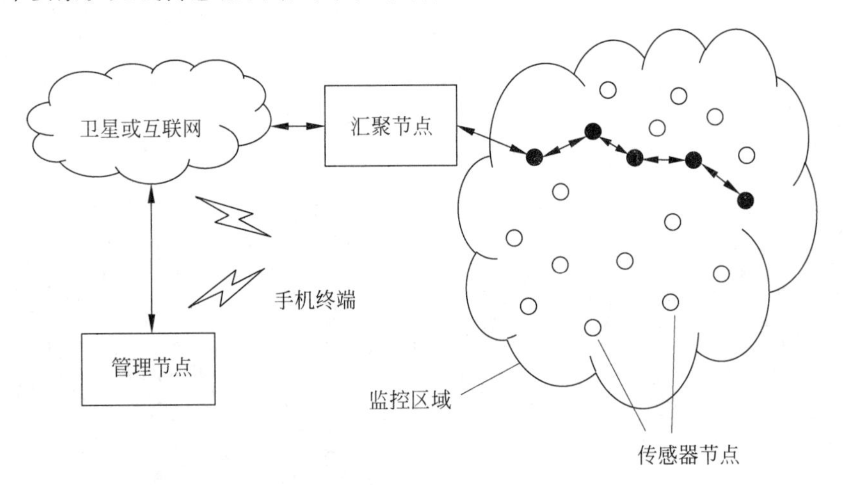

图2-1-1 无线传感器网络的系统结构

无线传感器网络系统通常包括传感器节点(sensor node)、汇聚节点(sink node)和管理节点。大量传感器节点随机部署在监测区域(sensor field)内部或附近，能够通过自组织方式构成无线网络。传感器节点监测的数据沿着其他传感器节点逐跳地进行传输,在传输过程中监测数据可能被多个节点处理,经过多跳后路由到汇聚节点,最后通过 Internet 或卫星到达管理节点。

传感器节点通常是微型价廉的嵌入式设备,它的处理能力、存储能力和通信能力相对较弱,通过能量有限的电池供电。从网络功能上看,每个传感器节点兼有传统网络的终端节点和网络路由器的双重功能,不仅负责本地信息的采集和数据处理,还可对其他节点转发来的数据进行存储、管理和融合等处理,以及把自己和其他节点的数据转发给下一跳节点或直接发送给汇聚节点。另外,邻居节点之间还可通过合作实现协同通信机制、事件联合判断等功能。

汇聚节点又称网关节点或基站,连接传感器网络与 Internet 等外部网络,实现两种网络之间的通信协议转换。汇聚节点把收集的数据转发到外部网络上,同时向传感器网络转发外部管理节点的监测任务。一般来说,汇聚节点的处理能力、存储能力和通信能力相对比较强,既可以是增强的传感器节点,有足够的能量供给和更多的内存与计算资源,也可以是没有监测功能仅带有多种通信接口的转发设备。

管理节点用于动态地管理整个无线传感器网络,直接面向用户。用户通过管理节点访问无线传感器网络的资源,配置和管理网络,发布监测任务以及收集监测数据。

2.2 节点结构

视频

2.2.1 节点组成结构

传感器节点是无线传感器网络的核心要素,只有通过节点才能实现感知、处理和通信。节点存储、执行通信协议和数据处理算法、节点的物理资源决定了用户从无线传感器网络中获取数据的大小、质量和频率,因而节点的设计与实施是无线传感器网络应用的关键。

无线传感器网络节点由传感器模块、处理器模块、无线通信模块和电源模块 4 部分组成,如图 2-2-1 所示。

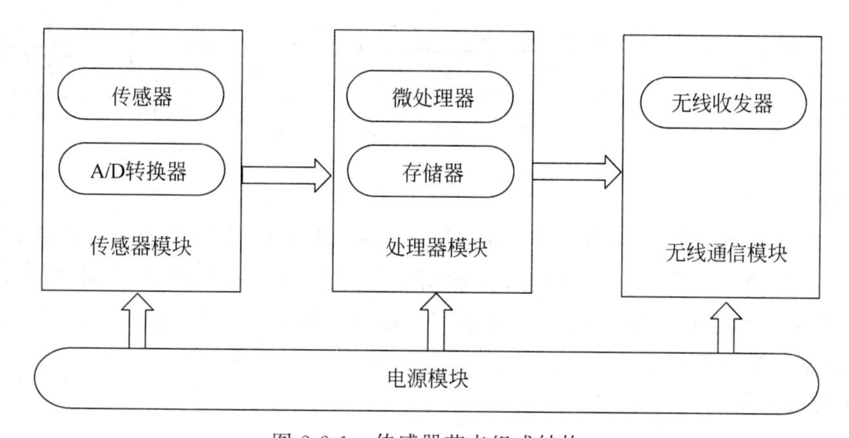

图 2-2-1 传感器节点组成结构

(1) 传感器模块:由传感器和 A/D 转换器组成,传感器负责对感知对象的信息进行采集和数据转换。

(2) 处理器模块：由嵌入式系统构成，包括微处理器、存储器等。处理器模块负责控制整个节点的操作，存储和处理自身采集的数据以及传感器其他节点发来的数据，运行网络通信协议。

(3) 无线通信模块：由无线收发器组成，无线通信模块负责实现传感器节点之间以及传感器节点与用户节点管理控制节点之间的通信，交互控制消息和收/发业务数据。

(4) 电源模块：为传感器节点提供运行所需的能量，通常采用微型电池。

此外，可以选择的其他功能单元包括定位系统、运动系统以及发电装置等。

传感器节点在实现各种网络协议和应用系统时，存在以下约束。

1. 电源能量有限

传感器节点体积微小，通常携带能量十分有限的电池。由于传感器节点个数多、成本要求低廉、分布区域广，而且部署区域环境复杂，因此通过更换电池的方式来补充能量是不现实的。如何高效使用能量来最大化网络生命周期是传感器网络面临的首要挑战。

传感器节点消耗能量的模块主要包括传感器模块、处理器模块和无线通信模块，而传感器节点的绝大部分能量都消耗在无线通信模块。一般的无线通信模块存在发送、接收、空闲和休眠4种状态，模块在发送状态的能量消耗最大，空闲状态和接收状态的能量消耗接近，略小于发送状态的能量消耗，在休眠状态的能量消耗最小。能量消耗比例示意图如图2-2-2所示。如何提高网络通信效率，减少不必要的转发和接收，在不需要通信时尽快进入休眠状态，是传感器网络协议设计需要重点考虑的问题。

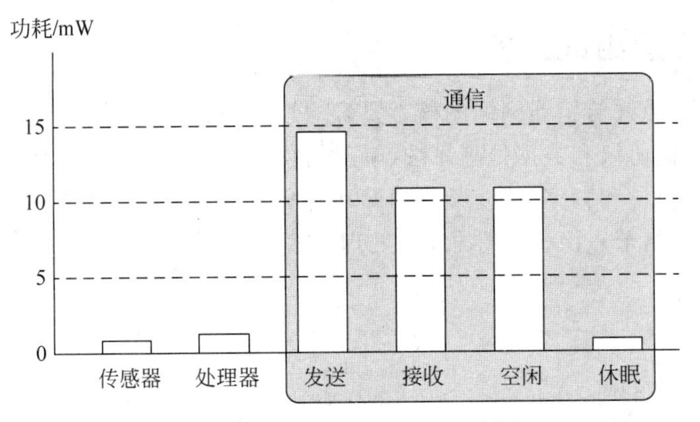

图 2-2-2 能量消耗的比例示意图

2. 通信能力有限

传感器节点的无线通信带宽有限，通常仅有几百 kb/s 的速率。由于节点能量的变化，受高山、建筑物、障碍物等地势地貌以及风雨雷电等自然环境的影响，无线电通信性能可能经常变化，频繁出现通信中断。在这样的通信环境及有限节点通信能力的条件下，如何设计网络通信机制以满足传感器网络的通信需求是传感器网络面临的又一大难题。

3. 计算和存储能力有限

传感器节点是一种微型嵌入式设备，要求价格低、功耗小，这些要求必然导致其携带的处理器能力较弱，存储器容量较小。在执行任务时，传感器节点需要完成监测数据的采集和转换、数据的管理和处理、应答汇聚节点的任务请求和节点控制等多种工作。如何利用有限的计算和存储资源完成诸多协同任务成为传感器网络设计的挑战。

建设一个无线传感器网络首先要开发可用的传感器节点。传感器节点应满足特定应用的特色需求：尺寸小、价格低、能耗低；可为所需的传感器提供适当的接口，并提供所需的计算和存储资源；能够提供足够的通信能力。

2.2.2 传感器模块

传感器在现实中的应用非常广泛，渗透在工业、医疗、军事和航天等各个领域，所以有些机构把传感器网络称为未来三大高科技产业之一。传感器网络研究的近期意义不是创造出多少新的应用，而是通过网络技术为现有的传感器应用提供新的解决办法。网络化的传感器模块相对于传统传感器的应用有如下的特点：

(1) 传感器模块是硬件平台中真正与外部信号量接触的模块，一般包括传感器探头和变送系统两部分。探头采集外部的温度、光照和磁场等需要传感的信息，将其送入变送系统，后者将上述物理量转化为系统可以识别的原始电信号，并且通过积分电路、放大电路整形处理，最后经过 A/D 转换器转换成数字信号送入处理器模块。

(2) 对于不同的探测物理量，传感器模块将采用不同的信号处理方式。因此，对于温度、湿度、光照、声音等不同的信号量，需要设计相应的检测与传感器电路，同时需要预留相应的扩展接口，以便于扩展更多的物理信号量。

2.2.2.1 标量传感器

传感器种类很多，可以监测温湿度、光照、噪声、振动、磁场、加速度等物理量。美国的 Crossbow 公司基于 Mica 节点开发了一系列传感器板，采用的传感器有光敏电阻 Clairex CL4L、温敏电阻 ERTJ1VR103J、加速度传感器 ADI ADXL202、磁传感器 Honeywell HMC1002 等。

传感器电源的供电电路设计对传感器模块的能量消耗来说非常重要。对应小电流工作的传感器(几百微安)，可由处理器 I/O 口直接驱动；当不用该传感器时，将 I/O 口设置为输入方式。这样外部传感器没有能量输入，也就没有能量消耗，如温度传感器 DS18B20 就可以采用这种方式。对应大电流工作的传感器模块，I/O 口不能直接驱动传感器，通常使用场效应管来控制后级电路的能量输入。当有多个大电流传感器接入时，通常使用集成的模拟开关芯片来实现电源控制。

传感器模块的主要任务是采集节点周围的环境信息，并将这些信息转换为数字信号的形式传送给微处理器处理。传感模块一般通过连接的传感器来监测外部信息，具体传感器的选择要考虑检测对象、信号源、能耗精度和采样频率等应用要求，除此之外，传感器必须能够适应恶劣环境的要求，抗腐蚀、密闭性好。

传感器模块也可以通过连接 RFID 读写器来读取外部标签的标识信息，还可以通过 GPS 接收机来提取位置信息。因此，传感模块也称为数据采集模块。节点可以通过总线及广品扩展接口连接多种传感器、RFID 读写器、GPS 接收机等数据采集模块。

一般而言，传感器可以没有输入信号，但一定有输出信号。原始的传感器信号要经过转换、调理电路，以及模/数转换，才能交由处理器处理。传感模块一般通过以下几种方式与处理器模块连接：大部分处理器自带模/数转换器(ADC)，因此最简单的方法是直接将传感器输出的模拟信号接入处理器的 ADC；有时由于处理器的 ADC 的个数和精度的限制，可以使用一个高速的多通道 ADC 芯片将多个传感器接入处理器；对于一些集成度高的传感器，其内部包含了 ADC,可通过 I^2C、SPI、UART 等标准接口与处理器模块相连。

传感模块的电路有两种设计方案:

(1) 对于体积较小,应用电路简单的传感器,可以将这传感器电路集成在节点的 PCB 板上,有利于节省节点的成本;

(2) 传感模块电路与节点主体电路分别制板,把所有传感器集成到传感器面板上,并通过标准接口与节点母板相连,便于根据应用需要定制传感参量,而无须更改节点主体部分的电路。

对于体积较大,控制电路复杂的传感器一般也采取后一种方案,独立设计传感器电路,方便节点的设计。

环境中的标量信息主要包含温度、湿度、光照以及 CO_2 等信息。标量感知节点主要具备以下特点:

(1) 传感器节点处理能力较低。无线传感器网络中标量感知节点首先通过节点上各种各样的标量传感器对环境信息进行转换,转换的结果一般都比较简单,并且不需要 CPU 再做其他处理就可以进行数据的传输。例如,在智能楼宇的实际系统中,温度、光照、湿度以及 CO_2 等标量数据都是通过采集后进行极少的额外处理就发送出去了。

(2) 传感器节点输入与输出系统简单。无线传感器网络中标量信息在采集的过程都是通过各类传感器实现,并且采集的标量信息一般数据量都十分小,对于数据的发送也不需要引入环形缓存等特殊的机制。例如,实际的智能楼宇系统中直接通过串口把采集的标量信息发送出去。

(3) 传感器节点能量消耗低。标量信息成功采集后无须 CPU 进行太多额外的处理,同时在采集与发送的整个过程中也都很少需要复杂的程序来进行实现,所以大多时候 CPU 以及外围硬件都处于较为空闲的状态,降低了对能量的开销。

无线传感器网络的使用可节约能耗、降低劳动强度、减少操作危险性和节省劳动成本。传感器分类及常用元器件见表 2-2-1。

表 2-2-1 传感器分类及常用元器件

分　类	元　器　件
温度	热敏电阻、热电偶
压力	压力计、气压计、电离计
光学	光敏二极管、光敏晶体管、红外传感器、CCD 传感器
声学	压电谐振器、传声器
机械	应变计、触觉传感器、电容隔膜、压阻元件
振动	加速度计、陀螺仪、光电传感器
流量	水流计、风速计、空气流量传感器
位置	全球定位系统、超声波传感器、红外传感器、倾斜仪
电磁	霍尔效应传感器、磁强计
化学	pH 传感器、电化学传感器、红外气体传感器
湿度	电容/电阻式传感器、湿度计、湿度传感器
辐射	电离探测器、G-M 计数器

2.2.2.2 多媒体传感器

媒体信息是当前多媒体信息的一种简称。多媒体信息主要包含声音、图像以及视频。

应用的传感器有音频传感器、低分辨率视频传感器、中分辨率视频传感器。如COMS影像传感器、CCD视频摄像机、指纹传感器等。媒体感知节点就是专门用于采集环境中多媒体信息数据的节点。这些节点主要具备以下特点：

（1）传感器节点处理能力较强。声音、图像以及视频这些媒体信息在通过声电转换后，还必须使用CPU对其进行采样、量化以及压缩编码处理。处理的过程中将涉及较为复杂的算法实现，所以CPU必须有较好的处理能力才能够很好地完成这些工作。

（2）传感器节点输入与输出系统复杂。无线传感器网络中媒体信息在采集的过程中都需要专门的一些设备，短时间内都会产生大量的数据信息，由于媒体信息一般都具备实时性，所以这些媒体信息也需要在短时间内发送出去。因此，在数据发送的过程中会引入一些特殊的缓存机制以及发送方式来保证数据采集、处理发送之前的独立性。

（3）传感器节点能量消耗高。对多媒体信息的采集来说，不但采集部分需要较多硬件的支持，处理也需要不断地执行复杂的软件程序，而且数据发送的过程中也需要特殊的缓存机制，这些复杂的过程就导致了进行媒体信息采集时会有较大的能量开销。

2.2.3 微处理器模块

处理器模块是传感器节点的计算核心，所有的设备控制、任务调度、能量计算和功能协调、通信协议的执行、数据整合和数据转储程序都将在这个模块的支持下完成，所以处理器的选择在传感器节点设计中是至关重要的。作为硬件平台的中心模块，除了应具备一般单片机的基本性能外还应该具有适合整个网络要的特点：

（1）尽可能高的集成度。受外形尺寸限制，模块必须能够集成更多节点的关键部位。

（2）尽可能低的能源消耗。处理器的功耗一般很大，而无线网络中没有持续的能源供给，这就要求节点的设计必须将节能作为一个重要因素来考虑。

（3）尽量快的运行速度。网络对节点的实时性要求很高，要求处理署的实施处理能力要强。

（4）尽可能多的I/O和扩展接口。多功能的传感器产品是发展的趋势，而在前期设计中，不可能把所有功能都包括进来，这就要求系统有很强的可扩展性。

（5）尽可能低的成本。如果传感器节点成本过高，必然会影响网络化的布局。

目前，使用较多的有ATMEL公司的AVR系列单片机，Berkeley大学研制的Mica系列节点大多采用ATMEL公司的微控制器。TI公司的MSP430超低功耗系列处理器，不仅功能完整、集成度高，而且根据存储容量的多少提供多种引脚兼容的处理器，使开发者很容易根据应用对象平滑升级系统。在新一代无线传感器节点Tools中使用的就是这种处理器，Motorola公司和Renesas公司也有类似的产品。

处理器模块是传感器节点的核心部件，其主要任务包括数据采集控制、通信协议处理、任务调度、能量管理、数据融合等。处理器在很大程度上影响了节点的成本、灵活性、性能和能耗。

传感器节点使用的处理器应满足如下要求：

（1）外形尽量小，处理器的尺寸往往决定了整个节点的尺寸；

（2）集成度尽量高，以便简化处理器外围电路，减小节点体积，并提高系统的稳定性；

（3）功耗低而且支持睡眠模式，传感器节点往往只有小部分时间需要工作，在其他时间

处于空闲状态,支持睡眠模式的处理器模块可以大大延长节点的寿命;

(4) 要有足够的外部通用 I/O 端口和通信接口,便于扩展通信、传感、外部存储等功能;

(5) 有安全性保证,一方面要保护内部的代码不被非法成员窃取,另一方面能够为安全存储和安全通信提供必要的硬件支持。

目前传感器网络常用的处理器有两大类:微控制器 MCU 和嵌入式 CPU。此外,如果节点的任务明确,且任务的计算量大,也可以使用数字信号处理器(Digital Signal Processor,DSP)和现场可编程门阵列(Field Programmable Gates Array,FPGA)这样的可编程硬件来实现处理器功能,虽然它们的通用性差,但其处理能力强且相对功耗低,适用于图像、语音等处理。表 2-2-2 列出了一些传感器节点常用的处理器。

表 2-2-2 传感器节点常用的处理器

厂商	芯片型号	RAM 容量/KB	Flash 容量/KB	正常工作电流/mA	休眠模式下的电流/μA
Atmel	Mega103	4	128	5.5	1
	Mega128	4	128	8	20
	Mega165/325/645	4	64	2.5	2
Microchip	PIC16F87x	0.36	8	2	1
Intel	8051 8 位	0.5	32	30	5
	8051 16 位	1	16	45	10
Philips	80C51 16 位	2	60	15	3
Motorola	HC05	0.5	32	6.6	90
	HC08	2	32	8	100
	HCS08	4	60	6.5	1
TI	MSP430F14x16	2	60	1.5	1
	MSP430F16x16	10	48	2	1
Atmel	AT91 ARM Thumb	256	1024	38	160
Intel	XScale PXA27X	256	N/A	39	574
Samsung	S3C44B0	8	N/A	60	5
ST	STM32F407	192	1024	40	12

1. 微控制器(MCU)

MCU 是一种集成了处理器、存储器、外部接口电路的单片计算机系统,一般包含了 16 位/32 位/64 位的 CPU 核,存储数据的动态存储器 RAM,存储程序代码的静态存储器 ROM 和 Flash,以及并行 I/O 接口和串行通信接口 SPI 和 I^2C。MCU 具有体积小、能耗低和价格低等优点,但它的计算能力通常有限,适合计算强度低的应用。

传感器节点使用较多的 MCU 有 Atmel 公司的 AVR 系列和 TI 公司的 MSP430 系列。AVR 系列采用 RISC 结构,吸取了 PIC 和 8051 单片机的优点,具有丰富的内部资源和外部接口。TI 生产的 MSPF1xx 就是一类极低功耗的 MCU,工作电压为 1.8V,实时时钟待机电流仅为 1.1μA,而运行模式电流低至 300μA(1MHz),从休眠至正常工作的整个唤醒过程仅需 6μs。这两类处理器都可以配置工作在不同的功耗模式。Atmeg128L 微控制器有 6 种不同的功耗模式:空闲、ADC 降噪、省电、断电、待机和扩展待机。

2. 嵌入式 CPU

嵌入式 CPU 由普通计算机中的通用 CPU 演变而来。与通用 CPU 不同的是，在嵌入式应用中，嵌入式 CPU 只保留和嵌入式应用紧密相关的功能硬件，去除其他的冗余功能部分，以最低的功耗和资源实现嵌入式应用的特殊要求。此外，为了满足嵌入式应用的特殊要求，嵌入式 CPU 在工作温度、抗电磁干扰、可靠性等方面相对通用 CPU 都进行了相应的增强。

与 MCU 相比，嵌入式 CPU 是一个单芯片 CPU，而 MCU 则在一块芯片中集成了 CPU 和其他电路，构成了一个完整的微型计算机系统。嵌入式 CPU 具有计算能力强和内存大等优点，但在普通传感器节点中使用，其价格、功耗以及外围电路的复杂度还不十分理想，更适合图像感测、网关等高数据量业务和计算密集型的应用。随着传感器网络对节点计算能力的要求逐渐提高，以及嵌入式 CPU 的小型化和低功耗化，很多传感器节点已经开始采用这种高性能的处理器。

常用的嵌入式 CPU 有 ARM 系列和 Intel 的 Xscale 系列。如 StrongARM 处理器 SA1110，功耗为 27～976mW。该处理器同时支持 DVS(动态电压调节)节能技术，可以降低功耗 450mW，关掉无线模块可以降低功耗 300mW。

3. 数字信号处理器(DSP)

DSP 是专门为完成数字信号处理任务而设计的微处理器，能够高效处理复杂的数学运算。DSP 与通用的 CPU 相比有其自身的特点：

(1) 总线结构采用哈佛结构或者改进的哈佛结构，使用独立的程序总线和数据总线可以同时访问分别存储在不同的存储空间的程序和数据，大大地提高了数据的吞吐率；

(2) 具有专门的硬件乘法器和累加单元，可以将乘法运算和累加运算在一个指令周期内完成，并采用了流水线技术，运算效率极高；

(3) 在指令系统中设置了循环寻址以及位倒序等特殊运算指令，可高效完成数字信息处理中常见的 FFT 或者卷积等特殊运算；

(4) 片内一般都集成有程序存储器和数据存储器，提高了 CPU 访存效率，减少了等待时间。

DSP 具有灵活、高速接口丰富、低功耗的优点，适用于语音、图像、无线射频等数字信号的高效处理，也可以应用到传感器节点。但由于 DSP 不擅长处理并发任务，所以在传感器节点中 DSP 仅辅助 CPU 来完成语音/图像信号的处理，或者用于底层无线通信数据处理(如 PHY 层和 MAC 层)。

4. 现场可编程门阵列(FPGA)

FPGA 作为可编程逻辑器件，是在 PAL、GAL 等逻辑器件的基础之上发展起来的，FPGA 器件由大量的逻辑单元排列为逻辑单元阵列 LCA 组成，并由可编程的内部连线连接这些功能块来实现一定的逻辑功能。FPCA 结构上主要包括可配置逻辑模块 CLB、输出/输入模块和可编程互联阵列资源 PLA 3 个部分，开发人员可对 FPGA 内部的逻辑模块和 I/O 模块重新配置，使这些逻辑单元随意组合形成不同的硬件结构，构成不同的电子系统。

FPGA 是专用集成电路(ASIC)领域中的一种半定制电路，既解决了定制电路的不足，又克服了原有可编程器件门电路数有限的缺点。FPGA 除了具有 ASIC 的特点之外，还具有高集成度、大容量、低成本、低电压、低功耗等特点。从最初的可编程逻辑器件发展到当今的可编程系统,FPGA 以其可编程能力和完善的设计工具已成为常用的系统设计平台。从简单的逻辑电路到复杂的处理器,都可以用 FPGA 来实现。

基于 FPGA 的嵌入式系统实际上是一个可编程片上系统,由单个芯片完成整个系统的主要逻辑功能,这种系统一般有如下特征:至少包含一个的嵌入式处理器 IP 核;具有小容量片内高速 RAM 资源;丰富的 IP 核资源可以灵活地选择;足够的片上可编程逻辑资源;可配置的逻辑功能和输入/输出端口;可能包含部分可编程模拟电路;单芯片、低功耗、微封装。

与传统的处理器相比,FPGA 具有良好的并行处理能力,内部的不同逻辑单元可以同时执行不同任务。利用 FPGA 内部的多个 DCM(时钟管理器)通过倍频、分频方式可将外部时钟变换为多种时钟频率以满足不同需求,其最高频率可达几百 MHz。它同时具有丰富的 I/O 端口供用户选择使用。FPGA 的高度灵活性使其既可以针对某一频繁使用的固定需求在其内部设计专用硬件电路去实现专门的功能,也可针对灵活多变的场合去嵌入处理器或操作系统完成相应的工作。

与通用 DSP 相比,FPGA 具有更大的带宽,在应用中更为灵活,并可利用并行架构实现 DSP 功能,性能可超过通用 DSP 的串行执行架构。但相对来说,FPGA 的设计和实现过程更为复杂。在需要大数据吞吐量、数据并行运算等高性能应用中,可使用具有 DSP 运算功能的 FPGA,或 FPGA 与 DSP 协同处理实现。

FPGA 的运行速度比 MCU 和 DSP 都要快,并且支持并行处理。在传感器网络应用中,如果需要同时完成感知、处理和通信,尤其是处理较为复杂(如加密算法),或者需要硬件的可配置能力时,那么 FPGA 是合适的选择,但生产成本和编程难度降低了它的适用性。

2.2.4 无线通信模块

常见的无线通信媒体有无线电(射频)、光和声波,可根据传感器网络的环境条件、传输带宽和通信距离选择合适的通信媒体。射频通信在传感器网络中使用最广泛,满足应用在通信距离远、带宽高、误码率低等方面的要求,并且不需要发射机和接收机之间的视距路径。

无线通信模块由无线射频电路和天线组成,目前采用的传输媒体包括无线电、红外线和光波等。它是传感器节点中最主要的耗能模块,是传感器节点的设计重点。表 2-2-3 列出了传感器网络常用的无线通信技术。

表 2-2-3 传感器网络常用的无线通信技术

无线技术	频率	距离/m	功耗	输出速率/(kb/s)
Bluetooth	2.4GHz	10	低	10000
IEEE 802.11b	2.4GHz	100	高	11000
RFID	50kHz～5.8GHz	<5	—	200
ZigBee	2.4GHz	10～75	低	250
IrDA	0.3～400THz	1	低	16000
UWB	3.1～10.6GHz	10	低	100000
RF	300～1000MHz	几百～几千	低	几百

1. 无线电传输

无线电波易于产生,传播距离较远,容易穿透建筑物,在通信方面没有特殊的限制,比较适合在未知环境中需求的自主通信，是目前传感器网络的主流传输方式。

在频率选择方面，一般选用 ISM 频段，主要原因在于 ISM 频段是无须注册的公用频段，具有大范围的可选频段，没有特定标准，可灵活使用。

在机制选择方面，传统的无线通信系统需要考虑的重要指标包括频谱效率、误码率、环境适应性以及实现的难度和成本。在无线传感器网络中，由于节点能量受限，需要设计以节能和低成本为主要指标的调制机制。为了实现最小化符号率和最大化数据传输率的指标，研究人员将 M-ary 调制机制应用于传感器网络，然而，简单的多相位 M-ary 信号会降低检测的敏感度，而为了恢复连接则需要增加发射功率，因此导致额外的能量浪费。为了避免该问题，准正交的差分编码位置调制方案采用 4 位二进制符号，每个符号被扩展为 32 位伪噪声码片序列，构成半正弦脉冲波形的交错正交相移键控调制机制，仿真实验表明该方案的节能性能较好。

另外，加州大学伯克利分校研发的 PicoRadio 项目采用了无线电唤醒装置。该装置支持休眠模式，在满占空比情况下消耗的功率也小于 1μW。DARPA 资助的 WINS 项目研究了如何采用 CMOS 电路技术实现硬件的低成本制作。AIT 研发的 uAMPS 项目在设计物理层时考虑了无线收发器启动能量方面的问题。启动能量是指无线收发器在休眠模式和工作模式之间转换时消耗的能量。研究结果表明，启动能量可能大于工作时消耗的能量。这是因为发送时间可能很短，而无线收发器由于受制于具体的物理层的实现，所以其启动时间可能相对较长。

2. 红外线传输

红外线作为传感器网络的可选传输方式，其最大的优点是这种传输不受无线电干扰，且红外线的使用不受国家无线电管理委员会的限制。然而，红外线对非透明物体的穿透性极差，只能进行视距传输，因此只在一些特殊的应用场合下使用。

3. 光波传输

与无线电传输相比，光波传输不需要复杂的调制、解调机制，接收器的电路简单，单位数据传输功耗较小。在伯克利大型的 SmartDust 项目中，研究人员开发了基于光波传输，具有传感、计算能力的自治系统，提出了两种光波传输机制，即使用三面直角反光镜（CCR）的被动传输方式和使用激光二极管、易控镜的主动传输方式。对于前者，传感器节点不需要安装光源，通过配置 CCR 来完成通信；对于后者，传感器节点使用激光二极管和主控激光通信系统发送数据。光波与红外线相比，通信双方不能被非透明物体阻挡，只能进行视距传输，应用场合受限。

4. 传感器网络无线通信模块协议标准

在协议标准方面，目前传感器网络的无线通信模块设计有两个可用标准：IEEE 802.15.4 和 IEEE 802.15.3a。IEEE 802.15.3a 标准的提交者把 UWB 作为一个可行的高速率 WPAN 的物理层选择方案，传感器网络正是其潜在的应用对象之一。

物理层主要解决编码调制、通信速率和通信频段的选取等问题。物理层的编码调制关系到频率带宽、通信速率、收发功率等一切问题，采用不同的调制方式应用于不同的节点技术中，节点本身的通信速率受到网络结构的限制，不可能很大，一般都是低功耗、低数据量传输。但是，提高通信速率从而节省通信时间，对于系统最为关键的节能问题有一定帮助。在频段的选择方面，无线传感器网络推荐使用免许可证频段——ISM（工业、科学和医疗）频段,其通信频率达 2.4GHz。

链路层负责数据流的多路复用、数据帧检测、介质接入和差错控制等,保证了无线传感器网络内点对点和点对多点的连接。本层采用了超低功耗的 IEEE 802.15.4 的无线数据通信协议,即 ZigBee 协议。ZigBee 技术是一个具有统一技术标准的短距离无线通信技术,具有 3 个工作频段,分别为 700MHz、866MHz、2.4GHz,划分为 16 个信道,数据传输速率为 250kb/s,用 ZigBee 技术组成的无线传感器网络结构简单、体积小、成本低、功耗低。

目前,在无线通信领域应用较多的无线收发模块有 Chipcon 公司的 CC1000、CC2420、C1010,以及 RFM 公司的 TR1000 等,NORDIC ATMEL 公司也有相关产品。其中最常见的 CC1000 工作频带为 315MHz、868MHz、915MHz,具有低电压、低功耗、可编程输出功率高灵敏度、小尺寸、集成了位同步器等特点。其 FSK 数据传输速率可达 72.8kb/s。具有 250Hz 步长可编程频率能力,适用于跳频协议,主要工作参数能通过串行总线接口编程改变,使用非常灵活。常用无线射频芯片的主要参数如表 2-2-4 所示。

表 2-2-4 常用无线射频芯片的主要参数

芯片	频段/MHz	传输速率/(kb/s)	电流/mA	灵敏度/dB	功率/dBm	调制方式
TR1000	916	115	3.0	−106	105	OOK/FSK
CC1000	300～1000	76.8	5.3	−110	−20～10	FSK
CC1010	402～904	153.6	19.9	−118	−20～10	GFSK
CC2420	2400	250	19.7	−94	−3	O-QPSK
CC2530	2460	250	24	−110	−27.5～4.5	O-QPSK
nRF905	433～915	100	12.5	−100	10	GFSK
nRF2401	2400	1000	15	−85	−20～0	GFSK
9Xstream	902～928	20	−140	−110	16～20	FHSS

2.2.5 电源模块

电源模块是任何电子系统的必备基础模块。对传感器节点来说,电源模块直接关系到传感器点的寿命、成本、体积和设计复杂度。如果能够采用大容量电源,那么网络各层通信协议的设计、网络功耗管理等方面的指标都可以降低,从而降低设计难度。电池储能大小与形状、活动离子的扩散速度、电极材料的选择等因素有关。无线传感器网络的电池一般不易更换,所以选择电池非常重要。

市电是最便宜的电源,不需要更换电池,而且不必担心电能耗尽。但在具体应用市电时,一方面,因受到供电电缆的限制而削弱了无线节点的移动性和适用范围;另一方面,用于电源电压的转换电路需要额外增加成本,不利于降低节点造价。但是对于一些使用市电方便的场合,如电灯控制系统等,仍可以考虑使用市电供电。

电池供电是目前最常见的传感器节点供电方式。由于无线传感器网络工作环境具有不确定性,例如节点可能会工作在战场、矿井、沙漠等人烟稀少或者危险的区域,节点的电能供给无法来自外界供给,一般只能通过自身存储的电能。原电池(如 AAA 电池)以其成本低廉、能量密度高、标准化程度高、易于购买等特点而备受青睐。可充电电池可以重复利用,但其质量能量密度和体积能量密度远低于原电池,这就意味着要达到同样的容量要求,可充电电池的尺寸和重量都要大一些,而且维护成本也不可忽略。

在某些情况下，传感器节点可以直接从外界的环境中获取足够的能量，包括通过光电效应、机械振动等不同方式获取能量。如果设计合理，采用能量收集技术的节点尺寸可以做得很小，因为它们不需要随身携带电池。最常见的能量收集技术包括太阳能、风能、热能、电磁能、机械能的收集等。例如，利用微型压电发生器收集机械能，利用光敏器件收集太阳能，利用微型热电发电机收集热能等。

节点所需的电压通常不止一种，这是因为模拟电路与数字电路所要求的最优供电电压不同，非易失性存储器和压电发生器及其他的用户界面需要使用较高的电源电压。任何电压转换电路都会有固定开销，对于占空比非常低的传感器节点而言，这种开销占总功率的比例可能是非常大的。

2.2.6 典型节点实例

由于无线传感器网络大部分是采用电池供电，工作环境通常比较恶劣，而且数量大，更换电池非常困难，所以低功耗是无线传感器网络最重要的设计准则之一，从无线传感器网络节点的硬件设计到整个网络各层的协议设计都把节能作为设计的目标之一，尽可能延长无线传感器网络的寿命。

目前，国内外研究人员已经开发出多种无线传感器网络节点，其实这些节点的组成部分是类似的，只是其应用背景不同，对节点性能的要求也不尽相同，因此所采用的硬件组件有很大差异。

典型的节点包括 Mica 系列、Sensoria WINS、Toles、μAMPS 系列、XYZnode、Zabranet 等。实际上各平台最主要的区别是采用了不同的处理器、无线通信协议和与应用相关的不同的传感器。常用的无线通信协议有 IEEE 802.11b、IEEE 802.15.4(ZigBee)、Bluetooth、UWB 和自定义协议；处理器从 4 位的微控制器到 32 位 ARM 内核的高端处理器都有所应用。还有一类节点是用集成了无线模块的单片机，典型的是 WiseNet。典型的无线传感器网络节点见表 2-2-5。

表 2-2-5 典型无线传感器网络节点

节点名称	处理器(公司)	无线芯片(技术)	电池类型	发布年份
WeC	AT90S8535(Atmel)	TR1000(RF)	Lithium	1998
Rence	ATmega163(Atmel)	TR1000(RF)	AA	1999
Mica	ATmcga128L(Atmel)	TR1000(RF)	AA	2001
Mica2	ATmega128L(Atmel)	CC1000(RF)	AA	2002
Mica2Dot	ATmega128L(Atmel)	CC1000(RF)	Lithium	2002
Mica3	ATmega128L(Atmel)	CC1020(RF)	AA	2003
Micaz	ATmega128L(Atmel)	CC2420(ZigBee)	AA	2003
Toles	MSP430F49(TI)	CC2420(ZigBee)	AA	2004
XYZnode	ML67Q500x(OKI)	CC2420(ZigBee)	NiMn Rechargeble	2005
Platform1	PIC16LF877(Microchip)	Bluetooth & RF	AA	2004
Platform2	TMS320C55xx(TI)	UWB	Lithium	2005
Zabranct	MSP430F149(TI)	9Xstream(RF)	Batteries	2004

视频

2.3 网络结构

2.3.1 扁平结构和分层结构

从组网形态和方法角度看,无线传感器网络拓扑结构主要有集中式、分布式和混合式 3 种结构形式。无线传感器网络从节点功能及结构层次角度看,又可分为平面网络结构、分层网络结构、混合网络结构以及 Mesh 网络结构。

1. 平面网络结构

无线传感器网络平面网络拓扑结构如图 2-3-1 所示。平面网络结构是无线传感器网络中最简单的拓扑结构,每个节点都为对等结构,故具有完全一致的功能特性,即每个节点包含相同的 MAC、路由、管理和安全等协议。但是由于采用自组织协同算法形成网络,组网算法通常比较复杂。

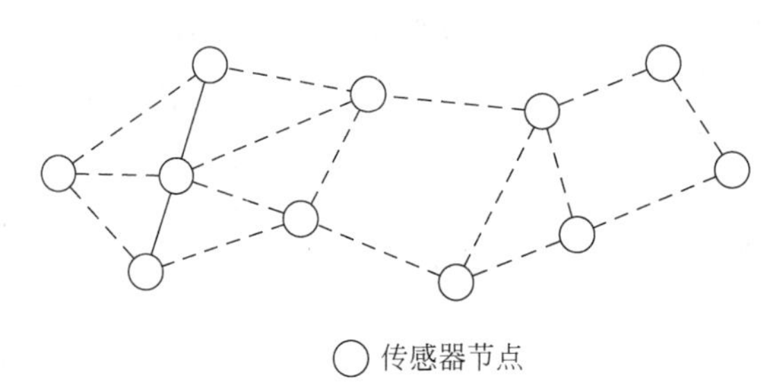

图 2-3-1 平面网络拓扑结构

2. 分层网络结构

无线传感器网络分层网络拓扑结构如图 2-3-2 所示。分层网络拓扑结构是一种分级网络,分为上层和下层两个部分。上层为中心骨干节点,下层为一般传感器节点。骨干节点之间或者一般传感器节点间采用的是平面网络结构,而骨干节点和一般节点之间采用的是分层网络结构。一般传感器节点没有路由、管理及汇聚处理等功能。

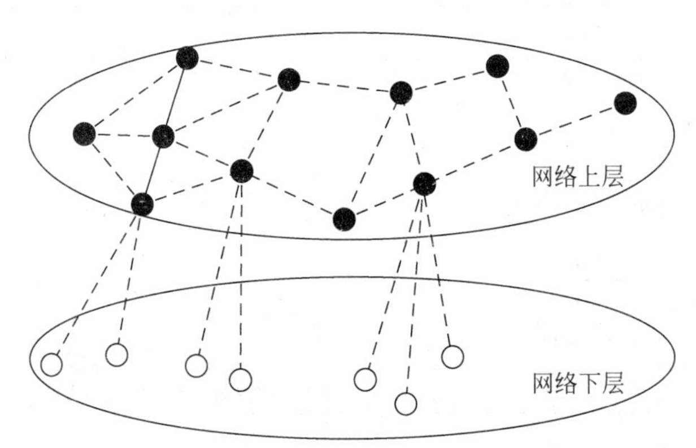

图 2-3-2 分层网络拓扑结构

3. 混合网络结构

无线传感器网络混合网络拓扑结构如图 2-3-3 所示。混合网络结构是无线传感器网络中平面网络结构和层次网络结构混合的一种拓扑结构。这种结构与分层网络结构的不同是一般传感器节点之间可以直接通信，不需要通过汇聚骨干节点来转发数据，但是这就使混合网络结构的硬件成本更高。

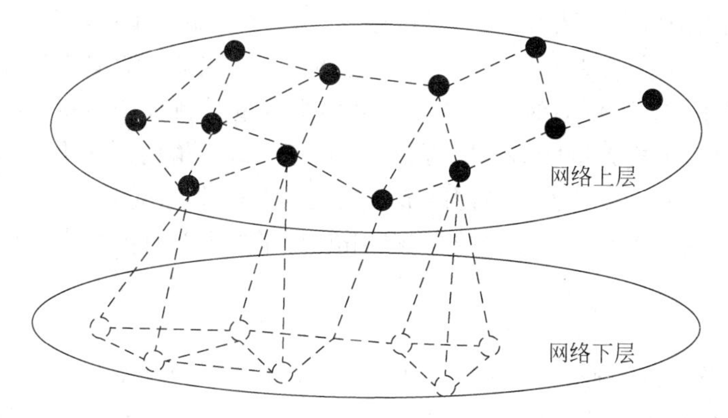

图 2-3-3　混合网络拓扑结构

4. Mesh 网络结构

无线传感器网络 Mesh 网络拓扑结构如图 2-3-4 所示。它是一种规则分布的网络，不同于完全连接的网络结构，通常只允许与距节点最近的邻居通信。网络内部的节点一般也是相同的，因此 Mesh 网络也称为对等网。由于通常 Mesh 网络结构节点之间存在多条路由路径，网络对于单点或单个链路故障具有较强的容错能力和鲁棒性。Mesh 网络结构的优点就是尽管所有节点都是对等的，且具有相同的计算和通信传输功能，但只有某个节点可被指定为簇头节点，而且可执行额外的功能。一旦簇头节点失效，另外一个节点可以立刻补充并接管原簇头节点那些额外执行的功能。

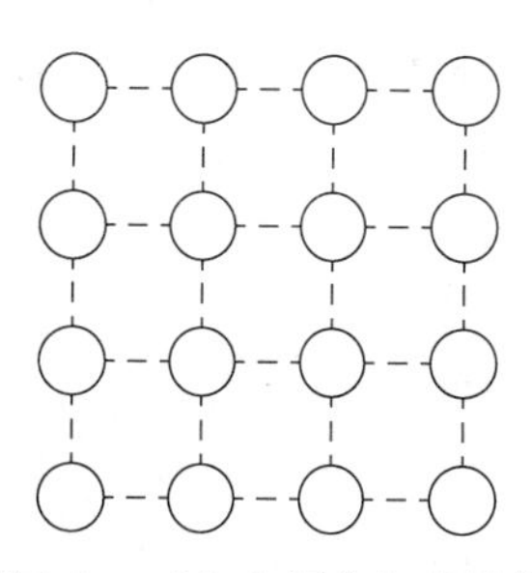

图 2-3-4　Mesh 网络拓扑结构

从技术上看，基于 Mesh 网络结构的无线传感器具有以下特点：

(1) 由无线节点构成网络。这种类型的网络节点是由一个传感器或执行器构成的，且连接到一个双向无线收发器上。

(2) 节点按照 Mesh 拓扑结构部署。网内每个节点至少可以和其他节点中的一个通信，这种方式具有比传统的集线式或星状型拓扑更好的网络连接性、自我形成和自愈功能，能够确保存在一条更加可靠的通信路径。

(3) 支持多跳路由。来自一个节点的数据在其到达一个主机网关或控制器前，可以通过其余多个节点转发。基于 Mesh 方式的网络连接具有通信链路短、受干扰少的优点，因而可以为网络提供较高的吞吐率及较高的频谱复用效率。

(4) 功耗限制和移动性取决于节点类型及应用的特点。通常，基站或汇聚节点移动性较低，感应节点可移动性较高。基站不受电源限制，而感应节点通常由电池供电。

(5) 存在多种网络接入方式，可以通过新型 Mesh 等方式和其他网络集成。

2.3.2　单 sink 和多 sink

随着应用的逐渐增加，应用场景和网络架构也多种多样，如网络中可以采用单个汇聚节点或多个汇聚节点，汇聚节点可以是固定的或移动的。

1. 单 sink 网络

图 2-3-5(a)是传统的单 sink 的传感器网络架构，也是人们开始研究以及广泛关注的网络架构。这种架构中所有传感器节点采集的数据都要发送给一个汇聚节点，网络结构简单，被广泛地研究和应用，但存在扩展性问题：当传感器节点数量逐渐增加时，汇聚节点汇集的感知数据也逐渐增加；当传输的感知数据达到网络容量限制时，网络内就不能再增加传感器节点了，否则就会造成大量感知数据的丢失。由于无线传输的同频干扰，节点收发共用天线等特性，传感器网络的传输性能与网络节点规模紧密相关，在给定区域内网络节点数量增加到一定程度后，网络吞吐量反而会减少，在 sink 及邻居节点消耗的能量越多，极易出现拥塞和能量消耗过快形成的空间。

移动 sink 是可在网络覆盖区域游走的，可采用“数据骡(data mules)”方式定期收集局部区域内节点采集到的数据，与静态 sink 相比，移动 sink 就近接收传感器节点的数据，大大减小了数据的传输距离和传输跳数，节省了节点间建立路由的开销，也避免了固定 sink 附近节点存在的流量大、能耗高的现象。另外，在节点稀疏部署时，利用移动 sink 可以采集到相互隔离的网络内的数据。移动单 sink 网络根据 sink 的移动方案可以分为随机移动、固定轨迹移动和轨迹可控移动 3 种形式。

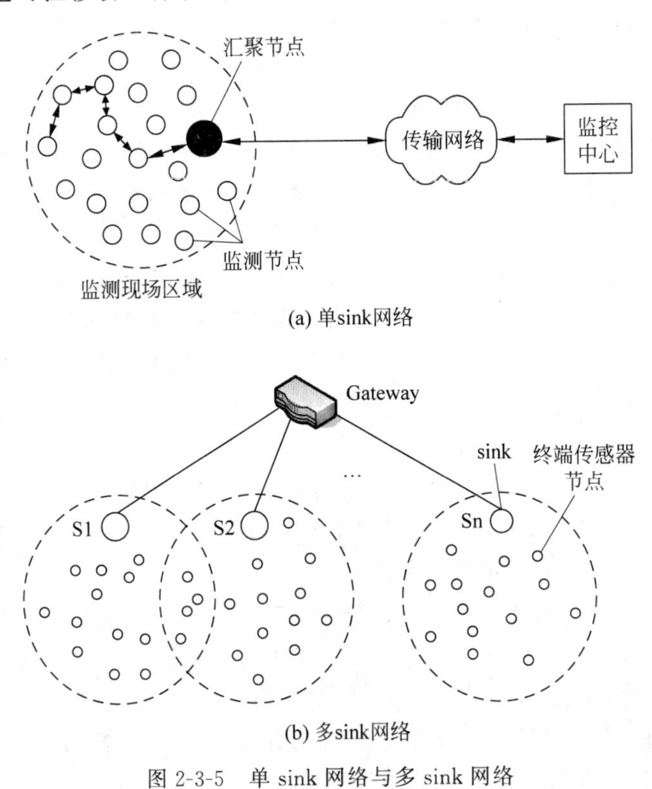

图 2-3-5　单 sink 网络与多 sink 网络

2. 多 sink 网络

图 2-3-5(b)是多 sink 的传感器网络架构，在网络内设置多个 sink，普通传感器节点可将收集到的数据发送到最近的 sink，能提高网络的吞吐量和减少数据的传输延迟，增强网络

的扩展性。这种架构的传感器网络中多 sink 有两种连接关系：第一种是 sink 之间通过网络互联，每个传感器节点基于延迟、吞吐量或跳数等标准，选择相应的 sink，这通常需要相对复杂的数据转发算法。第二种是多 sink 之间不连通，它们可连接到同一个后端服务器，这相当于把大的监测区域分割成小的监测区域，每个区域内的传感器节点发送给分配的 sink，这种网络本质上是单 sink 架构。第一种多 sink 连接关系的传感器网络具有良好的适应性和灵活性，也是人们主要关注的多 sink 网络，其路由等通信协议也更复杂。

移动多 sink 传感器网络具有多个移动 sink，这些 sink 在传感器网络覆盖的区域内移动，传感器节点一般将收集的数据暂时缓存下来，移动 sink 会随时随地发出查询要求，查找感兴趣的数据。移动多 sink 型传感器网络增加了网络部署灵活性，便于填补能量黑洞，减少节点间的数据转发。移动多 sink 型传感器网络与移动单 sink 型传感器网络在数据采集、路由等方面有相似的问题，但由于存在多个移动 sink，使很多网络问题变得更加复杂，如移动 sink 的选择策略、传感器节点周围的移动 sink 数量及移动状态的影响等，在传输可靠性、能量消耗控制、可扩展性、负载平衡和实时性等方面也存在很多研究难题。

除了以上根据 sink 的数量和移动性进行区分的网络外，还有传感器节点移动的网络把传感器节点部署在移动的工作人员、车辆或无人机身上，同时在监测区域内部署一些固定或移动的基站，这些传感器节点在移动过程中遇到基站，就把采集的信息发送给相应的基站。

2.4 协议体系结构

视频

2.4.1 传统网络协议 OSI 参考模型

开放式系统互连网络参考模型（Open System Interconnect，OSI）是国际标准化组织（International Organization for Standardization，ISO）组织在 1985 年研究的网络互连模型，OSI 定义了网络互连的七层框架（物理层、数据链路层、网络层、传输层、会话层、表示层、应用层），如图 2-4-1 所示。每一层实现各自的功能和协议，并完成与相邻层的接口通信。OSI 的服务定义详细说明了各层所提供的服务，某一层的服务就是该层及其下各层的一种能力，它通过接口提供给更高一层，非相邻层之间不允许直接交互。

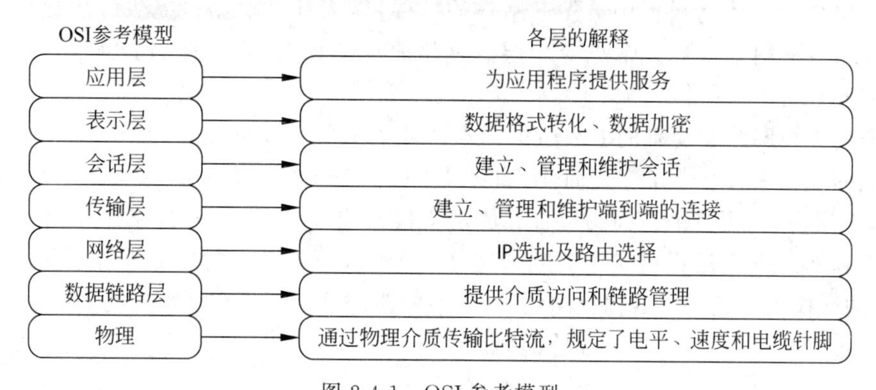

图 2-4-1 OSI 参考模型

1. 物理层

实际最终信号的传输是通过物理层实现的。通过物理介质传输比特流，规定了电平、速度和电缆针脚。常用的物理层传输介质有(各种物理设备)集线器、中继器、调制解调器、网线、双绞线、同轴电缆等。

2. 数据链路层

将比特组合成字节,再将字节组合成帧,使用链路层地址(以太网使用 MAC 地址)来访问介质,并进行差错检测。数据链路层又分为两个子层:逻辑链路控制子层(LLC)和介质访问控制子层(MAC)。MAC 子层处理 CSMA/CD 算法、数据出错校验、成帧等;LLC 子层定义了一些字段使上次协议能共享数据链路层。在实际使用中,LLC 子层并非必需的。

3. 网络层

本层通过 IP 寻址来建立两个节点之间的连接,为源端的运输层送来的分组,选择合适的路由和交换节点,正确无误地按照地址传送给目的端的运输层,就是通常说的 IP 层。IP 是 Internet 的基础。

4. 传输层

传输层建立了主机端到端的链接,传输层的作用是为上层协议提供端到端的可靠和透明的数据传输服务,包括处理差错控制和流量控制等问题。该层向高层屏蔽了下层数据通信的细节,使高层用户看到的只是在两个传输实体间的一条主机到主机的、可由用户控制和设定的、可靠的数据通路。我们通常说的 TCP、UDP 就是在这一层。端口号即是这里的"端"。

5. 会话层

会话层就是负责建立、管理和终止表示层实体之间的通信会话。该层的通信由不同设备中的应用程序之间的服务请求和响应组成。

6. 表示层

表示层提供各种用于应用层数据的编码和转换功能,确保一个系统的应用层发送的数据能被另一个系统的应用层识别。如果必要,该层可提供一种标准表示形式,用于将计算机内部的多种数据格式转换成通信中采用的标准表示形式。数据压缩和加密也是表示层可提供的转换功能之一。

7. 应用层

应用层是 OSI 参考模型中最靠近用户的一层,是为计算机用户提供应用接口,也为用户直接提供各种网络服务。常见应用层的网络服务协议有 HTTP、HTTPS、FTP、POP3、DNS、SMTP 等。

传统的无线网络和现有的 Internet,就是采用类似的协议分层设计结构模型的,只不过根据功能的优化和合并做了一些简化,如将最上面的三层合并为一个整体的应用层,即成为 TCP/IP 五层模型,再将最下面两层合并成网络接口层即形成 TCP/IP 四层模型。TCP/IP 五层模型和 OSI 的七层模型对应关系如图 2-4-2 所示。在每一层都工作着不同的设备,例如,常用的交换机就工作在数据链路层的,一般的路由器是工作在网络层的。在每一层实现的协议也各不同,即每一层的服务也不同。

2.4.2 WSN 协议的分层结构

在传统的有线网络中,已有许多完善的通信协议和相应的技术,但是这些技术并不能简单地照搬到无线传感器网络中来。无线情况下需要面对许多新的问题,应用环境也更加恶

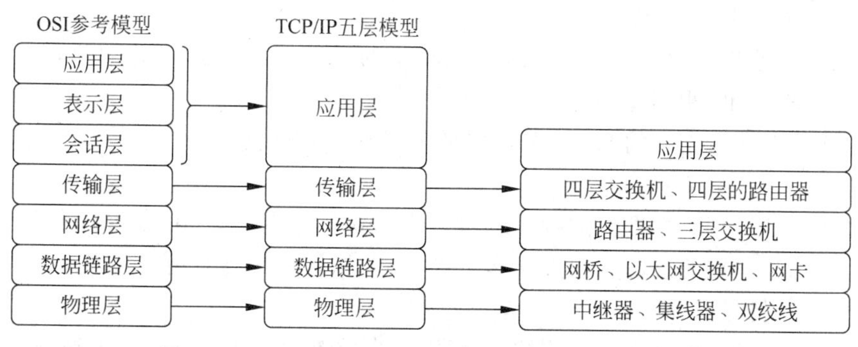

图 2-4-2 TCP/IP 五层模型和 OSI 七层模型对应关系

步。研究者根据无线传感器网络的特点，开发了具有高能效的底层通信协议，使网络有限的能量寿命能够尽可能延长，同时保障数据的有效传输。

与传统的网络类似，无线传感器网络的通信结构也延续着 ISO/OSI(开放式系统互连/国际标准化组织)的开放标准，但无线传感器网络除去了一些不必要的协议和功能层。由于无线传感器网络的节点采用电池供电，能量有限，且不易更换，因此能量效率是无线传感器网络无法回避的，这也直接反映在网络的协议设计中。从最基础的物理层到应用层，几乎所有的通信协议层的设计都要考虑到能效因素，保持高能效以延长网络的使用寿命是无线传感器网络设计的重要前提。

无线传感器网络使用无线通信，链路极易受到干扰，链路通信质量往往随着时间推移而改变，因此研究如何保障稳定高效的通信链路是必要的。除此之外，通信协议还需要考虑网络中由于节点的加入和失效等因素引起的网络拓扑结构的改变，采用一定的机制保持网络的通信顺畅。总而言之，在保障能效的前提下，无线传感器网络的通信协议应该具有足够的鲁棒性来应对外界的干扰和物理环境的改变。

无线传感器网络的体系结构由分层的网络通信协议、应用支撑平台以及网络管理平台 3 部分组成，如图 2-4-3 所示。

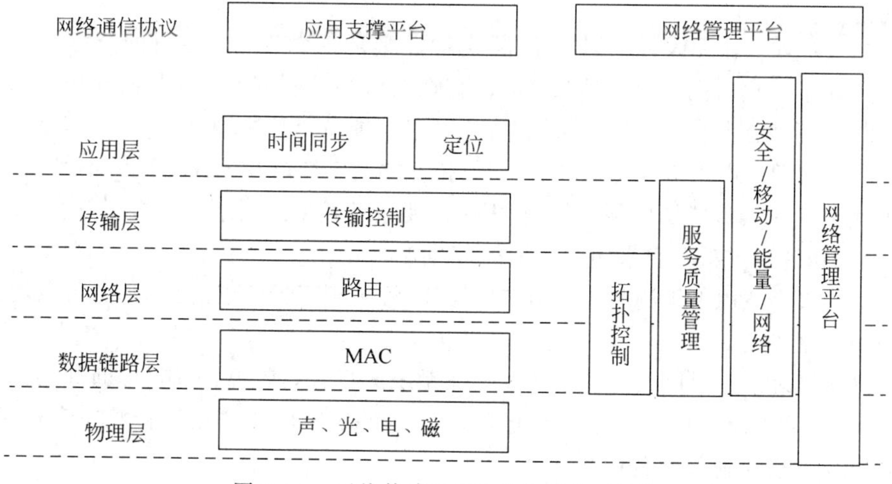

图 2-4-3 无线传感器网络的协议体系结构

1. 分层的网络通信协议

分层的网络通信协议类似于传统 Internet 中的 TCP/IP 体系，它由物理层、数据链路层、网络层、传输层和应用层组成。

(1) 物理层：负责信号的调制和数据的收发，所采用的传输介质有无线电、红外线和光波等。

(2) 数据链路层：负责数据成帧、帧检测、介质访问和差错控制。其中，介质访问协议(MAC 协议)保证可靠的点对点和点对多点通信，差错控制则保证源节点发出的信息可以完整无误地到达目标节点。

(3) 网络层：负责路由发现和维护。通常，大多数节点无法直接和网关通信，需要中间节点通过多跳路由的方式将数据传送至汇聚节点。

(4) 传输层：负责数据流的传输控制，主要通过汇聚节点采集传感器节点中的数据信息，并使用卫星、移动通信网络、Internet 或者其他的链路与外部网络通信。

(5) 应用层：负责使用通信和组网技术向应用系统提供服务。该层对上层屏蔽底层网络细节，使用户可以方便地对无线传感器网络进行操作。其主要研究内容包括时间同步和定位等。

2. 网络管理平台

网络管理平台主要进行对传感器节点自身的管理以及用户对传感器网络的管理。包括拓扑控制、服务质量管理、能量管理、安全管理、移动管理和网络管理等。

(1) 拓扑控制。为了节约能源，传感器节点会在某些时刻进入休眠状态，导致网络拓扑结构不断变化，因而需要通过拓扑控制技术管理各节点状态的转换，使网络保持畅通，数据能够有效传输。拓扑控制利用链路层、路由层完成拓扑生成，反过来又为它们提供基础信息支持，优化 MAC 协议和路由协议，降低能耗。

(2) 服务质量(QoS)管理。在各协议层设计队列管理、优先级机制或者带预留等机制，并对特定应用的数据进行特别处理。它是网络与用户之间以及网络上互相通信的用户之间关于信息传输与共享的质量约定。为满足用户的要求，无线传感器网络必须能够为用户提供足够的资源。

(3) 能量管理。在无线传感器网络中，电源能量是各个节点最宝贵的资源。为了使无线传感器网络的使用时间尽可能地长，需要合理、有效地控制节点对能量的使用。每个协议层中都要增加能量控制代码，并提供给操作系统进行能量分配决策。

(4) 安全管理。由于节点随机部署、网络拓扑的动态性以及无线信道的不稳定，传统的安全机制无法在无线传感器网络中使用，因此需要设计新型的网络安全机制，这需要采用扩频通信、接入认证、鉴权、数字水印和数据加密等技术。

(5) 移动管理。用来检测和控制节点的移动，维护到汇聚节点的路由，还可以使传感器节点跟踪其邻居节点。

(6) 网络管理。是对网络上的设备及传输系统进行有效监视、控制、诊断和测试所采用的技术和方法，它要求各层协议嵌入各类信息接口，并定时收集协议运行状态和流量信息，协调控制网络中各个协议组件的运行。

3. 应用支撑平台

应用支撑平台建立在分层的网络通信协议和管理平台的基础之上。它包括一系列基于检测任务的应用层软件，通过应用服务接口和网络管理接口来为终端用户提供具体的应用支持。

（1）时间同步。无线传感器网络的通信协议和应用要求各节点间的时钟必须保持同步，这样多个传感器节点才能相互配合工作。此外，节点的休眠和唤醒也需要时钟同步。

（2）定位。确定每个传感器节点的相对位置或绝对位置。节点定位在军事侦察、环境监测、紧急救援等环境中尤为重要。

（3）应用服务接口。无线传感器网络的应用是多种多样的，针对不同的应用环境，有各种应用层的协议，如任务安排和数据分发协议、节点查询和数据分发协议。

（4）网络管理接口。主要是传感器管理协议，用来将数据传输到应用层。

习题 2

1. 典型的无线传感器网络的系统结构有哪些组成部分？简述各组成部分的功能和特点。
2. 简述无线传感器网络节点的组成结构及各组成部分的功能和特点。
3. 简述传感器的作用、分类和性能要求。
4. 简述标量传感器和多媒体传感器的区别。
5. 简述传感器节点各个模块的常用器件。
6. 简述无线传感器网络的拓扑体系结构。
7. 简述无线传感器网络的协议体系结构。

第3章 物理层技术

CHAPTER 3

国际标准化组织(ISO)对开放系统互连(OSI)参考模型中的物理层作了以下定义：物理层是在物理传输介质之间为比特流传输所需物理连接而建立、维护和释放数据链路实体之间的数据传输的物理连接提供机械的、电气的、功能的和规程的特性。在无线传感器网络中，物理层是数据传输的最底层，向下直接与传输介质相连，物理层协议是各种网络设备进行互联时必须遵循的底层协议。本章主要介绍无线传感器网络物理层相关的无线通信基础理论及当前典型的短距离无线通信技术，涉及无线通信系统的基本概念、无线电波与无线信道、信号的调制解调、信道编码、扩频通信等问题。

视频

3.1 物理层概述

物理层是无线传感器网络(WSN)数据传输的最底层，主要负责传输介质、频段的选择，数据的调制和解调及数据的发送和接收，物理层的设计是决定 WSN 节点体积、成本、能耗以及 WSN 协议性能的关键因素。无线电传输是目前无线传感器网络采用的主流传输方式，在频段选择方面，ISM 频段属于非授权频段，没有特定的标准，使用方便灵活，因而备受青睐。与无线电传输相比，红外线、光波传输的调制、解调机制和接收机电路简单，且传输功耗小，不过它们难以穿透非透明物体，只能在特定场景的 WSN 系统中使用。如声波和超声波等其他频段的通信，主要应用在水下等特殊环境中。事实上，根据应用环境的不同，无线传感器网络可同时采用多种方式作为通信手段。

3.1.1 物理层特性

物理层是 TCP/IP 网络模型的而第一层(最底层)，是整个通信系统的基础，正如高速公路和街道是汽车通行的基础一样。物理层为设备之间的数据通信提供传输介质及互联设备，为数据传输提供可靠的环境。

物理层的首要功能是为数据端设备提供传送数据的通路，其次是传输数据。要完成这两个功能，物理层规定了如何建立、维护和拆除物理链路。

在图 3-1-1 所示的计算机网络模型中，物理层规定了信号如何发送、如何接收、什么样的信号代表什么含义，应该使用什么样的传输介质和什么样的接口等。

信号的传输离不开传输介质，而传输介质两端必然有接口用于发送和接收信号。因此，规定各种传输介质和接口与传输信号相关的一些特性也是物理层的主要任务之一。

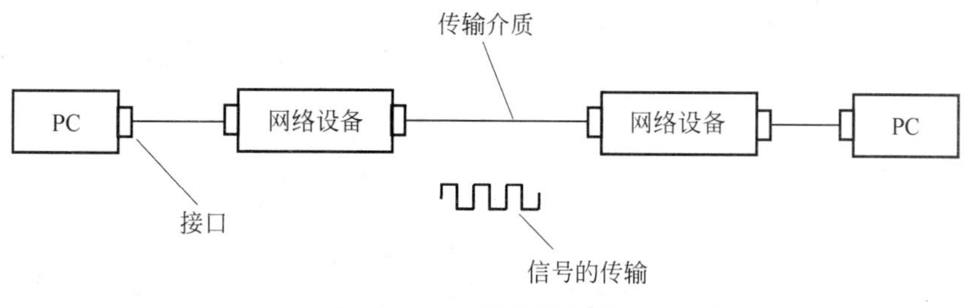

图 3-1-1　计算机网络模型

(1) 机械特性。机械特性也叫物理特性，指通信实体间硬件连接接口的机械特点，如接口所用接线器的形状和尺寸、引线数目和排列、固定和锁定装置等。这很像平时常见的各种规格的电源插头，其尺寸有严格的规定。

(2) 电气特性。电气特性规定了在物理连接上，导线的电气连接及有关电路的特性，一般包括接收器和发送器电路特性的说明、信号的识别、最大传输速率的说明、与互连电缆相关的规则、发送器的输出阻抗、接收器的输入阻抗等电气参数等。

(3) 功能特性。功能特性指物理接口各条信号线的用途，包括接口线功能的规定方法、接口信号线的功能分类(分为数据信号线、控制信号线、定时信号线和接地线 4 类)。

(4) 规程特性。规程特性指利用接口传输比特流的全过程及各项用于传输的事件发生的合法顺序，包括事件的执行顺序和数据传输方式，即在物理连接建立、维持和交换信息时，DTE/DCE 双方在各自电路上的动作序列。

(5) 链路特性。无线传感器网络性能的优劣和无线信道的好坏是密不可分的。与传统的有线信道不同，无线网络接收器与发射器之间信号的传播路径是随机的，而且是非常复杂、难以分析的，数据包在传输过程中会遇到路径损耗、噪声干扰、多径效应、邻居节点干扰等情况，从而造成数据包的丢失。

1. 路径损耗

在无线传感器网络中，发送节点发送的信号在传播过程中能量并不是恒定的，而是随着距离的增大而衰减，这个过程称为路径损耗。典型的能耗衰减与距离的关系为

$$E = k \times d^n \tag{3-1-1}$$

式中，k 为常量，n 的取值范围为 $2<n<4$，其大小一般与多个因素有关，如信号的载频或传播的环境等。如果传感器节点散播在离地面很近的区域时，则会受到很多障碍物的干扰，此时就需要增大 n 的值。此外，无线发射天线的选择也会对信号产生一定影响。经常使用的路径损耗模型有自由空间传播模型、地面双向反射模型、对数距离路径损耗模型以及其他模型。

2. 多径效应

多径效应是指由无线信道中的多径传输现象所引起的干涉延时效应。无线信号在传输的过程中，经过周围物体或地面的反射后，会通过多条不同的路径到达接收端，接收端收到的信号是多个信号叠加在一起的，这些信号由于传输路径的不同、延迟的不同以及路径损耗的不同，它们的相位和幅度也就不同。这些信号混合在一起，会引起信号的衰落。就点对点通信链路来讲，多径效应会导致无线链路上数据包的损坏或丢失。

多径效应与信号所处的环境紧密相关,在无线传感器网络中,节点位置发生变化或环境的变化都会改变信号的接收强度。不仅是动态网络中存在多径效应,而且在静态网络中,由于环境的影响,多径效应仍然存在。

3. 噪声干扰

在无线信号的传输过程中,接收端收到的不仅仅是包含信息的有用信号,还可能收到不含任何信息的无用信号,这些无用信号称为噪声。噪声的来源可能是自然界(俗称自然噪声),也可能是人为干扰(俗称人为噪声),还有可能是来自芯片内部的热噪声。

接收端正确收到信号的前提是到达接收端信号的信噪比要高于所设定的信噪比阈值,当功率设为定值时,接收端信噪比会随着噪声功率的增大而降低,信号校验的准确性会降低,数据包丢失的概率也会增大。

4. 邻居节点干扰

在无线传感器网络的实际应用中,节点部署的密度通常都很大,当网络中某个节点对数据进行发送时,其他节点也有可能在同频率上进行数据的传输,在这种情况下,信号就会产生叠加,将这种不同于噪声干扰的现象称为邻居节点干扰。由于无线电信号采用的编码方式基本相同,所以这种干扰对信号的准确性会产生很大的影响。为了避免上述干扰,研究者们根据无线传感器网络的协议特点提出了载波侦听多路访问机制(Carrier Sense Multiple Access,CSMA)。它是一种介质访问控制协议,目的是使网络中的节点都能够独立地接收和发送数据。当一个节点准备发送数据时,首先要进行载波侦听来确定当前信道是否空闲,只有信道空闲时,才能进行数据的传输,这种控制协议原理比较简单,实现起来比较容易,可以有效地降低节点间的干扰。

5. 链路的非对称性

在无线传感器网络中,由于节点所处的环境和性能基本相同,因此往往会认为链路是对称的。但事实上并非如此,图 3-1-2 所示是一个点对点的链路示意图,这里可以用包接收率来量化链路特性,P_1 代表节点 A 向节点 B 发送数据时,节点 B 的包接收率;P_2 代表节点 B 向节点 A 发送数据时,节点 A 的包接收率。一般来说,当 $|P_1-P_2|\geqslant 0.25$ 时,就会认为这两个链路之间是非对称性的。此外,多径效应也可能会使链路之间的衰减存在差异。

链路的非对称性不仅会对上层协议的性能造成很大的影响,而且会使整个网络的通信变得很不可靠,大大降低了网络的性能。

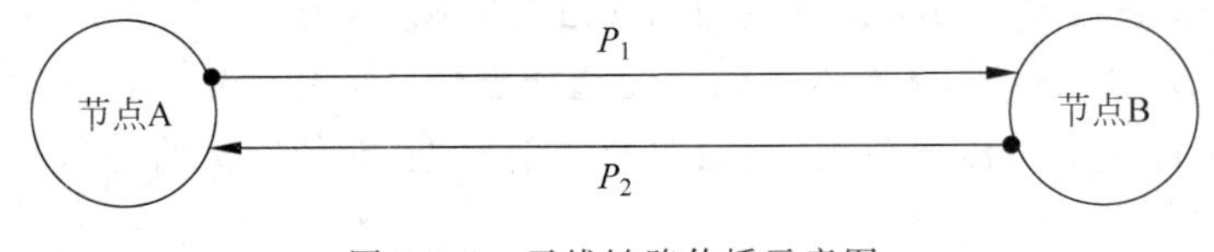

图 3-1-2 无线链路传播示意图

3.1.2 物理层设计要求

物理层的设计目标是以尽可能少的能量消耗获得较大的链路容量。物理层设计的一些非常重要的问题如下:

(1) 低功耗问题。

（2）低发射功率和小传播范围。

（3）低占空系数问题。

（4）相对较低的数据率(一般来说每秒几十或几百 kb)。

（5）较低的实现复杂度和较低的成本。

（6）较小的移动程度。

无线传感器网络的物理层设计面临以下挑战：

1. 成本

低成本是无线传感器网络节点设计的基本要求。只有低成本，才能将节点大量地布置到目标区域内，表现出无线传感器网络的各种优点。物理层的设计直接影响到整个网络的硬件成本。节点最大限度地集成化设计、减少分立元件是降低成本的主要手段。

随着 CMOS 工艺技术的发展，数字单元基本已完全可以基于 CMOS 工艺实现，并且体积也越来越小；但是模拟部分，尤其是射频单元的集成化设计仍需占用很大的芯片面积，所以靠近天线的数字化射频收发机的研究是降低当前通信前端电路成本的主要途径。

2. 功耗

无线传感器网络推荐使用免许可证频段 ISM。在物理层技术选择方面，环境的信号传播特性、物理层技术的能耗是设计的关键问题。传感器网络的典型信道属于近地面信道，其传播损耗因子较大，且天线高度距离地面越近，其损耗因子就越大，这是物理层设计的不利因素。然而无线传感器网络的某些内在特征也有利于设计的方面，如高密度部署的无线传感器网络具有分集特性，可以用来克服阴影效应和路径损耗。

3.2　无线电波与无线信道

3.2.1　无线电波的传播特性

无线通信的介质包括电磁波和声波。电磁波是最主要的无线通信介质，而声波一般仅用于水下的无线通信。根据波长的不同，电磁波分为无线电波、微波、红外波、毫米波和光波等，其中无线电波在无线网络中使用最广泛。

目前，无线传感网络的通信传输介质主要是无线电波和红外线，其特点如下：

（1）无线电波容易产生，可以传播很远，可以穿过建筑物，因而广泛用于室内外无线通信。无线电波是全方向传播信号的，它能向任意方向发送无线信号，所以发射方和接收方的装置在位置上不必要求很精确地对准。

（2）红外通信的优点是无须注册，并且抗干扰能力强。其缺点是穿透能力差，要求发送者和接收者之间存在视距关系。这导致了红外线难以成为无线传感器网络的主流传输介质，而只能用在一些特殊场合。

电波传播方式有如下 4 种：

（1）直射传播。在自由空间中，电波沿直线传播而不被吸收，也不发生反射、折射和散射等现象而直接到达接收点的传播方式。

（2）反射(reflection)。当电磁波遇到比波长大得多的物体时发生反射，反射发生于地球表面、建筑物和墙壁表面。

（3）散射(scattering)。当波穿行的介质中存在小于波长的物体，并且单位体积内阻挡体的个数巨大时,发生散射。散射波产生于粗糙表面、小物体或其他不规则物体。

(4) 绕射(diffraction)。当接收机和发射机之间的无线传播被尖锐的边缘阻挡时,发生绕射。

无线电波的传播特性与频率相关。如果采用较低频率,则它能轻易地通过障碍物,但电波能量随着与信号源距离 r 的增大而急剧减小,大致为 $1/r^3$。如果采用高频传输,则它趋于直线传播,且受障碍物阻挡的影响,无线电波易受发动机和其他电子设备的干扰。

另外,由于无线电波的传输距离较远,用户之间的相互串扰也是需要关注的问题,所以每个国家和地区都有关于无线频率管制方面的使用授权规定。

频率的选择是影响无线传感器网络性能、成本的一个重要参数。考虑到无线传感器网络低成本的要求,"工业、科学和医疗"(Industrial,Scientific and Medical,ISM)波段无疑是首要的选择。ISM 频段的优点在于它是自由频段,无须注册,可选频谱范围大,实现起来灵活方便。其缺点是功率受限,与现有无线通信应用存在相互干扰问题。尽管传感器网络可以通过其他方式实现通信,如各种电磁波(如射频和红外)、声波,但无线电波仍是当前传感器网络的主流通信方式,在很多领域得到了广泛应用。

ISM 波段在高频和特高频的频率范围上都有分布,但信号在不同的频度上传播特性、功率消耗以及对器件性能和天线要求却是有很大区别,如表 3-2-1 所示。例如,在 ISM 13.5MHz,如果采用 $\lambda/4$ 对偶天线,天线长度为 5.6m,显然要求这么长的天线很不适合小体积的无线传感器网络节点,对于 ISM2.4GHz,其采用 $\lambda/4$ 对偶天线,天线长度为 3.1cm,高的频率就可以将节点做得很小,也有利于天线的 MEMS 集成。但是从功耗的角度分析会发现,在传输相同的有效距离时,载波频率越高消耗能量越多,这是因为高频率载波对频率合成器的要求也就越高,在射频前端发射机中频率合成器可以说是其主要的功耗模块,并且根据自由空间无线传输损耗理论可知,波长越短其传输损耗越大,也就意味着高频率需要更大的发射功率来保证一定的传输距离。

表 3-2-1 ISM 波段一些频率及说明

频段	说明
13.553~15.567MHz	电感耦合,RFID 使用
26.957~27 283MHz	电感耦合,在特别应用中采用
40.66~40.70MHz	用于遥测和遥控,不适用 RFID
433~464MHz	反射散射耦合,少量 RFID 使用
902~928MHz	反射散射耦合,已有多个应用系统(中国铁路)
2.4~2.5GHz	反射散射耦合,多个系统采用
5.725~5.875GHz	反射散射耦合,少量 RFID 使用
24~24.25GHz	用于移动信号传感器,也用于传输数据的无线电定向系统,没有射频识别系统工作

另外,从节点的物理层集成化的角度来考虑,虽然当前的 CMOS 工艺已经成为主流,但是对大电感的集成化还是一个非常大的挑战,随着深亚微米工艺的进展,更高的频率更易于电感的集成化设计,这对于未来节点的完全 SoC 设计是有利的,所以频段的选择是一个非常慎重的问题。由于无线传感器网络是一种面向应用的网络,所以针对不同的实际应用,综

合成本、功耗、体积的条件下进行一个最优选择。美国联邦通信委员会(FCC)给出了2.4GHz是当前工艺条件下,将功耗需求、成本、体积等折中较好的一个频段,并且是全球的ISM波段,但是这个频段也是现阶段不同应用设备可能造成相互干扰最严重的频段,因为蓝牙、WLAN、微波炉设备、无线电话等都采用该频段的频率。

目前,很多研究机构设计的无线传感器网络节点物理层基本上都是在现有的器件工艺水平上展开的,基本上采用结构简单的幅移键控(ASK)、频移键控(FSK)以及最小频移键控(MSK)调制方式,在频段的选择上也都集中在433～464MHz、902～928MHz及2.4～2.5GHz的ISM波段。

提高数据传输速率可以减少数据收发时间,对于节能有一定的好处,但需要同时考虑提高网络速度对误码的影响。一般用单个比特的收发能耗来定义数据传输对能量的效率,但比特能耗越小越好。

3.2.2　无线信道的传播模型

信道是信号传输的通道。通信信道包括有线信道和无线信道。有线信道包括同轴电缆、光纤等。无线信道是无线通信发送端和接收端之间通路的形象说法,它以电磁波的形式在空间传播。无线传感器网络物理层主要采用无线信道。

3.2.2.1　自由空间信道

无线电波在自由空间的传播称为自由空间传播,其模型的特点是均匀无损耗的无限大空间、各向同性、电导率为0,相对介电常数和相对磁导率为1。无线电波在自由空间不存在电波的反射、折射、绕射、色散和吸收等现象,电波的传播速率等于真空中的光速C。

电波在传播过程中的衰减称为传播损耗,自由空间传播损耗的本质:球面波在传播过程中,随着传播距离增大,球面单位面积上的能量减小了。接收天线的有效截面积一定,故接收天线所捕获的信号功率减小。自由空间信道是一种理想的无线信道,它是无阻挡、无衰落、非时变的自由空间传播信道,如图3-2-1所示。

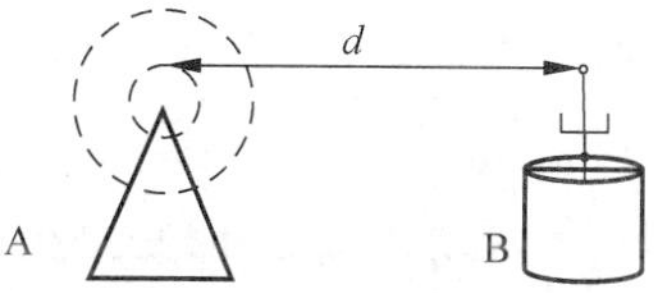

自由空间信道模型,假定A点是信号的发射源,B点是接收机,d是发射源与接收机之间的距离,信号发射源的天线辐射功率为P_t。在距离发射源A点d处的接收机B点的空间上任意点(相当于面积为$4\pi d^2$的球面的单位面积)的发射功率密度为P_0:

图3-2-1　自由空间信道模型

$$P_0=\frac{P_t}{4\pi d^2}(\mathrm{W/m^2}) \tag{3-2-1}$$

式中,$P_t/P_0=4\pi d^2$,称为传播因子。

在实际无线通信系统中,真正的全向性天线是不存在的,实际天线都带有方向性,一般用天线的增益G来表示。如发射天线在某方向的增益为G_1,则在该方向的功率密度增加G_1倍。在图3-2-1中,相距A点d处单位面积接收功率可表示为$\frac{P_tG_1}{4\pi d^2}(\mathrm{W/m^2})$。

对于接收天线,增益可以理解为天线接收定向电波功率的能力,接收天线的增益G_2与有效面积A_e和工作的电磁波长λ有关,接收天线增益与天线有效面积A_e的关系为

$$A_e = \frac{\lambda^2 G_2}{4\pi} \tag{3-2-2}$$

则与发射机相距 d 的接收机接收到的信号载波功率为

$$P_r = \frac{P_t G_1 A_e}{4\pi d^2}(\mathrm{W}) \tag{3-2-3}$$

将式(3-2-1)代入式(3-2-3)得

$$P_r = \frac{P_t G_1 \lambda^2 G_2}{4\pi d^2 \cdot 4\pi} = \frac{P_t G_1 G_2}{(4\pi d/\lambda)^2}(\mathrm{W}) \tag{3-2-4}$$

令 $L_{fs}=(4\pi d/\lambda)^2$，则式(3-2-4)变形为

$$P_r = \frac{P_t G_1 G_2}{L_{fs}}(\mathrm{W}) \tag{3-2-5}$$

这就是著名的 Friis 传输公式，它表明了接收天线的接收功率和发射天线的发射功率之间的关系。其中，L_{fs} 称为自由空间传播损耗，只与 λ 和 d 有关。考虑到电磁波在空间传播时，空间并不是理想的，例如气候因素的影响。假设由气候影响带来的损耗为 L_a，此时接收天线的接收功率可以表示为

$$P_r = \frac{P_t G_1 G_2}{L_a L_{fs}}(\mathrm{W}) \tag{3-2-6}$$

收、发天线之间的损耗 L 可以表示为

$$L = \frac{P_t}{P_r} = \frac{L_a L_{fs}}{G_1 G_2} \tag{3-2-7}$$

3.2.2.2 多径信道

多径传播是指无线电波在传播时，通过两个以上不同长度的路径到达接收点，接收天线信号是不同路径的电磁强度之和，如图 3-2-2 所示。

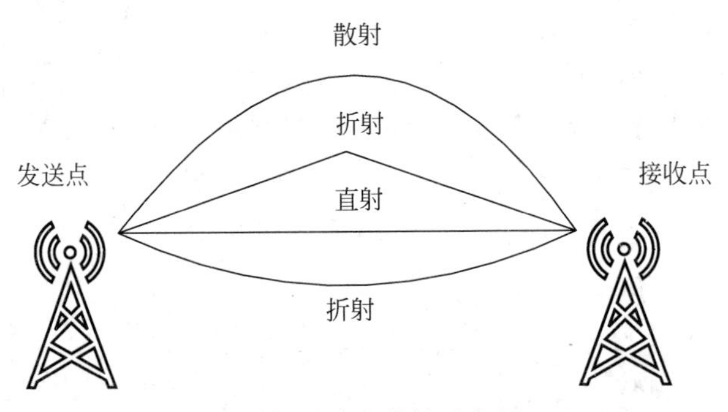

图 3-2-2 多径传输示意图

在无线通信领域，多径是指无线电信号传输过程中会遇到障碍物的阻挡，从发射天线经过几个路径抵达接收天线的传播现象(这种现象多出现在分米波、厘米波和毫米波段)，例如楼房或者高大的建筑物、山丘等，对电波产生反射、折射或者衍射等，如图 3-2-3 所示。

对于无线传感器网络来说，其通信大都是短距离、低功耗传输，且一般离地面较近，所以对于一般的场景(如走廊)，可以认为它主要存在 3 种路径，即障碍物的反射、直射以及地面反射。

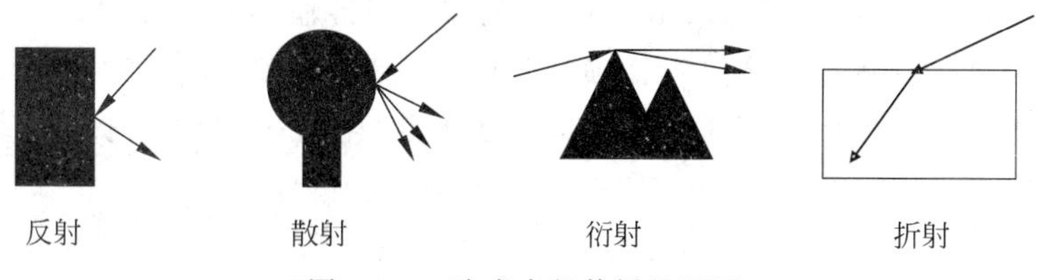

图 3-2-3 造成多径传播的原因

因为多径传播的不同路径到达的电磁波射线相位不一致，引起信号在信道中传输时变形，导致接收信号呈衰落状态，使信号产生误码，所以在设计无线传感器网络物理层时要考虑信号的多径衰落。

3.2.2.3 加性噪声信道

加性噪声一般指热噪声（导体中自由电子的热运动）、散弹噪声（真空管中电子的起伏发射和半导体中载流子的起伏变化），它们与信号之间的关系是相加的，不管有没有信号，噪声都存在。加性噪声独立于有用信号，但始终干扰有用信号，不可避免地对无线通信信道造成影响。

信道中的加性噪声一般来源于以下 3 方面：

（1）人为噪声。人类活动造成的其他信号源，例如，外台信号、开关接触噪声、工业的点火辐射即荧光灯干扰等。

（2）自然噪声。自然界存在的各种电磁波源，例如，闪电、大气中的电暴、银河系噪声及其他各种宇宙噪声等。

（3）内部噪声。系统设备本身产生的各种噪声，例如，在电阻类的导体中自由电子的热运动和散弹噪声及电源噪声等。

最简单的加性噪声信道数学模型如图 3-2-4 所示。这是目前通信系统分析和设计中主要应用的信道模型，其中 $s(t)$ 为传输信号，$n(t)$ 为噪声，a 为信道中的衰减因子，接收到的信号为

$$r(t)=as(t)+n(t) \tag{3-2-8}$$

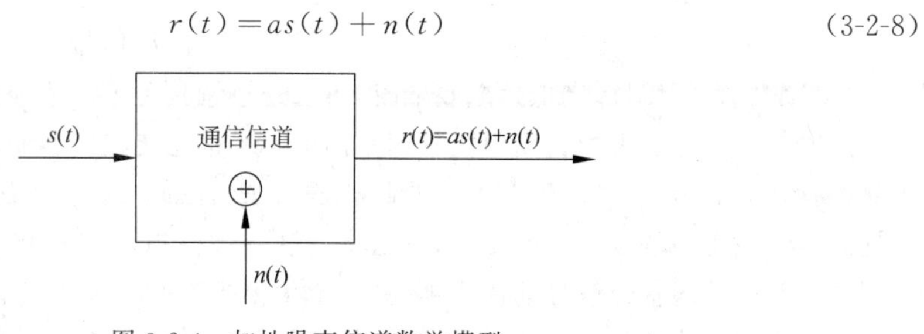

图 3-2-4 加性噪声信道数学模型

3.2.2.4 实际环境信道

实际环境中的无线信道往往比较复杂，除了自由空间损耗还伴有多径、障碍物的阻挡引起的衰落。考虑到 Friis 方程主要针对远距离理想无线通信网络、ZigBee 等短距离通信，工程上往往采用改进的 Friis 方程来表示实际接收到的信号强度，即

$$P_{\mathrm{r}}=P_{\mathrm{t}}\left(\frac{\lambda}{4\pi d_0}\right)^2\left(\frac{d_0}{d}\right)^n G_1G_2 \tag{3-2-9}$$

式中，d_0 为参考距离，短距离通信般取 1m；n 的取值与传输环境有关。

对于较为复杂的环境还需要进行精确的测试才能获得准确的信道模型。研究者通过实际测量获得了4种不同环境与距离的路径损耗变化，即在 $1\text{m}\leqslant d<10\text{m}$ 时 n 取2，在 $10\text{m}\leqslant d<20\text{m}$ 时 n 取3，在 $20\text{m}\leqslant d<40\text{m}$ 时 n 取6，在 $d\geqslant 40\text{m}$ 时 n 取12。

$$L=L_{\text{fs}}+\begin{cases}20\lg d, & 1\text{m}\leqslant d<10\text{m}\\ 20+30\lg\dfrac{d}{10}, & 10\text{m}\leqslant d<20\text{m}\\ 29+60\lg\dfrac{d}{20}, & 20\text{m}\leqslant d<40\text{m}\\ 47+120\lg\dfrac{d}{40}, & d\geqslant 40\text{m}\end{cases}\tag{3-2-10}$$

视频

3.3 物理层主要技术

编码调制技术影响占用频率带宽、通信速率、收/发机结构、功率等技术参数。常见的编码调制技术包括窄带调制技术[如幅移键控(ASK)、频移键控(FSK)、相移键控(PSK)]和各种扩频调制技术[如跳频(FHSS)、直接序列扩频(DSSS)等]及无载波的超宽带UWB调制技术。扩频通信的工作原理是在发送端将传送的信息用伪随机码调制，实现频谱扩展后再传输；接收端则采用相同的编码进行解调及相关处理，恢复原始信息数据。与传统的窄带通信方式相比，扩频通信具有抗干扰、抗噪声、功率频谱低、保密性、隐蔽性和低截获概率等特点；超宽带UWB调制技术是一种无须载波的调制技术，其超低功耗和易于集成的特点较适合短距离通信的WSN应用。但是UWB需要较长的捕获时间，即需要较长的前导码，这将降低信号的隐蔽性，所以需要MAC层更好地协作。

3.3.1 信号调制与解调

因为是无线网络，传输介质自然要选电磁波。不过，源信号要依靠电磁波传输必须通过调制技术变成高频信号，当抵达接收端时，再通过解调技术还原成原始信号。调制与解调是为了能够在可容忍的天线长度内实现远距离的无线信息传输。调制对通信系统的有效性和可靠性有很大的影响，采用什么方法调制和解调往往在很大程度上决定着通信系统的质量。根据调制中采用的基带信号的类型，可以将调制分为模拟调制和数字调制。它们的区别在于调制信号所用的基带信号的模式不同(一个为模拟，一个为数字)。模拟调制是用模拟基带信号对高频载波的某一参量进行控制，使高频载波随着模拟基带信号的变化而变化。数字调制是用数字基带信号对高频载波的某一参量进行控制，使高频载波随着数字基带信号的变化而变化。

通常信号源的编码信息(即信源)含有直流分量和频率较低的频率分量，称为基带信号。基带信号往往不能作为传输信号，因而要将基带信号转换为频率非常高的带通信号，以便进行信道传输。通常将带通信号称为已调信号，而基带信号称为调制信号。调制与解调是通过射频前端的调制解调器实现的。

目前通信系统都在由模拟制式向数字制式过渡，因此数字调制已经成为主流的调制技术。

3.3.1.1 模拟调制

模拟调制作用的实质是把各种信号的频谱搬移,使它们互不重叠地占据不同的频率范围,即信号分别依托于不同频率的载波,接收机可以分离出所需频率的信号,避免互相干扰。

模拟调制的目的是:

(1) 信道传输频率特征的需要。

(2) 实现信道复用。

(3) 改善系统的抗噪声性能,或通过调制来提高系统频带的利用率。

采用不同的调制技术对系统性能将产生很大的影响。

以一个简单的正弦波 $S(t)$ 为例:

$$S(t)=A(t)\sin[2xyf(t)+Q(t)] \tag{3-3-1}$$

式中,正弦波 $S(t)$ 为载波,基于正弦波的调制技术即对其参数幅度 $A(t)$、频率 $f(t)$ 和相位 $Q(t)$ 进行相应的调整,分别对应调制方式的幅度调制(Amplitude Modulation,AM)、频率调制(Frequency Modulation,FM)和相位调制(Phase Modulation,PM)。它们的已调波也就分别称为调幅波、调频波和调相波,如图 3-3-1 所示。由于模拟调制自身的功耗较大且抗干扰能力及灵活性差,正在逐步被数字调制技术替代。但是当前模拟调制技术在上下变频处理中起着无可代替的作用。

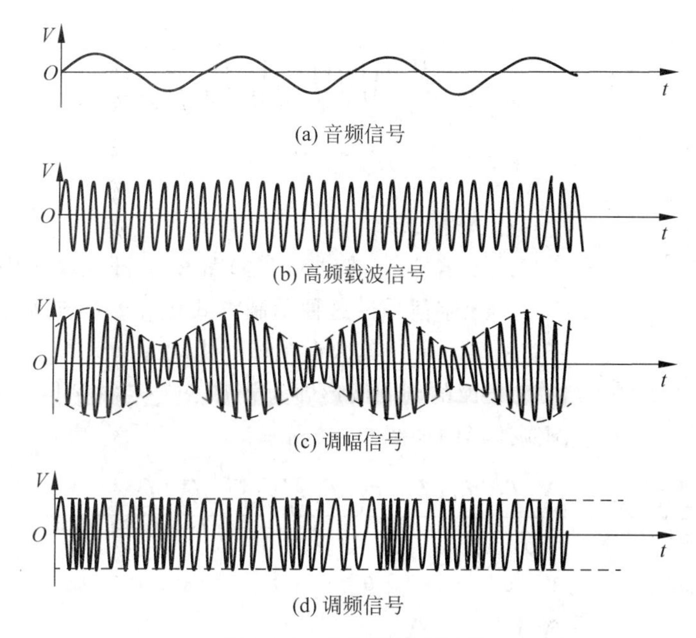

图 3-3-1 模拟信号调制图

3.3.1.2 数字调制

数字调制就是将数字信号变成适合信道传输的波形,调制信号为数字基带信号。调制的方法主要是通过改变幅度相位或者频率来传送信息。用数字信号来进行调幅、调频、调相分别又被称为幅移键控(Amplitude Shift Keying, ASK)、频移键控(Frequency Shift Keying,FSK)和相移键控(Phase Shift Keying,PSK)。每种类型又有很多不同的具体形式，如基于 ASK 变形的正交载波调制技术、单边带技术、残留边带技术和部分响应技术等，基于 FSK 的 CPFSK(连续相位)与 NCPFSK(非连续相位调制)以及基于 PSK 的多相 PSK 调制等。

调制的基本原理是用数字信号对载波的不同参量进行调制，即

$$S(t)=A\cos(\omega t+\varphi) \tag{3-3-2}$$

载波 $S(t)$ 的参量包括幅度 A、频率 ω 和初相位 φ，调制就是要使 A、ω 或 φ 随数字基带信号的变化而变化。其中，ASK 调制方式是用载波的两个不同振幅表示 0 和 1；FSK 调制方式是用载波的两个不同频率表示 0 和 1；PSK 调制方式是用载波的起始相位变化表示 0 和 1。如图 3-3-2 所示为二进制数字信号的调制图。

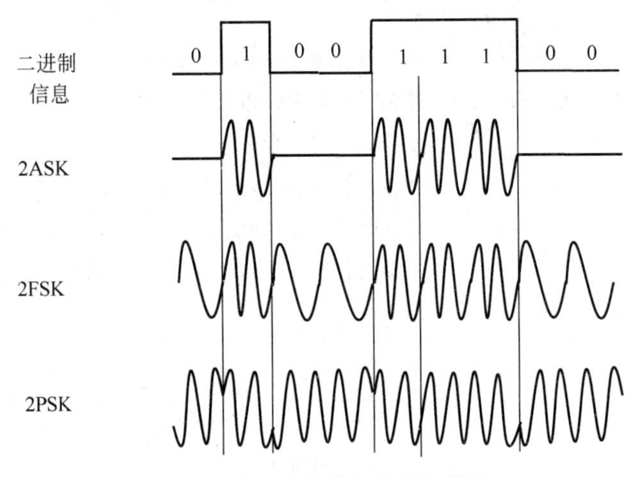

图 3-3-2　二进制数字信号调制图

d(t)

S(t)

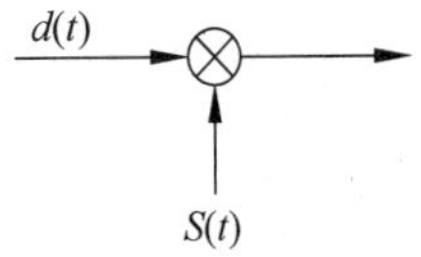

图 3-3-3　ASK 调制电路结构图

1. ASK 调制

ASK 调制电路结构图如图 3-3-3 所示，其中 $S(t)$ 为载波，$d(t)$ 为数字信号。这种调制方式优点是结构简单、易于实现、对带宽的要求低。其缺点是抗干扰能力差。

ASK 的调制波形即为载波 $S(t)$ 与数字信号 $d(t)$ 的乘积，其调制波形图如图 3-3-4 所示。

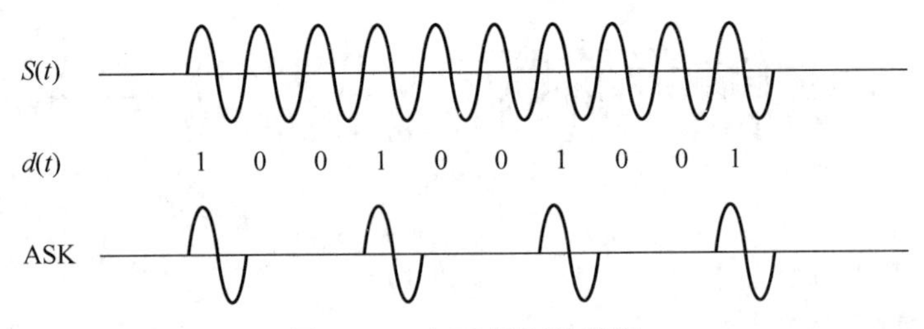

图 3-3-4　ASK 调制波形图

2. FSK 调制

FSK 是信息传输中使用较早的一种调制方式。它的主要优点是实现起来较容易，抗噪声与抗衰减的性能比较好，因此在中低速数据传输中得到了广泛的应用。其相比于 ASK

需要更大的带宽。

FSK 是利用两个不同 F_1 和 F_2 的振荡源(即载波 F_1 和载波 F_2)来实现频率调制，具体实现如下：

$$e_0(t) = \sum a_n g(t - nT_s) \cdot \cos\omega_1 t + \sum a_n g(t - nT_s) \cdot \cos\omega_2 t \qquad (3\text{-}3\text{-}3)$$

式中，$F_1 = \sum a_n g(t - nT_s) \cdot \cos\omega_1 t$，$F_2 = \sum a_n g(t - nT_s) \cdot \cos\omega_2 t$。

以 2FSK(二进制 FSK)调制为例，用数字信号的 1 和 0 分别控制两个独立的振部源交替输出。2FSK 信号的产生原理框图如图 3-3-5 所示，其调制波形图如图 3-3-6 所示，其中 $d(t)$为数字信号。

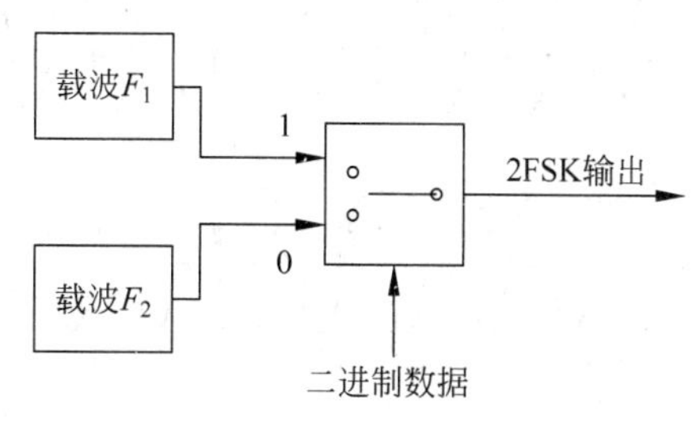

图 3-3-5　2FSK 信号产生原理框图

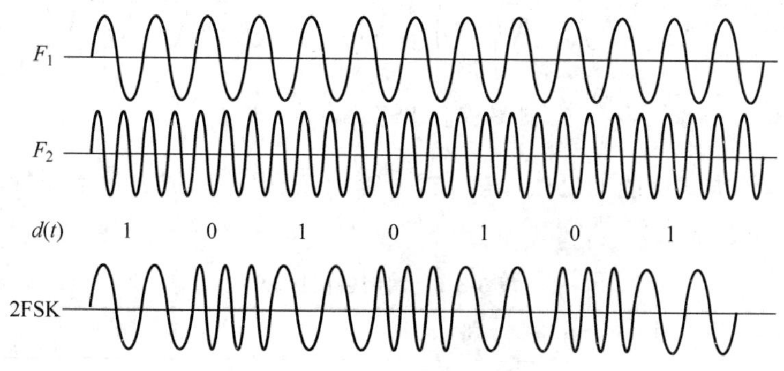

图 3-3-6　2FSK 调制波形图

3. PSK 调制

PSK 相移键控调制技术(调相技术)在数据传输中，尤其是在中速和中高速(2400～4800b/s)的数传机中得到了广泛的应用。相移键控有很好的抗干扰性，在有衰落的信道中也能获得很好的效果。

在 PSK 调制时，载波的相位随调制信号状态的不同而改变。如果两个频率相同的载波同时开始振荡，这两个频率同时达到正最大值、零值和负最大值，此时它们处于“同相”状态；如果一个达到正最大值时，另一个达到负最大值，则称为“反相”。一般把 360°作为信号振荡的一个周期。如果一个波和另一个波在同一时刻相比相差半个周期，此时两个波的相位差为 180°，即反相。当传输数字信号时，0 控制发同相相位，1 控制发反相相位。以 2PSK(二进制 PSK)调制为例，载波相位只有 0 和 π 两种取值，分别对应调制信号的 0 和 1。传送信号 1 时，发起始相位为 m 的载波；当传送信号 0 时，发起始相位为 0 的载波。2PSK 的调制原理如图 3-3-7 所示，调制波形图如图 3-3-8 所示，其中 $d(t)$为数字信号。

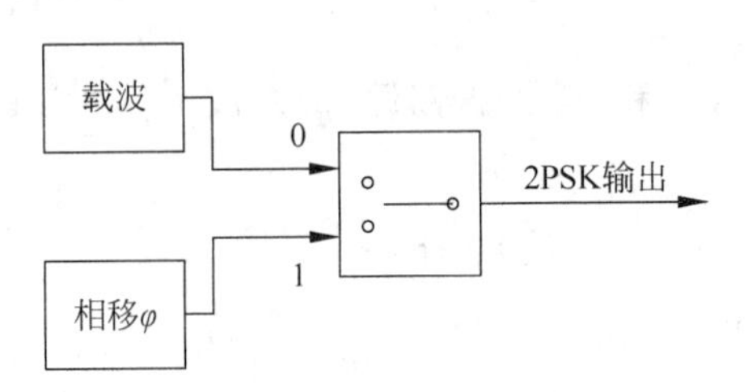

图 3-3-7　2PSK 的调制原理

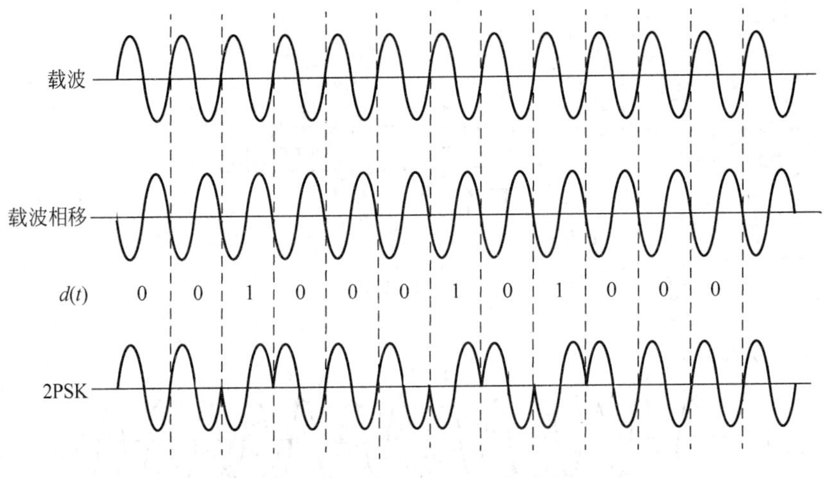

图 3-3-8　2PSK 调制波形图

3 种调制解调方式性能的比较如表 3-3-1 所示,表中的数据表示不同标准下的技术评级,1 代表最差,5 代表最好。

表 3-3-1　调制性能比较

分　类	窄　带	扩　频	UWB
成本	3	4	3
功耗	2	5	4
低传输范围和低速率	3	5	4
抗干扰能力	1	5	4
抗背景噪声能力	2	5	2
同步难易度	3	2	2
频谱利用率	2	4	5
多播能力	1	3	4

3.3.2　信道编码

使用信道编码器的主要目的是产生一个数据序列,这个数据序列必须对噪声具有很强的鲁棒性,并提供错误检测和前向纠错机制。对于简单和廉价的收发器来说,前向纠错机制是昂贵的,因此,信道编码仅提供错误检测机制。

物理信道限制了信号传输量和速率,如图 3-3-9 所示。

根据香农定理,一个信道的无差错传输能力定义为

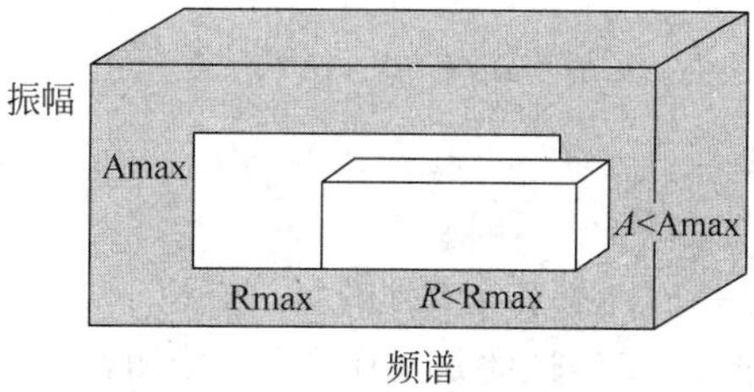

图 3-3-9　物理信道对信号传输量和速率的限制

$$C = B \cdot \log\left(1 + \frac{S}{N}\right) \tag{3-3-4}$$

其中，C 是信道容量(以每秒的比特数表示)，B 是信道带宽(赫兹)，S 是整个带宽上的平均信号功率(以瓦特表示)，N 是整个带宽上的平均噪声功率(以瓦特表示)。

式(3-3-4)说明，如果要保证发送的数据没有错误，其传输速率不能超出信道容量的可承受范围，这也表明了信噪比(SNR)是如何提高信道的容量的。式(3-3-4)还揭示了在传输过程中为什么会出现差错的两个不相关的原因：

(1) 如果信号的传输速率超出信道容量的可承受范围，那么信息将会丢失。这样的错误在信息论里被称为疑义度(equivocation)，它具有负偏差的特点。

(2) 如果信号掺杂了很多不相关的噪声，信息将会丢失。

一个随机的信道模型有助于量化这两种误差源的影响。

假设一个输入序列 x_l，有 j 个不同的值，即 $x_l \in X(x_1, x_2, \cdots, x_j)$，在物理信道进行传输。令 $P(x_l)$ 表示 $P(X=x_l)$，这个信道的输出可以解码为由 k 个值组成的 $y_m \in Y(y_1, y_2, \cdots, y_k)$。令 $P(y_m)$ 表示 $P(Y=y_m)$。在 t_i 时刻，信道由输入信号 x_i 产生输出 y_i。

假设信道传输的数据失真，可以把这个失真过程(传输概率)模型化为一个随机过程：

$$P(y_m \mid x_l) = P(Y = y_m \mid X = x_l) \tag{3-3-5}$$

这里，$l=1,2,\cdots,j$；$m=1,2,\cdots,k$。

在下面对信道随机过程特性的分析中，假设以下条件成立：

- 信道是离散的，即 X 和 Y 是一组有限的符号集。
- 信道是固定的，即 $P(y_m|x_l)$独立于时间 t_i。
- 信道是无记忆的，即 $P(y_m|x_l)$与先前的输入输出数据相互独立。

一种描述传输失真的方法是使用信道矩阵 $\boldsymbol{P}_\mathrm{C}$，即

$$\boldsymbol{P}_\mathrm{C} = \begin{pmatrix} P(y_1 \mid x_1) & P(y_2 \mid x_1) & \cdots & P(y_k \mid x_1) \\ P(y_1 \mid x_2) & P(y_2 \mid x_1) & \cdots & P(y_k \mid x_3) \\ \vdots & \vdots & \ddots & \vdots \\ P(y_1 \mid x_j) & P(y_2 \mid x_j) & \cdots & P(y_k \mid x_j) \end{pmatrix} \tag{3-3-6}$$

这里，有

$$\sum_{m=1}^{k} P(y_m \mid x_j) = 1, \quad \forall j \tag{3-3-7}$$

从而得

$$P(y_m)=\sum_{l=1}^{j}P(y_m \mid x_l)\cdot P(x_l) \tag{3-3-8}$$

3.3.2.1 信道类型

1. 二元对称信道

二元对称信道(BSC)是一种能够传输二进制位(0 和 1)的信道。这个信道能够以概率 p 正确地传输一个比特信息(不管传送的是 0 还是 1),传输错误的概率则是 $1-p$(即把 1 变成了 0,0 变成了 1)。图 3-3-10 描述了这个信道模型。

差错与无差错传输的条件概率分别表示成:

$$P(y_0 \mid x_0)=P(y_1 \mid x_1)=1-p \tag{3-3-9}$$

$$P(y_1 \mid x_0)=P(y_0 \mid x_1)=p \tag{3-3-10}$$

因此,二元对称信道的信道矩阵可表示成:

$$P_{\mathrm{BSC}}=\begin{pmatrix}1-p & p\\ p & 1-p\end{pmatrix} \tag{3-3-11}$$

2. 二元删除信道

在一个二元删除信道(BEC)中,无法保证传输的比特流都能被接收到(无论有否差错)。因此这种信道被描述为二元输入和三元输出信道。信息丢失的概率是 p,无差错接收的概率是 $1-p$,在删除信道中产生错误的概率是 0,图 3-3-11 显示了一个二元删除信道。

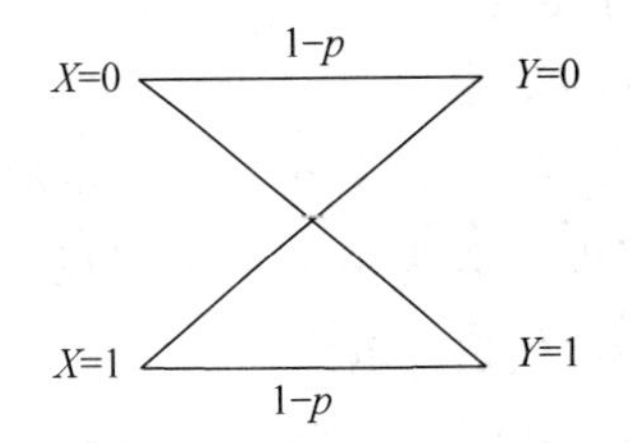

图 3-3-10　二元对称信道模型

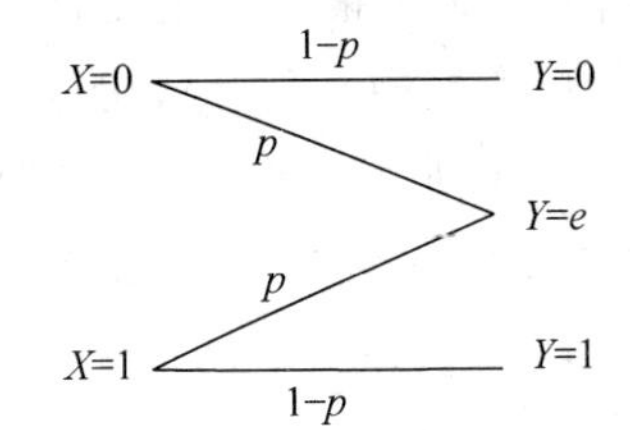

图 3-3-11　二元删除信道模型

二元删除信道的信道矩阵可表示如下:

$$P_{\mathrm{BEC}}=\begin{pmatrix}1-p & p & 0\\ 0 & p & 1-p\end{pmatrix} \tag{3-3-12}$$

式(3-3-12)说明一个比特的信息或者以 $P(1|1)=P(0|0)=1-p$ 的概率成功传输,或者以概率 p 在信道中丢失。传输 1 时收到 0 的概率是 0;反之亦然。

3.3.2.2 信道内的信息传输

给定输入信息 $X:(X,\xrightarrow{P_x},H(x))$、信道矩阵 $\boldsymbol{P}_{\mathrm{C}}$ 和输出信息 $Y:(Y,\xrightarrow{P_y},H(Y))$则可以描述不相关度和疑义度的影响以及信息在信道中无差错传输的百分比,它被称为信息传输量或者互信息。

1. 不相关性(Irrelevance)

由于噪声干扰而引入信道中传输的信息内容被定义为条件信息内涵 $I(y|x)$。如果 x 已知,则可以求出 y 的信息内容。这个条件即为

$$H(y \mid x)=E_y[I(y \mid x)]=\sum_{y\in Y}P(y \mid x)\cdot\log_2\left(\frac{1}{P(y \mid x)}\right) \tag{3-3-13}$$

其中，$P(y|x)$可以从信道矩阵 $\boldsymbol{P}_C$ 中得出。对于所有输入信号 $x \in X$，得到平均条件熵为：

$$H(Y \mid X) = E_x[H(Y \mid x)] = \sum_{x \in X} P(x) \cdot \sum_{y \in Y} P(y \mid x) \cdot \log_2\left(\frac{1}{P(y \mid x)}\right) \quad (3\text{-}3\text{-}14)$$

式(3-3-14)等价于

$$H(Y \mid X) = E_x[H(Y \mid x)] = \sum_{x \in X} \sum_{y \in Y} P(y \mid x) \cdot P(x) \cdot \log_2\left(\frac{1}{P(y \mid x)}\right) \quad (3\text{-}3\text{-}15)$$

由贝叶斯公式，化简得到

$$p(x,y) = P(y \mid x) \cdot P(x) \quad (3\text{-}3\text{-}16)$$

从式(3-3-15)可以看出，一个好的信道编码器应该能够减少不相关熵。

2. 疑义度(Equivocation)

由于信道固有的限制，信息内容可能会丢失。信息内容可以通过在输出 y 已知的情况下观察输入 x 来得到：

$$H(Y \mid X) = \sum_{x \in X} \sum_{y \in Y} P(x \mid y) \cdot P(x) \cdot \log_2\left(\frac{1}{P(x \mid y)}\right) \quad (3\text{-}3\text{-}17)$$

再次使用贝叶斯条件概率公式，可得

$$p(x,y) = \frac{P(y \mid x) \cdot P(x)}{P(y)} = \frac{P(y \mid x) \cdot P(x)}{\sum_{x \in X} P(y \mid x) \cdot P(x)} \quad (3\text{-}3\text{-}18)$$

式(3-3-18)的条件概率也称为推理概率或者后验概率。因此，疑义度有时也称作估计熵。一个好的信道编码方案应具有较高的估计概率，这可以通过在道编码过程中引入冗余来实现。

3. 信息传输量(Transinformation)

信息传输量 $I(X;Y)$定义为在克服信道的限制下所能到达目的地的信息传输量。给定信息源的熵 $H(X)$和疑义度 $H(X|Y)$，信息传输量表示为：

$$I(X;Y) = H(X) - H(X \mid Y) \quad (3\text{-}3\text{-}19)$$

对式(3-3-17)进一步展开得

$$\sum_{x \in X} P(x) \cdot \log_2\left(\frac{1}{P(x)}\right) - \sum_{x \in X} \sum_{y \in Y} P(x \mid y) \cdot \log_2\left(\frac{1}{P(x \mid x)}\right) \quad (3\text{-}3\text{-}20)$$

整理得

$$H(Y) - H(Y \mid X) = I(Y;X) \quad (3\text{-}3\text{-}21)$$

不相关性、疑义度和信息传输量的关系见图 3-3-12。

4. 检错和纠错

除了提高信道的信息传输量外，识别和纠正在传输过程中的错误信息也是非常重要的。通过发送特殊类型的字符可以识别出错误。如果一个信道解码器识别到了未知码字，它就会纠错或者请求发送器重发，称为自动重传请求 ARQ。理论上，一个解码器只能纠正 m 个错误(m 取决于码字的大小)。前向纠错可以通过发送 n 位的信息和 r 位的控制信息来完成。但是，前向纠错会降低信息的传输速度。

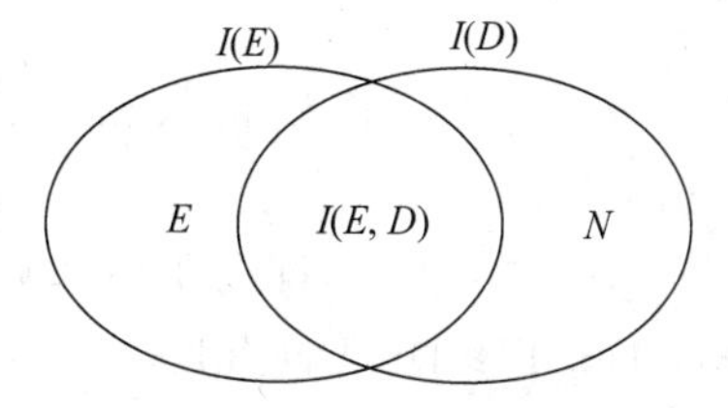

图 3-3-12　不相关性、疑义度和信息传输量

3.3.3 扩频通信

信号仅经过调制是不行的，还需要进行扩频。扩频就是将待传输数据进行频谱扩展的技术，其信号所占有的频带宽度远大于所传信息必需的最小带宽。扩频通信是将待传送的信息数据经伪随机编码扩频处理后，再将频谱扩展了的宽带信号在信道上进行传输；接收端则采用相同的编码序列进行解调及相关处理，恢复出原始信息数据。典型的扩频收发机结构如图 3-3-13 所示。

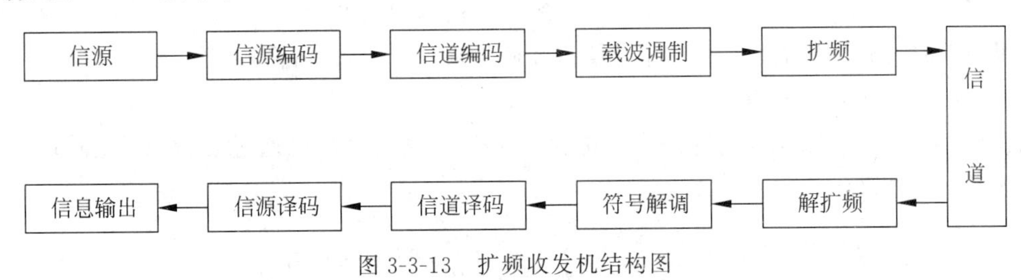

图 3-3-13 扩频收发机结构图

扩频通信的理论基础是从信息论和抗干扰理论的基本公式中引申而来的，如信息论中的香农公式见式(3-3-4)。在给定的传输速率 C 不变的条件下，频带宽度 B 和信噪比(SNR)是可以互换的，即通过增加频带宽度的方法，在较低的信噪比 SNR 下传输信息。

扩频通信相比于窄带通信方式，主要特点包括以下两点：

(1) 信息的频谱在扩展后形成宽带进行传输。

(2) 信息的频谱经过相关处理后恢复成窄带信息数据。

由于这两大特点，使扩频通信具有以下优点：抗干扰、抗噪声、抗多径干扰、保密性好、功率谱密度低、具有隐藏性和低的截获概率、可多址复用和任意选址以及易于高精度测量等。

按照扩展频谱的方式不同，现有的扩频通信系统可以分为以下几类，直接序列扩频和跳频扩频是使用最广的两种方式。

(1) 直接序列扩频(Direct Sequence Spread Spectrum，DSSS)工作方式，简称直扩(DS)方式。

(2) 跳变频率(Frequency Hopping Spread Spectrum，FHSS)工作方式，简称跳频(FH)方式。

(3) 跳变时间(Time Hopping Spread Spectrum，THSS)工作方式，简称跳时(TH)方式。

(4) 宽带线性调频(Chirp Modulation Spread Spectrum，Chirp-SS)工作方式，简称 Chirp 方式。

(5) 混合方式，即在几种基本扩频方式的基础上组合起来构成各种混合方式，如 DS/FH、DS/TH、DS/FH/TH。

扩频技术的优点在于易于重复使用频率，提高了无线频谱利用率；抗干扰性强；隐蔽性好，对各种窄带通信系统的干扰很小；可以实现码分多址；抗多径干扰；能精确地定时和测距；适合数字语音和数据传输，以及开展多种通信业务；安装简便，易于维护。

3.4　天线

天线是发送和接收电磁波的通信组件，是一种能量转换器（transducer）。天线是双向的：发送时，发射机产生的高频振荡能量，经过发射天线变为带有能量的电磁波，并向预定方向辐射，通过介质传播到达接收天线；接收时，接收天线将接收到的电磁波能量变为高频振荡能量送入接收机，完成无线电波传输的全过程。天线系统的发送和接收过程如图 3-4-1 所示。天线作为数据出入无线设备的通道，在传感器网络的通信过程中起着重要作用，天线及其相关电路往往也是影响整个节点能否高度集成的重要因素。

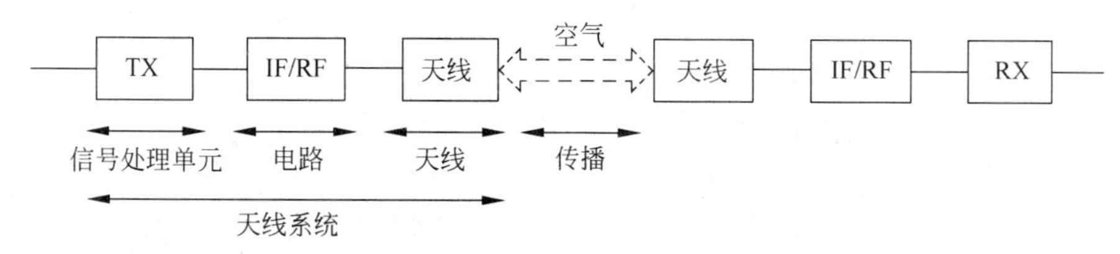

图 3-4-1　天线系统的发送和接收过程

天线的性能会对通信设备的无线通信能力、组网模式等产生重要的影响。一般来说，传感器网络对天线有以下要求：

（1）对于尺寸有一定的限制，并要符合极化要求；

（2）实现输入阻抗匹配要求，及信道频带宽度要求；

（3）优化传输性能和辐射效率，实现节能、高效；

（4）满足低成本、可靠工作等要求。

天线是一种无源器件，本身并没有增加所辐射信号的能量，只是通过天线振子的组合改变其馈电方式。全向天线是将能量按照 360°的水平辐射模式均匀辐射出去，便于安装和管理。定向天线是将能量集中到某一特定方向上，相应地在其他方向上减小能量强度，大大节省能量在无效方向上的损耗，适用于远距离定向通信。

一般情况下，传感器网络难以利用高增益的定向天线，因为定向天线需要特殊的对准而不易实施。传感器网络首选全向天线，使得节点在各个方向上进行有效的通信。传感器网络所用的天线在体积、能耗效率、成本方面有一定的限制。常用的线状天线包括单极（monopole）天线、偶极（dipole）天线、环形（loop）天线、鞭状（whip）天线、螺旋状（helix）天线等。其他常用的还有槽状（slot）天线、微带（microstrip）天线等。表 3-4-1 分析了 PCB 天线、线型天线、芯片天线等常用天线的特性。

表 3-4-1　近距离通信中常用天线及特性

<table>
<tr><th colspan="2">天线类型</th><th>优　势</th><th>劣　势</th></tr>
<tr><td colspan="2">PCB 天线</td><td>成本极低，适合 868MHz 以上频率，高频时尺寸小，有较多的标准化天线设计方案可供使用</td><td>低频时尺寸大，不适合 433MHz 以下频率</td></tr>
<tr><td>线型天线</td><td>偶极天线</td><td>非常便宜，增益高</td><td>低频时尺寸大，不适合 433MHz 以下频率</td></tr>
</table>

续表

天线类型		优　势	劣　势
线型天线	鞭状天线	性能好，易于采购标准的天线模块	成本高，很难适应许多应用
	环形天线	便宜，不易手动调整	增益差，窄带，工作频率难以调整
	平面螺旋天线	尺寸比鞭状天线小，工作频谱宽	难以设计馈电
	立体螺旋天线	定向性好，增益高	机械构造，体积大，容易受到附近的物体影响而导致失谐
微带天线		制造成本低，适于大量生产；重量轻、体积小、制面薄；易于实现双频工作	工作频带窄；损耗大，增益低；大多微带天线只在半空间辐射；端射性能差；功率容量低；低频时尺寸大，不适合433MHz以下频率；性能受PCB设计影响大
芯片天线/陶瓷天线		尺寸小；独立组件，不易受环境因素影响；易于采购标准的天线模块	成本稍高，性能一般；易受到PCB尺寸、厚度、形状等因素影响；低频时尺寸大，不适合低于433MHz的频率
槽状天线		设计简单，鲁棒	低频时尺寸大，不适合433MHz以下频率

上述天线均为单体(single-element)天线，若将多个相同的天线依特定距离置于一条线或一个平面上，即可形成线性天线阵列(linear antenna array)或平面天线阵列(planar antenna array)。智能天线是利用波束转换和自适应阵列方式将波束对准目标方向，并能按需调整波束宽度，实现系统资源的优化利用，获得较高的系统性能增益，将同样的数据发送到同样的距离，所需的发射功率要小得多。传感器网络中引入智能天线能够提高增益和信噪比，降低误码率，从而改善吞吐量、延迟和其他重要的无线网络性能参数，增加网络覆盖和容量，扩展传输距离。此外，使用智能天线可以显著减少节点的功率消耗，并因此增加网络的生命周期。

3.5 短距离无线通信技术

3.5.1 超宽带技术

视频

超宽带技术(Ultra Wide Band，UWB)是一种无载波通信技术，采用纳秒至皮秒级的脉冲进行通信，所占频谱非常宽，频段范围是3.1～10.6GHz，并且传输时，该技术发射功率极低。虽然UWB技术的传输范围在10m内，但速度能达到每秒几百兆位至几吉位。UWB技术最初用于军用雷达应用中，只在美国军方使用，现在该技术已被准许在民用领域使用。

超宽带无线通信技术是近年来备受青睐的短距离无线通信技术，是一种可实现短距离高速信息传输的技术，主要应用于无线USB和音频/视频传输。由于其具有高传输速率、非常高的时间和空间分辨率、低功耗、保密性好、低成本及易于集成等特点，被认为是未来短距离高速通信最具潜力的技术之一。

美国联邦通信委员会(FCC)对UWB的定义为：信号带宽大于500Hz，或带宽与中心频率之比大于25%的带宽为超宽带。信号带宽和中心频率之比表达式为

$$f_c=\frac{f_H-f_L}{\frac{f_H+f_L}{2}}=2\times\frac{f_H-f_L}{f_H+f_L} \tag{3-5-1}$$

式中，f_c 为带宽与中心频率之比，f_H 为系统最高频率，f_L 为系统最低频率。FCC 还规定，UWB 无线通信的频率范围是 3.1～10.6GHz。

UWB 的收发机与传统的无线收发机相比结构相对简单。UWB 发射机直接发送纳秒级脉冲来传输数据而不需要使用载波电路，经调制后的数据与“伪随机码产生器”生成的伪随机码一起送入“可编程时延电路”，“可编程时延电路”产生的时延控制“脉冲信号发生器”的发送时刻。UWB 发射机框图如图 3-5-1 所示。

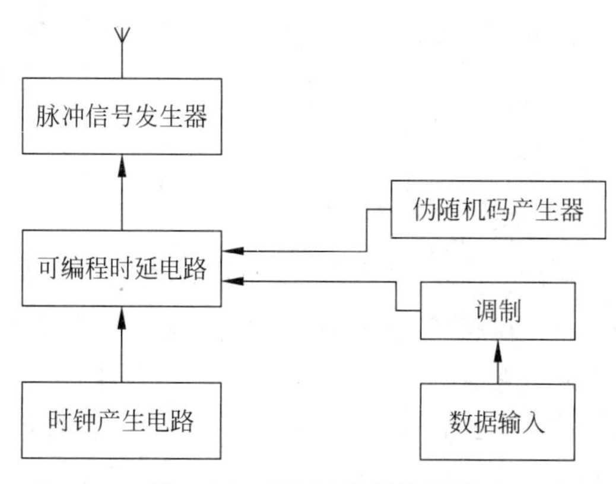

图 3-5-1 UWB 发射机框图

在接收端采用相关器进行接收，如图 3-5-2 所示为 UWB 接收机框图，其中虚线部分为相关器。相关器由乘法器、积分器和取样/保持 3 部分电路组成。

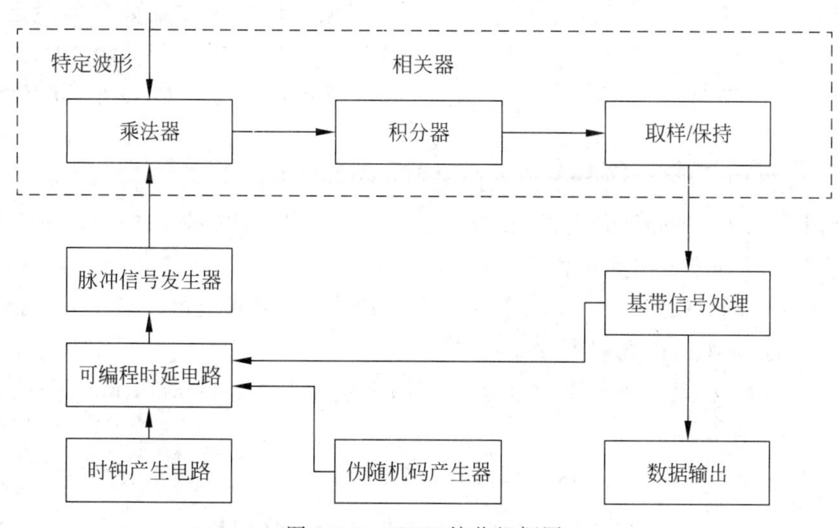

图 3-5-2 UWB 接收机框图

相关器用特定的模板波形与接收到的射频信号相乘，再积分得到一个直流输出电压、接收机的基带信号处理器从取样/保持电路中解调数据，基带信号处理器的输出控制可编程时延电路，为可编程时延电路提供定时跟踪信号，保证相关器正确解调出数据。

与传统的窄带收发信机相比,UWB技术具有以下优点:

(1) 占有频带宽,传输速率高。UWB使用的带宽在1 GHz以上,数据传输率高,目前在10m范围内其传输速率可以达到420Mb/s。

(2) 保密性好。UWB保密性表现在两方面:一方面是采用跳时扩频,接收机只有已知发送端扩频码才能解出发射数据;另一方面是系统的发射功率谱密度极低,对于一般的通信系统,UWB信号相当于白噪声信号,用传统的接收机无法接收。

(3) 抗多径衰落。UWB每次发射的脉冲时间短,当发射波来时已经接收完毕,因此抗多径衰落能力较强。

(4) 无载波通信,功耗低,收发设备简单。采用纳秒级脉冲宽度的周期性非正弦高斯短脉冲信号传输信息,通信设备使用小于1 mW的发射功率就能实现通信,不需要上、下变频器,功率放大器和混频器,接收端无须中频处理,因此相对于传统的窄带信号来说简化了收发设备。

视频

3.5.2 ZigBee技术

3.5.2.1 ZigBee的基本概况

ZigBee一词源自蜜蜂群在发现花粉位置时,通过ZigZag形舞蹈来告知同伴,达到交换信息的目的,可以说这是一种小功物通过简捷的方式实现"无线"的沟通。ZigBee技术是一种面向自动化和无线控制的低速率、低功耗、低复杂度、低价格的无线网络方案。在ZigBee方案被提出一段时间后,IEEE 802.15.4工作组也开始了一种低速率无线通信标准的制定工作。最终ZigBee联盟和IEEE 802.15.4工作组决定合作共同制定一种通信协议标准,该协议标准被命名为ZigBee。

ZigBee的通信速率要求低于蓝牙,并由电池供电为设备提供无线通信功能,同时希望在不更换电池并且不充电的情况下能正常工作几个月甚至几年。ZigBee支持Mesh网络拓扑结构,网络规模可以比蓝牙设备大得多。ZigBee无线设备工作在公共频段上(全球为2.4GHz,美国为915MHz,欧洲为868MHz),传输距离为10~75m,具体数值取决于射频环境以及特定应用条件下传输功耗。ZigBee的通信速率在2.4GHz时为250kb/s,在915MHz时为40kb/s,在868MHz时为20kb/s。

ZigBee和IEEE 802.15.4两者之间的区别和联系如下:

(1) ZigBee完整、充分地利用了IEEE 802.15.4定义的功能强大的物理特性优点。

(2) ZigBee增加了逻辑网络和应用软件。

(3) ZigBee基于IEEE 802.15.4射频标准,同时ZigBee联盟通过与IEEE紧密工作来确保一个集成的、完整的市场解决方案。

(4) IEEE 802.15.4工作组主要负责制定物理层和MAC层标准,而ZigBee负责网络层、安全层以及应用层的开发。

ZigBee和IEEE 802.11b的区别如表3-5-1所示。

表3-5-1 ZigBee和IEEE 802.11b的比较

	ZigBee	IEEE 802.11b
单点覆盖距离	50~300m	100~300m
传输速度	250kb/s	11Mb/s

续表

	ZigBee	IEEE 802.11b
编程难度	高	低
硬件复杂性	简单	复杂
频段	868MHz～2.4GHz	2.4GHz
成本	低	高
电池寿命	数年	数小时
网络节点数	65000	50

3.5.2.2　ZigBee的技术特点

ZigBee的底层技术基于IEEE 802.15.4，即其物理层和介质访问控制层直接使用了IEEE 802.15.4的定义。IEEE 802.15.4规范是一种经济、高效、低数据速率(＜250kb/s)、工作在2.4GHz与868MHz/915MHz的无线技术，用于个人区域网和对等网络，它是ZigBee应用层和网络层协议的基础。ZigBee技术的主要特点如下：

(1) 低功耗。节点在非工作模式时可休眠，模式切换延时短，且技术协议中对电池使用作了优化。在低耗电待机模式下，两节5号干电池可支持1个节点工作6～24个月，甚至更长，这是ZigBee的突出优势。

(2) 低成本。通过大幅简化协议(不到蓝牙的1/10)，降低了对通信控制器的要求。按预测分析，以8051的8位微控制器测算，全功能的主节点需要32KB代码，子功能节点至少需要4KB代码，而且ZigBee免协议专利费。

(3) 低速率。ZigBee的工作速率为20～250kb/s，分别提供250kb/s(2.4GHz)、40kb/s(915MHz)和20kb/s(868MHz)的原始数据吞吐率，以满足低速率传输数据的应用需求。

(4) 近距离。传输范围一般介于10～100m，在增加发射功率后，亦可增加到1～3km。这指的是邻居节点间的距离。如果通过路由和多跳通信链路，传输距离将可以更远。

(5) 短时延。ZigBee的响应速度较快，一般从睡眠转入工作状态只需15ms，节点连接进入网络只需30ms，进一步节省了电能。

(6) 高容量。ZigBee可采用星状、片状和网状网络结构，由一个主节点管理若干子节点，一个主节点最多可管理254个子节点；同时主节点还可由上一层网络节点管理，最多可组成65000个节点的大网，非常适合大面积传感器网络的布建需求。

(7) 高安全性。ZigBee提供了三级安全模式：一是无安全设定；二是使用访问控制清单(Access Control List，ACL)防止非法获取数据；三是采用高级加密标准(AES 128)的对称密码，以灵活确定其安全属性。

(8) 自组织、自配置。协议中加入了关联和分离功能，协调器能自动建立网络，节点设备可随时加入和退出，是一种自组织、自配置的组网模式。

(9) 免执照频段。ZigBee使用工业科学医疗(ISM)频段，美国为915MHz，欧洲为868MHz，其他地区为2.4GHz。此3个频带物理层并不相同，其各自信道带宽也不同，分别为0.6MHz、2MHz和5MHz，且分别有1个、10个和16个信道。这3个频带的扩频和调制方式亦有区别，扩频都使用直接序列扩频(DSSS)，但从比特到码片的变换差别较大。调制方式都采用调相技术，但868MHz和915MHz频段采用的是BPSK，而2.4GHz频段采用的是OQPSK。

3.5.2.3 ZigBee的协议框架

相对于常见的无线通信标准,ZigBee协议比较紧凑、简单,ZigBee协议栈的体系结构主要由物理层、MAC层、网络层和应用层组成,如图3-5-3所示。其中,物理层和MAC层采用IEEE 802.15.4协议标准,而网络层和应用层则由ZigBee国际联盟制定,各层之间均有数据服务接口和管理实体接口。下面对各层协议的功能进行简单的介绍。

图3-5-3 ZigBee协议框架

(1) 应用层定义了各种类型的应用业务,是协议栈的最上层用户。

(2) 应用汇聚层负责把不同的应用映射到ZigBee网络层上,包括安全与鉴权、多个业务数据流的汇聚、设备发现和业务发现。

(3) 网络层的功能包括拓扑管理、MAC管理、路由管理和安全管理。

(4) 数据链路层又可分为逻辑链路控制子层(LLC)和介质访问控制子层(MAC)。IEEE 802.15.4的LLC子层与IEEE 802.2的相同,其功能包括传输可靠性保障、数据包的分段与重组、数据包的顺序传输。IEEE 802.15.4 MAC子层通过SSCS(Service-Specific Convergence Sublayer)协议能支持多种LLC标准,其功能包括设备间无线链路的建立、维护和拆除,确认模式的帧传送与接收,信道接入控制、帧校验、预留时隙管理和广播信息管理。

(5) 物理层采用直接序列扩频技术,定义了3种频率等级。

3.5.2.4 ZigBee的组网方式

数据传输的路径为动态路由,即网络中数据传输的路径并不是预先设定的,而是传输数据前通过对网络当时可利用的所有路径进行搜索,分析它们的位置关系以及远近,然后选择其中一条路径进行数据传输。在网络管理软件中,路径的选择使用的是"梯度法",即先选择路径最近的一条通道进行传输,如传输不成功,再使用另外一条稍远一点的通路进行传输,以此类推,直到数据送达目的地为止。在实际工业现场,预先确定的传输路径随时都可能发生变化,或者因各种原因路径被中断了,或者过于繁忙不能进行及时传送。动态路由结合网状拓扑结构,可以很好地解决这个问题,从而保证数据的可靠传输。ZigBee组网方式,包括星状网、网状网、簇状网3种组网方式,如图3-5-4所示。

1. ZigBee网络设备的功能

ZigBee技术采用的是自组织组网方式。在通信范围内,节点通过彼此自动寻找,很快就可以形成一个互联互通的ZigBee网络。另外,由于节点的移动,彼此间的联络还会发生变化。因而,节点还可以通过重新寻找通信对象,确定彼此间的联络,对原有网络进行刷新,重新构建新的ZigBee网络。在组网中有3种不同类型的设备,分别为协调器、路由器和终端节点。

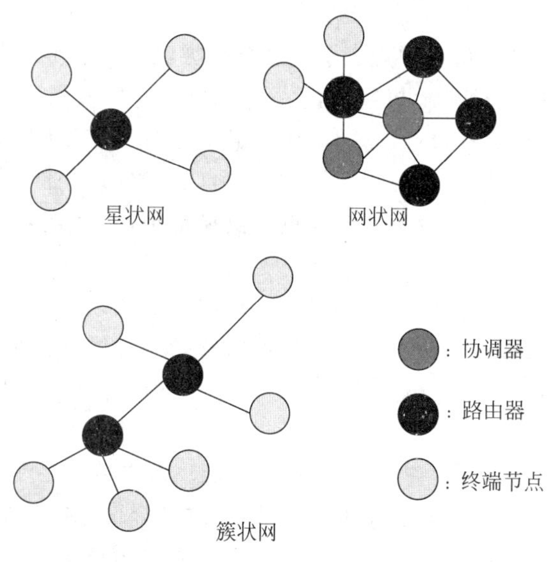

图 3-5-4　ZigBee 组网方式

(1) 协调器(Coordinator)：选择一个频道和 PAN ID(Personal Area Network，即个域网，每个个域网都有一个独立的 ID 号，称为 PAN ID)组建网络；允许路由和终端节点加入这个网络；对网络中的数据进行路由；通常是常电供电，一般不进入睡眠模式；可以为睡眠的终端节点保留数据，供它被唤醒后获取。

(2) 路由器(Router)：在进行数据收发之前，路由器必须首先加入一个 ZigBee 网络；加入网络后，允许路由和终端节点加入；它们加入网络后，可以对网络中的数据进行路由；路由器必须一直供电，不能进入睡眠模式；通常，可以为睡眠的终端节点保留数据，供它被唤醒后获取。

(3) 终端节点(End-Device)：在进行数据收发之前，必须首先加入一个 ZigBee 网络；不允许其他设备加入；必须通过其父节点收发数据，不能对网络中的数据进行路由；可由电池供电，可进入睡眠模式。

协调器在选择频道和 PAN ID 组建网络后，其功能相当于一个路由器。协调器或者路由器均允许其他设备加入网络，并为其路由数据。终端节点通过协调器或者某个路由器加入网络后，便成为其"子节点"，对应的路由器或者协调器即成为"父节点"。由于终端节点可以进入睡眠模式，其父节点便有义务为其保留其他节点发来的数据，直至其醒来并将此数据取走。

2. 寻址

PAN ID 就是指个域网 ID，或称作为网络编号，用于区分不同的 ZigBee 网络。协调器就是通过选择网络信道及 PAN ID 来启动一个无线网络的，网络建立后，PAN ID 作为网络的唯一标志，不能与其他网络相同。PAN ID 的有效范围为 0～0x3FFF。

每个 ZigBee 设备有两种不同的地址类型：16 位短地址和 64 位 IEEE 地址。其中 64 位 IEEE 地址是全球唯一的地址，在设备的整个生命周期内都将保持不变，它由 IEEE 组织分配，在芯片出厂时已经写入芯片中，并且不能修改。而 16 位短地址是在设备加入一个 ZigBee 网络时分配的，它只在这个网络中唯一，用于网络内数据收发时的地址识别。但由于 16 位短地址有时并不稳定，网络结构会发生改变，所以在某些情况下必须以 64 位 IEEE

地址作为通信的目标地址,以保证数据送达。

最新的 ZigBee Pro 的协议栈中规定了地址分配方法:对于协调器来说,短地址始终为 0x0000,而其他设备的短地址是随机生成的。当一个设备加入网络之后,它从其父节点获取一个随机地址,然后向整个网络广播一个包含其短地址和 IEEE 地址的"设备声明"。如果另外一个设备收到此广播后,发现收到的地址与自己的地址相同,它将发出一个"地址冲突"的广播信息。有地址冲突的设备将全部重新更换地址,然后重复上述过程,直至整个网络中无地址冲突。

路由器短地址在其第一次上电时,由其父节点成功分配一次之后,保存在内部 Flash 中,以后无论如何开关机都将保持不变。用户可以选择一个协调器加 n 个路由器的方式来组成一个无"低功耗"需求的网络,进行"无线透传"等应用,简单地使用短地址即可保证数据送至正确的设备。

终端节点可实现 ZigBee 的"自组织""自愈"功能。每次打开终端节点的电源,它将自动检查其附近的路由器/协调器与它连接的信号质量,并选择信号质量最好的路由为其父节点加入网络。在加入网络之后,它将周期性地发送数据请求,若其父节点没有对其请求进行响应,并且重试几次后仍无响应,则判定为父节点丢失,此时终端节点将重复上述过程,重新寻找父节点并加入网络。

3. 数据发送方式

ZigBee 模块的数据发送方式有单播和广播两种。

在单播方式下,数据由源设备发出,直接或者经过几级中转后发送至目的地址。加入 ZigBee 网络的所有设备之间都可以进行单播传输,可用 16 位短地址或者 64 位长地址进行寻址,具体路由关系由协调器或路由器进行维护、查询。

广播方式是由一个设备发送信息至整个 ZigBee 网络的所有设备,其目标短地址使用 0xFFFF,广播数据发送至所有设备,包括睡眠节点。另外,0xFFFD 与 0xFFFC 也可以作为广播地址。其中,0xFFFD 广播数据发送至正在睡眠的所有设备,0xFFFC 广播数据发送至所有协调器和路由器。

3.5.2.5 模块参数

一般地,ZigBee 模块包含了所有外围电路和完整协议栈,可以内置 Chip 或外置 SMA 天线,通信距离为 100~1200m,还包含了 ADC、DAC、比较器、多个 I/O、I^2C 等接口,与用户的产品相对接。在软件上,ZigBee 模块包含了完整的 ZigBee 协议栈,以及在自己的 PC 上的配置工具,采用串口与用户产品进行通信,且可以对模块的发射功率、信道等网络拓扑参数进行配置。设计者不需要考虑模块中程序是如何运行的,用户只需要将自己的数据通过串口发送到模块里,然后模块会自动将数据用无线发送出去,并按照预先配置好的网络结构和网络中的目的地址节点进行收发通信,接收模块会进行数据校验,如数据无误即通过串口送出。大多数用户应用 ZigBee 技术都会有自己的数据处理方式,以致每个节点设备都会拥有自己的 CPU 以便对数据进行处理,所以仍可以把模块当成一种已经集成射频、协议和程序的"芯片"。

如图 3-5-5 所示为 CC2430 芯片的内部结构。天线接收的射频信号经过低噪声放大器等处理后,中频信号只有 2MHz,此混合信号经过滤波、放大、A/D 变换、自动增益控制、数字解调和解扩,最终恢复出传输的正确数据。

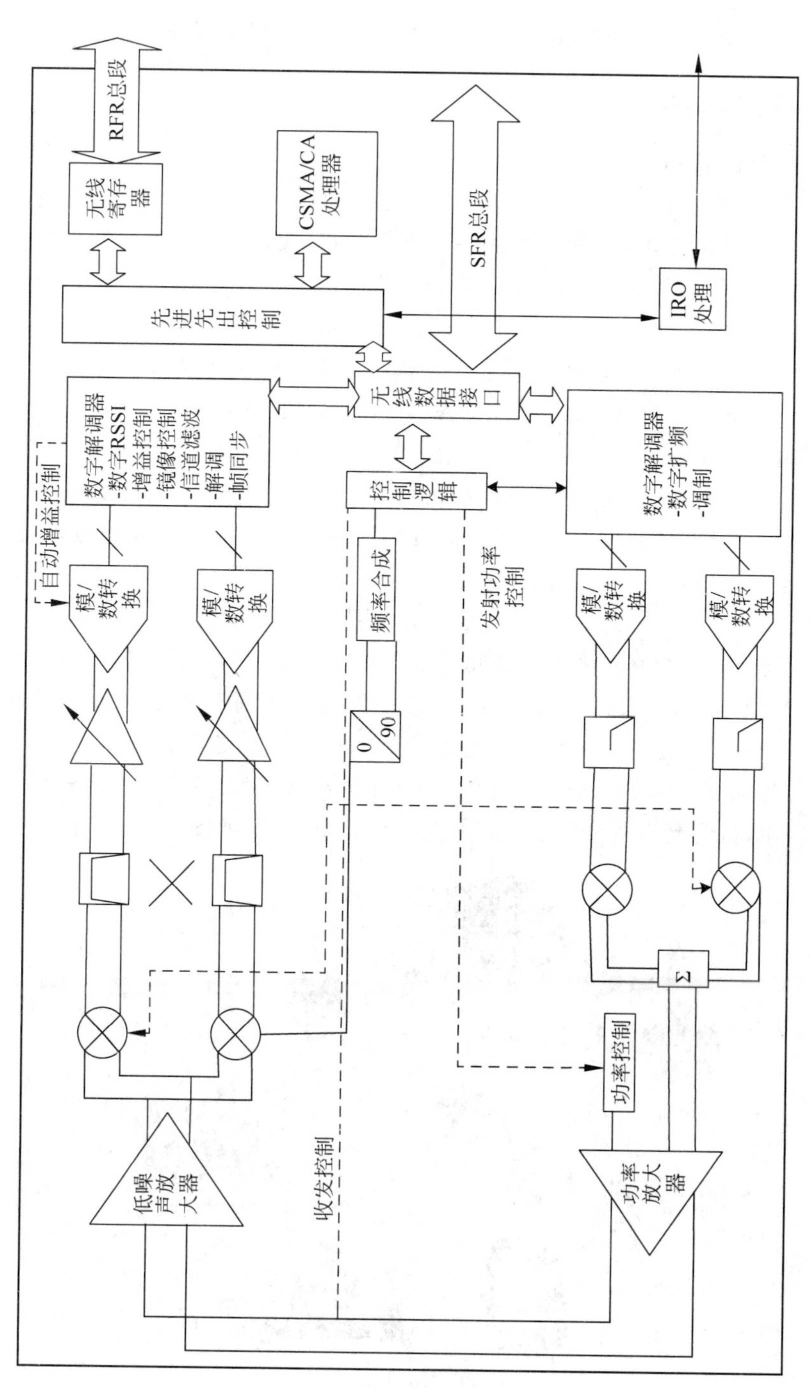

图 3-5-5 CC2430 芯片的内部结构

发射机部分采用直接上变频架构。要发送的数据先被送入 128 字节的发送缓存器中，头帧和起始帧是通过硬件自动产生的。根据 IEEE 802.15.4 标准，所要发送的数据流的每 4 个比特被 32 码片的扩频序列扩频后送到 D/A 变换器。然后，经过低通滤波和上变频的混频后的射频信号最终被调制到 2.4GHz，再经过放大后经发射天线发射出去。

3.5.3 蓝牙技术

3.5.3.1 蓝牙的基本概况

蓝牙(Bluetooth)技术是 1998 年由瑞典爱立信公司提出的一种全球性的短距离无线通信标准，起初的目的是取代手机与其附件的一切电缆连接，实现更方便的无线通信。蓝牙技术是一种典型的短距离无线通信技术，传输的距离为 10m 左右，工作于 2.4GHz 的 ISM 频段，传输速率在最新的版本中可达到 10Mb/s。蓝牙支持点对点、点对多点的连接，可方便灵活地实现安全可靠、快速的语音及数据业务的无线传输。但由于其通信范围和网络容量的限制，一个蓝牙设备不能和超过 7 个蓝牙设备进行通信，因此在很大程度上限制了蓝牙技术在无线传感器网络中的应用。

蓝牙技术是由一个叫作蓝牙特别兴趣小组(Special Interest Group，SIG)的组织来维护。该组织成立于 1998 年，其成员包括爱立信、IBM、Intel、东芝和 Nokia 等国际通信巨头。在蓝牙通信中，蓝牙设备有两种可能的角色，分别为主设备和从设备，同一个蓝牙设备可以在这两种角色之间转换。在任意时刻，主设备可以向从设备中的任意一个发送信息，也可以用广播方式实现同时向多个从设备发送信息。截至 2010 年 7 月，蓝牙特别兴趣小组共推出 6 个版本(V.1，V.2，V2.0，V2.1，V3.0，V4.0)，根据通信距离不同可将每个版本再分为 Class A(1)/Class B(2)。蓝牙的通信距离也提高到 100m 以上，通信速率达到 24Mb/s。广泛使用在移动设备(手机、PDA)、个人计算机与 GPS 设备、医疗设备以及无线外围设备等各种不同的领域，计算机配套有蓝牙耳机、蓝牙鼠标、蓝牙键盘等，如图 3-5-6 所示。

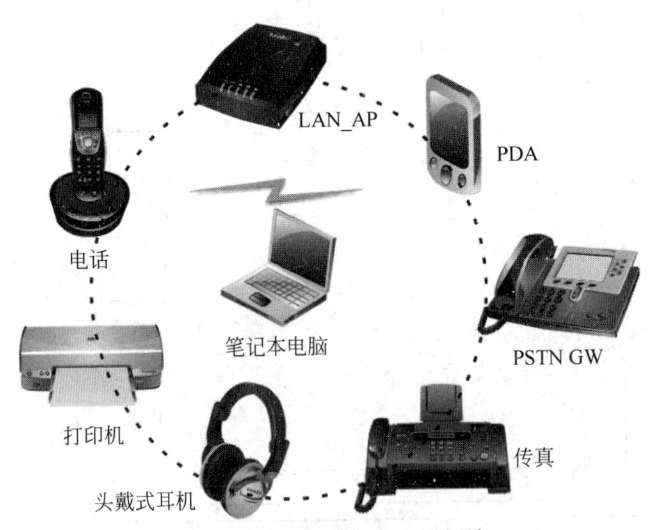

图 3-5-6 蓝牙技术的应用领域

但是，蓝牙技术发展并不顺利，仅在耳机、鼠标、车载语音系统等小范围内取得了成功。究其原因，从市场来看，主要有芯片价格高、模块小型化安装成本高、天线设计和组装困难、全面测量难等问题；从技术上来看，蓝牙技术的建立连接时间长、功耗高、安全性不高等。正当蓝牙技术已经快要被人们遗忘的时候，智能手机的快速普及拯救了蓝牙技术，它已经是智能手机和平板计算机标准配置的功能。尤其是蓝牙V4.0的出现，蓝牙技术在功耗、安全性、连接性等方面有了巨大的提升。智能手机的外设和应用是未来的发展趋势，在运动、健身、健康和医疗领域存在着极为广阔的应用前景，而蓝牙技术作为连接手机和外设的标准，一定会有爆炸性的市场机会。

目前，智能手机外设是一个新的研究热点，如运动巨头Nike公司推出的FuelBand腕带、MIT学生发明的Amiigo智能腕带等。以Amiigo为例，如图3-5-7所示，它可以记录和测量日常生活中的运动量(如跑步赶上公交车、从超市拎回大包小包等日常生活用品中随时随地获得的运动量)，以此激励人们生活得更有活力。

图3-5-7　Amiigo智能腕带

智能腕带Amiigo测量的时间、卡路里、步数、体温等数据可以通过蓝牙技术传送到智能手机上。用户打开iPhone或者Android智能手机的Amiigo应用，便可以了解到自己的身体状况、运动量以及与目标的差距，用户还可以社区的形式与好友进行分享。

3.5.3.2　蓝牙4.0技术

蓝牙4.0技术是蓝牙发展史上一次重大的革新。

1. 相关规范

蓝牙4.0是蓝牙技术从诞生至今唯一的一个综合协议规范，它还提出了低功耗蓝牙、经典蓝牙和高速蓝牙3种模式。经典蓝牙和高速蓝牙都只是对旧有蓝牙版本的延续和强化，高速蓝牙主攻数据交换与传输；经典蓝牙则以信息沟通、设备连接为重点；低功耗蓝牙，以不需占用太多带宽的设备连接为主。这3种协议规范能够互相组合搭配，从而实现更广泛的应用模式。蓝牙4.0把蓝牙的传输距离提升到100m以上(低功耗模式条件下)，而且通过单一的接口让应用系统自己挑选技术使用，而不是让消费者进行设备互联时还要手动选择各项设备的连接模式，这一人性化的功能显然沿袭了蓝牙关注可用性和实际体验的设计思路。表3-5-2给出了低功耗蓝牙与经典蓝牙在相关规范方面的区别。

表3-5-2　低功耗蓝牙与经典蓝牙在相关规范方面的区别

技术规范	经典蓝牙	低功耗蓝牙
无线电频率/GHz	2.4	2.4
传输距离/m	10	≤100
空中数据速率/(Mb/s)	1～3	1
应用吞吐量/(Mb/s)	0.7～2.1	0.2
安全	64/128b及自定义的应用层	128bit AES及自定义的应用层
鲁棒性	自动适应快速跳频，FEC，ACK	自动适应快速跳频
发送数据的总时间/ms	100	<6
政府监管	全球	全球
认证机构	蓝牙技术联盟	蓝牙技术联盟

续表

技术规范	经典蓝牙	低功耗蓝牙
语音能力	有	没有
网络拓扑	分散网(Scatternet)	星状网
耗电量	100%(作为参考)	1%～50%(视使用情况)
运行的最大功耗	<30mA	≤15mA(最高运行为15mA)
发现服务	有	有
主要用途	手机、游戏机、耳机、汽车和PC等	手机、游戏机、PC、手表、体育健身、医疗保健、汽车、家用电器

低功耗蓝牙的前身其实是Nokia开发的Wibree技术。该技术本是一项专为移动设备开发的极低功耗的移动无线通信技术，在被SIG接纳并规范化之后重新命名为(Bluetooth Low Energy即低功耗蓝牙)。由于该技术专为极低电池量的装置而设计，仅通过普通纽扣电池供电便可确保正常使用长达一年，因此在包括医疗、工业控制、无线键盘、鼠标、单音耳机、无线遥控器等设备领域都得到了广泛应用。譬如装有计步器的运动鞋、装有脉搏量测的运动手环等，就可以通过低功耗蓝牙技术将监控信息传送到记录器(可能是手表或是PDA)上，而不需像标准蓝牙设备一般需要常常充电。它易与其他蓝牙技术整合，既可补足蓝牙技术在无线个人区域网络(PAN)的应用，也能加强该技术为小型设备提供无线连接的能力。

2. 应用模式

如果说Wibree的超低功耗奠定了一个技术上的基础，蓝牙4.0便拓展成为一种全新的应用模式。因为低功耗蓝牙提供了持久的无线连接且有效扩大了相关应用产品的射程，在各种传感器和终端设备上采集到的信息通过低功耗蓝牙传送到计算机、手表、移动电话等具备计算和处理能力的主机设备中，再通过GPRS、3G、经典/高速模式蓝牙或WLAN等传统无线网络应用与相应的Web服务关联，从而从根本上解决当前传统网络应用在模式上的局限性和交互手段匮乏、数据来源少、实时性差等问题。

根据SIG发布的蓝牙4.0核心规范白皮书，蓝牙4.0低功耗模式有双模式和单模式两种。单模式蓝牙的技术特点通过低功率无线电波传输数据，其本质是一种支持设备短距离通信(一般是10m之内)的无线电技术。其标准是IEEE 802.15，工作在2.402～2.480GHz频率范围，基础带宽为1Mb/s。与Wi-Fi、WiMAX等用于局域、城域的无线网络规范不同的是，Bluetooth所定义的应用范围更小一些，它将应用锁定在一个以个人为单位的人域网(PAN)领域，也就是个人起居活动10m范围之内。该区域容纳了包括音频、互联网、移动通信、文件传输等在内的非常多样化的应用取向，加上强调自动化和易操作性，因此蓝牙在这一领域里很快得到了普及。因为低功耗蓝牙在应用模式上的革命性提升，对于将催生的应用模式完全无法进行预估，因此它将拓展出的应用市场绝不会是一个成熟的利基市场，而将是一片真正意义上的新领域。

3. 协议架构

因为蓝牙所用的频带仍处于应用繁多的2.4GHz无线电频率范围附近，为达到最大限度地避免设备间的相互干扰的目的，设计人员从蓝牙的实际应用出发，将信号功率设计得非常微弱，仅为手机信号的数千分之一，这样设备间的距离就只能保持在约10m范围内，从而避免了和移动电话、电视机等设备间的相互干扰。

蓝牙协议被设计为同时允许最多8个蓝牙设备互连,因此协议需要解决的另一个问题就是如何处理同在有效传输范围内的这些蓝牙设备之间的相互干扰,这一问题的解决催生了蓝牙协议最具独创性的通信方式——调节性跳频技术。它定义了79个独立且可随机选择的有效通信频率,每个蓝牙设备都能使用其中任何一个频率,且能有规律地随时跳往另一个频率,按照协议规范,这样的频率跳转每秒会发生1600次,因此不太可能出现两个发射器使用相同频率的情况。即使在特定频率下有任何干扰,其持续时间也不到千分之一秒,因此该技术同时还将外界干扰对蓝牙设备间通信的影响降到最小。在两个蓝牙设备间通信时,两个蓝牙设备互相靠近,它们之间会发生电子会话以交流需求。这一会话过程无须用户参与,而一旦需求确认,设备间便会自动确认地址并组成一个被称为微微网(Piconet)的微型网络,此网络一旦形成,组成网络的设备便可协商好和谐地随机跳频,以确保彼此间的联系,且不会对其他信号构成干扰。

蓝牙标准从制定之初便被定义成为个人区域内的无线通信制定的协议。它包括两部分:第一部分为协议核心(Core)部分,用来规定诸如射频、基带、链路管理、服务发现、传输层以及与其他通信协议间的互用、互操作性等基本组件及方法;第二部分为协议子集(Profile)部分,用来规定不同蓝牙应用(也称使用模式)所需的协议和过程。如图3-5-8所示为蓝牙标准模块构成。蓝牙标准的设计采用从下至上的分层式结构,以人机接口(Human-Computer Interface,HCI)为界分为低层和高层协议。其中,底层的基带(Baseband)、射频(Radio Frequency)和链路管理层(LMP)协议定义了完成数据流的过滤和功能组件是一个高度集成的装置,具备轻量的链路层(Link Layer),能在最低成本的前提下支持低功耗的待机模式、简易的设备发现、可靠的点对多点的数据传输、安全的加密连接等。这些协议位于上述控制器中的链路层,适用于网络连接传感器,并确保在无线传输中都能通过低功耗蓝牙传输。

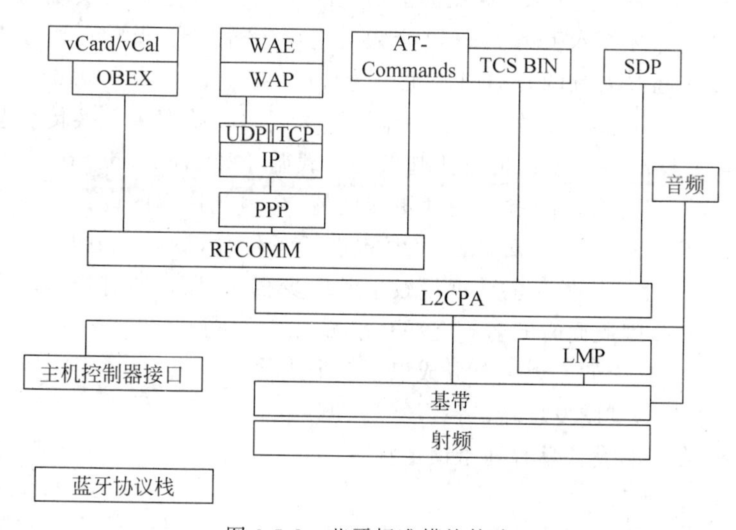

图3-5-8 蓝牙标准模块构成

在双模式应用中,蓝牙低功耗的功能会整合至现有的传统蓝牙控制器中,共享传统蓝牙技术已有的射频和功能,相较于传统的蓝牙技术,该功能增加的成本更低。除此之外,制造商可利用升级版蓝牙低功耗技术的功能模块,集成蓝牙V3.0高速版本或2.1+EDR等传统蓝牙功能组件，从而改善传统蓝牙设备的数据传输效能。如图 3-5-9 所示为蓝牙低功耗技术的双模式应用和整合情况，图 3-5-9(a)为蓝牙低功耗技术的双模式应用功能逻辑拓扑图，图 3-5-9(b)为通过整合原有蓝牙技术的射频降低了升级成本。

图 3-5-9　蓝牙低功耗技术的双模式应用和整合情况

4. 高速连接的实现

低功耗蓝牙省电的原因主要体现在待机功耗的减少、高速连接的实现和峰值功率的降低 3 个方面，与传统蓝牙技术采用 16～32 个频道进行广播相比，低功耗蓝牙仅使用了 3 个广播通道，且每次广播时射频的开启时间也由传统的 22.5ms 减少到 0.6～1.2ms，降低了由广播数据导致的待机功耗，此外，低功耗蓝牙用深度睡眠状态来替换传统蓝牙的空闲状态。在深度睡眠状态下，主机长时间处于超低的负载循环(Duty Cycle)状态，只在需要运作时由控制器来启动，因主机较控制器消耗更多的能源，因此这样的设计也节省了更多的能源。在深度睡眠状态下，协议针对此通信模式进行了优化，数据发送间隔时间也增加到 0.5～4s，传感器类应用程序发送的数据量较平常要少很多，而且所有连接均采用先进的嗅探性次额定功能模式，因此此时的射频能耗几乎可以忽略不计。

低功耗蓝牙高速连接的实现主要分成以下 5 个步骤：

第一步，通过扫描，试图发现新设备。

第二步，确认发现的设备没有处于锁定状况。

第三步，发送 IP 地址。

第四步，收到并解读待配对设备发送过来的数据。

第五步，建立并保存连接。

按照传统的蓝牙协议规范，若某一蓝牙设备正在进行广播，则它不会响应当前正在进行的设备扫描，而低功耗蓝牙协议规范则允许正在进行广播的设备连接到正在扫描的设备上，这就有效避免了重复扫描。而通过对连接机制的改善，低功耗蓝牙下的设备连接建立过程已可控制在3ms内完成，同时能以应用程序迅速启动连接器，并以数毫秒的传输速度完成经认可的数据传递，并立即关闭连接。而传统蓝牙协议下即使只是建立链路层连接都需要100ms，L2CAP（逻辑链路控制与适应协议）层的连接建立时间则更长。

低功耗蓝牙协议还对拓扑结构进行了优化，通过在每个从设备及每个数据包上使用32位的存取地址，能够让数十亿个设备同时连接，此技术不但将传统蓝牙一对一的连接进行了优化，同时也利用星状拓扑来完成一对多点的连接，在连接和断线切换频繁的应用场景下，数据能够在网状拓扑之间移动，但不至于为了维持此网络而显得过于复杂，这也有效减轻了连接复杂度，减少了连接建立的时间，降低了峰值功率。低功耗蓝牙对数据包长度进行了更加严格的定义，支持超短（8～27B）数据封包，并使用了随机射频参数，增加了GSFK调制索引，这些指数最大限度地减小了数据收发的复杂性。此外，低功耗蓝牙还通过增加调变指数，并采用24位的CRC（循环冗余检查）确保封包在受干扰时具有更大的稳定度，低功耗蓝牙的射程增加至100m以上。以上措施结合蓝牙传统的跳频原理，有效降低了峰值功率。

3.5.3.3　蓝牙（Bluetooth）模块

蓝牙信号的收发采用蓝牙模块实现。蓝牙模块是一种集成了蓝牙功能的PCBA板，是指集成蓝牙功能的芯片基本电路集合，由芯片、PCB板、外围器件构成。如表3-5-3所示为蓝牙模块的分类。对于最终用户而言，蓝牙模块是半成品，而蓝牙适配器是成品，蓝牙适配器（也称dongle）为USB Dongle，主要用于传输数据，也有串口Dongle；针对特殊用户，还有语音Dongle等。

表3-5-3　蓝牙模块的分类

分类方法	类　型
标准	1.2、2.0、2.1、4.0、4.1
传输内容	数据蓝牙模块、语音蓝牙模块
芯片设计	BGA封装外置Flash版本、QFN封装外接EEPROM版本
芯片厂商	BroadCom蓝牙模块、Dell蓝牙模块、CSR蓝牙模块
用途	数据蓝牙模块、串行蓝牙模块、语音蓝牙模块、车载蓝牙模块
功率	CLASS1、CLASS2、CLASS3

一般地，应用蓝牙模块设计时，协议包括软硬件、中间件的实现，如图3-5-10所示。硬件包含片内数字无线处理器（Digital Radio Processor，DRP）、数控振荡器、片内射频收发开关切换、内置ARM嵌入式处理器等。接收信号时，收发开关置为收状态，射频信号从天线接收后，经过蓝牙收发器直接传输到基带信号处理器。

基带信号处理包括下变频和采样，采用零中频结构。数字信号存储在RAM（容量为32KB）中，供ARM处理器调用和处理，ARM将处理后的数据从编码接口输出到其他设备。信号发送过程是信号接收的逆过程。此外，硬件还包括时钟和电源管理模块以及多个通用I/O口，供不同的外设使用。主机接口可以提供双工的通用串口，可以方便地与PC的RS-232通信，也可以与DSP的缓冲串口通信。

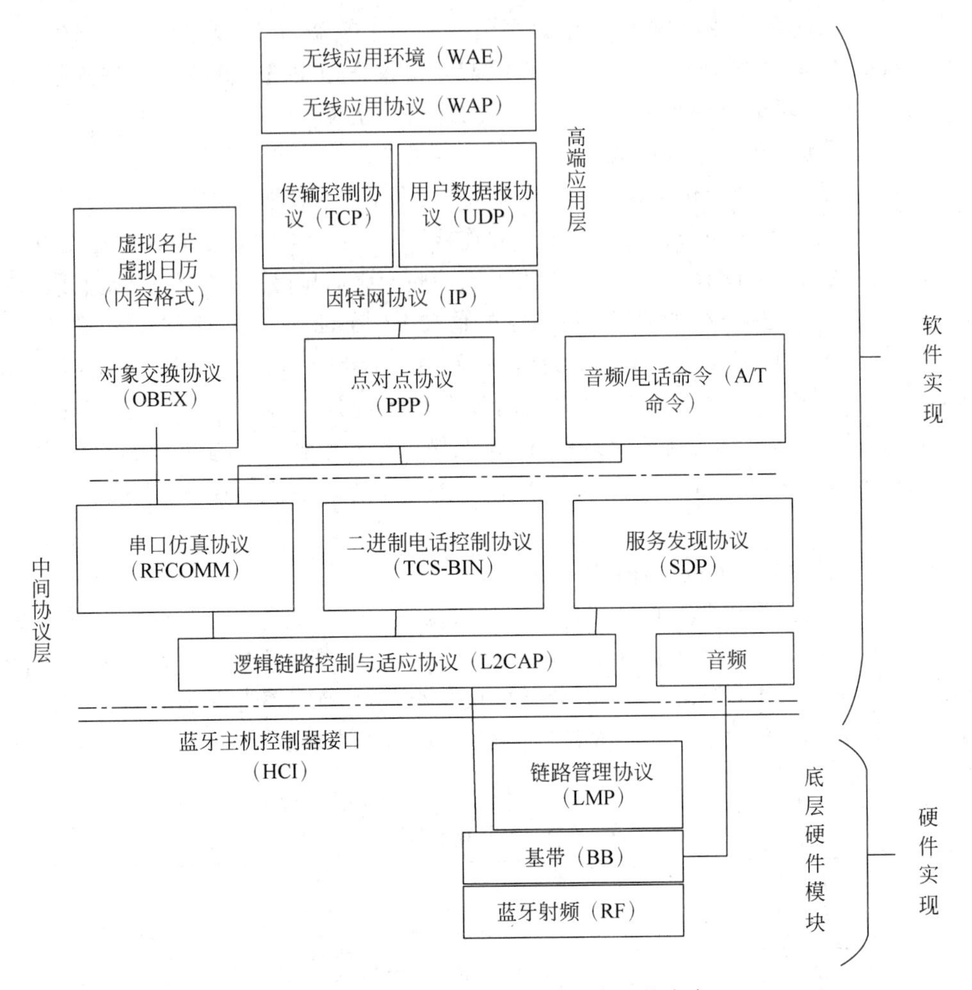

图 3-5-10　蓝牙模块设计时协议实现的内容

3.5.4　Wi-Fi 技术

Wi-Fi(Wireless Fidelity,无线保真技术)其实就是 IEEE 802.11b 的别称,是无线局域网联盟的一个商标,目的是改善基于 IEEE 802.11 协议的无线产品之间的互通性。因此,现在基于 IEEE 802.11 协议的无线局域网统称为 Wi-Fi 网络。Wi-Fi 网络是以太网的一种无线扩展,具有部署方便、构建快速和灵活的特点,能够与现有的有线网络无缝连接,不需要额外的接入设备。Wi-Fi 的工作频段在 ISM 2.4GHz 频带上。Wi-Fi 的主要特点是高速率,IEEE 802.11 标准从最初的 1Mb/s 和 2Mb/s 传输速率的技术发展到目前广泛使用的 IEEE 802.11g 协议,其最大数据传输率为 54Mb/s。

IEEE 802.11 支持带宽的自动调节,在信号不好或信道受到干扰的情况下,网络带宽可在 11Mb/s、5.5Mb/s、2Mb/s 和 1Mb/s 间变化。通信距离远也是 Wi-Fi 的一大优势,其通信距离在空旷的室外能达到 300m,在室内也能达到 100m,在监测区域能有效减少设备的使用,降低成本。在 Wi-Fi 刚面市时,价格比较贵,不同制造商的设备兼容性差、安全性不理想,使用不是十分广泛。但随着研究的不断深入,IEEE 802.11 协议更加完善,硬件制造技术更加成熟，这些问题逐步得到了解决。近年来，Wi-Fi 芯片广泛应用在 PDA、移动电话和其他便携式设备中。随着各国政府对无线基础设施的大力建设，在无线传感器网络中应用 Wi-Fi 技术已具备了相应的条件。

3.5.4.1　Wi-Fi 的基本概况

从 20 世纪 90 年代开始，个人计算机、手持设备(如 PDA、手机)等终端产品快速进入人们的生活，这促使了无线网络技术的诞生和发展。无线网络技术是由澳大利亚研究机构 CSIRO 在 20 世纪 90 年代发明，并于 1996 年在美国成功申请了无线网技术专利。其发明者为悉尼大学工程系毕业生 John O'Sullivan 领导的一群由悉尼大学工程系毕业生组成的研究小组。

3.5.4.2　技术特点

Wi-Fi 模块是基于 IEEE 802.11b 标准的无线局域网设备。Wi-Fi 已成为当今无线上网的主要方式。一般架设无线网络的基本配备就是无线网卡及一台“无线访问接入点(Access Point，AP)”或桥接器，如此便能以无线的模式利用既有的有线架构来分享网络资源。如果只是几台计算机构成的对等网，也可不要 AP，只需每台计算机配备无线网卡，得到授权后，无须增加端口，就可以以共享方式上网。Wi-Fi 模块的主要技术特点如下：

(1) 更宽的带宽。IEEE802.11n 标准将数据速率提高到千兆每秒或几千兆每秒，可以适应不同的功能和设备，收发装置支持 3 或 4 个数据流，发送和接收数据可以使用 2 或 3 个天线组合，数据速率可以分别达到 450Mb/s 和 600Mb/s。利用 600Mb/s 物理层数据速率，可以实现高速无线骨干网，将这些高端节点连接起来形成类似互联网的具有冗余能力的 Wi-Fi 网络。

(2) 更强的射频信号。IEEE 802.11n 标准规定了无线芯片的特殊性能，包括低密度奇偶校验码、提高纠错能力、发射波束形成、空间时分组编码等，这些物理层技术将使 Wi-Fi 功能更强大，在给定范围内数据传输速率更高，传输距离更长。

(3) 功耗更低。嵌入式无线数据通信技术的引入使 Wi-Fi 在功耗管理方面得到控制，设备带有一个 IP 软件堆栈，使之具备其他射频技术所没有的功能。

(4) 高安全性。IEEE 802.11w 标准规定了 Wi-Fi 无线管理帧，确定安全策略与用户关联，而不是与端口关联，切断和拒绝服务攻击、侵犯隐私、刺探等破坏性攻击的影响，使无线链路更安全地工作。

3.5.4.3　工作方式

Wi-Fi 模块为串口或 TTL 电平转 Wi-Fi 通信的一种传输转换产品，UART-Wi-Fi 模块是基于 UART 接口的符合 Wi-Fi 无线网络标准的嵌入式模块，内置无线网络协议 IEEE 802.11 协议栈以及 TCP/IP 协议栈，能够实现用户串口或 TTL 电平数据到无线网络之间的转换。

Wi-Fi 模块可分为以下 3 类：

(1) 通用 Wi-Fi 模块。例如手机、笔记本、平板电脑上的 USBorSDIO 接口模块，Wi-Fi 协议栈和驱动是在 Andriod、Windows、iOS 的系统里，需要非常强大的 CPU 来完成应用。

(2) 路由器 Wi-Fi 模块。典型的产品是家用路由器，其协议和驱动是借助于拥有强大 Flash 和 RAM 资源的芯片及 Linux 操作系统实现的。

(3) 嵌入式 Wi-Fi 模块。32 位单片机，内置 Wi-Fi 驱动和协议，接口为一般的 MCU 接口(如 UART 等),适用于各类智能家居或智能硬件单品。现在很多厂家已经尝试将 Wi-Fi 模块加入电视、空调等设备中,以搭建无线家居智能系统,让家电厂家快速方便地实现自身产品的网络化、智能化,并与更多的其他电器实现互联互通。

如图 3-5-11 所示为 Wi-Fi 模块典型系统内部结构图。Wi-Fi 模块拓扑形式包括基于 AP 组建的基础无线网络(Infra 也称为基础网)和基于自组网的无线网络(Ad Hoc 也称为自组网)两种类型。基础网以 AP 为整个网络的中心,所有的通信都通过 AP 来转发完成。自组网是一种松散的结构,网络中所有的 STA(每一个连接到无线网络中的终端)都可以直接通信。

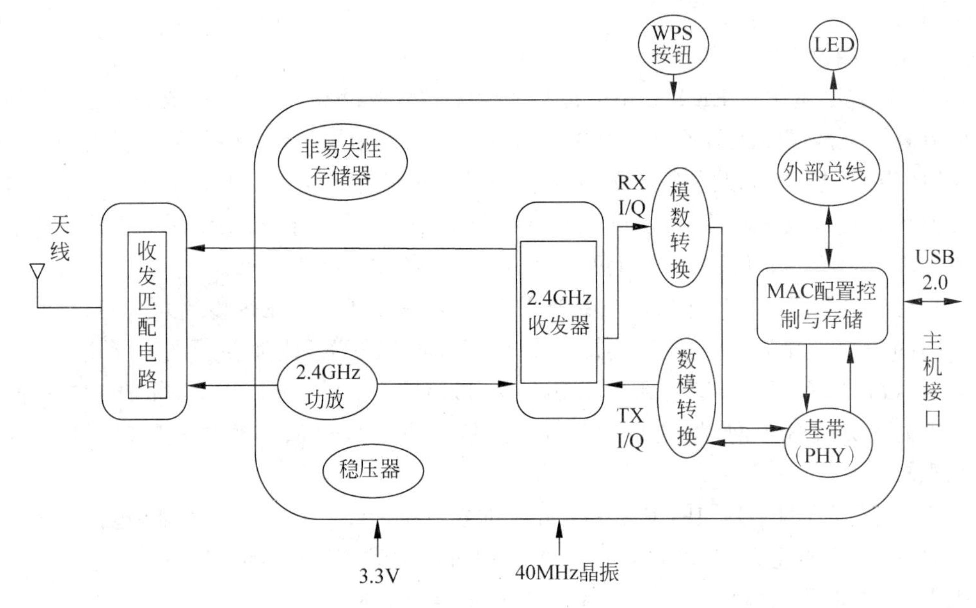

图 3-5-11 Wi-Fi 模块典型系统内部结构图

Wi-Fi 模块支持多种无线网络加密方式,能充分保证用户数据的安全传输。Wi-Fi 模块通过指定信道号的方式来进行快速联网。在联网过程中,首先对当前的所有信道自动进行一次扫描,以搜索准备连接的目的 AP 创建的(或 Ad Hoc)网络;其次设置工作信道的参数,在已知目的网络所在信道的条件下,直接指定模块的工作信道,从而达到加快联网速度的目的;最后,Wi-Fi 模块绑定目的网络地址,再通过无线漫游扩大一个无线网络的覆盖范围。

Wi-Fi 模块的工作方式有以下两类:

(1) 主动型串口设备联网。由设备主动发起连接,并与后台服务器进行数据交互(上传或下载)的方式。例如,典型的主动型设备中的无线 POS 机,在每次刷卡交易完成后即开始连接后台服务器,并上传交易数据。

(2) 被动型串口设备联网。在系统中所有设备一直处于被动地等待连接状态,仅由后台服务器主动发起与设备的连接,并进行请求或下载数据的方式。例如,在某些无线传感器网络中,每个传感器终端始终实时地在采集数据,但是采集到的数据并没有马上上传,而是暂时保存在设备中。而后台服务器则周期性地每隔一段时间主动连接设备,并请求上传或下载数据。

3.5.4.4　Wi-Fi 协议

无线局域网 Wi-Fi 可以通过一个或多个体积很小的接入点为一定区域内(家庭、校园、餐厅、机场等)的众多用户提供互联网访问服务。在 IEEE 为无线局域网制定 IEEE 802.11 规范之前,存在许多不同的无线局域网标准。多种不同标准的缺点是用户在 A 区域(如餐厅)上网需要在计算机上安装一种类型的网卡,当回到 B 区域(如办公室)时则需要为计算机更换另一种类型的网卡。除了浪费时间和增加硬件成本外,在不同协议覆盖重叠区域内,无线信号的干扰降低了网络访问的性能。因此,为了规范和统一无线局域网的行为,从 20 世纪 90 年代至今,IEEE 制定了一系列 802.11 协议。

不同的 IEEE 802.11 的差异主要体现在使用频段、调制模式、信道差分等物理层技术上,如表 3-5-4 所示。IEEE 802.11 中典型的使用频段有两个:一是 2.4～2.485GHz 公共频段,二是 5.1～5.8GHz 高频频段。由于 2.4～2.485GHz 是公共频段,微波炉、无绳电话和无线传感网也使用这个频段,因此信号噪声和干扰可能会稍大。5.1～5.8GHz 高频段主要受制于非视线传输和多径传播效应,一般用于室内环境中,其覆盖范围要稍小。不同的调制模式决定了不同的传输带宽,在噪声较高或无线连接较弱的环境中,可通过减小对每个信号区间内的信息量来保证无误传输。

表 3-5-4　无线局域网 Wi-Fi 的 IEEE 802.11 对比

IEEE 802.11	发布时间	频宽/GHz	最大传输速率/(Mb/s)	调制模式
IEEE 802.11—1997	1997 年 6 月	2.4～2.485	2	DSSS
IEEE 802.11a	1999 年 9 月	5.1～5.8	54	OFDM
IEEE 802.11b	1999 年 9 月	2.4～2.485	11	DSSS
IEEE 802.11g	2003 年 6 月	2.4～2.485	54	DSSS 或 OFDM
IEEE 802.11n	2009 年 10 月	2.4～2.485 或 5.1～5.8	100	OFDM

最初 IEEE 制定的 802.11 采用直接序列扩频(Direct Sequence Spread Spectrum,DSSS)技术,使用 2.4～2.485GHz 频段,可支持传输速率为 1Mb/s 和 2Mb/s。IEEE 802.11a 协议采用正交频分多路复用(Orthogonal Frequency Division Multiplexing,OFDM)技术,使用 5.1～5.8 GHz 相对较高的频段,传输速率可达到 54Mb/s。由于 IEEE 802.11a 使用高频频段,其室内覆盖范围要略小。使用 2.4～2.485GHz 频段,传输速率可达到 1Mb/s。IEEE 802.11g 采用了与 IEEE 802.11a 相同的 OFDM 技术,保持了其 54Mb/s 的最大传输速率。同时,IEEE 802.11g 使用和 IEEE 802.11b 相同的 2.4～2.485GHz 频段,并且兼容 IEEE 802.11b 的设备,但兼容 IEEE 802.11b 设备会降低 IEEE 802.11g 网络的传输带宽。IEEE 802.11n 除了采用 OFDM 技术外,还采用了多天线多输入-多输出技术,其传输速率可达到 100Mb/s。同时,IEEE 802.11n 可选择使用 2.4～2.485GHz 和 5.1～5.8GHz 两个频段。

尽管在物理层使用的技术有很大差异,但这一系列 IEEE 802.11 的上层架构和链路访问协议是相同的。例如,MAC 层都使用带冲突预防的载波侦听多路访问(CSMA/CA)技术,数据链路层数据帧结构相同以及它们都支持基站和自组织两种组网模式。

1. IEEE 802.11 架构

在 802.11 的架构中,最重要的组成部分是由一个基站(在 IEEE 802.11 中被称为接入点)和多个无线网络用户组成的基本服务组(Basic Service Set,BSS),如图 3-5-12 所示,每个圆形的区域表示一个基本服务组。每个接入点通过有线网络互联设备(交换机或者路由器)连入上层公共网络中。无线路由器将接入点和路由器两者的功能结合为一体。在一个家庭中,可能有笔记本电脑、台式机、掌上电脑等多种无线网络设备,而往往网络运营商只为每个家庭提供一条有线宽带连接。这时按照 IEEE 802.11 的架构,将无线路由器通过有线连接方式与宽带网络相连,家庭中所有的无线网络设备都可通过它访问上层网络。

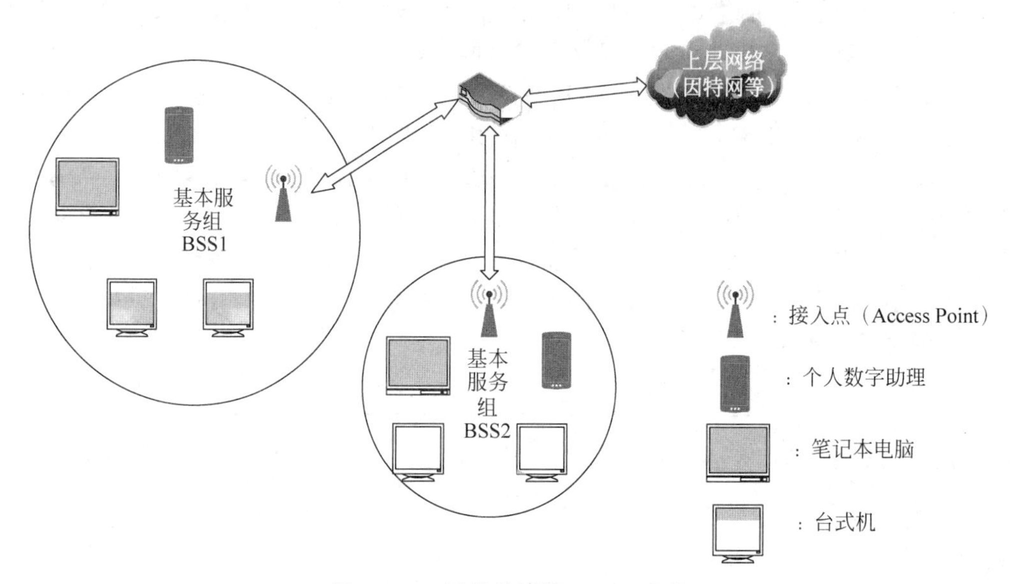

图 3-5-12 无线局域网 WLAN 架构

在 IEEE 802.11 中,每个无线网络用户都需要与一个接入点相关联才能获取上层网络的数据。那么,接入点有哪些参数呢?以 IEEE 802.11b/g 协议为例,每个接入点的管理者都会为其指定一个或多个服务集标识符(Service Set IDentifier,SSID)。同时,接入点管理者会为其指定一个频段作为通信信道。IEEE 802.11b/g 使用 2.4~2.485GHz 频段传输数据,对于这 85MHz 的频宽,IEEE 802.11b/g 会将其分为 11 个部分相互重叠的信道。例如,信道 1、6 和 11 是 3 条互相不重叠的信道,如果在一间教室内有 3 个接入点,则 IEEE 802.11b/g 信道分配模式可以保证这 3 个接入点之间的信号互不干扰。但如果有多于 3 个的接入点,如存在一个使用信道 9 的接入点,则会对使用信道 6 和信道 11 的接入点造成干扰。

对于特定无线网络用户来说,其所在位置可能被多个 Wi-Fi 接入点覆盖,通常它只能选择其中之一建立连接并交换数据。那么,无线网络用户是如何与特定 Wi-Fi 接入点建立关联的呢?首先,每个接入点会周期性地向周围广播识别帧,其中包含了接入点的 MAC 地址和 SSID。其次,无线网络用户通过一段时间内收集的识别帧信息确定可提供服务的接入点的集合。最后,无线网络用户向其中一个接入点发送关联请求从而建立连接。这里还存在如下一个问题:无线网络用户如何从设备选择接入点集合中选择最优的接入点作为关联点?这种策略在 IEEE 802.11 协议中并没有明文规定,它是由 IEEE 802.11 协议的硬件制造商或者无线网络管理软件开发者决定的。一种常见的做法是将通信链路质量最好的接入点作为关联接入点,但可能存在的问题就是:假定在相邻的两个教室 A 和 B 中各有一个接入点，且教室A中无线网络用户数量远多于教室B中的数量，由于无线信号强度衰减特性，教室A中的用户只会与教室A中的接入点关联，但是众多用户与教室A的接入点关联降低了每个用户的带宽，反而可能不如与信号强度稍差但关联用户较少的教室B的接入点关联。

上面建立关联的方式称为被动扫描模式。另一种模式是主动扫描模式，其工作原理如下：当无线网络用户寻找潜在可提供服务的接入点时，它主动向周围广播一个探测帧；收到探测帧的接入点进行响应，返回一个回应帧；然后无线网络用户再根据所有回应帧的信息选取一个接入点关联。

IEEE 802.11协议的另一种架构模式是自组织网络，在这种模式下不需要类似基站的基础设施，每个无线网络用户既是数据交互的终端也作为数据传输过程中的路由。由于没有一个类似基站这样集中收发数据的管理者，每条数据传输路径是当数据传输需求出现时动态形成的。这种网络架构可结合基站式架构，用于无线设备相对集中且有线Wi-Fi接入点无法覆盖整个区域的情况。例如，在一个大会议室中，无线网络用户可能达到数百上千人，可以在会议室的四角各放置一个接入点，这样部分用户可直接通过接入点访问上层网络，更多的用户通过自组织网络相互连接起来，间接通过其他用户的中继访问网络。

2. IEEE 802.11介质访问控制协议

由于每个Wi-Fi接入点都可能会关联多个无线网络用户，并且在一定区域内可能存在多个接入点，因此两个或更多用户可能在同一时间使用相同的信道传输数据。此时由于无线连接会相互干扰，更容易导致数据包的丢失，因此需要多用户信道访问协议来控制用户对信道的访问。IEEE 802.11协议中使用带冲突避免的载波侦听多路访问(CSMA/CA)协议。CSMA是指用户在发送数据之前先侦听信道，若信道被占用，则不发送数据。CSMA/CA是指即使侦听到信道为空，也为了避免冲突而等待一小段随机时间后再发送数据帧。虽然以太网介质访问控制协议也使用了CSMA技术，但其细节与IEEE 802.11协议的介质访问控制协议还有很大差异。首先，由于无线信号干扰问题，造成数据传输出错概率较大，因此IEEE 802.11协议要求建立数据链路层确认/重传机制。然而，以太网中有线连接的传输出错概率较小，并没有强制要求数据链路层建立确认/重传机制。另外，以太网使用带冲突检测的载波监听多路访问(CSMA/CD)协议。其原理如下：当用户监听到信道为空时立即发送数据，并且在发送数据的同时监听信道，若此时它检测到和其他用户的数据传输信号发生了冲突，则立即停止传输并随机等待一小段时间后重新传输。

IEEE 802.11协议使用CSMA/CA而不使用CSMA/CD主要有以下两个原因：

(1) 冲突帧需要全双工(发送数据的同时也可以接收数据)的信道。而对于无线传输信号来说，发送信号的能量往往远高于接收信号的能量，建立能侦测冲突的硬件代价是很高的。

(2) 即使无线信道是全双工的，但是由于无线信号衰减特性和隐藏终端问题，硬件还是不能侦听到全部可能的冲突。

在IEEE 802.11协议中，一旦无线网络用户开始传输数据帧，直到整个帧传输完成，传输过程才会停止。在多用户访问环境中，由于无法使用CSMA/CD机制，所以无计划地传输整个帧带来的冲突会导致整体传输性能的下降。尤其当数据帧的长度相对较长时，冲突的概率会极大地增加。为了降低传输冲突的概率，IEEE 802.11协议采用的CSMA/CA机制采取了一系列尽量避免冲突的措施。

IEEE 802.11 介质访问控制协议提供了一种可选的机制来消除“隐藏终端”问题。如图 3-5-13 所示,有两个无线网络用户 A、B 和一个基站。用户 A、B 都在接入点的信号覆盖范围内,但两个用户都位于彼此的信号覆盖范围之外,因此它们是典型的“隐藏终端”关系。当用户 A 传输数据时,由于用户 B 无法侦听到 A 的传输信号,根据 CSMA/CA 机制,当 B 侦测到当前信道空闲时,等待 DIFS(Distributed Inter-Frame Space)后也开始传输数据。如果此时 A 仍未结束其传输过程,就会造成在接入点处的信号冲突。

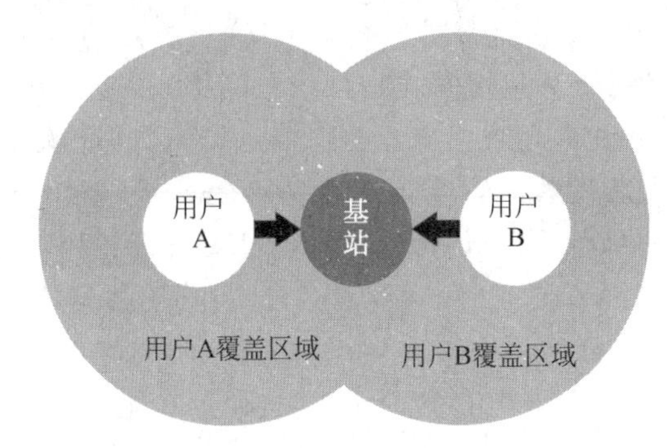

图 3-5-13 “隐藏终端”现象

为了消除隐藏终端的影响,IEEE 802.11 允许某个用户使用控制帧 RTS 和 CTS 在传输数据帧之前和接入点通信,令接入点只为其保留信道的使用权。如图 3-5-14 所示,当传输端有数据帧要发送时,它先向接入点发送 RTS 帧,RTS 中包含了传输数据帧和确认帧总共可能需要的时间。当接入点收到传输端的 RTS 帧时,它等待 SIFS(Short Inter Frame Space)后广播一个 CTS 帧作为回应。CTS 帧的作用有两个: 一是为传输端提供信道的使用权; 二是防止其他用户在传输端发送数据和接收确认帧这段时间内进行传输。

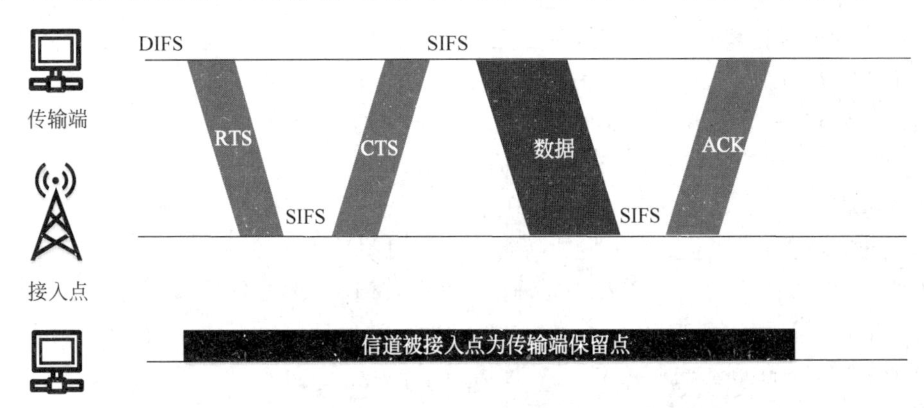

图 3-5-14 RTS 和 CTS 控制帧示意图

使用 RTS 和 CTS 帧从以下两方面提升了无线传输的性能:

(1) 由于无线网络用户在传输数据之前需要与接入点通信,使其只为当前用户保留信道的使用权,在这段时间内其他任何与接入点相关联的用户都不会与接入点进行数据交换,从而消除了隐藏终端问题。

(2) 由于 RTS 和 CTS 帧的长度非常短,所以即使 RTS 和 CTS 有冲突发生,其代价也非常小。一旦 RTS 和 CTS 成功传达，数据帧和确认帧的传输就不会再有冲突发生。

虽然使用 RTS 和 CTS 帧可以减少冲突，但与此同时也会增加传输延时和降低信道利用率，因此 RTS 和 CTS 机制往往被用于冲突概率发生较高的情境中。例如，无线网络用户每次都需要传输较长的数据帧，每个数据帧的传输时间较长，增加了冲突发生的概率。

3.5.5 红外通信技术

红外通信技术(IrDA)是一种无线通信方式，可以进行无线数据的传输。红外通信技术适用于低成本、跨平台、点对点高速数据连接，尤其是嵌入式系统。红外通信技术主要应用于设备互联，还可用于信息网关。设备互联后可完成不同设备内文件与信息的交换。信息网关负责连接信息终端和互联网。红外通信技术已被全球范围内的众多软硬件厂商所支持和采用，目前主流的软件和硬件平台均提供对它的支持，红外通信技术已被广泛应用在移动计算设备和移动通信设备中。红外传输是一种点对点的无线传输方式，近距离传输，且需要对准方向，红外传输路径中间不能有障碍物，几乎无法控制信息传输的速度。

红外数据传输使用的传播介质为红外线。红外线是波长为 750 nm～1mm 的电磁波，是人眼看不到的光线。红外数据传输一般采用红外波段内的近红外线，波长为 0.75～25μm。红外数据协会成立后，为保证不同厂商的红外产品能获得最佳的通信效果，限定所用红外波长为 850～900nm。红外线接口的标准是由 IrDA(Infrared Data Association，红外线数据协会)制定的，是一种利用红外线进行点对点通信的技术，是第一个实现无线个人局域网的技术。目前它的软硬件技术都很成熟，在小型移动设备(如 PDA、手机)上广泛使用。事实上，当今每一个出厂的 PDA 及许多手机、笔记本电脑、打印机等产品都支持红外数据传输。

红外数据传输的主要优点是无须申请频率的使用权，因而红外通信成本低廉。同时，它还具有移动通信所需的体积小、功耗低、连接方便、简单易用的特点。由于数据传输率较高，因此红外数据传输适于传输大容量的文件和多媒体数据。此外，红外线发射角度较小，传输上安全性高。红外数据传输的不足之处在于它是一种视距传输，两个相互通信的设备之间必须对准，中间不能被其他物体阻隔，因而该技术只能用于两台设备之间的连接。如图 3-5-15 所示为红外数据传输的基本模型，如图 3-5-16 所示为 IrDA 器件类型。

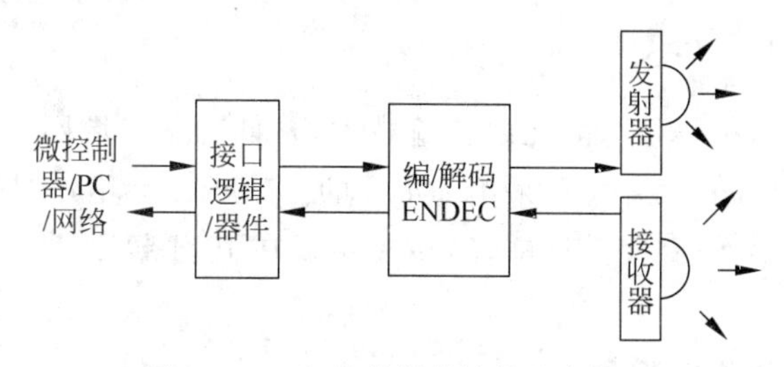

图 3-5-15　红外数据传输的基本模型

IrDA 标准主要分为两种类型，即 IrDA Data 和 IrDA Control，其中，IrDA Data 主要用于与其他设备交换数据；IrDA Control 主要用于与人机接口设备交互，如键盘、鼠标器等。

IrDA Data 标准已有 6 个版本，如表 3-5-5 所示。在这 6 个标准中，AIR(Advanced IfraRed)是 IrDA 针对蓝牙技术的竞争发布的一个多点连接红外线规范，其优点是传输距离

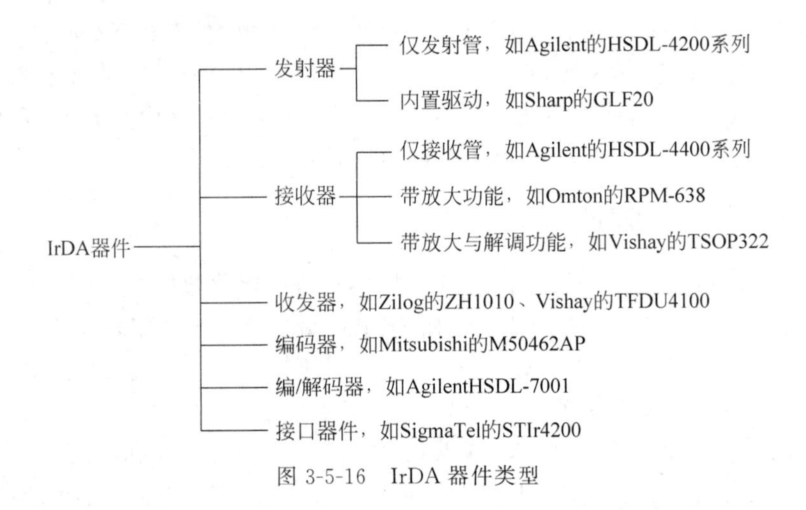

图 3-5-16 IrDA 器件类型

和发射/接收角度的改进，在 4Mb/s 通信速率下其传输距离可以达到 4m，在更低速率下其传输距离可以达到 8m。AIR 规范的发射接收角度为 120°。更重要的是它支持多点连接，其他的 IrDA 规范都只支持点对点连接。红外接口主要用于便携设备，这类设备通常对功耗要求很高，为了降低设备的功耗，IrDA 发布了低功耗的 IrDA1.2 和 IrDA1.3，但同时缩短了传输距离，传输距离为 0.2～0.3m。

表 3-5-5 IrDA Data 标准

	IrDA1.0SIR	IrDA1.1SIR	AIR	IrDA1.2	IrDA1.3	IrDA1.4VFID
最高速率/(kb/s)	115.2	4000	4000/250	115.2	4000	16000
通信距离/m	1	1	4/8	0.2～0.3(与连接设备有关)		1
发射与接收角度	±15°	±15°	±120°	±15°	±15°	±15°
连接方式	点对点	点对点	多点对多点	点对点	点对点	点对点
设备数/个	2	2	10	2	2	2

3.5.6 LORA 技术

LORA 是一种基于扩频技术的无线传输技术，是低功率广域网(LPWAN)通信技术中的一种，最早是由美国 Semtech 公司采用和推广的。LORA 为用户提供了一种简单的能实现远距离、低功耗无线通信手段。目前，LORA 主要在 ISM 频段运行，主要包括 433MHz、868MHz、915MHz 等。

1. LORA 无线技术网络构成

LORA 网络主要由终端(可内置 LORA 模块)、网关(或称基站)、Server 和云服务 4 部分组成，应用数据可双向传输。

2. LORAWAN 协议介绍

LORAWAN 是 LORA 联盟发布的一个基于 MAC 层协议的低功耗广域网通信协议。

LORAWAN 定义了网络的通信协议和系统架构，而 LORA 物理层能够使长距离通信链路成为可能。LORAWAN 自下而上设计，为电池寿命、容量、距离和成本而优化了 LPWAN(低功耗广域网)。LORAWAN 对于不同地区给出了规范概要，以及在 LPWAN 空间竞争的不同技术的高级比较。

3. LORAWAN 网络拓扑

LORAWAN 网络拓扑如图 3-5-17 所示。LORAWAN 网络是一个典型的无线网格网络拓扑结构，在这个网络架构中，LORA 网关负责数据汇总，连接终端设备和后端云端数据服务器。网关与服务器间 TCP/IP 网络进行连接。所有的节点与网关间均是双向通信，考虑到电池供电的场合，终端节点一般处于休眠状态，当有数据要发送时唤醒终端节点，然后进行数据发送。因此，使用 LORA 技术，能够以低发射功率获得更远的传输距离。

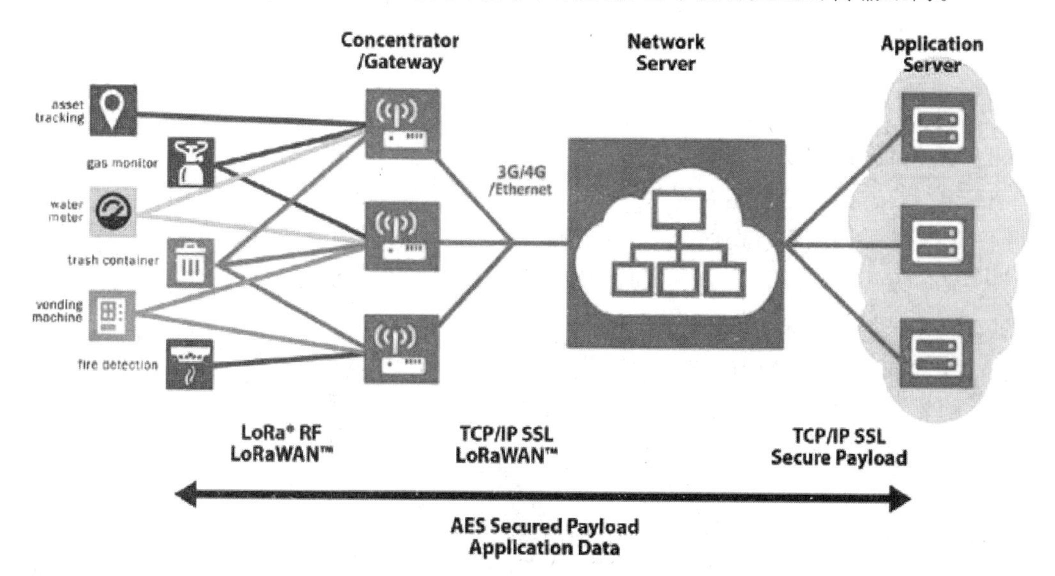

图 3-5-17 LORAWAN 网络拓扑

4. LORA 特性

传输距离：城镇可达 2～5km，郊区可达 15km。

工作频率：ISM 频段包括 433MHz、868MHz、915MHz 等。

标准：IEEE 802.15.4g。

调制方式：基于扩频技术，线性调制扩频(CSS)的一个变种，具有前向纠错(FEC)能力，Semtech 公司私有专利技术。

容量：一个 LORA 网关可以连接上千上万个 LORA 节点。

电池寿命：长达 10 年。

安全：AES128 加密。

传输速率：几百到几十 kb/s，速率越低传输距离越长，这很像一个人挑东西，挑得多走不太远，挑得少可以走远一些。

5. LORA 关键参数

(1) 扩频因子(Spreading Factor，SF)：LORA 采用多个信息码片来代表有效负载信息的每个位，扩频信息的发送速度称为符号速率(Rs)，而码片速率与标称的 Rs 比值即为扩频因子，表示了每个信息位发送的符号数量。

(2) 编码率(Coding Kate,CR):编码率(或信息率)是数据流中有用部分(非冗余)的比例。LORA采用循环纠错编码进行前向错误的检测与纠错。在存在干扰的情况下,前向纠错能有效提高链路的可靠性。由此,编码率(抗干扰性能)可以随着信道条件的变化而变化。

(3) 信号带宽(Bandwidth,BW):信道带宽是限定允许通过该信道的信号下限频率和上限频率,可以理解为一个频率通带。例如,一个信道允许的通带为1.5~15kHz,则其带宽为13.5kHz。

在LORA中,增加BW,可以提高有效数据速率以缩短传输时间,但是以牺牲部分接收灵敏度为代价。

习题3

1. 简述物理层的特性。
2. 物理层设计需要考虑哪几个方面?
3. 无线信道的传播模型有哪些?
4. 简述信号调制和解调的含义,说明数字调制的方式有哪些。
5. 简述天线的作用,以及发送和接收的过程。
6. 分析Wi-Fi模块的技术特点、模块分类和工作方式。
7. 分析ZigBee网络中的设备类型及功能。
8. 阐述不同短距离通信技术的特点和应用领域。

第4章 数据链路层控制

CHAPTER 4

在通信网络中，通信的对等实体之间的数据传输通道称为数据链路(Data Link)，包含了物理链路和必要的传输控制规范。由于无线信道的特点，使得无线链路不像有线链路那样稳定，无线信道常常存在电磁干扰等诸多不稳定因素，使无线物理信道的通信质量难以保证。数据链路协议最主要的功能是通过该层协议的作用，在一条不太可靠的通信链路上实现可靠的数据传输。数据链路控制协议是在物理层加上必要的规程来控制节点间的数据传输，实现数据块或数据帧的可靠传输。数据链路层(Data Link Layer，DLL)控制协议主要包含介质访问控制层(Media Access Control，MAC)协议和逻辑链路控制(Logical Link Control，LLC)协议。

视频

4.1 MAC协议

4.1.1 MAC概述

视频

在无线传感器网络中，MAC协议决定无线信道的使用方式，在传感器节点之间分配有限的无线通信资源，用来构建传感器网络系统的底层基础结构。MAC协议处于传感器网络协议的底层部分，对传感器网络的性能有较大影响，是保证无线传感器网络高效通信的关键网络协议之一。MAC层位于物理层之上，负责把物理层的0、1比特流组建成帧，并通过帧尾部的错误校验信息进行错误校验，提供对共享介质的访问方法。

在大多数网络中，大量的节点共用一个通信介质来传输数据包。MAC协议主要负责协调对共用介质的访问。大多数传感器网络和感知应用都依赖无须授权的ISM(工业、科学、医学)无线电波段传输，因此通信很容易受到噪声和干扰的影响。由于无线通信中的错误、干扰以及隐藏中断和暴露终端等问题的挑战，MAC协议的选择直接影响到网络传输的可靠性和效率。其他方面的问题还包括信号衰减、大量节点的同步介质访问和非对称链路等。能耗效率不仅是WSN主要考虑的问题，也影响着MAC协议的设计。能量不仅消耗在传输和接收数据上，也消耗在对介质使用状态的监听(空闲监听)上，其他的能量消耗包括数据的转发(由于碰撞)、分组开销、控制分组传输和以高于到达接收器的传输功率发送数据等。对于WSN中的MAC协议，通常以延迟的增加或者吞吐量和公平性的降低来换取能量效率的提高。

无线介质是被多个网络设备共享使用的，因此需要一种机制来控制对介质的访问，这是由数据链路层来负责实现的。根据IEEE 802参考模型，如图4-1-1所示，数据链路层被进一步分为逻辑链路控制子层(LLC层)和介质访问控制子层(MAC层)。MAC层直接在物理层的上一层执行,因此可以认为介质是由该层控制的。所谓介质(Media),是指传输信号所通过的多种物理环境。常用网络介质包括电缆(例如双绞线、同轴电缆、光纤),还有微波、激光、红外线等,有时也称介质为物理介质。MAC地址也叫物理地址、硬件地址或链路地址,由网络设备制造商生产时写在硬件内部。这个地址与网络无关,也即无论将带有这个地址的硬件(如网卡、集线器、路由器等)接入到网络的何处,它都有相同的MAC地址,MAC地址一般不可改变,不能由用户自己设定。MAC层的主要功能是决定一个节点可以访问共享介质的时间,并解决可能发生在竞争节点之间的潜在冲突。此外,它还负责纠正物理层的通信错误以及执行其他功能,例如组帧、寻址和流量控制。

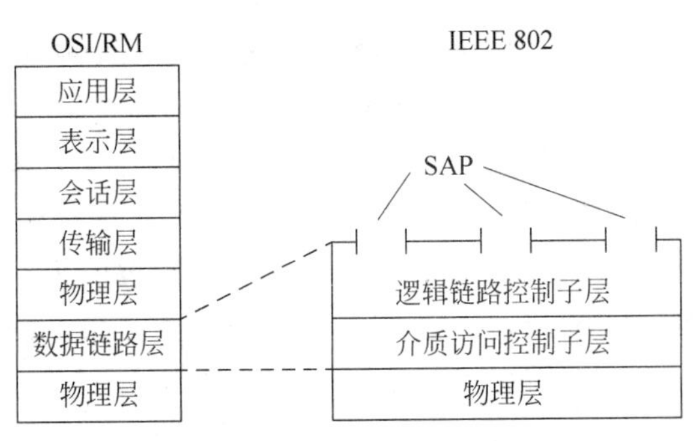

图 4-1-1 IEEE 802参考模型

传统的MAC层协议的设计目标是最大化吞吐量、最小化时延并且提供公平性。无线传感器网络的特性和应用促使其MAC层协议与传统的无线MAC层协议在许多方面的不同,其主要目标是节能和自组织,而每个节点的公平和时延是次要的。为了建立可靠稳定的无线传感器网络,在设计无线传感器网络的MAC层协议时需要着重考虑以下5个方面:

1. 降低能耗

无线传感器网络的基本特征就是能量受限,MAC层协议要尽可能地节约能源,如减少冲突和串音,降低占空比和尽量避免长距离通信,协议中还应包括折中机制,使用户可以在节能和提高吞吐量、降低延迟之间做出选择。无线传感器网络设计的MAC层协议关注的是最小化能耗,这就决定了它要适度地减小吞吐量和增加时延。由于无线传感器网络的节点总是协作完成某应用任务,所以公平性通常不是主要问题。

2. 实时性

无线传感器网络经常被应用于军事、医疗等对实时性要求很高的领域,及时地检测、处理和传递信息是其不可缺少的要求。MAC层应和其他层合作提供实时保证。

3. 自组织

由于传感器节点数目、节点分布等在无线传感器网络生存过程中不断变化,网络的拓扑结构也经常变化,节点位置可能移动,考虑无线传感器网络的可扩展性,节点的加入与退出使得网络拓扑动态变化。MAC层协议应该具有可扩展性以适应无线传感器网络动态变化的拓扑结构。

4. 分布式

由于无线传感器网络的节点计算能力和存储能力受限,需要众多节点协同完成某应用任务,所以 MAC 层协议应该运行分布式的算法,这也是为了有效避免某些节点的死亡而造成网络瘫痪。

5. 网络性能

MAC 层协议的设计需要在各种性能间取得平衡,各性能间的平衡往往比单个性能的表现更重要。例如,一个协议如果太频繁地关闭无线收发装置来节能,那么不仅会使实时性和可靠性受到影响,包丢失引起的重传也会反过来影响节能效果。无线传感器网络针对不同的应用显示出了不同的网络特性,MAC 层协议应该能适应不同应用的各种流量模式。网络性能包括网络的公平性、实时性、网络吞吐量以及带宽利用率等。

MAC 协议设计面临的问题如下:

(1) 空闲监听。因为节点不知道邻居节点的数据何时到来,所以必须始终保持自己的射频部分处于接收模式,形成空闲监听,造成了不必要的能量损耗。

(2) 冲突(碰撞)。如果两个节点同时发送,并相互干扰,则它们的传输都将失败,发送包被丢弃。此时用于发送这批数据包所消耗的能量就浪费了。

(3) 控制开销。为了保证可靠传输,协议将使用一些控制分组。

(4) 串扰(串音)。由于无线信道为共享介质,因此节点也可以接收到不是发送给自己的数据包,然后将其丢弃,此时也会造成能量的消耗。

信道访问控制是无线网络 MAC 协议的基本任务,目的是解决网络中多个节点如何高效、无冲突地共享信道资源的问题。目前,无线网络 MAC 协议的信道访问控制方式主要分为两类:一类是基于竞争的信道访问控制,另一类是基于分配的信道访问控制。不同的信道访问控制方式具有各自的优缺点和适用的场景,在实现过程中面临不同的难点,所获得的吞吐量、时延等网络性能也不一样。另外,还有一些 MAC 协议,由于它们兼有无竞争和基于竞争的协议特点而不能轻易归类。通常,这些混合的方法旨在继承上述两种分类的优点,并最小化它们的缺点。

4.1.2 基于竞争的 MAC 协议

基于竞争的信道访问控制采用按需使用信道的方式,它的基本思想是当节点需要发送数据时,通过竞争方式主动抢占信道。如果节点获得信道的访问权限,则开始发送数据;如果发送的数据产生碰撞,则按照某种策略重发数据,直到数据发送成功或者放弃发送。在基于竞争的信道访问控制方式中,节点分布式地按需访问信道,拥有很好的可扩展性,并能适应业务数据的动态变化。竞争方式的难点在于如何解决竞争访问的冲突问题,因为较高的冲突概率会导致无线信道的利用率降低。典型的基于竞争的信道访问控制方式有 ALOHA 和载波侦听多路访问(Carrier Sense Multiple Access,CSMA)。

基于竞争的 MAC 协议有以下优点:

(1) 由于是根据需要分配信道,所以这种协议能较好地满足节点数量和网络负载的变化。

(2) 能较好地适应网络拓扑的变化。

(3) 不需要复杂的时间同步或集中控制调度算法。

典型的基于竞争的 MAC 协议有 ALOHA 协议、CSMA/CD 协议、无线局域网 IEEE 802.11MAC 协议。

视频

4.1.2.1 ALOHA协议

ALOHA协议是随机访问或者竞争发送协议。随机访问意味着无法预计其发送的时刻,当节点有数据发送时就直接发送,不与其他节点协调;竞争发送是指所有发送自由竞争信道的使用权。ALOHA协议又称ALOHA技术、ALOHA网,是世界上最早的无线电计算机通信网。它是1968年美国夏威夷大学的一项研究计划的名字,是由该校的Norman Amramson等人为他们的地面无线分组网设计的,也是最早最基本的无线数据通信协议。

ALOHA协议的思想很简单,只要用户有数据要发送,就尽管发送。当然,这样会产生冲突从而造到帧的破坏。为了解决冲突,接收节点在收到数据后需要返回一个ACK作为确认。如果发送节点在指定时间内没有收到ACK,则随机等待一段时间后重发数据。

ALOHA的优点是实现非常简单,由于在有数据发送时,节点并不首先进行侦听工作,因此ALOHA协议具有比较短的信道接入时延和传输时延,在网络低负载的情况下,该协议具有较好的实时性。但由于它没有对节点访问信道做任何控制,因此当网络中有大量节点需要发送数据时,节点间的数据冲突次数也随之增多,导致信道利用率降低,增加数据的传输延迟。理论上,ALOHA协议的信道利用率最高只有18.4%。

视频

4.1.2.2 CSMA/CD协议

CSMA/CD(Carrier Sense Multiple Access/Collision Detection,带有冲突检测的载波侦听多路访问)是IEEE 802.3使用的一种介质访问控制方法。其基本原理是:每个节点都共享网络传输信道,当节点需要发送数据时,首先侦听信道上是否有其他节点正在发送数据。如果空闲则发送,否则就等待;在发送出信息后,对冲突进行检测,当发现冲突时,则取消发送。

冲突检测的方法很多,通常以硬件技术实现。一种方法是比较接收到的信号的电压大小,只要接收到的信号的电压摆动值超过某一阈值值,就可以认为发生了冲突。另一种方法是在发送帧的同时进行接收,将收到的信号逐比特地与发送的信号比较,如果有不符合的,则说明出现了冲突。

CSMA/CD是对传统CSMA算法的进一步完善,因其增加了冲突检测机制,检测到冲突时停止无意义的数据发送,因此减少了信道带宽的浪费。通过“先听后发”的载波侦听机制,CSMA可以有效地降低网络中的冲突概率,在一定程度上提高了无线信道的利用率。冲突避免的载波侦听多路访问(Carrier Sense Multiple Access with Collision Avoidance,CSMA/CA)在CSMA的基础上引入冲突避免机制,当发送节点侦听到信道忙时,随机等待一段时间后再进行侦听和发送,进一步降低了信道访问的冲突概率。

视频

4.1.2.3 IEEE 802.11 MAC协议

IEEE 802.11 MAC协议有分布式协调(Distributed Coordination Function,DCF)和点协调(Point Cordination Function,PCF)两种访问控制方式,其中DCF方式是IEEE 802.11 MAC协议的基本访问控制方式。由于在无线信道中难以检测到信号的碰撞,因此只能采用随机退避的方式降低数据碰撞的概率。在DCF工作方式下,节点在侦听到无线信道忙后,采用CSMA/CD机制和随机退避时间,实现无线信道的共享。所有定向通信都采用立即的主动确认(ACK帧)机制,如果没有收到ACK帧,则发送方会重传数据。而PCF工作方式是基于优先级的无竞争访问,是一种可选的控制方式。它通过访问接入点(Access Point,AP)协调节点的数据收发,通过轮询方式查询当前哪些节点有数据发送的请求,并在必时给予数据发送权。

IEEE 802.11 MAC 协议规定了 3 种基本的帧间间隔(Inter-Frame Spacing,IFS),用来区分无线信道的优先级。

(1) SIFS(Short IFS):最短帧间间隔。使用 SIFS 的帧优先级最高,用于需要立即响应的服务,如 ACK 帧、CTS 帧和控制帧等。

(2) PIFS(PCF IFS):PCF 方式下节点使用的帧间间隔,用于获得在无竞争访同周明启动时访问信道的优先权。

(3) DIFS(DCF IFS):DCF 方式下节点使用的帧间间隔,用于发送数据帧和管理帧。

上述各帧间的间隔关系:DIFS > PIFS > SIFS。

根据 CSMA/CD 协议,当一个节点要传输一个分组时,它首先侦听信道状态。如果信道空闲,而且经过一个帧间间隔 DIFS 后,信道仍然空闲,则立即开始发送信息;如果信道忙,则一直侦听信道直到信道的空闲时间超过 DIFS。当信道最终空闲下来时,节点进一步使用二进制退避算法(Binary Back off Algorithm),进入退避状态来避免发生冲突。

随机退避时间按下面的公式计算:

$$退避时间 = Random \times aSlottime$$

式中,Random 是竞争窗[0,CW]内平均分布的伪随机整数;CW 是整数随机数,其值处于标准规定的 aCWmax 和 aCWmin 之间;aSlottime 是一个时隙时间,包括发射启动时间、媒体传播时延和检测信道的响应时间等。

节点在进入退避状态时,启动一个退避计时器,当计时达到退避时间后结束退避状态。在退避状态下,只有当检测到信道空闲时才进行计时。如果信道忙,则退避计时器中止计时,直到检测到信道空闲时间大于 DIFS 后才继续计时。当多个节点推迟且进入随机退避时,利用随机函数选择最小退避时间的节点作为竞争优胜者。

IEEE 802.11 MAC 协议中通过立即主动确认机制和预留机制来提高性能。在主动确认机制中,当目标节点收到一个发给它的有效数据帧时,必须向源节点发送一个应答帧 ACK,确认数据已被正确接收到。为了保证目标节点在发送 ACK 过程中不与其他节点发生冲突,目标节点使用 SIFS 帧间隔。主动确认机制只能用于有明确目标地址的帧,不能用于组播报文和广播报文传输。为减少节点间使用共享无线信道的冲突概率,预留机制要求源节点和目标节点在发送数据帧之前交换简短的控制帧,即发送请求帧 RTS 和清除帧 CTS。从 RTS(或 CTS)帧开始到 ACK 帧结束的这段时间,信道将一直被这次数据交换过程占用。RTS 帧和 CTS 帧中包含有关这段时间长度的信息。每个节点维护一个定时器,记录网络分配向量 NAV,指示信道被占用的剩余时间,一旦收到 RTS 帧或 CTS 帧,所有节点都必须更新它们的 NAV 值。只有在 NAV 减到零时,节点才可以发送信息,通过此种方式,RTS 帧和 CTS 帧为节点的数据传输预留了无线信道。

4.1.2.4 S-MAC 协议

视频

S-MAC(Sensor MAC)协议是在 IEEE 802.11 协议的基础上,针对无线传感器网络的能量有效性而提出的专用于节能的 MAC 协议。S-MAC 协议设计的主要目标是减少能量消耗,提供良好的可扩展性。它针对无线传感器网络消耗能量的主要环节,采用了以下 3 方面的技术措施来减少能耗。

1. 周期性侦听和休眠

每个节点周期性地转入休眠状态,周期长度是固定的,节点的侦听活动时间也是固定的。节点苏醒后进行侦听,判断是否需要通信。为了便于通信,邻居节点之间应该尽量维持调度周期同步,从而形成虚拟的同步簇。同时每个节点需要维护一个调度表,保存所有邻居节点的调度情况,在向邻居节点发送数据时唤醒自己。每个节点定期广播自己的调度,使新接入节点可以与已有的邻居节点保持同步。如果一个节点处于两个不同调度区域的重合部分,则会接收到两种不同的调度,节点应该选择先收到的调度周期。

2. 消息分割和突发传输

考虑到无线传感器网络的数据融合和无线信道的易出错等特点,将一个长消息分割成几个短消息,利用 RTS/CTS 机制一次预约发送整个长消息的时间,然后突发性地发送由长消息分割的多个短消息。发送的每个短消息都需要一个应答 ACK,如果发送方没有收到某一个短消息的应答,则立刻重传该短消息。

3. 避免接收不必要消息

采用类似于 IEEE 802.11 的虚拟物理载波监听和 RTS/CTS 握手机制,使不收发信息的节点及时进入睡眠状态。

S-MAC 协议同 IEEE 802.11 相比,具有明显的节能效果,但是由于睡眠方式的引入,节点不一定能及时传递数据,使网络的时延增加、吞吐量下降;而且 S-MAC 采用固定周期的侦听/睡眠方式,不能很好地适应网络业务负载的变化。针对 S-MAC 协议的不足,其研究者又进一步提出了自适应睡眠的 S-MAC 协议。在保留消息传递、虚拟同步簇等方式的基础上,引入了自适应睡眠机制:如果节点在进入睡眠状态之前,侦听到了邻居节点的传输,则根据侦听到的 RTS 或 CTS 消息,判断此次传输所需要的时间;然后在相应的时间后醒来一小段时间(称为自适应侦听间隔)。如果这时发现自己恰好是此次传输的下一跳节点,则邻居节点的此次传输就可以立即进行,且不必等待。如果节点在自适应侦听间隔时间内没有侦听到任何消息,即不是当前传输的下一跳节点,则该节点立即返回睡眠状态,直到调度表中的侦听时间到来。自适应睡眠的 S-MAC 在性能上优于 S-MAC,特别是在多跳网络中,可以大大减小数据传递的时延。S-MAC 和自适应睡眠的 S-MAC 协议的可扩展性都较好,能适应网络拓扑结构的动态变化。其缺点是协议的实现较复杂,需要占用节点大量的存储空间,这对资源受限的传感器节点显得尤为突出。

视频

4.1.2.5 T-MAC 协议

T-MAC(Timeout MAC)协议实际上是 S-MAC 协议的一种改进。S-MAC 协议的周期长度受限于延迟要求和缓存大小,而侦听时间主要依赖于消息速率。因此,为了保证消息的可靠传输,节点的周期活动时间必须适应最高的通信负载,从而造成网络负载较小时,节点空闲侦听时间的相对增加。该协议在保持周期侦听长度不变的情况下,根据通信流量动态调整节点活动时间,用突发方式发送消息,减少空闲侦听时间。其主要特点是引入了一个 TA(Time Active)时隙。若 TA 时隙之间没有任何事件发生,则活动结束进入睡眠状态。

视频

4.1.2.6 SIFT 协议

SIFT 协议的核心思想是采用 CW(竞争窗口)值固定的窗口,节点不是从发送窗口选择发送时隙,而是在不同的时隙中选择发送数据的概率。因此,SIFT 协议的关键在于如何在不同的时隙为节点选择合适的发送概率分布，使得检测到同一个事件的多个节点能够在竞争窗口前面的各个时隙内不断无冲突地发送消息。

如果节点有消息需要发送，则首先假设当前有 N 个节点与其竞争发送，如果在第一个时隙内节点本身不发送消息，也没有其他节点发送消息，那么节点就减少假设的竞争发送节点的数目，并相应地增加选择在第二个时隙发送数据的概率；如果节点没有选择第二个时隙，而且在第二个时隙上还没有其他节点发送消息，那么节点再减少假设的竞争发送节点数目，进一步增加选择第三个时隙发送数据的概率，以此类推。

SIFT 协议是一个新颖而简单的不同于传统的基于窗口的 MAC 层协议，但对接收节点的空闲状态考虑较少，需要节点间保持时间同步，因此适于在无线传感器网络的局部区域内使用。在分簇网络中，簇内节点在区域上距离比较近，多个节点往往容易同时检测到同一个事件，而且只需要部分节点将消息传输给簇头，所以 SIFT 协议比较适合在分簇网络中使用。

4.1.3 基于分配的 MAC 协议

视频

基于分配的信道访问控制将共享的信道资源按照某种策略无冲突地分配给网络中的各个节点，当节点需要发送数据时，在自身分配的信道资源内完成数据传输，节点之间互不干扰，因此没有冲突。它面临的难点是如何以最小的代价为整个网络中的节点无冲突地分配信道资源。信道资源的分配方式包含两种：一种是固定的信道分配，另一种是动态的信道分配。

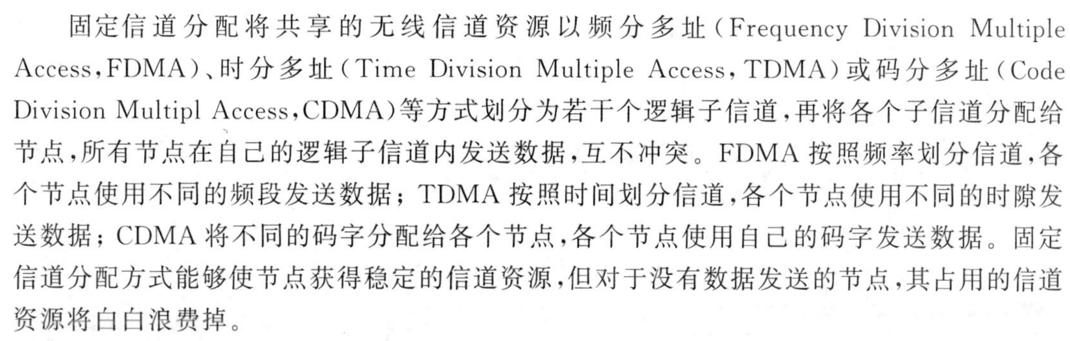

固定信道分配将共享的无线信道资源以频分多址（Frequency Division Multiple Access，FDMA）、时分多址（Time Division Multiple Access，TDMA）或码分多址（Code Division Multipl Access，CDMA）等方式划分为若干个逻辑子信道，再将各个子信道分配给节点，所有节点在自己的逻辑子信道内发送数据，互不冲突。FDMA 按照频率划分信道，各个节点使用不同的频段发送数据；TDMA 按照时间划分信道，各个节点使用不同的时隙发送数据；CDMA 将不同的码字分配给各个节点，各个节点使用自己的码字发送数据。固定信道分配方式能够使节点获得稳定的信道资源，但对于没有数据发送的节点，其占用的信道资源将白白浪费掉。

动态信道分配采取按需分配的策略，将信道资源动态地分配给需要发送数据的节点，尽可能提高信道的利用率。动态信道分配的难点是需要网络建立某种控制机制，用于仲裁多个节点对共享信道的竞争访问。轮询（polling）和令牌环（token ring）是两个典型的控制机制，前者是集中式的，后者是分布式的。在轮询机制中，控制中心依次查询各个节点是否有数据发送。如果有，那么节点获得信道的使用权，发送完成后交还控制中心；如果没有，那么控制中心继续询问下一个节点。例如，蓝牙的 MAC 协议以及 IEEE 802.11 MAC 协议的 PCF 模式都采用了轮询机制。在令牌环机制中，所有节点构成一个环，环上的节点相互传递一个令牌帧。如果节点有数据发送，则在收到令牌帧后保留，发送完成后再转交给下一个节点；如果节点没有数据发送，则直接将令牌帧转发给下一个节点。

4.1.3.1 时分多址

视频

时分复用（Time Division Multiple Access，TDMA）是实现信道分配的简单成熟的机制，蓝牙网络采用了基于 TDMA 的 MAC 协议。在传感器网络中采用 TDMA 机制，就是为每个节点分配独立的用于数据发送或接收的时隙,而节点在其他空闲时隙内转入睡眠状态。

TDMA 没有竞争引起的碰撞重传,节点在不属于自己的时隙中可以进入睡眠状态来节省能量,但是,基于 TDMA 的 MAC 层协议通常用在拓扑结构不变的网络,它不能很好地处理传感器节点移动和节点失效的情况。另外一点就是基于 TDMA 的 MAC 层协议需要严格的时间同步,为了避免这一点,人们利用 FDMA 或 CDMA 与 TDMA 结合的方法,为节点分配互不干扰的传输信道,避免数据冲突,从而降低时间同步的要求。其基本思想是为每一对邻居节点建立一个特有的频率用于数据传输,并保证各对节点使用的频率相互间没有干扰,从而避免数据碰撞。

视频

4.1.3.2 基于分簇网络的 MAC 层协议

该 MAC 层协议的网络是一种基于分簇结构的网络,在多个传感器节点形成的簇中有一个网关,网关收集和处理簇内节点发来的数据,然后发送到外部、同时负责为簇内节点分配时隙。该 MAC 层协议将节点划分为 4 种状态:感应、转发、感应并转发、非活动。节点在感应状态时,收集数据并向其邻居节点发送;在转发状态时,接收其他节点发送的数据再转发给下个节点;而处于感应并转发状态的节点则要完成上述两项功能;节点没有接收和发送数据时,就自动进入非活动状态。由于传输数据、接收数据、转发数据以及侦听信道所消耗的能量各不相同。各节点在簇内所扮演的角色也不一样,因此簇内节点的状态随时都在变化。为了高效地使用网络(如让能量相对高的节点转发数据、及时发现新的节点等),协议将时间帧分为 4 个阶段。

(1) 数据传输阶段:各节点在各自被分配的时隙内向网关发送数据;

(2) 刷新阶段:节点周期性地向网关报告其状态;

(3) 刷新引起的重组阶段:紧跟在一个刷新阶段之后,网关根据簇内节点的情况重新分配时隙;

(4) 事件触发的重组阶段:节点能量小于特定值、网络拓扑发生变化等都是需要重组的事件,若有以上事件触发,则网关重新分配时隙。

该 MAC 层协议能够减少空闲侦听,避免信道冲突,也考虑了可扩展性。但是区域内网关节点和传感器节点需要进行严格的时间同步,对网关节点的处理能力、能量和放置方式都有较高的要求。

视频

4.1.3.3 TRAMA 协议

流量自适应介质访问(Traffic-Adaptive Medium Access,TRAMA)协议(Rajendra 等,2003)将时间划分为连续时隙,根据局部两跳内的邻居节点信息,采用分布式选举机制确定每个时隙的无冲突发送者。同时,通过避免把时隙分配给无流量的节点,并让非发送和接收节点处于睡眠状态达到节能的目的。并且 FRAMA 协议也可以使节点确定何时可以进入空闲状态,而不需要持续侦听信道从而提高能量效率。TRAMA 协议包括邻居节点协议(Neighbor Protocol,NP)、调度交换协议(Schedule Exchange Protocol,SEP)和自适应时隙选择算法(Adaptive Election Algorithm,AEA)。

TRAMA 协议假定信道是按照时隙划分的,也就是时间被分为周期性随机访问的时间间隔(即信令时隙)和调度访问的时间间隔(即发送时隙)。在随机访问的时间间隔内,邻居协议被用于在邻居节点间传送单跳邻居信息,使邻居节点间都能获得一致的两跳拓扑信息。在随机访问的时间间隔内,节点通过在一个随机选择的时间间隙发射信号而加入一个网络。

在这些时隙中传送的数据包携带一组已添加或已删除的邻居信息,以此来收集邻居信息。若邻居节点信息没有发生变化,则这些数据包会被用作指示“正常工作”的信标。通过收集此类不断更新的邻居节点信息,节点可以知道本地单跳邻居节点的单跳邻居信息,从而获得它的两跳邻居节点的信息。

在 TRAMA 协议中,节点通过 NP 获得一致的两跳内的拓扑信息,通过 SEP 建立和维护发送者和接收者的调度信息,通过 AEA 决定节点在当前时隙的活动状态。TRAMA 协议通过分布式协商保证节点无冲突地发送数据,无数据收发的节点处于休眠状态;同时,避免把时隙分配给没有信息发送的节点。TRAMA 协议在降低能耗的同时保证了网络的高数据传输率,但该协议的一个缺点是,需要节点具有较大的存储空间来保存拓扑信息和邻居调度信息,需要计算两跳内邻居的所有节点的优先级,运行 AEA。TRAMA 协议适用于周期性数据收集或者监测无线传感器网络方面的应用。

流量自适应介质访问(Traffic-Adaptive Medium Access,TRAMA)协议用两种技术来节能:用基于流量的传输调度表来避免可能在接收者上发生的数据包冲突;使节点在无接收要求时进入低能耗模式。TRAMA 将时间分成时隙,用基于各节点流量信息的分布式选举算法来决定哪个节点可以在某个特定的时隙内传输,以此来达到一定的吞吐量和公平性。

4.1.3.4　SMACS/EAR 协议

视频

基于 TDMA 的 MAC 协议虽然有很多优点,但网络扩展性差,需要节点间严格的时间同步,对于能量和计算能力都有限的传感器节点而言其实现比较困难。人们考虑通过 FDMA 或者 CDMA 与 TDMA 相结合的方法,为每对节点分配互不干扰的信道实现信息传输,从而避免了共享信道的碰撞问题,增强了协议的扩展性。

Sohrabi 等提出的 SMACS/EAR(Self-organizing MAC for Sensor Network/Eavesdrop and Register,具有监听/注册能力的无线传感器网络自组织 MAC)协议是结合 TDMA 和 FDMA 的基于固定信道分配的分布式 MAC 协议,用来建立一个对等的网络结构。SMACS 协议主要用于静止的节点之间连接的建立,而对于静止节点与运动节点之间的通信,则需要通过 EAR 协议进行管理。其基本思想是,为每一对邻居节点分配一个特有频率进行数据传输,不同节点对间的频率互不干扰,从而避免同时传输的数据之间产生碰撞。

SMACS 协议假设节点静止,节点在启动时广播一个“邀请”消息,通知附近节点与本节点建立连接,接收到“邀请”消息的邻居节点与发出“邀请”消息的节点交换信息,在二者之间分配一对时隙,供二者以后通信。EAR 协议用于少量运动节点与静止节点之间进行通信,运动节点侦听固定节点发出的“邀请”消息,根据消息的信号强度、节点 ID 号等信息,决定是否建立连接。如果运动节点认为需要建立连接,则与对方交换信息,分配一对时隙和通信频率。SMACS/EAR 不需要所有节点的帧同步,可以避免复杂的高能耗同步操作,但不能完全避免碰撞,多个节点在协商过程中可能同时发出“邀请”消息或应答消息,从而出现冲突。在可扩展性方面,SMACS/EAR 协议可以为变化慢的移动节点提供持续的服务,但并不适用于拓扑结构变化较快的无线传感器网络。在网络效率方面,由于协议要求两节点间使用不同的频率通信,固定节点还需要为移动节点预留可以通信的频率,因此网络需要有充足的带宽以保证每对节点间建立可能的连接。但是由于无法事先预计并且很难动态调整每个节点需要建立的通信链路数,因此整个网络的带宽利用率不高。

视频

4.2 拓扑控制

视频

4.2.1 网络拓扑结构

计算机网络的拓扑结构是引用拓扑学中研究与大小、形状无关的点、线关系的方法，把网络中的计算机和通信设备抽象为一个点，把传输介质抽象为一条线，由点和线组成的几何图形就是计算机网络的拓扑结构。

在无线传感器网络中，节点的部署可能很密集，如果节点采用比较大的发射功率进行数据的收发，会带来很多问题。首先，高发射功率需要消耗大量的能量，在一定的区域内，众多邻居节点的接入对 MAC 层来说是很大的一个负担，很可能使得每个节点的可用信道资源降低。其次，当节点失效或者移动时，过多的连接会导致网络拓扑的巨大改变，这会严重影响路由层的工作。为了解决上述问题，采用拓扑控制技术，限定给定节点的邻居节点数目。良好的拓扑结构能够有效提高路由协议和 MAC 协议的效率，为网络的多方面工作提供有效支持。

典型的计算机网络拓扑结构有总线型结构、树状结构、网状结构、环状结构、星状结构等，如图 4-2-1 所示。在传感器网络中，节点之间通过自组织形成一定的拓扑结构。传感器网络主要有两种拓扑结构：扁平结构和分层结构。在扁平结构中，所有节点的地位平等，源节点和目的节点之间往往存在多条路径，网络负荷由这些路径共同承担，一般情况下不存在瓶颈，网络比较鲁棒。但是，在节点特别多的情况下，扁平型的网络结构在节点组织、路由建立、管理与控制的报文方面会占用很大的带宽。这影响网络传输速率的同时，也使得网络节点能耗比较高。在严重情况下，甚至会造成网络瘫痪。因此，扁平结构一般用于网络规模比较小的传感器网络中。在分层结构中，网络被划分为多个簇，每个簇由一个簇头和多个簇成员组成。簇头负责簇间信息传输，簇成员只负责数据的采集。传感器节点的无线通信模块在空闲状态时的能量消耗与在收发状态下相当，所以，在节点空闲时，关闭通信模块，能够大幅降低无线通信的能量消耗，从而降低节点能耗，延长网络生命周期。

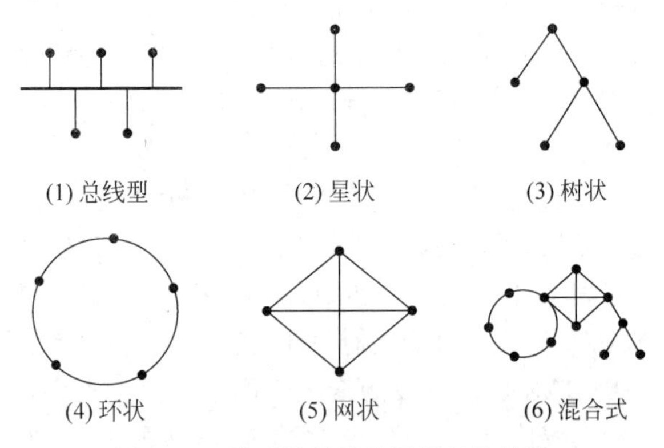

图 4-2-1　典型的计算机网络拓扑结构

另外，传感器网络拓扑结构还受到节到节点自身和环境条件的影响。无线传感器节点的发送信号强度、接收节点的接收能力，以及节点间的信号的相互干扰，严重影响网络通信链路和网络拓扑结构。由于应用环境的特点(如天气变化、存在障碍物等)、网络中节点的随机开机和关机操作，以及节点能量消耗殆尽而失效等情况的发生，使得传感器网络的拓扑结构动态变化，对网络路由协议、生命周期等性能产生严重影响。

在传感器网络这样的多跳无线网络中，节点之间并没有预先配置底层的连接，而完全是靠多跳的无线连接进行通信，因此每个节点都可以通过调整自己的传输能量改变邻居集合，进而潜在地改变网络拓扑，即通过拓扑控制技术可以对网络拓扑结构进行合理的控制与优化。拓扑控制是传感器网络的重要技术，可以使网络在保持连通的同时，保证覆盖质量和连通质量，降低通信干扰，延长网络生命周期，提高 MAC 协议和路由协议的效率，为数据融合提供拓扑基础，对网络的可靠性、可扩展性等性能具有重大的影响，因而对拓扑控制技术的研究具有十分重要的意义。传感器网络一般具有大规模、自组织、随机部署、环境复杂、传感器节点资源有限、网络拓扑经常发生变化的特点，而拓扑控制则需要节点相互合作，依照某种标准决定各自的传输能量，进而建立网络拓扑，这些特点使拓扑控制成为挑战性研究课题。

影响传感器网络拓扑结构的因素主要有位置（确定性部署或随机部署，静止或移动）、功率、架构（有无基础设施）、环境（地形/建筑物，干扰物）。

1. 位置

传感器网络的部署方式直接关系到网络的构成和布局优化。节点的部署方式分为确定和随机两种。节点可以通过人工等确定性方式部署到监测区域，这时使用静态部署不仅能减少节点的配置成本，还能避免由于节点移动而耗费的能量。然而在战场等类似的危险环境中，通常采用随机撒播方式，如利用飞机将传感器节点抛撒到目标区域。由于在随机部署过程中节点位置和节点状态的不确定性，节点的随机放置可能不能满足网络连通性或覆盖的要求，可以通过增量节点部署使节点密集分布或借助移动节点来调节。

传感器节点的移动也对拓扑结构有影响。在静态网络中，节点不具有移动能力，一旦被放置后其位置不再发生更改，网络的拓扑变化较小，节点能量耗尽或受到外力破坏引起的节点失效，抑或是新节点的加入会导致网络拓扑的变化。在移动网络中，节点具有移动能力，除在静态网络中对网络拓扑变化产生影响的那些因素以外，节点的移动性是导致移动网络拓扑变化的首要因素。

2. 功率

传感器网络中如果每个节点都以大功率进行通信，会加剧节点之间的干扰，降低通信效率，造成节点能量的浪费。但如果选择太小的发射功率，则会影响网络的连通性。因此，传感器网络在不牺牲系统性能的前提下，通过设置或动态调整节点的发射功率，在保证网络拓扑结构连通、双向连通或者多连通的基础上，尽可能降低节点的发射功率，均衡节点单跳可达的邻居数目，减少节点的覆盖范围，提高能耗效率，延长网络的生存周期。

3. 架构

传感器网络中，依据一定的机制选择某些节点作为簇头节点，由簇头节点构建一个连通网络来负责数据的路由转发。在这种拓扑管理机制下，网络中的节点可以划分为簇头节点和普通节点两类。簇头节点对周围的普通节点进行分簇管理。簇头节点形成了网络的基础架构，负责保持网络的连通和转发能力。相对无基础架构的传感器网络，有基础架构的网络在进行拓扑维护时，必须保持稳定的簇头架构。

4. 环境

传感器网络部署区域的地形地势、天气、障碍物等环境条件也直接影响到节点间的不可达。拓扑结构要在实现网络连通度和覆盖的前提下有效避开外部的障碍或干扰，高效利用通信带宽，能够具有一定的健壮性以适应环境对通信链路的影响。

视频

4.2.2 拓扑控制设计目标

传感器网络是与应用相关的，不同的应用场聚可能对拓扑控制的设计目标提出不同的要求。但总体来说，传感器网络拓扑控制的设计目标是以保证一定的网络连通质量为前提，以延长网络的生存时间为主要考虑因素，同时兼顾吞吐量、鲁棒性和可扩展性等其他性能。下面具体介绍这些设计目标和相应的要求。

拓扑控制研究的问题是：在保证一定的网络连通质量和覆盖质量的前提下，一般以延长网络的生命期为主要目标，通过功率控制和簇头节点选择，剔除节点之间不必要的通信链路，兼顾通信干扰、网络延迟、负载均衡、简单性、可靠性、可扩展性等其他性能，形成一个数据转发的优化网络拓扑结构。无线传感器网络用来感知客观物理世界，获取物理世界的信息。客观世界的物理量多种多样，不同的传感器网络应用关心不同的物理量，不同的应用背景对传感器网络的要求不同，其硬件平台、软件系统和网络协议必然会有很大差别。下面介绍拓扑控制中一般要考虑的设计目标。

1. 覆盖

覆盖是对无线传感器网络服务质量的度量，即在保证一定的服务质量条件下，使得网络覆盖范围最大化，提供可靠的区域监测和目标跟踪服务。根据传感器节点是否具有移动能力，无线传感器网络覆盖可分为静态网统覆盖和动态网络覆盖两种形式。

2. 连通

传感器网络一般是大规模的，所以传感器节点感知到的数据一般要以多跳的方式传送到汇聚节点。这就要求拓扑控制必须保证网络的连通性。拓扑控制一般要保证网络是连通的。有些应用可能要求网络配置要达到指定的连通度。有时也讨论渐近意义下的连通，即当部署的区域趋于无穷大时，网络连通的可能性趋于1。

3. 网络生命期

一般将网络生命期定义为直到死亡的百分比低于某个阈值时的持续时间，也可以通过对网络的服务质量的度量来定义网络的生命期。网络只有在满足一定的覆盖质量、连通质量、某个或某些其他服务质量时才是存活的。最大限度地延长网络的生命期是一个十分复杂的问题，它一直是拓扑控制研究的主要目标。

4. 吞吐能力

设目标区域是个凸区域，每个节点的吞吐比率为λb/s，在理想情况下，有下面的关系式：

$$\lambda \leqslant \frac{16AW}{\pi\Delta^2 L} \cdot \frac{1}{nr} \tag{4-2-1}$$

其中，A 是目标区域的面积，W 是节点的最高传输数量，π 是圆周率，Δ 是大于0的常数，L 是源节点到目的节点的平均距离，n 是节点数，r 是理想球状无线电发射模型的发射半径。由式(4-2-1)可知，通过功率控制减小发射半径和通过睡眠调度减小工作网络的规模，可以在节省能量的同时，在一定程度上提高网络吞吐能力。

5. 干扰和竞争

减小通信干扰、减少 MAC 层的竞争和延长网络的生命期基本上是一致的。对于功率控制，网络无线信道竞争区域的大小与节点的发射半径 r 成正比，所以减小 r 就可以减少竞争；对于睡眠调度，可以使尽可能多的节点处于睡眠状态，减小干扰和减少竞争。

6. 网络延迟

功率控制和网络延迟之间的大致关系：当网络负载较低时，高发射功率减少了源节点到目的节点的跳数，所以降低了端到端的延迟；当网络负载较高时，节点对信道的竞争是激烈的，低发射功率由于缓解了竞争而减小了网络延迟。

7. 鲁棒性

传感器网络的拓扑结构具有很强的动态性，例如节点的移动、能量耗尽失效或者新节点的加入，都会改变原有拓扑结构的连接关系。因此，拓扑控制算法需要具有很强的鲁棒性，能够对局部的网络拓扑变化作出高效灵活的反应，以较低的代价实现网络拓扑的更新和维护。

8. 可扩展性

传感器网络一般都拥有大规模的节点，拓扑控制算法如果没有可扩展性保证，那么很有可能导致网络性能随着节点规模的增加而显著降低。为此，拓扑控制算法通常被要求设计为分布式算法，能够依靠局部范围的信息实现。

9. 拓扑性质

对于网络拓扑的优劣，很难给出定量的度量。除了覆盖性、连通性之外，对称性、平面性、稀疏性、节点度的有界性、有限伸展性等都是希望网络具有的性质。除此之外，拓扑控制还要考虑负载均衡、简单性、可靠性、可扩展性等其他方面的性质。

传感器网络在部署以后，为了便于邻居节点发现，节点以最大的发射功率开始工作，形一个稠密的网络拓扑结构，称为最大功率图。拓扑控制主要是从两个方面对最大功率图进行优化：一是剔除节点之间不必要的通信链路，二是减少网络中活跃节数量。具体来说，拓扑控制技术主要包含 3 类：功率控制、睡眠调度和分簇。

在无线传感器网络中，拓扑控制的目的在于实现网络的连通(实时连通或者机会连通)，同时保证信息高效、可靠地传输。目前，主要的拓扑控制技术分为时间控制、空间控制和逻辑控制 3 种。

(1) 时间控制。通过控制每个节点睡眠、工作的占空比、节点间睡眠起始时间的调度，让节点交替工作，网络拓扑在有限的拓扑结构间切换。

(2) 空间控制。通过控制节点发送功率改变节点的连通区域，使网络呈现不同的连通形态，从而获得控制能耗、提高网络容量的效果。

(3) 逻辑控制。通过邻居表将不“理想的”节点排除在外，从而形成更稳固、可靠和强健的拓扑。

4.2.3 功率控制技术

功率控制是指节点通过动态地调制自身的发射功率来调制其邻居节点集，减少不必要的连接，在保证网络的连通性、双向连通和多连通的基础上，使得网络能耗最小，进而延长网络的寿命。

视频

4.2.3.1 基于邻近图的功率控制

基于邻近图的功率控制的基本思想如下：设所有节点都使用最大发射功率发射时形成的拓扑图是 G，按照一定的邻居判别条件求出该图的邻近图 G'，每个节点以自己所邻接的点最远节点来确定发射功率，这是一种解决功率分配问题的近似解法。考虑到传感器网络中两个节点形成的边是有向的，为了避免形成单向边，一般在运用基于邻近图的算法形成网络拓扑之后，还需要进行节点之间的增删，以使最后得到的网络拓扑是双向连通的。

在传感器网络中，基于邻近图的算法的作用是帮助节点确定自己的邻居集合，调整适当的发射功率，从而在建立起一个连通网络的同时，达到节省能量的目的。在已有的传感器网络拓扑算法中，LMST(Local Minimum Spanning Tree)是最典型的基于临近图的算法。其步骤如下：

(1) 信息交互阶段。节点 u 定期以最大传输功率发送 Hello 报文，从而获知其可视邻居区内的所有的节点信息。

(2) 拓扑构建阶段。节点 u 独立地以无向图最小生成树算法获得本地最小生成树，计算公式为

$$T_u=(V(T_u),E(T_u)) \tag{4-2-2}$$

(3) 传输功率确定阶段。依据已确定的本地最小生成树的结构，节点决定自身传输功率。

(4) 双向化处理阶段。由于所获得的拓扑中可能存在单向连接，为使网络具有双向连通的特性，对当前所形成的拓扑中单向连接实施添加或删除操作。

LMST 在拓扑生成过程中未考虑形成连接的对端能量是否充足，因此所形成的网络拓扑健壮性不高。在此算法基础上，有人提出了 DRNG(Directed Relative Neighborhood Graph)、DLSS(Directed Local Spanning Subgraph)等算法。

视频

4.2.3.2 基于节点度的功率控制

一个节点的度数是指所有距离该节点一跳的邻居节点的数目。算法的核心思想是给定节点度的上限和下限需求，动态调整节点的发射功率，使得节点的度数落在上限和下限之间。算法利用局部信息来调整邻居节点间的连通性，从而保证整个网络的连通性，同时保证节点间的链路具有一定的冗余性和可扩展性。本地平均算法(Local Mean Algorithm，LMA)和本地邻居平均算法(Local Mean of Neighbors Algorithm，LMN)是两种周期性动态调整节点发射功率的算法，它们之间的区别在于计算节点度的策略不同。

1. LMA

LMA 的具体步骤如下：

(1) 每个节点初始具有系统的发射功率 P_T，每个节点定期广播一个包含有自己 ID 的 LifeMsg 消息；

(2) 如果节点收到 LifeMsg 消息，则发送一个 LifeAckMsg 消息，该消息包含所应答的 LifeMsg 消息中的节点 ID；

(3) 每个节点再次发送 LifeMsg 时，首先检查已经收到的 LifeAckMsg 消息，利用这些消息统计自己的邻居节点数 NodeResp；

(4) 如果 NodeResp 小于邻居节点数下限 NodeMinTresh，则节点在这轮发送中增大发射功率，但是发射功率不能超过初始发射功率的 B_{max} 倍，如式(4-2-3)所示；如果 NodeResp

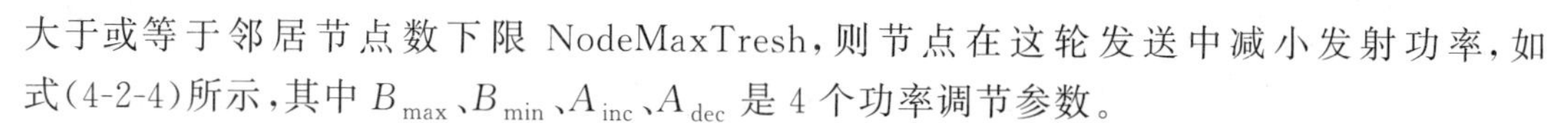

大于或等于邻居节点数下限 NodeMaxTresh，则节点在这轮发送中减小发射功率，如式(4-2-4)所示，其中 B_{max}、B_{min}、A_{inc}、A_{dec} 是 4 个功率调节参数。

$$P_{Tr}=\min\{B_{max}\times P_{Tr},A_{inc}\times(\text{NodeMinTresh}-\text{NodeResp})\times P_{Tr}\} \tag{4-2-3}$$

$$P_{Tr}=\max\{B_{min}\times P_{Tr},A_{dec}\times(1-(\text{NodeMinTresh}-\text{NodeResp}))\times P_{Tr}\} \tag{4-2-4}$$

2. LMN

LMN 与 LMA 类似，其区别在于邻居节点的数目 NodeResp 的计算方法不同，在 LMN 算法中，每个节点发送 LifeAckMsg 消息时，将自己的邻居节点数目包含在 LifeAckMsg 消息中，发送 LifeMsg 消息的节点在收集完所有的 LifeAckMsg 消息后，将所有邻居的邻居节点数求平均值并作为自己的邻居节点数。

和其他基于节点度数的算法一样，LMA、LMN 缺少严格的理论支持，但这两种算法的收敛性和网络的连通性都是可以保证的，通过少量的局部信息即可达到一定程度的优化效果。LMA 和 LMN 对于传感器节点的要求不高，无须严格的时间同步，但是这两种算法还存在一些不完善的地方，如对邻居节点的判断标准、邻居信息强弱的加权等有待于进一步改善。

4.2.3.3　基于方向的功率控制

视频

在基于方向的功率控制中，一般假设节点不知道自身和其他节点的具体位置，但能估测到邻居节点的相对方向。这种策略的实现要保证发射功率的选择能在给定角度的、以节点为顶点的任意锥形区域内至少有一个邻居。基于方向的功率控制算法需要可靠的方向信息，因而需要很好地解决到达角度问题，节点需要配备多个定向天线，因而对传感器节点提出了较高的要求。具有代表性的是 CBTC 算法。

在 CBTC 算法中传感器节点的发射功率被分为离散的功率等级，根据接收到的数据包方向信息，调整节点的功率等级，以一个最优的发射功率确保在节点的每个锥角 α 内至少有一个邻居节点。CBTC 算法的具体执行可分以下 3 步。

(1) 网络初始化阶段，节点以低功率发送 HELLO 消息，并收集其他传感器节点的回复消息；

(2) 节点根据收到的回复消息，确定邻居节点，判断在所有锥角 α 内是否存在至少一个邻居节点，若存在则结束，若不存在则增大发射功率直至条件满足，即所有锥角 α 内至少存在一个邻居节点；

(3) 移除网络中的冗余链接，确保网络拓扑的对称性。

4.2.3.4　基于干扰的拓扑控制

视频

干扰的存在直接造成网络数据的冲突和重传，严重影响网络性能。传统的功率控制技术都隐式地认为，通过构建稀疏的网络拓扑结构能够有效地减少网络中的干扰。Burkhart 等人证明：稀疏的网络拓扑结构并不能够保证网络中的干扰得到有效降低。因此，片面减少边的数量、长度及邻居节点都不一定就能降低节点之间的干扰现象。GG、RNG 等拓扑算法都无法完成干扰最优化。可以从干扰优化的角度来研究拓扑控制算法，这类算法以降低网络干扰为主要目标，同时保证算法生成的网络拓扑结构是连通的。

为了研究干扰对拓扑的影响，Burkhart 提出关于干扰的定义，并建立了链路干扰模型。在链路干扰模型中，节点的所有邻居都会对该节点产生干扰。并定义链路的干扰度为两端正在通信的节点的覆盖范围内的所有邻居节点数目。链路干扰模型能很好地描述能直接通信节点对之间的干扰情况，只能反映网络的局部状况，或者说反映网络最差干扰情况的链路。针对数据转发的端到端投递特征，基于链路干扰模型可定义对应的路径干扰模型。路径的干扰度为组成此路径上所有链路的干扰度之和。网络干扰度定义为平均路径干扰度。

基于链路干扰模型，Burkhart 提出了链路干扰最小的干扰优化拓扑控制算法 LIFE (Low Interference Forest Establisher)。基于路径干扰模型，Johansson 提出了路径干扰最小的干扰优化拓扑控制算法 API(Average Path Interference)。

视频

4.2.4 睡眠调度

在传感器网络中，节点处于睡眠状态时的能量消耗最低，空闲状态和收发状态时基本相当。因此，在保证网络连通性需求的前提下，除了降低节点的发射功率以外，让更多的节点睡眠是延长传感器网络生存时间的有效手段。对于睡眠调度的拓扑控制，所面临的问题是在网络中选择最少的节点保持活跃状态，形成数据转发的连通的骨干网络，这个问题本质上等价于求解传感器网络的最小连通支配集。最小连通支配集问题被证明是一个 NP-hard 问题，因此目前提出的睡眠调度控制算法主要是在网络中求解近似最优的连通支配集，或者利用一些启发机制建立满足应用需求的数据传输通道。

视频

4.2.4.1 连通支配集算法

连通支配集算法主要分为两类：第一类算法首先在第一个阶段构建一个最大独立集(Maximum Independent Set，MIS)，然后在第二个阶段选出一些连接节点，将这个最大独立集连成一个连通支配集，这类算法的代表是 EECDS(Energy Efficient Connected Dominating Set)算法；第二类算法首先在第一个阶段生成一棵未经优化的连通支配集树，然后在第二个阶段使用修剪规则剪掉冗余的叶子节点，这类算法的代表是 CDS-Rule-K (Connected Dominating Set under Rule K)算法。

1. EECDS 算法

EECDS 是连通独立集的代表性算法，采用最大独立集构造连通支配集。该算法分为两个阶段：第一阶段创建一个 MIS；第二阶段选择连接节点使这独立集连通。

在第一阶段，EECDS 算法利用着色的方法来构建 MIS。初始时，所有节点都被标记为 White，选择一个初始节点 s 作为 MIS 的一部分(成为支配节点)，同时 s 标记自身为 Black，然后节点 s 广播 Black 消息通知邻居节点它是 MIS 的一部分。当状态为 White 的邻居节点接收到 Black 消息后将自身状态改为 Gray(成为被覆盖节点)，然后广播 Gray 消息，接收到 Gray 消息的 White 节点(即距离初始节点两跳并且状态为 White 的节点)开始竞争成为支配节点(Black 节点)。

竞争过程分为两步：首先，这些要竞争成为 Black 的 White 节点发送一个 Inquiry 信息询问邻居节点的状态和权值；然后设定一个超时时间，等待它们的回应。如果在超时时间内，它没有收到任何返回的 Black 消息，并且它有着最高的权值，那么它将成为 Black 节点，并继续广播 Black 消息，否则，它仍然保持为 White 状态。这里，权值的计算基于每个节点的电池能量和有效节点度。上述过程重复进行，直到所有节点成为支配节点或被覆盖节点，这些 Black 节点(支配节点)构成一个彼此互不相连的最大独立集，也是相互无直接连接的簇头。

在第二阶段，主要是利用那些可互联簇头节点的被覆盖节点(非 MIS 节点)去构建连通支配集，这些节点称为连接节点。MIS 节点通过贪婪算法选中连接节点，该过程使用了 3 个消息：首先，一个已经成为了连通支配集一部分的非 MIS 节点发送一个 Blue 消息通知它的邻居；然后，MIS 节点发送 Invite 消息给非 MIS 节点，去邀请它们成为连接节点；收到 Invite 消息的非 MIS 节点，计算自身的权值然后返回 Update 消息，拥有最高权值的非 MIS 节点将成为连接节点。最终，所有的 Black 节点和连接节点构成连通支配集。

EECDS 算法的主要缺点是它的消息复杂度。在算法的两个阶段，包括独立集和最后生成树形成的过程都使用了竞争机制，即每个阶段都需要去确定最好的候选者。从消息开销的角度来讲，竞争过程的代价是非常大的，因为要得到自身的权值，每个节点都要去询问它的邻居的状态。由于网络拥塞和碰撞，在密集型网络中算法效率尤其低效。

在 EECDS 中，那些收集邻居信息的簇头节点容易较快耗尽能量。EECDS 算法在各个阶段，每个节点都只发送一类信息，所以它的信息复杂度为 $O(n)$；在构建 MIS 时，其过程最复杂的，它的时间复杂度最差情况下也为 $O(n)$。

2. CDS-Rule-K 算法

CDS-Rule-K 算法利用了剪枝规则和标记算法。该算法的思想是以一个超大节点集作为框架，在此基础上通过一定的规则对它进行修剪，去除非必要的节点，从而完成最小化的目标。该算法分为两个阶段。

在第一阶段创建一个初始 CDS 树，其中使用了以下标记(mark)过程：

$$S=(\forall v\in S: x,y\in N(v),\quad \neg\exists(x,y)\in E) \tag{4-2-5}$$

式中，$N(v)$是 v 的邻居节点集合；E 是网络所有链路的集合。式(4-2-5)的含义是：如果节点 v 存在两个彼此未连通的邻居节点，那么节点 v 将被包括在初始集合中。具体的算法过程为：邻居节点之间交换 HELLO 信息，提供自己的邻居节点列表；一个节点收到邻居节点的邻居节点列表后，与自己的邻居节点列表进行对比，如果自身邻居节点列表中有节点不在所收到邻居节点列表中，则该节点标记自身，并被包括在初始集合中。

在第二阶段，如果一个节点确信它的邻居节点都被更高优先级的节点覆盖到了，那么它将取消自己的标记(剪除非必要节点)，该过程可选用下面 3 条规则。

规则 1：对于标记节点，如果它所有的邻居节点都被具有更高优先级的已标记节点所盖，那么它将取消自身的标记。如图 4-2-2(a)中，标记节点 u 覆盖了节点 v 的所有邻居节点，且 u 比 v 有更高的优先级，则可取消 v 的标记。

规则 2：对于标记节点，如果它的邻居节点被两个其他直接相连的已标记邻居节点所覆盖，那么它将取消自身的标记。如图 4-2-2(b)中，标记节点 v 的邻居节点都被直接相连的目标记邻居节点 u 和 w 所覆盖，且 v 的优先级不高于 u 和 w 的优先级，则可取消 v 的标记。

规则 k：对于 k 个连通的标记节点$\{v_1,v_2,\cdots,v_k\}$，如果节点 v_i 具有最低优先级，v_i 的每个邻居节点都被$\{v_1,v_2,\cdots,v_{i-1},v_{i+1},\cdots,v_k\}$中的基一个节点所覆盖，则可取消 v_i 的标记，如图 4-2-2(c)所示。

最初的树经过修剪后移除了所有冗余节点，这些冗余节点被拥有更高优先级的其他节点所覆盖。这里，节点的优先级可以是基于节点的任何属性，如剩余能量、节点在树中的层次、节点 ID。规则 k 是对规则 1 和规则 2 的一般化，放宽了对标记主机的数量限制，可构造一个更精简的连通支配集。k 可以是任意值。

与 EECDS 算法类似，CDS-Rule-K 机制在节点间询问和标记取消通知过程是信息开销

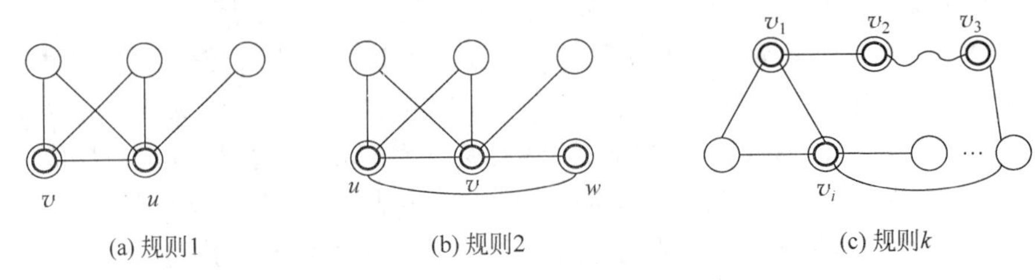

图 4-2-2 CDS-Rule-K 剪枝算法示例图

的主要来源。在询问过程中,每个节点都会发送一个基于自身层次的询问信息,并且接收一个回应信息。而在标记取消通知过程中,当一个节点打算取消自身的标记的时候,它必定会通知它的每个邻居节点。因此,CDS-Rule-K 算法拥有 $O(n^2)$的信息复杂度,$O(n^2)$的计算复杂度。

4.2.4.2 ASCENT 算法

ASCENT(Adaptive Self-Configuring sEnsor Networks Topologies)算法采用自适应的睡眠调度机制,其重点在于均衡网络中骨干节点的数量,并保证数据通路的畅通。节点接收数据时若发现丢包严重就向数据源方向的邻居节点发出求助消息;当节点探测到周围的通信节点丢包率很高或者接收到邻居节点发出的求助消息时,它醒来后主动成为活跃节点,加入骨干网络,帮助邻居节点转发数据包。

ASCENT 算法包括 3 个阶段:触发阶段、建立阶段和稳定阶段。触发阶段如图 4-2-3(a)所示,汇聚节点在不能接收源节点的数据时,向它的邻居节点发出求助消息;建立阶段如图 4-2-3(b)所示,当节点收到邻居节点的求助消息时,根据一定的算法判断自己是否需要成为活跃节点,如果成为活跃节点,就向邻居节点发送邻居通告消息;稳定阶段如图 4-2-3(c)所示,网络中活跃节点的数目保持稳定,在汇聚节点与数据源节点之间建立起可靠的传输通道进行数据转发。稳定阶段保持一定时间后,活跃节点可能因为能量耗尽而失效,出现通信不畅的情况,此时需要再次进入触发阶段,重新建立数据传输通道。

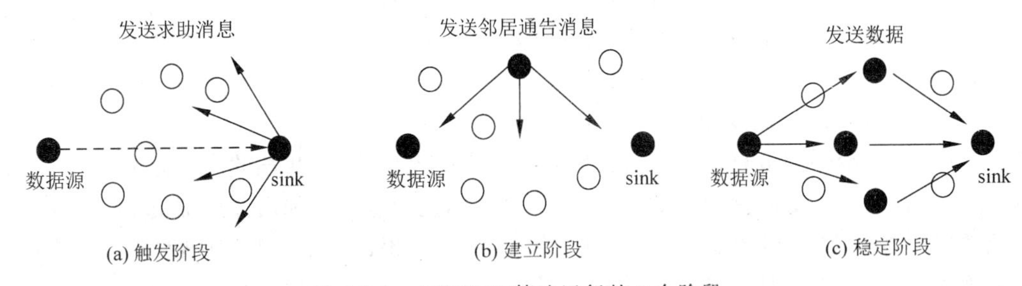

图 4-2-3 ASCENT 算法运行的 3 个阶段

在 ASCENT 算法中,节点可以处于 4 种状态。

(1) 睡眠状态:节点关闭通信模块,能量消耗最小;

(2) 侦听状态:节点只对网络信息进行侦听,不参与数据包转发;

(3) 测试状态:是一个暂态,节点尝试参与数据包转发,并进行一定的运算判断自己是否需要变为活跃状态;

(4) 活跃状态:节点负责数据包转发,能量消耗最大。

节点在这 4 种状态之间的转换关系如图 4-2-4 所示，其中 neighbors 表示节点的邻居节点数，NT 表示邻居节点数阈值，loss 表示信道丢包率，LT 表示丢包率阈值，help 表示求助消息，T_s、T_p、T_t 分别是睡眠状态、侦听状态和测试状态的定时器。

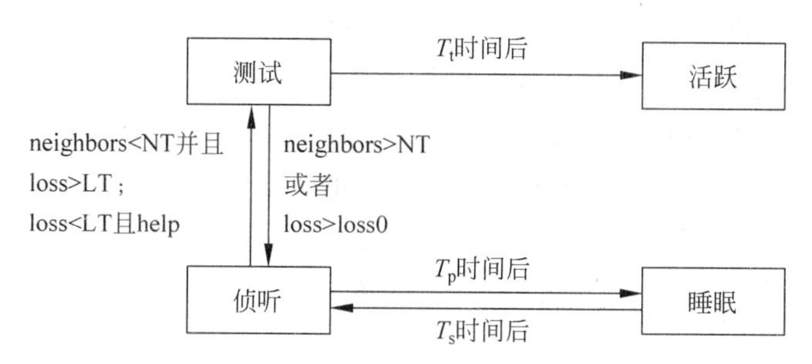

图 4-2-4　ASCENT 算法的节点状态转移图

睡眠状态与侦听状态：处于睡眠状态的节点设置定时器为 T_s，当 T_s 超时后，节点进入侦听状态；处于侦听状态的节点设置定时器为 T_p，当 T_p 超时后，节点进入睡眠状态。

侦听状态与测试状态：处于侦听状态的节点侦听信道，在定时器 T_p 超时之前，如果发现邻居节点数 neighbors 小于阈值值 NT，并且丢包率 loss 大于阈值值 LT，或者丢包率 loss 小于阈值值 LT，但接收到来自邻居节点的求助消息时，节点进入测试状态。处于测试状态的节点设置定时器为 T_t，在 T_t 超时之前，如果发现邻居数 neighbors 大于阈值值 NT，或者当前的丢包率 loss 比节点在进入测试状态之间的丢包率 loss 还要大，说明该节点不适合成为活跃节点，它将进入侦听状态。

测试状态与活跃状态：处于测试状态的节点在定时器 T_t 超时后，进入活跃状态，进入活跃状态的节点成为骨干网节点，负责数据转发，直到节点因为能量耗尽而失效。

ASCENT 算法具有自适应性，能够根据网络情况动态改变节点的状态，进而调整网络的拓扑结构保障可靠的数据传输通道；节点只根据本地的信息进行计算，不依赖于具体的升线通信模型或者节点的地理位置分布。ASCENT 算法也有其不足之处：ASCENT 并不能保证网络的连通性，因为它只是通过丢包率来判断连通性。当网络不连通时，它是无法检测和修复的；另外，ASCENT 没有考虑节点的负载均衡，进入活跃状态的节点一直工作到能量耗尽失效，这些都可能潜在地影响到网络的连通性和生存周期。

4.2.4.3　SPAN 算法

为了延长网络的生存时间，拓扑控制算法通常是优化活跃节点的数量，用最少的活跃节点构建骨干网络，但这种方式可能会影响原有网络的通信容量。例如，图 4-2-5 中由黑色节点构建的骨干网络，如果节点 C 和 D 之间有数据转发，同时节点 A 和 B 之间也有数据转发，由于这两条转发路径之间有重叠，因此会面临带宽竞争的问题，使网络的通信容量降低。但是，如果把节点 E 也作为骨干节点，那么节点 C 和 D 之间的数据就可以通过路径 3 转发，从而避免了带宽竞争。

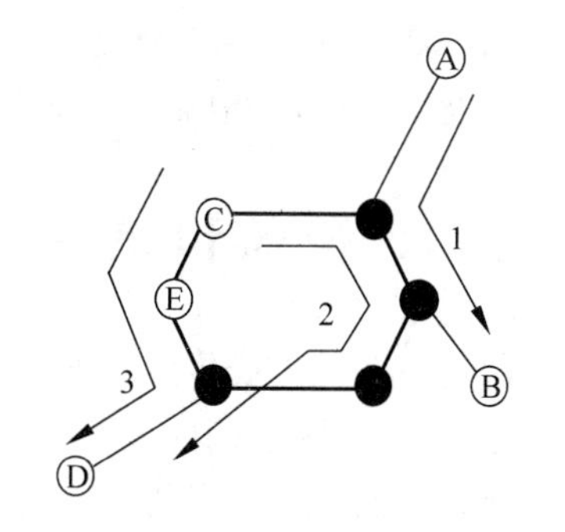

图 4-2-5　骨干网对通信容量的影响

SPAN 算法是一个考虑了骨干网络通信能力的拓扑控制算法，它的目的是使骨干网的数据转发能力尽可能接近原有网络的通信容量。SPAN的基本思想是节点采用分布式的睡眠调度方法，根据自己的剩余能量和在网络中的效用，决定进入活跃状态或者睡眠状态。处于活跃状态的骨干节点根据一定的规则，周期性地判断自己是否应该退出，返回睡眠状态；处于睡眠状态的节点周期性地醒来，根据一定的规则判断自己是否应该进入活跃状态，成为骨干节点。

在SPAN中，节点需要周期性地向邻居节点广播一个HELLO消息。HELLO消息中包含节点的状态、邻居节点列表和它连接的骨干节点列表。邻居节点之间通过HELLO消息的交互，最终构建出自己的邻居节点列表和连接的骨干节点列表，以及每个邻居节点的邻居节点列表和连接的骨干节点列表，相当于节点掌握了其两跳范围内的连通信息。根据这些连通信息，节点将按照一定的规则决定自己的状态。

节点加入骨干网络的规则是：有任意两个邻居节点不能直接通信，并且也不能通过一个或者两个骨干节点进行间接通信。邻居节点不能通信的情况可能会被多个节点同时发现，使得这些节点都进入活跃状态，造成骨干节点的冗余。为了避免这种情况，SPAN采用退避机制，节点在成为骨干节点之前，首先要等待一个延迟时间。如果在延迟时间内，节点收到其他节点发送的成为骨干节点的通告消息，就重新判断自己是否满足加入骨干网络的规则；否则，节点加入骨干网络，并向邻居节点广播一个通告消息。SPAN在计算延迟时间时，考虑节点的剩余能量和对网络的效用两个因素，计算公式如下：

$$\text{delay}=\left[\left(1-\frac{E_{\mathrm{r}}}{E_{\mathrm{m}}}\right)+(1-U_i)+R\right]\times N_i\times T,\quad U_i=C_i\Big/\begin{bmatrix}N_i\\2\end{bmatrix} \tag{4-2-6}$$

式中，E_{r}是节点的剩余能量；E_{m}是节点的最大能量；U_i用于评估节点i在成为骨干节点后对网络的效用；R是一个0～1的随机数；N_i是节点i的邻居节点数目；T是数据包在无线信道上传输的往返延迟；C_i是节点加入骨干网后新增加的连通的邻居节点对的数目。由延迟时间的计算公式可知，剩余能量越多，或者在加入骨干网后能使更多邻居节点连通的节点，具有更高的优先级成为骨干网节点。

节点退出骨干网络的规则是：任意两个邻居节点之间能够直接通信或者通过其他节点间接通信。为了使网络中节点的能量消耗更加均衡，骨干节点在工作一段时间之后，如果发现它的任意两个邻居节点都可以通过其他的邻居节点通信，即使这些邻居节点当前还不是骨干网节点，它也应该退出。同时，为了避免网络的连通性遭到临时性的破坏，骨干节点在退出之前仍然需要保持一段时间的活跃状态，直到确认有新的邻居节点加入骨干网络。

SPAN是一个分布式的睡眠调度算法，节点根据局部范围的连通信息，独立地决定自己的状态；建立的骨干网络能保证始终连通，并且具有较高的通信容量；通过轮换骨干节点，均衡能量消耗，可以有效地延长网络生存时间。仅从骨干网络的活跃节点数量来看，SPAN算法不是最优的，它增加了一部分节点用于获得更高的通信容量。

视频

4.3 覆盖和连通

网络覆盖是无线传感器网络研究中的基本问题，是指通过网络中传感器节点的空间位置分布，实现对被监测区域或目标对象物理信息的感知，从根本上反映了网络对物理世界的感知能力。网络中节点的感知能力有限，往往需要多节点的合作才能完成对物理世界的信息采集。节点的感知模型和节点空间位置分布是网络覆盖的基本元素，直接影响着网络的感知质量。单个节点的感知模型是传感器感知函数的服务质量的量度。同样，网络覆盖问题可以认为是基于传感器节点空间位置分布的网络服务质量的集成量度。

4.3.1 概述

4.3.1.1 基本概念

1. 部署

节点部署是传感器网络应用实施的基础，监测区域中节点的密度和位置分布影响网络的覆盖质量。根据传感器网络的应用环境和需求，有确定性部署和随机部署两种节点部署方式。在传感器网络规模较小、人易于到达的部署环境，可以采用人工方式将节点部署在监测区域中确定的位置上，这种部署方式称为确定性部署。而在大规模的传感器网络应用，或人难以到达、危险的环境，如战场、核泄漏和地质灾害区域等，通过飞机撒播等方式将节点随机部署在监测区域中，这种节点位置具有随机性的部署方式称为随机部署。

2. 覆盖

对于采用确定性部署方式的传感器网络，覆盖问题主要是考虑如何优化节点在监测区域中的部署位置，用尽可能少的节点来达到应用的覆盖要求，降低网络的构建成本。对于采用随机部署方式的传感器网络，覆盖问题侧重于考虑如何在保证网络覆盖质量的前提下，合理地调度网络中的节点交替性地工作和睡眠，延长网络的生存周期。此外，传感器网络在初次部署时，特别是随机部署的情况下，网络覆盖可能达不到应用要求，以及网络在运行过程中可能由于节点失效而达不到预期的任务目标。在这些情况下，传感器网络需要在监测区域中进行增量部署，通过增加一些新的节点或者将移动节点部署到更合适的位置来改善网络的监测性能。

3. 连通

感知和传输是传感器网络的两个基本功能。网络覆盖实现传感器网络对监测区域的感知功能，网络的覆盖质量影响感知信息采集的准确性和完整性。网络连通实现传感器网络的传输功能，网络的连通状况决定感知信息能否成功传输到用户。对于采用多跳方式的传感器网络，网络覆盖与网络连通密切相关，节点采集的感知信息需要依靠连通的网络传输到用户。网络覆盖依赖于节点的感知范围，节点的感知范围由携带的传感器件的物理性能决定，通常不可以调节。网络连通依赖于节点的通信范围，节点的通信范围可以通过调节射频天线的发射功率进行控制。覆盖与连通之间的关系：假设传感器节点的感知范围和通信范围是一个单位圆区域，感知半径和通信半径分别为 R_s 和 R_c。如果监测区域连续，并且节点的通信半径与感知半径满足关系 $R_c \geqslant 2R_s$，那么对监测区域的全覆盖，即监测区域内的任意一点都被覆盖，就能保证网络连通。

4.3.1.2 基本术语

视频

监测对象：传感器网络监测的物理实体，可以是固定或移动的目标、孤立或连续的区域，如工厂里的机器、森林中的火灾区域、动物的活动路径等。

覆盖率：传感器网络对监测对象的覆盖比例。当监测对象为离散目标时，覆盖率是网络实际覆盖的对象个数与总的被监测对象个数的百分比；当监测对象为连续区域时，覆盖率是网络实际覆盖的区域面积与总的被监测区域面积的百分比。

全覆盖：所有监测对象都被传感器网络覆盖，即覆盖率为100%。

覆盖度：传感器网络对监测对象的覆盖重数，等价于同时覆盖监测对象的传感器节点个数。

k-覆盖：监测对象至少被 k 个传感器节点同时覆盖，等价于网络的覆盖度为 k，如图 4-3-1 所示。

检测概率：传感器节点或网络成功检测到监测区域中的目标信息或发生事件的概率。

连通：网络中的任意两个工作节点之间都至少存在一条通信路径。

k-连通：网络中任意的两个工作节点之间都至少存在 k 条独立的通信路径，如图 4-3-2 所示。k 连通网络的特点是去掉 $k-1$ 个节点仍然连通，但去掉 k 个节点就可能不连通。

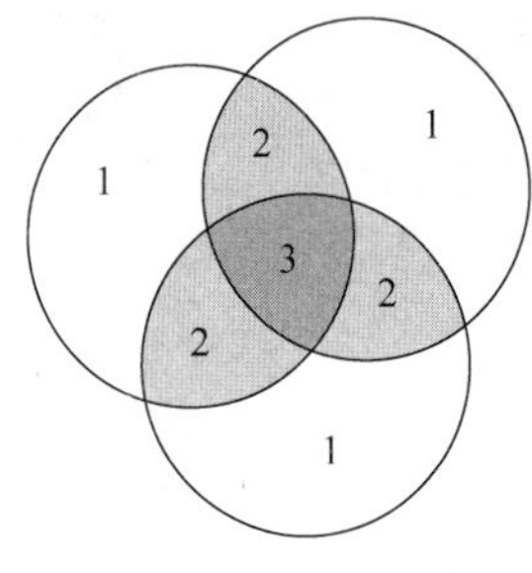

图 4-3-1　k-覆盖示例

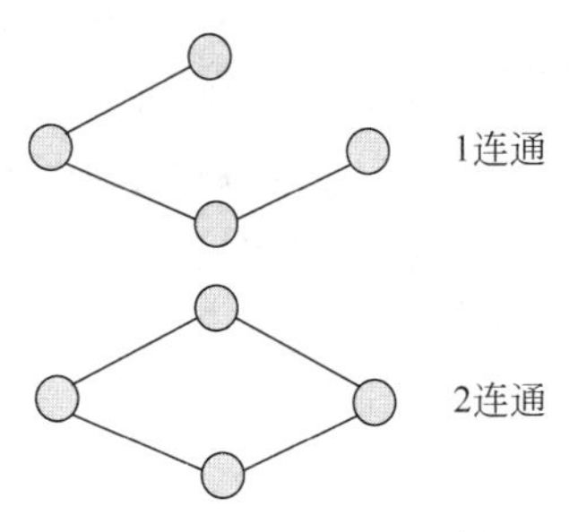

图 4-3-2　k-连通示例

视频

4.3.1.3　覆盖的评价标准

一个覆盖策略及算法的可用性与有效性是靠无线传感器网络覆盖技术的性能评价的，具体包括以下几个方面。

(1) 覆盖能力：网络覆盖范围的检测区域或目标点的覆盖程度是评价无线传感网络覆盖算法的好坏首先要考虑的方面。

(2) 网络的连通性：无线传感器网络以数据为中心并协同大量传感器节点工作，用单跳或多跳的方式将环境信息数据及时有效地传送至终端平台，所以算法必须保证传送信道的安全性和稳定性，无线传感器网络感知、监测、通信等各种服务质量的提高和有效地保证无线多跳通信的完成，受网络的连通性能的影响。

(3) 能量有效性：网络使用寿命和网络的持续时间是主要的两方面内容。网络中对整体和个体节点的动力的优化是十分重要的。大部分情况下，节点必须保证持续工作不能间断，这就意味着一旦节点进入工作，除非坏掉或失去动力，节点是不能被替换的，所以怎样让节点在完成工作任务的情况下，消耗最小的动力是重中之重。可以从节点工作状态、动力需求、降低数据的传递次数来满足上述问题，这样整个网络就可以获得最大的效率。

(4) 算法精确性：无线传感器网络的覆盖在很多情况下是一个 NP-hard 问题，从建立网络的具体环境不同、网络资源的限制和所覆盖地区差异等多种因素考虑，想要达到完全优化覆盖是不可能的，只能向这个目标接近。如何降低差异性、提升算法的准确度是改进覆盖算法的关键问题。

(5) 算法复杂性：是衡量算法优劣的一个重要指标。无线传感器网络中资源、节点的动力、传递信息和计算保存能力都有限。资源是有限的，那么算法中就必须将资源问题包含进去。简便、复杂度低、运算量少的算法能在一定程度上解决有限的资源带来的困难，将资源发挥到最大效率。算法复杂度包括时间、空间和实现，是评价算法是否改进的关键指标。

(6) 网络动态性：在特殊的使用条件下，需要考虑节点移动或目标移动等网络动态特性。在网络动态性特征明显的环境中，节点与节点之间没有固定和连接关系，节点与目标之间也没有固定的覆盖关系。因此，在动态网络中控制节点之间相互协作以达到覆盖需求的网络协议是覆盖算法的一个重要指标。

(7) 网络可扩展性：覆盖算法设计的可扩展性是能够在一个大型网络应用中应用的条件。网络规模的增加可能导致网络整体性能明显减少。无线传感器网络在不同的环境和需求下，有不同的搭建方式，使用算法时其可适应不同需求的能力尤为重要。

4.3.2 传感器节点感知模型

视频

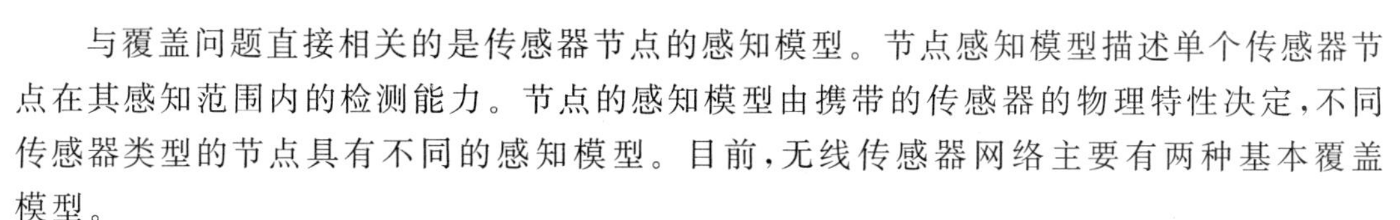

与覆盖问题直接相关的是传感器节点的感知模型。节点感知模型描述单个传感器节点在其感知范围内的检测能力。节点的感知模型由携带的传感器的物理特性决定，不同传感器类型的节点具有不同的感知模型。目前，无线传感器网络主要有两种基本覆盖模型。

1. 布尔感知模型

布尔感知模型的节点感知范围是一个以节点为圆心，以感知距离为半径(由节点硬件特性决定)的圆形区域，只有落在该圆形区域内的点才能被该节点覆盖，其数学表达为

$$p_{ij}=\begin{cases}1, & d(i,j)\leqslant r\\0, & d(i,j)>r\end{cases} \tag{4-3-1}$$

式中，p_{ij} 为节点 i 对监测区域内目标 j 的感知概率，$d(i,j)$为节点 i 与目标 j 之间的欧氏距离，r 称为通信半径。这个模型也称为0-1感知模型，即当监控对象处在节点的通信区域内时，它被节点监控到的概率恒为1；而当监控对象处在节点的通信区域之外时，它被监控到的概率恒为0。

2. 概率感知模型

节点的圆形感知范围内，目标被感知到的概率并不是一个常量，而是由目标到节点间距离节点物理特性等诸多因素决定的变量。

在节点 i 不存在邻居节点的前提下，节点 i 对监测区域内目标 j 的感知概率有以下3种定义形式：

$$p_{ij}=\mathrm{e}^{-\alpha d(i,j)} \tag{4-3-2}$$

$$p_{ij}=\begin{cases}1, & d(i,j)\leqslant r_1\\ \mathrm{e}^{-\alpha[d(i,j)-r]}, & r_1<d(i,j)\leqslant r_2\\ 0, & d(i,j)>r_2\end{cases} \tag{4-3-3}$$

$$p_{ij}=\begin{cases}\dfrac{1}{[1+\alpha d(i,j)]^{\beta}}, & d(i,j)\leqslant r\\ 0, & d(i,j)>r\end{cases} \tag{4-3-4}$$

式中，$d(i,j)$为节点 i 与目标 j 之间的欧氏距离，α 和 β 为与传感器物理特性有关的类型参数。通常 β 取值为[1,4]的整数，而 α 是一个可调参数。如果监测区域内有障碍物，将产生信号阻塞，从而降低节点探测效率。若障碍物出现在从节点 i 到目标 j 的视线上，即障碍物坐标满足连接 i 和 j 的线段方程，则令 p_{ij} 等于零。

从以上3种形式可以看出，任一点的覆盖概率是一个0～1的数，且当i恰好与j重合时，$d(i,j)=0$，节点的感知概率等于1。如果节点存在邻居节点，由于邻居节点的感应区域与节点自身的感应区域存在交叠，所以如果节点j落在交叠区域内，则节点j的感知概率会受到邻居节点的影响。假设节点i存在N个邻居节点，$n_1,n_2,\cdots,n_N$，节点i及邻居节点的感知区域分别记为$R(i),R(n_1),R(n_2),\cdots,R(n_N)$，则这些感知区域的重叠区域为

$$M=R(i)\cap R(n_1)\cap R(n_2)\cap\cdots\cap R(n_N) \tag{4-3-5}$$

假设每个节点对目标的感知是独立的，根据概率计算公式，M中任一节点j的感知概率有以下两种计算方式，分别为

$$G_j=\sum_{k=1}^{M}p_{kj}-\sum_{1\leqslant i<k<j\leqslant N}p_{ij}p_{kj}+\sum_{1\leqslant i<k<j\leqslant N}p_{ij}p_{kj}p_{1j}-\cdots+(-1)^{N-1}p_{1j}p_{2j}p_{Nj} \tag{4-3-6}$$

或者

$$G_j=1-(1-p_{ij})\prod_{k=1}^{N}(1-p_{n_{k_j}}) \tag{4-3-7}$$

视频

4.3.3 覆盖的分类

传感器网络是一个典型的应用相关的网络，不同的应用场景对传感器网络覆盖的需求和考虑也不一样。为了能从不同的角度研究传感器网络的覆盖技术，有必要对覆盖问题进行分类。

网络覆盖在无线传感器网络设计中与网络连接同样重要，两者均是网络运行必须解决的基本问题。无线传感器网络覆盖问题的分类依据是节点的具体设置和网络具体的情况要求。

1. 按部署方式分类

(1) 确定性覆盖：是指已知节点位置的无线传感器网络要完成目标区域(点)的覆盖；基于网格的目标覆盖是指当地理环境预先确定时，使用网格进行网络的建模，并选择在合适的格点配置传感器节点来完成区域(目标)的覆盖；确定性网络路径(目标)覆盖同样已知节点位置，但特别考虑了如何对穿越网络的目标或其经过的路径上各点进行感应和追踪。如果事先知道无线传感器将要布置在什么样的情况下或者无线传感器的状态是不可变更的，那么可以事先考虑各项因素，而有组织、有结构地设定节点的位置、密度来获得最大效能。确定性覆盖问题针对采用确定性方式部署的传感器网络，重点关注节点的部署，通过优化节点在监测区域中的位置分布，以尽量少的节点来达到应用的覆盖要求，节约网络的构建成本。

(2) 随机覆盖：随机覆盖考虑在网络中传感器节点随机分布且预先不知道节点位置的条件下，完成对监测区域的覆盖任务；动态网络覆盖则是考虑一些特殊环境中部分传感器节点具备一定活动能力的情况，该类网络可以动态完成相关覆盖任务。前者侧重于对未知情况下的节点部署，后者则强调可移动、可转换、可适应不同要求下的工作。随机覆盖问题应用于随机部署的传感器网络，主要关注节点的调度，通过网络中节点间的协作感知和相互交替地工作或睡眠，在保证网络覆盖质量的前提下，延长网络的生存周期。

2. 按应用属性分类

(1) 节能覆盖：传感器网络研究的一个重要方向就是如何减少网络节点的能量消耗以最大化网络的生存周期。目前实现的主要方法是采用节点休眠机制来调度节点的活跃/休眠间隔时间。

(2) 栅栏覆盖：分为最坏与最佳情况覆盖以及暴露穿越。栅栏覆盖一般是从安全方面来考虑的。最坏与最佳情况覆盖问题中，前者是指即使经过了所有节点，传感器节点也没有捕捉到的概率的最低值，后者是指经过了所有节点，所有节点都捕捉到的概率的最高值。暴露穿越更适合真实情况，运动目标由于在网络中的时间加大，所以被传感器捕捉到的机会也就相应变大。

(3) 连通性覆盖：网络连通是指网络内的所有节点都是可以互相传递信息的，在通信过程中，中间节点可作为中介。网络连通是无线传感器网络的另一个重要研究问题。只有将节点连接起来，无线传感器网络才能实现数据的传输，才能真正实现无线传感器网络的功能。

(4) 目标定位覆盖：判断哪些节点覆盖目标可以检测到目标的位置。

3. 按覆盖对象类型分类

(1) 点覆盖：点覆盖问题的覆盖对象是分布在监测区域中的若干个离散的监测目标，要求这些监测目标都要被节点覆盖。

(2) 区域覆盖：覆盖对象是一片完整的监测区域，理想情况下，要求监测区域内的任意一点都要被节点覆盖。

(3) 栅栏覆盖：覆盖对象是移动目标在传感器网络中的穿越路径，要求穿越路径上的任意位置都要被节点覆盖。

图 4-3-3 是点覆盖、区域覆盖和栅栏覆盖的示意图，图中的黑实心圆表示节点，空心圆表示睡眠节点，虚线圆圈表示节点的感知范围，黑色方块表示被监测对象。

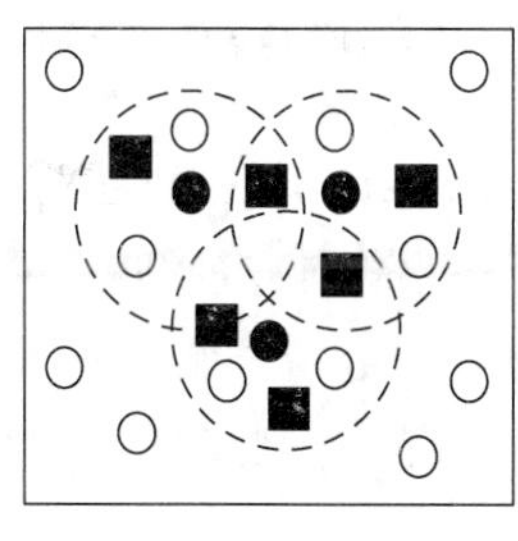

(a) 点覆盖

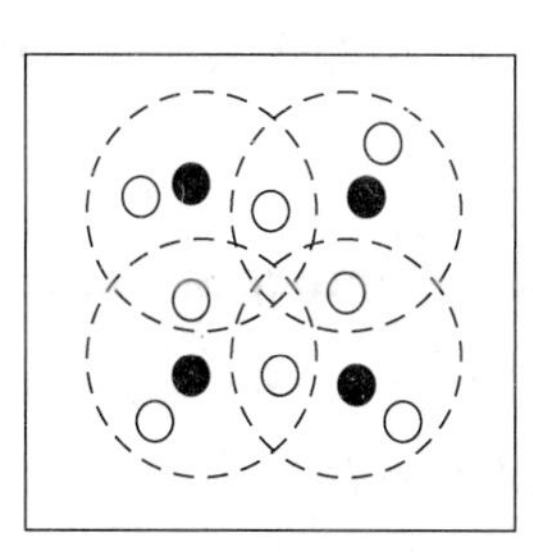

(b) 区域覆盖

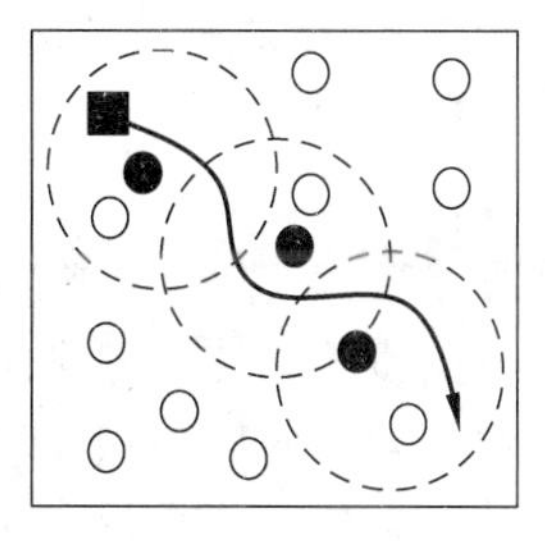

(c) 栅栏覆盖

图 4-3-3　点覆盖、区域覆盖和栅栏覆盖示意图

4.3.4　覆盖算法

视频

4.3.4.1　基于冗余节点判断的覆盖控制算法

人们在进行覆盖时撒播的节点既便宜又小，如果一些区域撒播的节点较多，一些区域较少，就会造成节点分布不均衡。在收集信息数据时，撒播较多的区域上传的信息重复性高，未撒播到的区域根本没有信息上传，这被称为“覆盖冗余”。大量的无用信息给节点造成负担，节点无论是在动力上还是在效率上都会因此降低。所以，人们有规律地将一些节点人为

地设置在非工作状态,可以有效避免动力和效率上的损耗。

针对上述问题,Node Self-Scheduling 覆盖控制协议可以有效地、有规律地、完整地控制节点的工作状态。该协议属于确定性区域或点覆盖和节能覆盖类型,并规定节点只有活跃和休眠两种状态。其工作原理是:节点之间轮流工作、休眠,并以此形成周期性运转,每个周期内各包括一个休眠和一个工作状态。当节点要切换工作状态时,会将自身的信息告诉周边各节点,以备周边各节点调度。同时,节点也可以根据周边节点返回的信息来判断具体情况,决定是否休眠或者继续工作。依此种方式搭建可以有效地增加网络的生存时间。

该算法不仅可以避免节点的浪费,而且避免了无效信息对网络造成的负担,节约动力。

4.3.4.2 基于不交叉优势集的覆盖算法

该算法受节点随机部署的启发,强调将节点按集合分组,但是要保证集合与集合之间没有重叠,各集合只负责自己的工作,每次工作的只是同一集合的节点。因此,这种算法实际上就是找到最大数量的不交叉优势集合(MDDS)。

在图着色的策略的基础上可化解上面的题目:第一步对全部节点按次序进行着色,第二步评判有一样颜色的节点集合是不是为不交叉优势集,若不是,则将这个集合中的节点放到优势集合中,直到过程终止。

该算法虽然能够增加网络的生存时间,但是受这种集合组织的影响,一旦某个集合中有一个节点出现故障,那么整个集合都会因为这个故障而无法继续工作。

4.3.4.3 基于多重 k-覆盖算法

该算法认为网络覆盖的情况是有级别区分的。覆盖的级别越高说明该网络性能越好,这种性能体现在精度、容错力和健壮性上。因此规定,如果区域内的每个点都在 k 个传感器的控制下,那么就认为这个网络具有等级为 k 的网络覆盖。

4.3.4.4 基于采样点覆盖算法

在该算法中,网络点替换目标区域,全部区域覆盖可相当于点覆盖,从而把区域覆盖问题变成为集合覆盖问题。

集合覆盖作为典型的 NP-hard 问题,求解该问题的一个经典算法是贪婪算法。它的基本思想是在算法执行的每一步中,选择一个可以覆盖最多剩余监测目标的节点,直到所有监测目标都被节点覆盖。使用网格作为目标区域的近似,采样点的数量与目标区域的大小以及网格面积有联系。网格面积与覆盖精度高度相关,网格面积越大,则采样点的个数越少,对应的预处理时间越短,网络覆盖性能越差。

为了保证网络的可靠性,必须保证节点可以监测到所有目标,所以在使用上述方法时,网格不能过大甚至要足够小。

习题 4

1. 简述无线传感器网络 MAC 协议的功能和分类。
2. 简述基于竞争的 MAC 协议的含义及典型算法。
3. 简述基于分配的 MAC 协议的含义及典型算法。
4. 简述拓扑控制的意义。

5. 简述典型的拓扑结构及拓扑控制的设计目标。
6. 简述功率控制技术的类型。
7. 简述覆盖理论的基本思想。
8. 简述传感器节点的感知模型。
9. 简述覆盖算法的分类。
10. 典型覆盖算法有哪些？

第5章 网络层协议

CHAPTER 5

视频

网络层是位于MAC层之上与应用层交互的一个协议层。网络层的主要功能是设备的发现和配置、网络的建立与维护、路由的选择以及广播通信,并具有自我组网与自我修复功能。路由是指通过网络把信息从源(source)传递到目的地的行为,是网络层的基本问题。路由技术由两项最基本的活动组成,即决定最优路径和传输数据包。在各种路由协议的设计中,数据包的传输路径选择比较复杂,路径选择优化是路由设计的主要任务,而数据交换相对比较简单。按照不同依据,路由算法可以分为很多种,例如静态与动态、平面与分层、单路与多路等。本章重点讨论平面路由协议和好的路由协议。

5.1 路由协议概述

视频

5.1.1 网络层的服务实体

网络层位于MAC层和应用层之间,为了与应用层交互,网络层逻辑上包含两个服务实体:数据服务实体(NLDE)和管理服务实体(NLME)。NLDE-SAP是网络层提供给应用层的数据服务接口,用于将应用层提供的数据打包成应用层协议数据单元,并将其传输给相应节点的网络层;或者将接收到的应用层协议数据单元进行解包,并将解包后得到的数据传送给本节点的应用层,也就是说,NLDE-SAP实现两个应用层之间的数据传输。NLDE-SAP的主要任务如下:

(1) 发起一个网络并且分配网络地址(网络协调器)。

(2) 向网络中添加设备或者从网络中移除设备。

(3) 将消息路由到目的节点。

(4) 对发送的数据进行加密。

(5) 在网状网络中执行路由寻址并存储路由表。

网络层帧即网络协议数据单元(NPDU),由两个部分组成:NWK头和NWK有效载荷。NWK头部分包含帧控制、地址和序号信息;NWK有效载荷部分包含的信息因帧类型的不同而不同,长度可变。NWK帧结构见表5-1-1。

表5-1-1 NWK帧结构

<table>
<tr><td>2B</td><td>2B</td><td>2B</td><td>1B</td><td>1B</td><td>可变长度</td></tr>
<tr><td rowspan="2">帧控制域</td><td>目的地址</td><td>源地址</td><td>半径域</td><td>序号</td><td rowspan="2">帧有效载荷</td></tr>
<tr><td colspan="4">路由域</td></tr>
<tr><td colspan="5">NWK头</td><td>NWK有效载荷</td></tr>
</table>

网络层定义了两种类型的设备：全功能设备（Full Function Device，FFD）和简化功能设备（Reduced Function Device，RFD）。FFD作为网络的协调器，支持各种拓扑结构的网络的建立，也可以有效地降低成本和功耗。

网络层支持的网络拓扑结构有3种：星状（star）结构、树状（tree）结构和网状（mesh）结构，如图5-1-1所示。

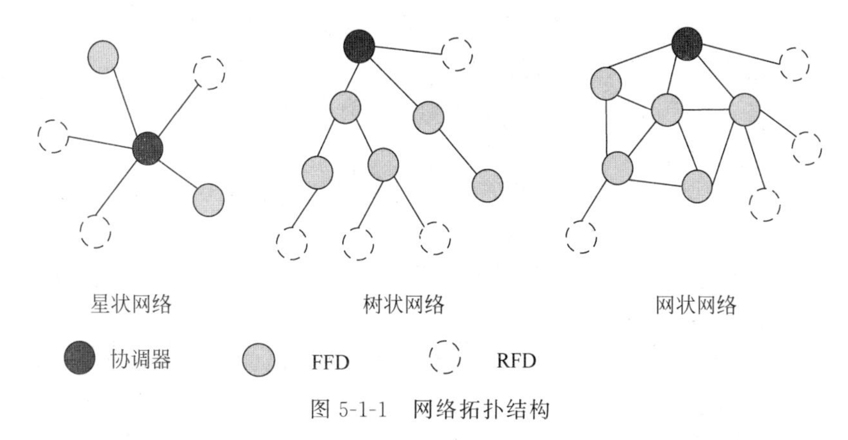

图5-1-1　网络拓扑结构

（1）星状网络为主从结构，由单个网络协调器和多个终端设备组成，网络的协调者必须是FFD，由它负责管理和维护网络。

（2）树形网络可以看成是扩展的单个星状网或者相当于互联的多个星状网络。

（3）网状网络中的每一个FFD还可以作为路由器，根据网络路由协议来优化最短和最可靠的路径。

5.1.2　路由协议的基本问题

路由协议主要负责路由选择和数据转发。路由选择是指寻找一条符合一定条件的路径作为从源节点到目的节点的传输路径，数据转发是指将数据分组沿着选择的传输路径进行转发。

在对无线传感器网络节点进行数据交换的路径选择中，每个节点维护一个路由表，路由算法初始化并维护包含路径信息的路由表。路由算法根据目的地址和下一跳地址等诸多信息填充路由表。节点在通信过程中通过交换路由信息各自维护自身的路由表，路由更新信息通常包含全部或者部分路由表信息，通过分析来自其他节点的路由更新信息来进行优化分析，选择最优路径。每个节点可以建立一个网络拓扑图，节点之间还发送链接状态广播信息来通知其他节点数据源的链路状态，根据链接信息来构建完整可靠的网络拓扑图，使节点路由算法能够选择最优路径。

无线传感器网络中的数据交换相对比较简单，而且各种不同的路由算法具有相同的数据交换算法。一般而言，当源节点向目的节点发送数据，并通过某些方法获得中继节点的地址以后，源节点向中继节点发送数据包，该数据包中的IP地址指向目的节点。中继节点查看了数据包的目的节点地址后，确定是否知道如何转发该包；如果不能知道，则丢弃该包；如果知道，则按照路由表信息进行转发，把目的物理地址变为下一条的物理地址并向之发送。下一条可能是最终的目的节点，也有可能是下一级中继节点，当数据包在网络中流动时，其物理地址在改变，但是其 IP 地址始终不变。

网络数据传输离不开路由协议，但是，传统无线自组织网络的路由协议却不能适用于无线传感器网络。

(1) 无线传感器网络是以数据为中心进行路由的，不同于无线自组织网络的点对点通信模式。

(2) 无线传感器网络随应用需求而变化，所以无线传感器网络路由协议是基于特定应用进行设计的，很难设计通用性强的路由协议。

(3) 无线传感器网络邻居节点间采集的数据具有相似性，存在冗余信息，需经数据融合(Data Fusion)处理后再进行路由。

(4) 传统网络(包括有线和无线)的每一个节点具有唯一的标识号(ID)。而无线传感器网络是基于属性进行寻址的(Attribute-Based Addressing)，不需给每一个节点分配唯一的地址。

(5) 由于无线传感器网络节点能量有限，所以路由设计一般将能效高放在首位，将服务质量(QoS)放在第三位考虑。

因此，设计符合无线传感器网络自身特点的路由协议时必须考虑以下问题。

(1) 低功耗：传感器节点一般采用电池供电，通常部署在恶劣环境下，很难更换电池。

(2) 可靠性：传感器节点之间通过无线信道传输数据容易出错，必须提供可靠的差错控制和校正机制来确保数据在交付时正确无误。

(3) 自组织性：传感器节点在部署后自动组织成网络，当发生故障的节点需要退出或补充新的节点时，网络也能适应拓扑结构变化正常运行。

(4) 信道利用率：无线传感器网络带宽资源有限，应该有效地利用带宽，提高信道利用率。

(5) 容错性：传感器节点由于无人操作和部署环境的恶劣容易发生故障，所以无线传感器网络应该具有一定的容错能力，允许节点进行自我测试和自我修复。

(6) 安全性：无线的传输环境很容易被恶意攻击，无人看管的节点很容易被窃取数据，所以无线传感器网络应该提供有效的安全机制确保信息安全。

(7) QoS 保障：在无线传感器网络中，针对不同的应用需求往往要提供不同的服务质量。

视频

5.1.3 路由的过程

无线传感器网络的路由过程主要分为以下 4 个步骤：

(1) 某一个设备发出路由请求命令帧，启动路由发现过程。

(2) 对应的接收设备收到该命令后，回复应答命令帧。

(3) 对潜在的各条路径开销(跳转次数、延迟时间)进行评估比较。

(4) 将评估确定之后的最佳路由记录添加到此路径上各个设备的路由表中。

网络中的各个节点都会保持一个路由表，该表由目的(节点)和下一跳地址所组成。对于某一个节点来说，当它收到一个数据分组时，该节点将检查该分组的目的地址并将此地址与路由表中的目的地址相匹配，找出下一跳地址，并将此分组转发给对应的节点。路由器之间会相互通信通过交换路由信息维护其路由表，路由更新信息通常包含全部或部分路由表，通过分析其他路由器的更新信息，此路由器可以建立网络拓扑图。

1. 初始化路由查找

无论网络层接收到的帧是来自应用层，还是来自 MAC 子层，若帧的目的地址不等于当前设备地址或广播地址，则启动路由查找过程节点将发布路径请求命令帧，而每个发布路径请求命令帧的设备都保留有一个计数器，该计数器用于产生路径请求标识符(ID)。当建立了一个新的路径请求命令帧时，路径请求计数器被装载。其值存储在路径查找表的路径请求标识符域。同时装载的还有一个路径请求计时器。该计时器限定了查找路径可用的时间，当计时器终止时，设备会删除路径查找表中相关的记录。

2. 建立虚拟路径

在接收到路径请求命令帧后，设备首先要判定自己还有没有路由容量。接着，它将对接收到的帧进行检查，看其是否沿着有效的路径传输。如果帧由设备的子节点发送后，系统判定路径有效，那么设备会进一步判定是否设备本身或其他设备的子节点就是路径请求命令帧的目的地，如果是，则设备会对路径查找表进行搜索，查找与路径请求标识符(ID)及源地址一致的记录项；若记录项不存在，路径查找表会为之创建一个新的记录项；否则，设备将比较路径请求命令帧中的路径损耗值与查找表中的向前损耗域值，选择更合适的路径。

如果设备不是路径请求命令帧的目的地，那么它将搜索路径查找表，查找与路径请求 ID 及源地址域一致的记录。当路径请求计时器终止时，设备将删除查找表中的路径请求记录项，若路由表中相关记录项的状态仍为查找进行中，则该项将被删除。如果查找表中原来就含有与目的地址相对应的记录，则该记录中的前向损耗值会与路径请求合令帧中的路径损耗值进行比较。若路径损耗大于前向损耗，则路径请求命令会被抛弃；否则，记录中的前向损耗及上一级发送地址将被请求命令帧中的新路径损耗及前一级设备地址所更新代替。注意，此时的新路径损耗应为路径请求命令帧中的路径损耗与前一级链接损耗的总和。

3. 确认路径

接收到路径应答帧后，设备将首先检查是否自身就是路径应答命令帧的目的地。如果是，那么设备将搜索它的路径查找表，查找与应答帧的路径请求 ID 相对应的记录；接着搜索它的路由表，查找与应答帧的回应地址相一致的记录。若路由表与路径查找表中都存在与应答相关的记录，且路由表中相关记录的状态域为查找进行中，则该状态将被重置为激活，且路由表中相关记录的下一跳地址即为传输路径应答帧的前一级设备。路径查找表中相关记录的后向损耗值即为路径应答帧中的路径损耗。

若接收到应答帧的设备并不是应答帧的目的地，那么设备将搜索路径查找表，查找与应答帧的源设备地址及路径请求 ID 相一致的记录项。若查找失败，则路径应答帧会被抛弃，否则应答帧中的路径损耗值将与查找表中相关记录的后向损耗值进行比较。当后向损耗小于路径损耗值时，路径应答帧被抛弃；当后向损耗大于路径损耗时，设备将接着在路由表中查找与应答帧中的回应地址相对应的记录项。若路由查找表中存在相关项，而路由表中不存在，则错误产生，应答帧被抛弃；否则，路由表中相关项的下一跳地址会被传输应答帧的前一级设备地址所更新，而路径查找表中相关项的后向损耗域也会被应答帧中的路径损耗所更新，对相关记录更新完毕后，设备会继续传输路径应答帧。

设备可通过搜索路径查找表中相关项的前一级发送地址域，来获得通往应答目的地的下一跳地址。同时，可用下一跳地址来计算链接损耗，该损耗加入应答帧的路径损耗域并更新该域，应答帧可通过数据请求原语发送到下一地址，原语中的目的地址参数为路由查找表中的下一跳地址。

视频

5.1.4 传感器网络路由的评价标准

对于给定的传感器路由协议,需要从多个方面来评价它的优劣,既要考虑应用对路由提供的服务质量的要求,又要考虑传感器网络、节点特性带来的要求。下面列举一些常用的评价标准。

(1) 能耗:传感器节点能量受限,路由协议应当以能量高效的方式实现数据传输。能量高效包括两个方面的要求:首先,路由协议本身消耗的能量不能过大;另外,路由需要从整个网络的角度考虑,均衡网络的能量消耗。

(2) 鲁棒性:路由机制针对网络拓扑结构变化需要具备一定的容错能力。在实际的部署环境中,由于能量耗尽或环境因素,传感器节点可能提前死亡;由于节点加入、移动或链路变化,导致链路稳定性差、时有时无。设计路由协议时,需要考虑这些因素造成的网络拓扑动态变化,提供稳定的路由服务。

(3) 快速收敛性:由于传感器网络的拓扑结构动态变化,传感器节点能量和通信带宽等资源有限,要求路由机制要能够快速收敛,以适应网络拓扑的动态变化,减少通信开销,提高消息传输的效率。

(4) 服务质量要求:传感器网络路由面向应用设计,因此要满足应用本身的服务质量要求,如端到端延迟、吞吐率、可靠性等方面;网络状态动态变化,因此要求路由协议能够在适应这种变化的同时,保障服务质量。

(5) 可扩展性:传感器网络路由应当能适应网络规模、密度的变化。在不同的应用中,监测区域范围和节点部署密度不同,要求路由机制具有可扩展性,能够适应网络结构的变化。为进一步减少通信开销,路由协议还可以支持网内处理来减少传输数据量。

视频

5.1.5 路由协议分类

由于无线传感器网络路由协议是面向应用的,因此对于不同的网络应用环境,研究者提出了大量的路由协议。下面对路由协议进行分类整理:

(1) 根据拓扑结构,路由协议可分为平面路由协议和分层路由协议。平面路由协议一般节点对等、功能相同、结构简单、维护容易,但是它仅适合规模小的网络,不能对网络资源进行优化管理,而分层路由协议中节点功能不同,各司其职,网络的扩展性好,适合较大规模的网络。

(2) 根据路径的多少,路由协议可分为单路径路由协议和多路径路由协议。单路径路由协议是将数据沿一条路径传递,数据通道少、消耗低,容易造成丢包且错误率高。多路径路由协议是将单个数据分成若干组,沿多条路径进行传递,即便有一条路径报废,数据也会经由其他路径传递,可靠性较好,但重复率高、能量消耗大,适合对传输可靠性要求较高且初始能量高的应用场合。

(3) 根据路由模式,路由协议可分为时钟驱动型、事件驱动型和查询驱动型。时钟驱动型是传感器节点周期性地、主动地把采集到的数据信息报告给汇聚节点,如环境监测类的无线传感器网络。事件驱动型是传感器节点感应到数据后进行判断,若超过事先设定的阈值,则认为触发了某种事件,需要立即传送数据给汇聚节点,如用于预警的无线传感器网络。在查询驱动型路由协议中,仅当传感器节点收到用户感兴趣的查询时,传感器节点才向汇聚节点发送数据。

(4) 根据目的节点的个数,路由协议可分为单播路由办议和多播路由协议。单播路由协议只有一个发送方和一个目的节点。多播路由有多个目的节点,节点采集到的数据信息并行地以多播树方式进行传播,在树的分叉处复制和转发数据包。多播路由协议数据包发送次数变少,网络带宽的使用效率提高。

(5) 根据是否进行数据融合,路由协议可分为融合路由协议和非融合路由协议。如果在数据传输过程中,根据预先制定的规则对多个数据包的相关信息进行合并和压缩,就属于数据融合路由协议,这类协议降低了数据冗余度,减少了网络通信量,节省了能量消耗,但是相应地增加了传输的时延。非融合路由协议在传递过程中,不做任何处理,传递量大,消耗能量大,甚至引起“拥堵”。

5.2 平面路由协议

5.2.1 Flooding 协议和 Gossiping 协议

视频

Flooding(泛洪)协议是一种传统的网络路由协议,是网络中各节点不需要掌握网络拓扑结构和计算的路由算法。节点接收感应消息后,以广播的形式向所有邻居节点转发消息,直到数据包到达目的节点或预先设定的生命期限变为零为止。泛洪路由协议实现起来简单、鲁棒性高,而且时延短、路径容错能力高,可以作为衡量标准去评价其他路由算法,但是该协议很容易出现消息“内爆”、盲目使用资源和消息重叠的情况,消息传输量大,加之能量浪费严重,这在资源受限的无线传感器网络是非常不利的。

如图 5-2-1 所示,节点 A 向节点 B 传送消息,当节点 A 广播后,节点 A 和 B 中间的每一个节点都会收到该信息。对于规模较大的网络,其中需要传递信息的节点数量会很多,因此最终的结果会导致网络中的每个节点都参与到每次的数据传输并接收到每次传输的数据,这种可能性将使得网络中的无效数据传输急剧增加,出现信息爆炸现象,消耗本来就紧张的能量、存储空间等资源。

在泛洪法中,信息重叠的情况也会大量出现。如图 5-2-2 所示,节点 A 和节点 B 收集的信息有相同重叠的部分 Z,当它们把信息传送给节点 C 时,节点 C 会接收到信息 Z 的两个副本。如果源节点远离目的节点时,这种现象尤其严重,而且收到的副本数量可能会远大于 2。

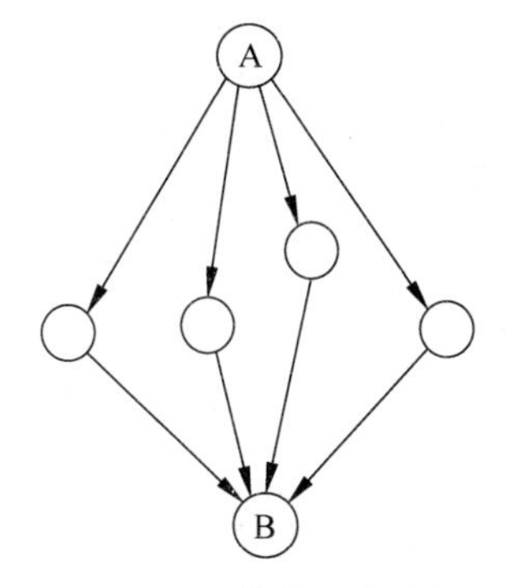

图 5-2-1 Flooding 协议的信息爆炸问题

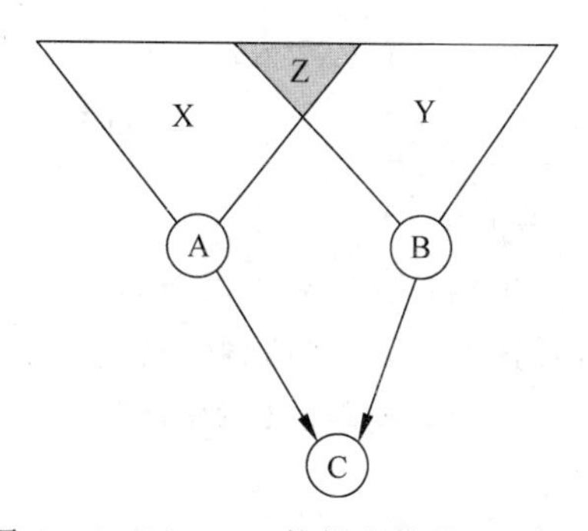

图 5-2-2 Flooding 协议的信息重叠问题

Gossiping(闲聊)协议是对泛洪路由协议的改进，节点在收到感应数据后不是采用广播形式而是随机选择一个节点进行转发，这样就避免了消息的内爆，但是随机选取节点会造成路径质量的良莠不齐，增加了数据传输时延，并且无法解决资源盲目利用和消息重叠的问题。另外，由于采用随机选择接收节点的方式，使得数据传输不可能按照最短路径进行，甚至会出现南辕北辙的现象，所以数据传输平均时延拉长，传输速度变慢，无谓的资源消耗依然很多。

视频

5.2.2 SPIN 路由协议

SPIN(Sensor Protocol for Information via Negotiation，信息协商传感器协议)是第一个以数据为中心的自适应路由协议，针对 Flooding 协议中的“内爆”和“重叠”问题，它通过协商机制来解决。传感器节点监控各自能量的变化，若能量处于低水平状态，则必须中断操作转而充当路由器的角色，所以在一定程度上避免了资源的盲目使用。但在传输新数据的过程中，没有考虑到邻居节点由于自身能量的限制，只直接向邻居节点广播 ADV 数据包，不转发任何新数据。如果新数据无法传输，就会出现“数据盲点”，影响整个网络数据包信息的收集。

SPIN 路由协议包含 ADV 广告消息、REQ 请求消息和 DATA 数据消息 3 种消息类型。其路由过程可分为 3 个阶段，如图 5-2-3 所示。

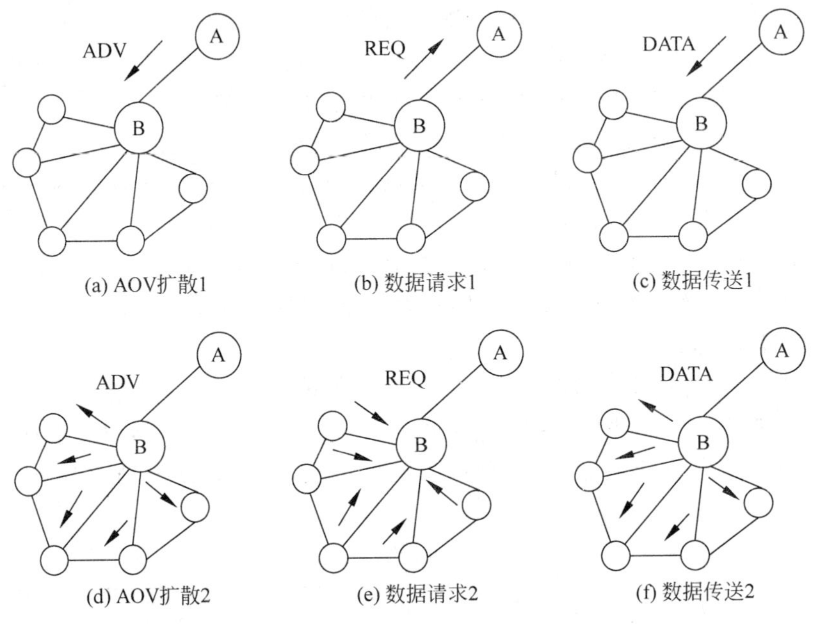

图 5-2-3 SPIN 路由的过程

1. 广告扩散

节点采集到数据后向邻居节点发送 ADV 消息，如图 5-2-3(a)所示，其中 ADV 消息包含数据的描述信息，描述信息通常比原始信息要短得多，因此广告信息消耗的能量较小，这样的设计符合能量受限的传感器网络。

2. 请求

邻居节点接收到 ADV 消息后，如果对信息感兴趣且尚未收到过 ADV 消息中的描述信息所对应的数据，则给发送 ADV 消息的节点发送数据请求消息 REQ，如图 5-2-3(b)所示；如果已经收到或不感兴趣，则丢弃 ADV 消息，不做处理。

3. 传输

当节点收到邻居节点返回的数据请求消息 REQ 后，将数据封装到 DATA 消息中发送给该邻居节点，如图 5-2-3(c)所示。

上述 3 个步骤不断执行，将数据扩散到网络中那些希望得到数据的节点，如图 5-2-3(d)～(f)所示。SPIN 最初的版本称为 SPIN-PP(Point-to-Point)，协议假设节点之间采用单播通信，且既不考虑节点的剩余能量，也不考虑信道丢包。这样的设定不适合传感器网络，其原因包括：首先，因为无线通信具有广播特性，节点一旦发送数据，在一定范围内的所有节点都能够收听到；其次，无线通信相比有线通信，丢包率要高得多，消息丢失可能造成 SPIN-PP 协议无法正常运行；最后，传感器节点能量受限，节点需要根据自身剩余能量决定是否参与数据转发。

5.2.3 DD 路由协议

DD(Directed Diffusion，定向扩展)路由协议多用于查询的扩散路由协议，与其他路由协设相比，其最大特点就是引入了梯度的理念，表明网络节点在该方向的深入搜索，来获得匹配数据的概率。它以数据为中心，生成的数据常用一组属性值来为其命名。兴趣扩散、初始梯度场建立和数据传输组成了 DD 路由协议的 3 个阶段，如图 5-2-4 所示。

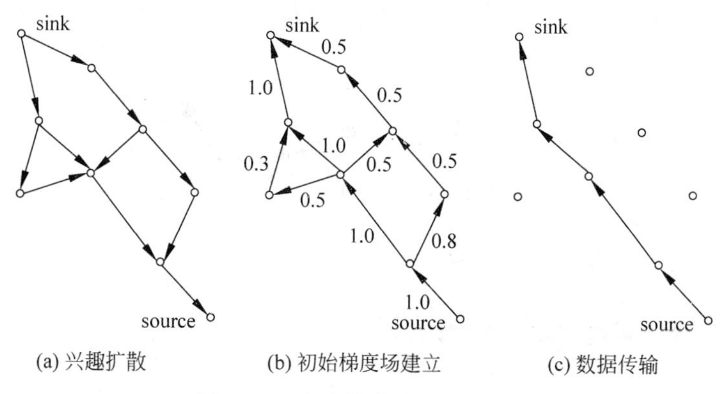

图 5-2-4 定向扩散路由机制图示

1. 兴趣扩散阶段

汇聚节点下达查询命令多采用泛洪方式，传感器节点在接收到查询命令后对查询消息进行缓存并执行局部数据的融合。

2. 初始梯度场建立

随着兴趣查询消息遍布全网，梯度场就在传感器节点和汇聚节点同建立起来，于是多条通往汇聚节点的路径也相应形成。

3. 数据传输阶段

通过加强机制发送路径加强消息给最新发来数据的邻居节点，并且给这条加强信息赋予一个值，最终梯度值最高的路径为数据传输的最佳路径。

DD 路由协议多采用多路径，鲁棒性好；节点只需与邻居节点进行数据通信，从而避免保存全网的信息;节点不需要维护网络的拓扑结构,数据的发送是基于需求的,这样就节省了部分能量。DD路由协议的不足是建立梯度时花销大,多sink的网络一般不建议使用。

视频

5.2.4 Rumor路由协议

在有些传感器网络应用中,节点产生的数据量较少,如果采用定向扩散路由,需要经过查询消息的洪泛传播和路径增强机制,才能确定一条优化的数据传输路径,这样路由的开销就过大了,Rumor(谣传)路由协议正是为解决此问题而设计的。该协议借鉴了欧氏平面图上任意两条曲线交叉概率很大的思想。当节点监测到事件后将其保存,并创建称为Agent(代理消息)的生命周期较长的包括事件和源节点信息的数据包,将其按一条或多条随机路径在网络中转发。收到Agent的节点根据事件和源节点信息建立反向路径,并将Agent再次随机发送到邻居节点,并可在再次发送前在Agent中增加其已知的事件信息。汇聚节点的查询请求也沿着一条随机路径转发,当两条路径交叉时则路由建立;如不交叉,汇聚节点可flooding查询请求。在多汇聚节点、查询请求数目很大、网络事件很少的情况下,Rumor协议较为有效。但如果事件非常多,维护事件表和收发Agent带来的开销会很大。

Rumor协议被认为是SPIN路由协议与DD定向扩散路由协议的折中,并加入了Gossiping的随机转发机制。该协议引入了Agent代理消息的概念,使用了单播随机转发的方式。Rumor协议的原理如图5-2-5所示,灰色区域表示发生事件的区域、圆点表示传感器节点,黑色圆点表示代理消息经过的传感器节点,灰色节点表示查询消息经过的传感器节点,连接灰色节点和部分黑色节点的路径表示事件发生区域到汇聚节点的数据传输路径。

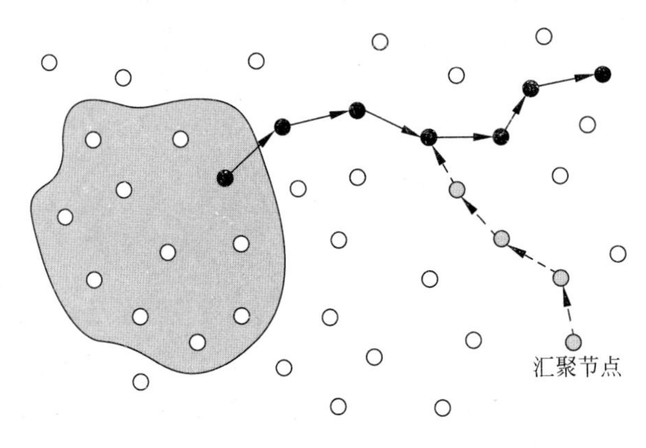

图5-2-5 Rumor路由原理图

视频

5.3 分层路由协议

分层拓扑,又称为层次型拓扑,分层拓扑把网络中的节点分为两类:骨干节点和普通节点。一般来说,普通节点把数据发送给骨干节点,骨干节点负责协调其区域内的普通节点的通信和进行数据融合等工作。骨干节点的能量消耗相对较大,因而需要经常更换骨干节点。

分层拓扑结构具有很多优点。例如,由簇头节点担负数据融合的任务,减少了数据通信量;有利于分布式算法的应用,适合大规模部署的网络;由于大部分节点在相当长的时间内关闭了通信模块，所以显著地延长了整个网络的生存时间等。

采用分层路由的出发点是节省能量，在分层路由中网络划分成多个簇，每个簇包含多个簇成员和一个簇头，簇头节点管理协调簇内成员之间的通信。成员节点和簇头可以看作两个不同层次，簇头节点还可以进一步划分成多个更高层次的簇，这样网络就形成了多层结构。分层路由的过程实际上就是分簇的过程，网络完成分簇后，每个节点都只需要将数据传输到簇头节点，由簇头节点存储、融合后再发往更高层次的簇头节点，直到汇聚节点为止。因此，分层路由的关键在于如何分簇和簇内节点间的协同操作。

5.3.1 LEACH 路由协议

视频

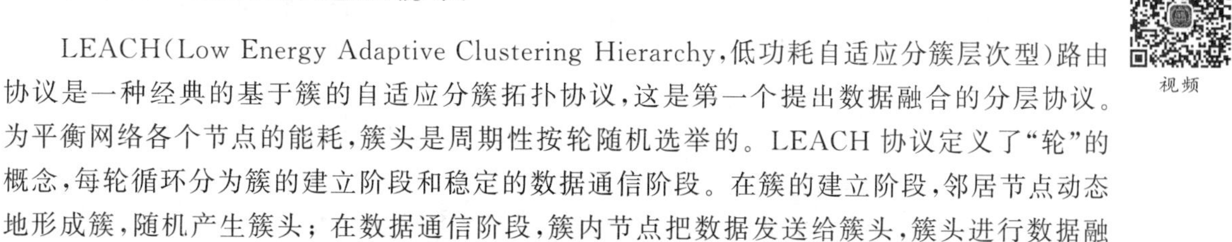

LEACH(Low Energy Adaptive Clustering Hierarchy，低功耗自适应分簇层次型)路由协议是一种经典的基于簇的自适应分簇拓扑协议，这是第一个提出数据融合的分层协议。为平衡网络各个节点的能耗，簇头是周期性按轮随机选举的。LEACH 协议定义了“轮”的概念，每轮循环分为簇的建立阶段和稳定的数据通信阶段。在簇的建立阶段，邻居节点动态地形成簇，随机产生簇头；在数据通信阶段，簇内节点把数据发送给簇头，簇头进行数据融合并把结果发送给汇聚节点。LEACH 协议示意图如图 5-3-1 所示。由于簇头需要完成数据融合、与汇聚节点通信等工作，所以能量消耗大。LEACH 算法能够保证各节点等概率地担任簇头，使得网络中的节点相对均衡地消耗能量。簇头选举算法如下：

(1) 每个节点产生一个 0～1 的随机数，如果这个数小于阈值 $T(n)$，则该节点称为簇头。

$$T(n)=\begin{cases}\dfrac{p}{1-p(r\bmod(1/p))}, & n\in G\\ 0, & \text{其他}\end{cases} \tag{5-3-1}$$

其中，p 为网络中簇头数与总节点数的百分比，r 为当前的选举轮数，$r\bmod(1/p)$ 表示这一轮循环中当选过簇头的节点个数，G 是最近 $1/p$ 轮未当选过簇头的节点集合。

(2) 选定簇头后，通过广播告知整个网络。网络中的其他节点根据接收信息的信号强度决定从属的簇，并通知相应的簇头节点，完成簇的建立。最后簇头节点采用 TDMA 方式为簇中每个节点分配向其传送数据的时间片。

(3) 稳定阶段，传感器节点将采集的数据传送到簇头，簇头对数据进行融合后再传送至基站。稳定阶段持续一段时间后，网络重新进入簇的建立阶段，进行下一轮的簇头选举。

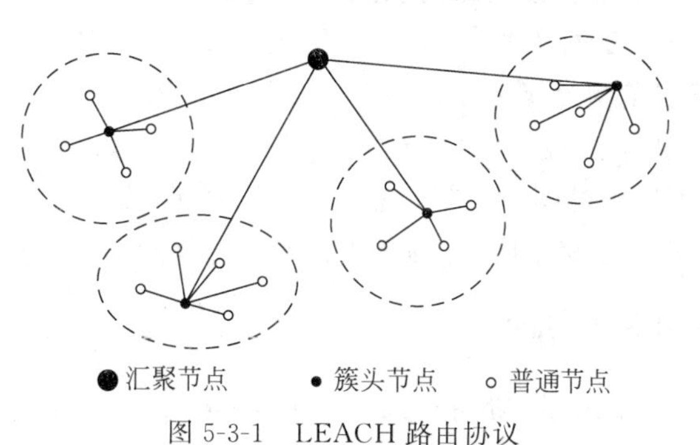

图 5-3-1　LEACH 路由协议

在 LEACH 算法中,节点等概率地承担簇头角色,较好地体现了负载均衡思想,减小了能耗,提高了网络的生存时间。但是由于簇头位置具有较强的随机性,簇头分布不均匀,致使骨干网的形成无法得以保障,不适合大范围的应用;簇头同时承担数据融合、数据发送的“双重”任务,因此能量消耗很快。频繁的簇头选举引发的通信增加了能量消耗。

簇头选出后,就要向全网广播当选成功的消息,其他节点根据接收到信号的强度来选择它要加入哪个簇并递交入簇申请,信号强度越强表明离簇头越近。当完成簇成型后,簇头根据簇成员的数量的多少,需要发送给本簇内的所有成员一份 TDMA 时间调度表。簇成员在数据采集时就根据事先设置的 TDMA 时间表进行操作、采集信息,并上传给簇头。簇头将接收到数据进行数据融合后直接传向汇聚节点。在数据采集达到规定时间或次数后,网络开始新一轮的工作周期,簇头依然根据上述步骤进行再一次的选举。

该协议实现起来简单,由于利用了数据融合技术,在一定程度上减少了通信流量,节省了能量;随机选举簇头,平均分担路由任务量,减少了能耗,延长了系统的寿命。同时,LEACH 路由协议也存在不可忽视的缺点,如由于簇头选举是随机地依据本地信息自行来决定,避免不了出现位置随机、分布不均的情况;每轮簇头的数量和不同簇中节点数量不同,导致网络整体负载的不均衡;多次分簇带来了额外开销以及覆盖问题;簇头选取时没有考虑节点的剩余能量,有可能导致剩余能量很少的节点随机当选成为簇头。如果汇聚节点位置与目标区域有较大的距离,且功率足够大,则通过单跳通信传送数据会造成大量的能量消耗,所以单跳通信模式下的 LEACH 协议比较适合小规模网络。另外,该协议在单位时间内一般发送数量基本固定的数据,不适合突发性的通信场合。

视频

5.3.2 HEED 路由协议

针对 LEACH 算法中节点规模小,簇头选举没考虑节点的地理位置等不完善的地方,在 LEACH 算法的基础上,有学者提出了 LEACH 的改进算法 HEED(Hybrid Energy-Efficient Distributed clustering,混合能量高效分布式分簇)路由协议,有效解决了 LEACH 算法中簇头可能分布不均匀的问题。以簇内平均可达能量作为衡量簇内通信成本的标准,节点用不同的初始概率发送竞争消息,节点的初始化概率 CH_{prob} 根据式(5-3-2)确定:

$$CH_{prob} = \max(C_{prob} + E_{resident}/E_{max}, P_{min}) \tag{5-3-2}$$

式中,C_{prob} 和 P_{min} 是整个网络统一的参量,它们影响到算法的收敛速度。簇头竞选成功后,其他节点根据在竞争阶段收集到的信息选择加入哪个簇。HEED 算法在簇头选择标准以及簇头竞争机制上与 LEACH 算法不同,成簇的速度有一定的改进,特别是考虑到成簇后簇内的通信开销,把节点剩余能量作为一个参量引入算法中,使得选择的簇头更适合担当数据转发的任务,形成的网络拓扑更趋合理,全网的能量消耗更均匀。

HEED 综合考虑了生存时间、可扩展性和负载均衡,对节点分布和能量也没有特殊要求。显然 HEED 执行并不依赖于同步,但是不同步却会严重影响分簇的质量。

视频

5.3.3 TEEN 路由协议

TEEN(Threshold sensitive Energy Efficient sensor Network protocol,能量有效的阈值敏感)路由协议是一个事件驱动的响应型聚类路由协议。根据簇头与汇聚节点间距离的远近来搭建一个层次结构。TEEN 中有两个重要参数:硬阈值和软阈值。

硬阈值设置一个检测值,只有传送的数据值大于硬阈值时,节点才允许向汇聚节点上传数据。而软阈值设置一个检测值的变化量值,规定只有当传送数据的改变量大于设定的软阈值时,才同意再次向汇聚节点上传数据,这两个阈值决定了节点何时能够发送数据。

TEEN路由协议的工作原理如下:当首次发送的数据值大于硬阈值时,下一级节点向上一级节点报告,并将数值保存起来;此后当发送数据值大于硬阈值且变化量大于软阈值时,低一级节点才会再次向上一级节点报告数据。TEEN路由协议如图5-3-2所示。

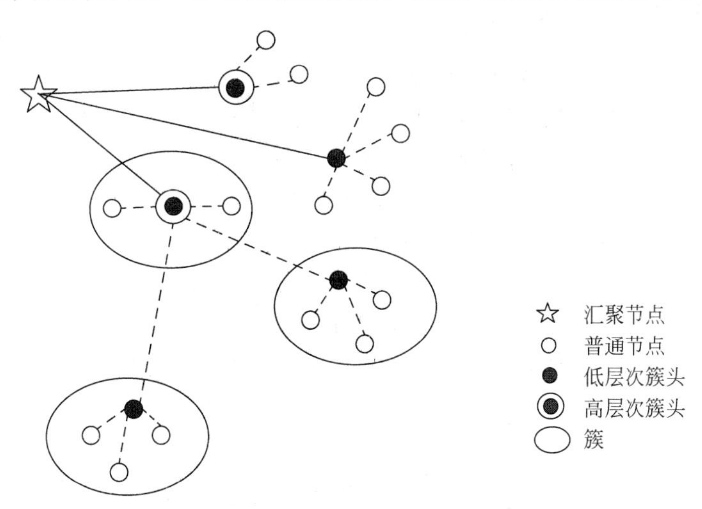

图5-3-2 TEEN路由协议图

TEEN路由协议的优点是由于软、硬阈值的存在,具有了过滤功能,精简数据传输量,数据传输量比主动网络少,节省了大量的能量,适合于响应型应用。分层的簇头结构无须所有节点具有大功率通信能力,更适合无线传感器网络的特点。

TEEN路由协议的缺点是多层次簇的构建非常复杂。如果某个节点的检测数据达不到硬阈值,那么用户将无法获知这个感应数据,也无法判断这个节点是否失效,因此这个方法在周期性采样的网络中要谨慎使用,如果每个节点都需要较高的通信功率与汇聚节点通信,则仅适合小规模的系统。

5.3.4 TTDD路由协议

视频

TTDD(Two-Tier Data Dissemination,双层数据分发)路由协议是一种主要针对网络中存在的多sink和sink移动问题的,基于网格的分层路由协议。

TTDD协议包括3个阶段:构建网格阶段、发送查询数据阶段和传输数据阶段。其中构建网格阶段是TTDD协议的第一步,也是最关键、最核心的一步。协议中的节点都清楚自身所处的位置,当有事件发生信号时,就近选择一个节点作为源节点,源节点将自身所处位置作为网格的一个交叉点,基于此点,先计算出相邻交叉点的位置,利用贪婪算法计算出距离该位置最近的节点,最近节点就成为新交叉点,以此铺展开构建成为一个网格。

事件信息和源节点信息被保存在网格的各个交叉点。数据查询时,汇聚节点在所达范围内,依次找出最近的交叉点,经由交叉点传播数据直至源节点,源节点收到查询命令后,将数据沿最短路径传向汇聚节点。有时,在等待数据回传时,汇聚节点可以采用代理机制保持移动,以保证数据可靠地进行传输。

TTDD路由协议采用的是单路径,可以延长网络的生命周期;采用代理机制很好地解决了汇聚节点的移动性问题。但是在TTDD路由协议中,节点必须知道自身位置的所在,要求节点密度比较高,计算与维护网格的开销成本较大,网格构建、查询请求和数据传递过程都会造成传输的延迟,所以这种协议在目标高速移动和高实时性需求的场合应慎用。

5.3.5 PEGASIS路由协议

PEGASIS(Power Efficient Gathering in Sensor Information System,传感器信息系统中的节能收集)路由协议假设:每个节点都知道其余节点的位置信息;每个节点都能和汇聚节点直接通信。在这些假设前提下,PEGASIS将网络中所有节点组合成一条链,链中只有一个节点充当簇头节点;节点沿着链将数据发送给靠近簇头节点的邻居节点,邻居节点将接收到的数据和自己的数据融合后,再将数据沿着链发送给它的邻居节点。簇头节点接收到数据后将数据发送给汇聚节点,示意图如图5-3-3所示。

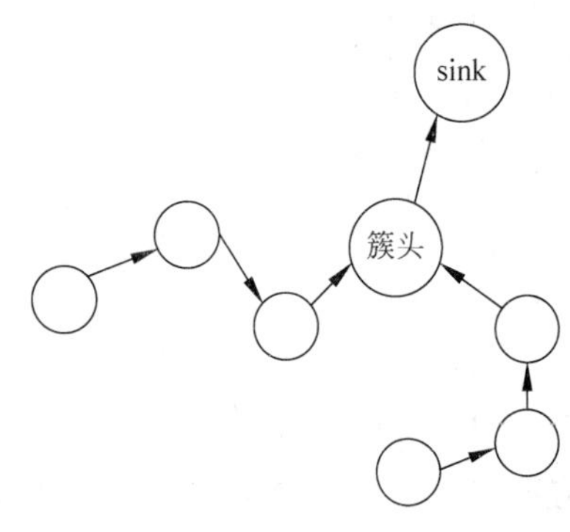

图5-3-3 PEGASIS路由协议

1. 链的构造

链的构造可以由节点自己完成,也可以由汇聚节点来完成,然后通过广播告知所有节点在链的构造过程中,节点选择距离自己最近的节点作为数据传输的下一跳。为了确保距离汇聚节点较远的节点有较近的邻居节点作为下一跳,链的构造从距离汇聚节点最远的节点开始。因为在链的构造过程中已经在链中的节点不能再次被访问,链中邻居节点间的距离可能会越来越大。如图5-3-4所示,节点0距离sink最远,节点0选择距离自己最近的节点3连接,节点3在剩余的节点中选择和距离较近的节点1连接,最后节点1和节点2连接,这样就组成了一条0-3-1-2的链。当链中有节点能量耗尽的时候整条链再重构一次。每条链中只有一个簇头节点,且簇头节点周期更换。在第i个周期中,PEGASIS使用链条上第$i \bmod N$个节点作为簇头节点,其中N为节点的总数。

2. 数据传输

PEGASIS使用令牌消息(token)来控制数据传输,令牌消息一般很小,带来的开销也较小。如图5-3-5所示,节点c_2为本轮的簇头节点,节点c_2沿着链先给节点c_0发送一个令牌消息。节点c_0接收到令牌消息后将自己的数据发送给c_1,c_1先将c_0的数据和自己的数据融合,再将融合后的数据发送给节点c_2;c_2接收到c_1发送的数据后,再沿着链的另一个方向给节点c_4,发送令牌消息,节点c_4、c_3的数据采用和前面相同的方式发送给节点c_2,最后节点c_2将c_1、c_3发送过来的数据和自己的数据融合,并将结果发送给汇聚节点。有些节点可能和自己邻居节点的距离比较大,例如图5-3-4中的节点1和节点2,如果让这些节点作簇头节点,那么在数据传输阶段的开销会比较大。为了防止这些节点因为能量耗尽而过早失效,可以设置一个阈值,当节点和邻居节点的距离大于此阈值时,该节点就不能成为簇头节点。

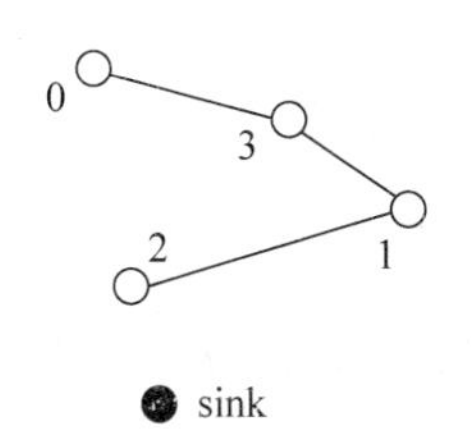

图 5-3-4 基于贪婪算法的链构造

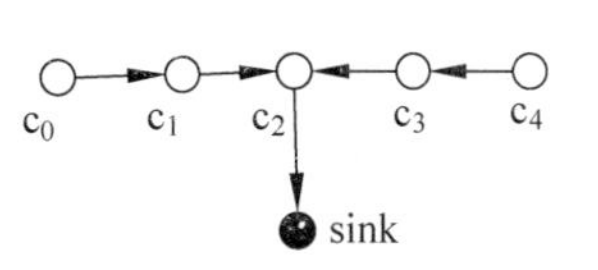

图 5-3-5 令牌传递过程

PEGASIS 和 LEACH 相比能够节省很多能量。首先，PEGASIS 更换簇头后不会像 LEACH 一样，要广播告知网络中的其余节点；其次，在数据传输阶段，PEGASIS 中节点将数据发送给邻居节点，LEACH 中节点将数据发送给簇头节点，而一般说来前者的传输距离比后者的传输距离要小；接着，PEGASIS 每轮中只有一个簇头节点，LEACH 中有多个簇头节点，而簇头节点和汇聚节点之间的通信开销很大；最后，PEGASIS 中簇头节点只需接收两个节点的数据，而 LEACH 中簇头节点要接收很多节点的数据。

PEGASIS 虽然能够有效地延长网络的寿命，但是 PEGASIS 也有一些缺点：首先，簇头节点必须要等到链两边的数据到达后才能将数据发送给汇聚节点，因此 PEGASIS 的延迟会比较大；其次，数据在沿途过程中会经过多次融合，这将导致汇聚节点接收到的数据可能不精确。

5.4 其他路由协议

5.4.1 地理位置路由

在传感器网络的一些应用中，采集到的数据需要与地理位置联系起来置。地理位置信息路由假设所有节点都知道自己的地理位置信息。以及目的节点或目的区域的地理位置，利用这些地理位置信息作为路由选择的依据，节点按照一定策略转发数据到目的节点。在地理位置信息路由中，节点的物理位置已经隐含了向哪个邻居节点转发数据分组的信息，所以它只需用很小的路由表(甚至不需要路由表)，这可以大大简化路由协设。地理位置信息路由的关键在于如何根据节点的位置信息选择下一跳邻居节点，以及在出现路由空洞时如何绕路。

5.4.1.1 GAF 路由协议

GAF(Geographical Adaptive Fidelity，地域自适应保真)路由协议是基于节点地理位置的分簇协议。该协议首先把部署区域划分成若干虚拟单元格，将节点按照地理位置划入相应的单元格，然后在每个单元格中定期地选举一个簇头节点。在 GAF 算法中，每个节点可以处于 3 种不同状态：休眠、发现和活动状态。状态间的转换过程如图 5-4-1 所示。

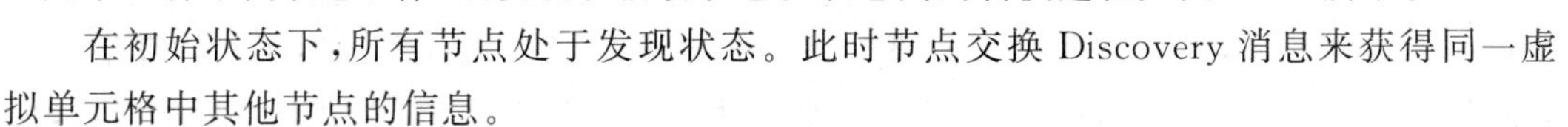

在初始状态下，所有节点处于发现状态。此时节点交换 Discovery 消息来获得同一虚拟单元格中其他节点的信息。

当节点进入发现状态时，为其设置一个定时长度为 T_d 的定时器 D，一旦 D 定时时间达到 T_d，节点广播 Discovery 消息，同时转换到活动状态。如果在计时器超时之前节点收到其他节点成为簇头的声明，则取消计时器，进入休眠状态。

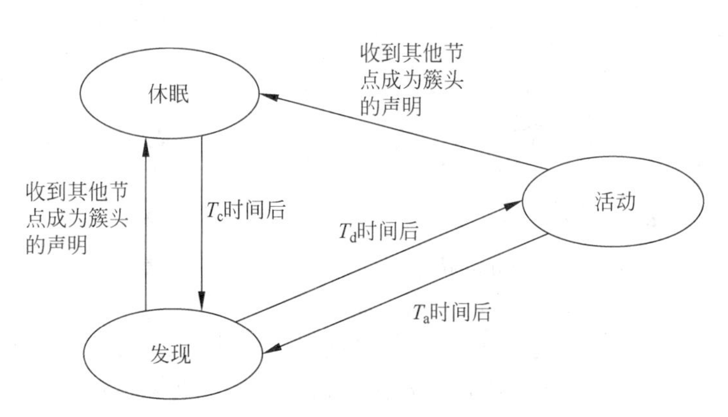

图 5-4-1 GAF 算法节点状态转换图

当节点进入活动状态时，为其设置一个定时长度为 T_a 的定时器 A，表示节点处于活动状者的时间。一旦 A 定时时间达到 T_a，节点转换到发现状态。在节点处于活动状态期间，以时间间隔 T_d 重复广播 Discovery 消息，以便压制其他处于发现状态的节点进入活动状态。

当节点转入休眠状态时，就关闭收发信机。处于休眠状态的节点在休眠一段时间 T_c 之后被唤醒，同时重新转入发现状态。

GAF 算法基于平面模型，以节点间的距离来度量是否能够通信，而在实际应用中距离邻近的节点可能因为各种因素不能直接通信。此外，该算法也没有考虑节点能耗均衡的问题。

5.4.1.2 GEAR 协议

GEAR(Geographical and Energy-Aware Routing，地理和能源敏感路由)协议是基于位置的一种路由协议，根据事件区域的地理位置信息和节点的剩余能量，建立汇聚节点到事件区域的优化路径，避免了洪泛传播方式，从而减少了路由建立的开销，使能量得以有效利用。

GEAR 路由假设已知事件区域的位置信息；每个节点知道自己的位置信息和剩余能量信息，并通过一个简单的 HELLO 消息交换机制获取所有邻居节点的位置信息和剩余能量信息；节点间的无线链路是对称的。GEAR 路由中查询消息传播包括两个阶段：

(1) 汇聚节点发出查询命令，并根据事件区域的地理位置和剩余能量，将查询命令传送到区域内距汇聚节点最近的节点；

(2) 获得查询命令的节点将查询命令广播到区域内的其他所有节点。来自查询区域内节点的监测数据沿查询消息的反向路径传送到汇聚节点。

5.4.1.3 GPSR 协议

GPSR(Greedy Perimeter Stateless Routing，贪婪周边无状态路由)协议是一个典型的基于位置的路由协议。使用 GPSR 协议，网络节点都知道自身地理位置并被统一编址，各节点利用贪婪算法尽量沿直线转发数据，产生或收到数据的节点向以欧氏距离计算最靠近目的节点的邻居节点转发数据，但由于数据会到达没有比该节点更接近目的节点的区域(称为空洞)，导致数据无法传输，当出现这种情况时，空洞周围的节点能够探测到，并利用右手法则沿空洞周围传输来解决此问题。该协议避免了在节点中建立、维护、存储路由表，只依赖直接邻居节点进行路由选择，几乎是一个无状态的协议；且使用接近于最短欧氏距离的路由，数据传输时延小；并能保证只要网络连通性不被破坏，一定能够发现可达路由。但缺点是当网络中汇聚节点和源节点分别集中在两个区域时，由于通信量不平衡易导致部分节点失效，从而破坏网络连通性；需要 GPS 或其他定位方法协助计算节点位置信息。

5.4.2 QoS 路由协议

视频

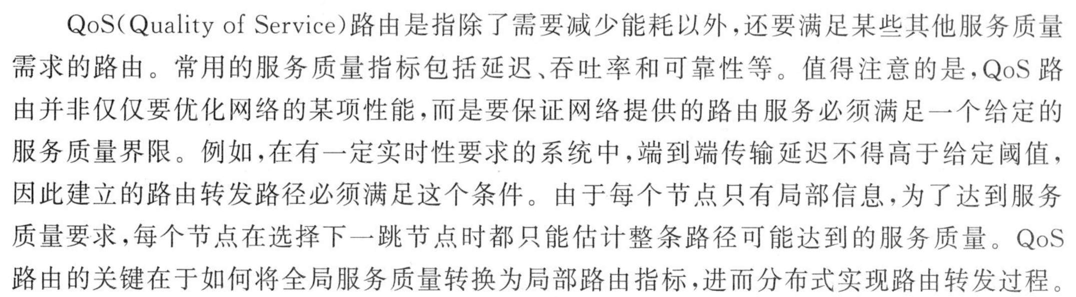

QoS(Quality of Service)路由是指除了需要减少能耗以外，还要满足某些其他服务质量需求的路由。常用的服务质量指标包括延迟、吞吐率和可靠性等。值得注意的是，QoS 路由并非仅仅要优化网络的某项性能，而是要保证网络提供的路由服务必须满足一个给定的服务质量界限。例如，在有一定实时性要求的系统中，端到端传输延迟不得高于给定阈值，因此建立的路由转发路径必须满足这个条件。由于每个节点只有局部信息，为了达到服务质量要求，每个节点在选择下一跳节点时都只能估计整条路径可能达到的服务质量。QoS 路由的关键在于如何将全局服务质量转换为局部路由指标，进而分布式实现路由转发过程。

5.4.2.1 SPEED 路由协议

视频

SPEED(速率)是一种为了拥塞控制和软实时提供保证利用地理位置信息的 QoS 路由，主要针对传输速率有一定要求的应用场景。SPEED 不是仅仅根据地理位置选择下一跳节点，而是还加入了传输速率。由于传输速率本身受到负载的影响，即负载越大转发延迟越高、传输速率越低，所以 SPEED 通过选择传输速率较高的下一跳，可以间接起到均衡网络负载的作用。SPEED 是一个实时路由协议，在一定程度上实现了端到端的传输速率保证、网络拥塞控制以及负载平衡机制。为了实现上述目标，SPEED 协议首先交换节点的传输延迟，以得到网络负载情况；然后节点利用局部地理信息和传输速率信息做出路由决定，同时通过邻居反馈机制保证网络传输速率在一个全局定义的传输速率阈值之上。节点还通过反向压力路由变更机制避开延迟太大的链路和路由空洞。但是，SPEED 并未考虑网络中有多种不同传输速率要求的应用并存的情况。

SPEED 协议主要由以下 4 部分组成：

(1) 延迟估计机制，用来得到网络的负载情况，判断网络是否发生拥塞；

(2) SNGF(Stateless Non-deterministic Geographic Forwarding)算法，用来选择满足传输速率要求的下一跳节点；

(3) 邻居反馈环策略(Neighborhood Feedback Loop，NFL)，在 SNGF 路由算法中找不到满足要求的下一跳节点时采取的补偿机制；

(4) 反向压力路由变更机制，用来避免拥塞和路由空洞。

SPEED 协议中各部分之间的关系如图 5-4-2 所示。

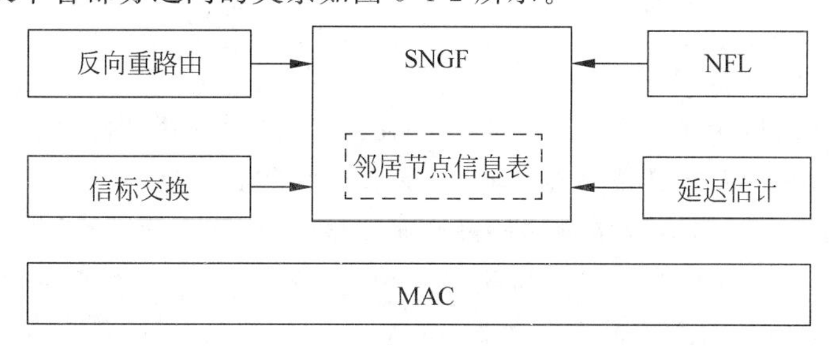

图 5-4-2 SPEED 协议框架

视频

5.4.2.2 SAR 协议

SAR(Sequential Assignment Routing,有序分配路由)协议是第一个在无线传感器网络中保证 QoS 的主动路由协议。汇聚节点的所有一跳邻居节点都以自己为根创建生成树,在创建生成树的过程中考虑节点的时延、丢包率等 QoS 参数以及最大数据传输能力,各个节点从而反向建立了到汇聚节点的具有不同 QoS 参数的多条路径,节点发送数据时选择一条或多条路径进行传输。该协议能够提供 QoS 保证,但缺点是节点中的大量冗余路由信息耗费了存储资源,且路由信息维护、节点 QoS 参数与能耗信息的更新均需要较大的开销。

视频

5.4.3 多径路由协议

源节点与 sink 之间存在多条可用传输路径,数据可以沿着其中一条路径传输,也可以同时使用多条路径传输以提高数据传输的鲁棒性。多径路由通常分为两类,即相交多径和不相交多径。相交多径路由中一个中间节点可能处在多条路径上;不相交多径路由中除源节点与汇聚节点外,其他任意中间节点只能位于一条路径之上。多径路由的构造可以看作单条路径路由在数量上的扩展,节点可能需要同时维护多条路径。多径路由的关键在于如何以较低的开销构造和维护多条路径。

视频

5.4.3.1 MMSPEED 路由协议

MMSPEED(Multi-path MultiSPEED,多路径多速率)路由协议是在 SPEED 基础上提出的一种同时考虑传输延迟和丢包率的 QoS 路由协议。与 SPEED 相比,MMSPEED 做了多方面的改进:

(1) SPEED 仅能支持一种速率要求,而 MMSPEED 可以同时支持不同应用的多种速率要求;

(2) SPEED 不考虑端到端传输的可靠性,而 MMSPEED 在速率的基础上,还支持不同的端到端可靠性要求;

(3) SPEED 没有考虑估计误差对端到端延迟的影响,MMSPEED 在每一跳节点上都需要进行速率补偿和可靠性补偿,不断纠正由于估计误差造成的影响。

具体来说,协议分为两个基本组件:时延控制和可靠性控制。时延控制即满足某种特定应用对端到端传输延迟的需求,这种控制是通过路径选择完成的。在源节点和目标节点之间存在多条可选路径,不同路径的端到端传输延迟不同,对于那些延迟要求高的应用,使用高速路径转发,而延迟要求低的应用使用低速路径转发。可靠性控制是指满足端到端传输可靠性,是通过多径转发实现的。对于可靠性要求高的应用,使用多条路径同时转发,这样即使其中部分路径失败,目标节点仍然能够接收到数据。对于可靠性要求低的应用,可以只使用单条路径转发。

视频

5.4.3.2 MP-EA 路由协议

多路径路由还可以用于均衡节点的能量消耗。传统网络的路由机制往往选择源节点到目标节点的跳数最小的路径传输数据,但在传感器网络中,如果频繁使用同一条路径传输数据,就会造成该路径上的节点因能量消耗过快而过早失效,从而使整个网络分割成互不相连的孤立部分,减少了网络的生存期。为此,Rahul C. Shah 等人提出了一种 MP-EA 路由协议(Multi-path Routing Protocol with Energy-Aware,能量敏感多路径路由协议)。该机制在源节点和目标节点之间建立多条路径,根据路径上节点的通信能量消耗以及剩余能量情况，给每条路径赋予一定的选择概率，数据传输均衡消耗整个网络的能量，延长网络的生存期。

Shah 等人提出的能量多路径路由协议的目的主要在于改善定向扩散协议的耗能情况，采用地理位置和数据类型(即节点类型)标识节点。Shah 等人认为该协议是按需路由协议，但其含义更多的是查询驱动的，将其与定向扩散协议都列为主动路由协议。汇聚节点(Cost(sink)=0)利用受控的 Flooding 方式发起建立路由请求，产生或转发路由请求节点 N_i 的所有邻居节点 N_j 测量与 N_i 的通信开销以及 N_i 的剩余能量：Metric(N_j，N_i)。N_j 根据式(5-4-1)计算代价，N_j 节点选择 C 较小的一些邻居节点反向构造路由表 FT_j，邻居节点 N_i 被赋予由式(5-4-4)计算的路由概率，此后 N_j 节点由式(5-4-5)计算自身代价 Cost(N_j)，然后，N_j 转发包含自身代价信息的请求。在通信阶段，节点 N_j 根据选择一条路径进行数据发送，与定向扩散协议相比，该协议虽然存在多条路径，但只选用一条，能够有效节约能源40%以上；随机选择路由的方式平衡了通信量。其缺点是：汇聚节点需要周期性以 Flooding 方式维护路由信息；需要进行节点间收发开销和剩余能量测量；根据概率随机选择一条路径导致其可靠性不如定向扩散协议。

能量多路径路由协议包括路径建立、数据传输和路由维护 3 个过程。路径建立过程是该协议的重点内容。每个节点需要知道到达目标节点的所有可选下一跳节点，并计算选择每个下一跳节点传输数据的概率。选择概率是根据节点到目标节点的通信代价来计算的，在下面的描述中用 Cost(N_i)表示节点 i 到目标节点的通信代价。因为每个节点到达目的节点的路径很多，所以这个代价值是各个路径的加权平均值。

能量多路径路由的主要流程描述如下。

1. 发起路径建立

目的节点广播路径建立消息，启动路径建立过程，广播消息中包含一个代价域，表示发出该消息的节点到目的节点路径上的能量信息，设初始值为零。

2. 判断是否转发路径建立消息

当某一个节点接收到邻居节点发送的路径建立消息时，与发送该消息的节点进行比较，只有在自己距离源节点更近，并且距离目的节点更远的情况下，才转发该路径建立消息，否则丢弃该消息。

3. 计算能量代价

如果节点决定转发路径建立消息，需要计算新的代价值来替代原来的代价值。当路径建立消息从 N_i 发送到 N_j 时，该路径的通信代价值为 N_i 的代价值加上两个节点间的通信能量消耗，即有

$$C_{N_j,N_i}=\mathrm{Cost}(N_i)+\mathrm{Metric}(N_j,N_i) \tag{5-4-1}$$

其中，C_{N_j,N_i} 表示节点 N_j 发送数据经由节点 N_i 路径到达目的节点的代价值，Metric(N_j，N_i)表示节点 N_j 到节点 N_i 的通信能量消耗，计算公式如式(5-4-2)所示

$$\mathrm{Metric}(N_j,N_i)=e_{ij}^{\alpha}R_i^{\beta} \tag{5-4-2}$$

其中，e_{ij}^{α} 表示节点 N_j 到节点 N_i 直接通信的能量消耗，R_i^{β} 表示节点 N_i 的剩余能量，α、β 是与网络有关的常量。

4. 节点加入路径条件

代价太大的路径对网络生存时间没有益处，因此并非每个路径都是可用的，节点需要丢

弃代价太大的路径。N_j 将 N_i 加入本地路由表 FT_j 中的条件是

$$\mathrm{FT}_j = \{ iC_{N_j,N_i} \leqslant \alpha(\min_k(C_{N_j,N_k})) \} \tag{5-4-3}$$

其中,α 为大于 1 的系统参数。

5. 节点选择概率计算

为了均衡网络中节点的能量消耗,节点选择概率需与能量消耗成反比,N_j 使用式(5-4-4)来计算选择 N_i 的概率。

$$P_{N_j,N_i} = \frac{1/C_{N_j,N_i}}{\sum_{k \in \mathrm{FT}_j} 1/C_{N_j,N_i}} \tag{5-4-4}$$

6. 代价平均值计算

节点根据路由表中的能量代价和下一跳节点选择概率计算本身到目的节点的代价 $\mathrm{Cost}(N_j)$,定义为经由路由表节点到目的节点代价的平均值:

$$\mathrm{Cost}(N_i) = \sum_{k \in \mathrm{FT}_j} P_{N_j,N_i} \cdot C_{N_j,N_i} \tag{5-4-5}$$

其中,N_j 将用 $\mathrm{Cost}(N_j)$代替消息中原有的代价值,然后向邻居节点广播该路由建立消息。

数据传播时,节点对于每一个接收的数据分组,都利用概率选择某一个下一跳节点,并转发该分组。网络中路由的维护则是通过周期性地从目的节点到源节点实施扩散查询来保证所有路由处于有效状态的。从该协议原理可以看出,由于选择节点的概率和剩余能量成反比,因此能量多路径路由协议可以在各节点之间均衡通信能耗,从而保证整个网络中各节点的能量消耗平稳而均衡地进行,最大限度地延长网络的生存期。

习题 5

1. 简述无线传感器网络路由协议的考虑因素。
2. 简述无线自组织网络和无线传感器网络的路由协议的区别。
3. 简述无线传感器网络的路由过程的步骤。
4. 简述无线传感器网络路由协议分类方法和内容。
5. 简述定向扩散路由机制的基本过程。
6. 简述 LEACH 算法的实现思想。

第6章 传输层机制

CHAPTER 6

传输层负责总体的数据传输和控制，它利用网络层提供的接口为主机之间提供逻辑连接。尽管各个主机之间没有物理连接，但从应用层的角度看它们之间就像存在物理连接一样。传输层为其上各层提供透明的传输服务。应用层使用传输层提供的逻辑连接传输信息，不用考虑真正传输这些信息的底层物理基础设施。传输层的首要目标是为应用层提供高效、可靠的传输服务。

6.1 传输控制协议概述

视频

6.1.1 无线传感器网络的传输协议需求

传输层协议提供了两个功能：拥塞控制和可靠数据传输或丢包恢复。无线传感器网络环境中的可靠数据传输是一项艰巨的任务，主要原因如下：

(1) 传感器计算和通信能力有限，即单个传感器只有有限的处理能力和较短的通信范围。

(2) 传感器由电池供能。因此，节能至关重要。

(3) 传感器部署在距地面较近的地方。由于信号衰减信道衰落等，增加了通信信道的不可靠性。

(4) 密集的传感器部署增加了信道竞争和拥塞。

因此，无线传感器网络传输层协议的设计引起了研究人员的广泛关注。根据基本服务功能，可将已有研究划分为两大类：拥塞控制协议和可靠传输协议。网络拥塞对传感器网络应用危害极大，在拥塞的情况下大量丢包不仅影响应用服务质量，还会造成信道和能量资源的浪费。拥塞控制协议用于检测、通知并解除拥塞。在无线传感器网络中，数据包需要经过多跳转发，在逐跳转发过程中可能受信号衰减、无线干扰等原因丢失。可靠传输协议用于保障信息从源节点到目标节点的可靠转发，利用确认机制、冗余编码或链路调度等策略减少信息损耗。

6.1.2 传输层协议的功能

传输层负责总体的数据传输和控制，为其上的网络层和应用层提供透明的传输服务。传输层的首要目标是为应用层提供高效、可靠的传输服务，这些服务包括以下5种。

(1) 传输连接管理：针对面向连接(connection-oriented)的传输服务，传输层在数据传输之前先建立端到端的连接；在数据传输期间监控连接状态，维持连接的畅通；在传输结束后释放连接，避免空占传输信道资源。

(2) 可靠数据传输：在非理想通信介质中，数据传输可能会出现乱序、误码和丢包。传输层对到达的数据进行顺序控制、差错检测和纠正，使源端产生的数据能够顺序可靠地提交给目的端的应用层。

(3) 拥塞控制：网络带宽资源有限，当进入网络的数据量超过网络容量时会发生拥塞，造成网络丢包率剧增，吞吐量随输入负荷增大而下降。传输层需要避免拥塞，或及时检测、通告、处理拥塞，维持网络功能正常执行。

(4) 流量控制：在数据发送端，传输层需要根据当前网络状况调整数据发送速率，在网络空闲时可以增大发送速率来提高网络利用率；在网络发生拥塞或接收端来不及处理收到的数据时，传输层需要限制发送速率。

(5) 多路复用：多个用户进程能够共享单一的传输层实体进行通信。这种多路复用机制是基于传输服务访问点(Transport Service Access Point，TSAP)来实现的，每个用户进程对应一个本机唯一的 TSAP 一次通信结束后，释放连接的同时也释放了进程占用的 TSAP 地址，这个地址可以再次分配给其他进程使用。

这些服务是通过一系列传输层协议来完成的。在 Internet 上使用的 TCP/IP 协议簇中，传输层主要有两个协议：无连接的用户数据报协议(User Datagram Protocol，UDP)，面向连接的传输控制协议(Transfer Control Protocol，TCP)。UDP 是一个简单的传输协议，不提供可靠传输服务，通常用于少量数据发送。相比之下，TCP 提供可靠的数据传输，保证数据正确有序地从发送端到达接收端。除此以外，TCP 还提供拥塞控制和流量控制等重要功能。

6.1.3 TCP

TCP 是面向连接的传输控制协议，通信双方在传输数据之前，必须先建立端到端的连接。TCP 采用 3 次握手协议来建立连接，实体 A 和实体 B 之间建立连接的过程如下：

(1) 实体 A 发出序列号为 x 的连接请求；

(2) 实体 B 返回序列号为 y、确认号为 $x+1$ 的连接请求确认；

(3) 实体 A 通过一个序列号为 $x+1$、确认号为 $y+1$ 数据分段，对用户 B 的确认进行反馈。

3 次握手使连接双方达成同步，是可靠传输的基本前提。释放连接的方式与上述过程类似，同样在双方协商后完成。

为了保障数据传输的可靠性，TCP 采用肯定确认重传机制(positive acknowledge with retransmission)。这种机制是在通信两端实现的，它要求接收端收到数据段后向发送端返回确认信息 ACK(Acknowledgement)，确认信息中携带下一个数据段的序列号。发送端发出每个数据段后都保留一份备份，同时启动一个定时器，在定时器超时前若收到确认，则发送下一个数据段，否则判定分组丢失，发送端重传数据段。值得注意的是，上述过程中发送端必须等待确认后才开始发送下一个数据段，使连接在大量时间内处于空闲状态，因而网络利用率不高。为解决这个问题，TCP 采用更为有效的数据传输控制方式。

TCP 的数据传输控制是通过滑动窗口机制来实现的。滑动窗口允许发送端在等待一个确认信息之前发送多个数据段，如图 6-1-1 所示，数据在发送端分为一个数据段序列，滑动窗口协议在数据段序列中放置一个窗口。在发送数据时，发送端可将窗口内所有数据都发送出去。当窗口第一个数据段被确认后，窗口向后滑动到下一个数据段；随着确认的不断到达，窗口也不断向后滑动。若窗口大小为 1，则滑动窗口退化为简单的停止等待，即发送端每发出一个数据段都必须等待确认后才能发送下一个分组；反之，发送窗口越大表示发送端的发送速率越快。在网络带宽允许的情况下，使用滑动窗口协议有利于提高网络利用率。

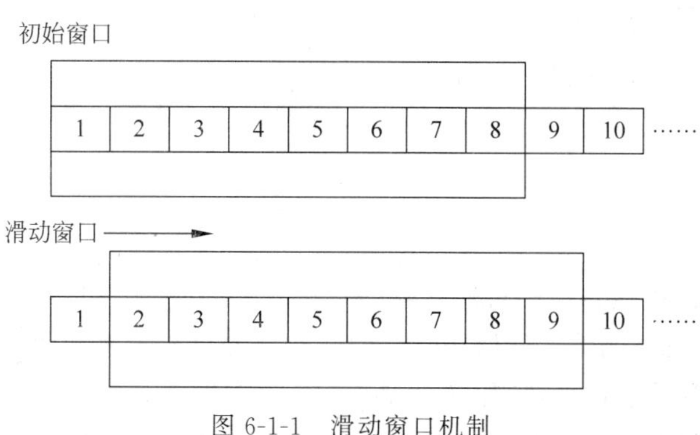

图 6-1-1 滑动窗口机制

除了能够提高网络利用率外，滑动窗口机制还是实现流量控制和拥塞控制的基础。流量控制的目的是使发送端的发送速率与接收端的接收速率相匹配。对于 TCP，在发送数据之前，发送端并不知道接收端的接收能力和网络的传输能力，收发双方需要协商发送窗口的大小来确定发送速率。为了达到这个目的，每一个 TCP 连接需要有两个状态变量。

（1）接收端窗口 rwnd(receiver window)：接收端根据当前的接收缓存大小允许使用的窗口值，是来自接收端的流量控制。

（2）拥塞窗口 cwnd(congestion window)：发送端根据自己估计的网络拥塞程度而设置的窗口值，是来自发送端的流量控制。

接收窗口的大小由接收端反馈给发送端。当发送端获得上述两个窗口值之后，发送窗口的上限值取二者之中的较小者，即发送窗口的上限值＝min[rwnd，cwnd]。数据传输阶段之初，TCP 采用慢启动技术来调整 cwnd 的大小。在初始状态下，cwnd 的大小仅为一个数据段的大小，每接收到一个 ACK，窗口大小就增加一个数据段的大小。这样逐步增大发送端拥塞窗口，可以使分组注入网络的速率更加合理。在这种增长模式下，拥塞窗口呈指数增长。例如，当发送完第一个分组并收到 ACK 后，cwnd 由 1 增加到 2，随后发送出两个分组并收到两个 ACK，则窗口大小为 2～4。

快速增长的发送窗口容易导致拥塞，为了避免拥塞出现，慢启动算法设定一个阈值 ssthresh，表示当拥塞窗口超过 ssthresh 时网络接近出现拥塞，因此降低拥塞窗口的增长速度，由指数增长改为线性增长，直到出现拥塞。阈值的初始值设置为 ssthresh＝64KB。若假定接收端窗口足够大，则发送窗口的大小由拥塞窗口的数值决定。拥塞窗口的变化如图 6-1-2 所示，假设网络在运行一段时间后 ssthresh＝16KB，初始阶段窗口大小按指数规律增长，直到 cwnd＝16KB。随后窗口大小线性增长，直到发生超时，表示当前网络拥塞。拥塞后 cwnd 重新设为 1 个数据段长度，再次采用慢启动增长，并将 ssthresh 的值改为发生拥塞时窗口大小的一半，图 6-1-2 中为 12KB。

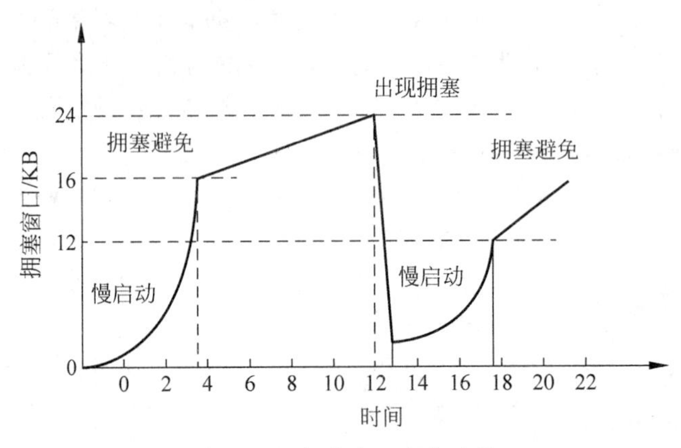

图 6-1-2 拥塞窗口变化过程

TCP 是 Internet 中最常用的可靠传输协议之一，在设计之初，TCP 的运作独立于传统有线网络的低层，而有线网络的低层比无线网络尤其是无线传感器网络更加可靠。另外，无线传感器网络的有些功能特性使得 TCP 无法用于这些网络。第一，无线传感器网络很少在通信中建立源节点和汇聚节点之间的可靠连接。第二，传感器网络通常较易出错，且信道质量较差，介质带宽较小，节点经常失效并出现拥塞的状况。第三，与 Internet 中的节点不同，传感器网络中的每个中继传感器节点都会相对长时间地存储数据包，之后在信道可用时将数据包发送给它们下一跳的邻居节点。第四，无线传感器网络中的资源限制使得 TCP 不适合这类网络。

6.1.4 传感器网络传输层协议评价指标

在传感器网络中，传输层协议需要满足应用提出的服务质量要求，同时节省网络资源。评价传输层协议性能需要多种指标，包括能量效率、可靠性、公平性、及时性和可扩展性等。下面解释一些常用的评价指标。

1. 能量效率

传感器节点的能量极其受限，因此传输层协议设计的首要考虑是节省能耗以延长网络寿命。对于传输层协议来说，丢包是影响协议能耗的主要因素，丢包后节点需要发起重传。首先，丢掉的分组可能已经在网络中经过多跳传输，一旦分组丢失，用于转发的一部分能量就浪费了；其次，确认和重传丢失的分组，又需要耗费额外的能量，在多跳的网络中重传的跳数越多则能耗越大。这是因为，单跳链路重传一次只消耗收发一个数据包的能量；而多跳重传需要每个路径上的节点都参与转发。在具体的协议设计中，能量效率的计算方法有多种，例如 CODA 中定义平均能量损耗(average energy tax)为

$$\text{平均能量损耗} = \frac{\text{丢失的数据包数量}}{\text{汇聚节点接收的数据包数量}} \tag{6-1-1}$$

上面的定义直接反映了所有用于发包的能量中有多少因为丢包而消耗了，这种定义同样被 Siphon 采用。而 Fusion 中使用了更为精细的定义，定义能量效率(energy efficiency)为

$$能量效率=\frac{有效数据包传输次数}{网络内所有数据包传输总次数} \tag{6-1-2}$$

其中提到的有效数据包是指最终成功被汇聚节点接收的数据包。能量效率刻画了有效传输次数占总传输次数的比例，该定义相比平均能量损耗来说，考虑了不同包被转发的次数不同。不管是哪种定义，其目的都是要量化总消耗能量中有多大比重是因为丢包而损耗的。

2. 可靠性

不同应用的可靠性需求是不同的，通常可分为两类；数据包可靠和事件可靠。数据包可靠通常要求数据从源节点能够可靠地传输到目标节点，典型的应用场景包括汇聚节点向所有节点分发代码或查询命令，其形式化描述为

$$数据包可靠性=\frac{目标节点接收到的数据包总数}{源节点发出的数据包总数} \tag{6-1-3}$$

另一类称为事件可靠，具有这种可靠性需求的应用通常能够容忍一定的数据包丢失，例如，事件检测或图像、音频等多媒体流传输，其形式化描述为

$$事件可靠性=\frac{成功检测到的事件数}{应用定义的事件总数} \tag{6-1-4}$$

上述事件可靠性定义还是比较抽象，实际协议设计中往往采用一种简化的形式来描述事件可靠性，如 ESRT 中将 sink 收集到的数据包个数与期望接收到的包个数的比例作为事件可靠性定义。

3. 公平性

公平性主要针对数据收集型应用，汇聚节点希望来自每个节点的数据量尽量相同，而不是来自某个节点的数据比其他节点多得多。节点公平性通常被定义为

$$节点公平性=\frac{\left(\sum_{i=1}^{N} r_i\right)^2}{N\sum_{i=1}^{N} r_i^2} \tag{6-1-5}$$

式中，r_i 定义为汇聚节点对节点 i 的数据接收速率，即单位时间内汇聚节点接收到来自节点 i 的数据量。需要注意，r_i 并非节点 i 的数据产生速率或发送速率，这些概念之间是有区别的。节点的数据产生速率描述单位时间内节点自身产生的数据量，节点发送速率则是指单位时间内节点发出的数据量。所有节点的数据产生速率相同并不代表汇聚节点对每个节点的数据接收速率相同，因为跳数较多的节点产生的数据更容易在传输过程中丢失。若汇聚节点对每个节点的数据接收速率相同，则由上述公平性定义计算得到的结果为 1，否则为一个小于 1 的数，公平性值越小则代表节点间数据失衡越严重。上述公平性定义没有考虑网络拥塞，如果部分源节点到汇聚节点的路径上发生拥塞，则这些节点需要调整自身速率以解除拥塞，对于其他不受影响的节点可保持原有速率。

除上述 3 项指标以外，传输层协议的及时性和可扩展性也非常重要。及时性要求协议能够对突发事件快速反应，例如，在拥塞控制中，要求节点及时发现拥塞并通知其他节点(如汇聚节点或源节点)，以便减少拥塞引起的丢包从而节省能量。可扩展性要求协议能够适应网络规模的变化。例如，可靠传输协议需要在网络规模变大、源节点与汇聚节点之间的跳数增多的情况下，依然满足应用的可靠性需求。

视频

6.2 拥塞控制机制

6.2.1 拥塞产生的原因

拥塞类似于交通网络中的拥堵，道路可看作无线链路而行驶车辆代表在网络中传输的数据。道路的宽度是有限的，当车流量较低时，车辆可以畅通无阻行驶；而如果车流量较高，则很可能造成道路拥堵。与此类似，拥塞产生的原因是向网络注入的数据流量超过了网络所能容纳的流量，即网络容量。无线信道是共享信道，在理想情况下，当多条链路位于一个冲突区域内的时候，不同链路应该分时传输(TDMA)，以避免相互干扰。但 TDMA 需要节点间的协作，因此目前大部分传输协议仍使用基于竞争的信道访问，即 CSMA。虽然 CSMA 机制指定节点必须先等待信道空闲才开始传输数据，但这无法完全避免链路之间的冲突。在特定的 CSMA 协议下，对于一个给定的冲突域，其中的链路越多、链路上传输的数据量越大，则链路之间的冲突就越剧烈，也就越容易产生拥塞。对于一个冲突域来说，单位时间内能够通过的最大数据量可以理解为局部的网络容量。

无线网络的网络容量可以通过一个实例理解。如图 6-2-1(a)所示，其中包含由 4 个节点构成的网络拓扑，假设节点按照恒定速率 r 持续发送数据。这个例子中的 3 条链路处于同一个冲突域中，因此其中一条链路发送数据时，其他两条链路无法传输数据。若每个节点发送或接收一个数据包需要 2ms，那么 S_1、S_2 和 S_3 各自产生一个数据包后要发送到节点 D 需要耗费多长时间呢？答案是 $5\times2=10$ms，因为由 S_3 产生的数据只需要转发一次，而由 S_1 和 S_2 产生的数据则需要转发两次。由此可见，假设节点产生数据包的速率相同，则网络所能容纳的极限是每个节点每 10ms 产生一个数据包，若高于这个速率则网络将无法承受。在图 6-2-1(a)的例子里，假设节点产生数据的速率 r 由小到大不断增加，那么网络丢包率和目的节点 D 处接收到的有效吞吐率如图 6-2-1(b)所示。初始阶段随着节点发送速率 r 不断增加，节点 D 上的有效吞吐率呈线性增长，丢包率基本保持不变；当 r 超过某个临界点后(本例中为 100s)，网络出现拥塞，有效吞吐率出现波动并迅速降低，与此同时网络丢包率显著增加。

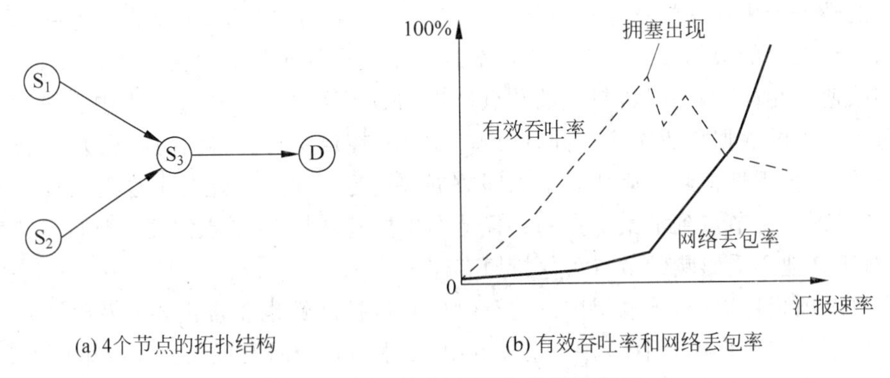

(a) 4个节点的拓扑结构　　(b) 有效吞吐率和网络丢包率

图 6-2-1　传感器网络容量分析示意图

传感器网络的流量特征决定了拥塞更容易发生。首先，传感器网络中的流量具有不均衡性。在数据收集型应用中，所有源节点产生数据都向汇聚节点汇聚，离汇聚节点较近的节点不仅自身产生数据，还要转发来自上游节点的数据，因此离汇聚节点越近则节点负载越大，这种现象称为“漏斗”效应。在漏斗效应下，即使每个源节点产生的数据量较小，经过汇聚后在汇聚节点附近区域仍然有可能超过网络容量，导致拥塞发生。另外，传感器网络中的流量具有突发性。在事件检测型应用中，同一事件可能被密集部署的多个节点同时检测到，短时间内在事件区域附近突发大量的数据需要发送，导致冲突加剧而造成局部拥塞。

拥塞对于无线传感器网络功能可产生严重破坏。拥塞时无线链路丢包率剧增，增大了端到端传输延迟，降低了网络有效吞吐率。此外，拥塞还造成带宽和能量浪费，这对于资源严格受限的传感器网络往往是无法容忍的。传感器网络拥塞控制通常需要多个源节点、中间节点和汇聚节点之间协作处理，单个节点或单条链路不足以完成这项任务，因此拥塞控制功能必须由传输层协议实现。

6.2.2 拥塞的分类

根据无线传感器网络中的拥塞的表现形式和造成原因，可将拥塞分为不同种类。

1. 节点级拥塞和链路级拥塞

节点级拥塞与传统有线网络类似，节点产生和接收数据包的速度之和超过了自身的发送速度，导致缓冲队列变长，增大了排队延时，严重时甚至产生队列溢出，如图 6-2-2(a)所示。链路级拥塞是无线通信特有的拥塞形式，无线信道是共享信道，当相邻的多个节点同时使用无线信道时，就会产生访问冲突而丢包，如图 6-2-2(b)所示。实际上，节点级拥塞和链路级拥塞往往是同时出现的，但是，链路级拥塞是传感器网络中的主要表现形式，在拥塞状态下，访问冲突丢失的包比队列溢出丢失的包要多得多。

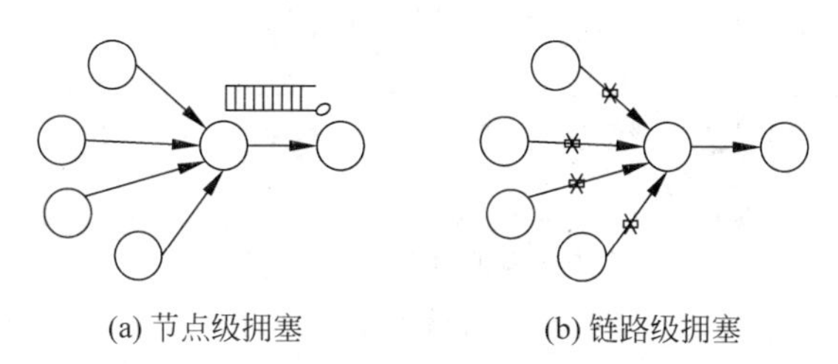

(a) 节点级拥塞　　(b) 链路级拥塞

图 6-2-2　两种拥塞示意图

2. 局部拥塞和全局拥塞

局部拥塞主要由事件检测型应用造成，多个节点同时检测到兴趣事件，在短时间内产生大量具有时空相关性的数据，在事件区域附近引起拥塞。由于发生事件的区域不确定，节点必须在本地进行拥塞控制，一旦检测到拥塞就需要及时处理，以防止拥塞扩散。全局拥塞是由数据采集型应用造成的，全网传感器节点向汇聚节点汇报数据，由于传感器网络流量的漏斗效应，在汇聚节点附近区域引起拥塞。这种拥塞是持续性的，解除全局拥塞的根本在于调整源节点的速率，仅仅依靠中间节点应急处理是不够的。

6.2.3 拥塞控制

拥塞控制协议分为 3 个步骤，分别是拥塞检测(congestion detection)、拥塞通告(congestion notification)和拥塞解除(congestion mitigation)。这 3 个步骤依次进行，下面介绍各个步骤所使用的基本方法。

6.2.3.1 拥塞检测

拥塞检测的目标是判断网络是否发生拥塞。在无线传感器网络中,检测丢包的方法一般分为三大类:基于队列长度、基于信道采样和基于端到端测量。这 3 种方法各有其实验依据,在某些时候同时使用几种方法可以更加准确地判断拥塞的发生。

1. 基于队列长度的拥塞检测

网络发生拥塞时,无线信道占用率增高,节点发送数据的机会减少,队列长度不断增加。反过来,节点缓存队列越长也就说明“入比出多”,就越有可能出现拥塞。已有的基于队列长度的检测方法分为 3 种。

(1) 单一阈值法:这种检测方法通常设定一个阈值,队列长度超过该阈值则认为发生拥塞。例如,在 CODA、Siphon 和 Fusion 中当节点队列剩余空间低于一个给定阈值后(Fusion 中设为 25%)则认为出现拥塞。这种基于单一阈值的方法虽然能够检测出网络是否拥塞,但不能反映具体的拥塞程度。

(2) 队列增长率法:这种方法统计队列增长的快慢,一旦判断队列即将溢出则认为发生拥塞。ESRT 中采用了这种方法,如图 6-2-3 所示,图中节点队列长度为 B。ESRT 将时间分为多个决策周期,在第 k 个决策周期检测到的队列长度为 b_k,Δb 表示在上一个决策周期内队列长度的增长,如果节点发现按照当前队列增长速度在下一个决策周期内队列将出现溢出,即 $b_k+\Delta b>B$,则判断发生拥塞。

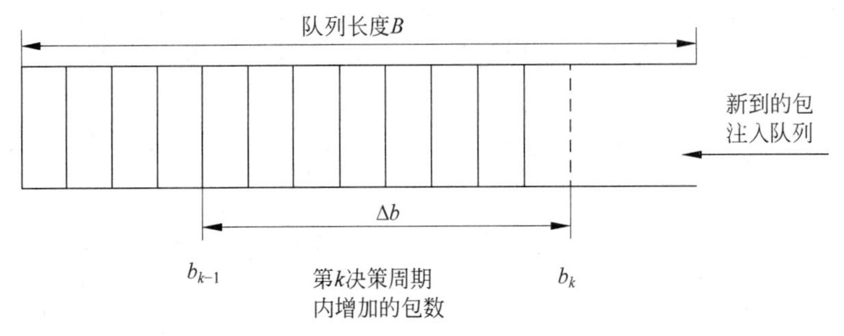

图 6-2-3 队列增长率示意图

(3) 多阈值法:这种方法设定多个阈值,阈值由小到大,每当队列长度超过一个更大的阈值则表示拥塞程度增加一个等级,这种方法被 IFRC 采用。相比单阈值法,多阈值法除了可以检测是否拥塞外,还能够反映拥塞的程度。

2. 基于信道采样的拥塞检测

通过信道采样可以估计当前信道占用率,当发现信道占用率接近饱和时认为网络发生拥塞。CODA 中采用了这种方法,节点周期性采样信道状态,统计采样到信道忙的次数占总采样次数的比例,若高于一定阈值则认为节点所在区域发生拥塞。采样信道本身需要消耗较多的能量,为了减少能量开销,CODA 提出了最小代价采样(minimum cost sampling)。这种方法只在节点队列中有包等待发送时采样信道,这是因为 CSMA 协议本身也需要监听信道,所以其引入的代价非常小;若节点队列为空,表示节点不需要发包,则立刻停止信道采样。基于信道采样的拥塞检测能够更加精确地反映当前网络的拥塞状况。

3. 基于端到端测量的拥塞检测

当网络出现拥塞时数据端到端传输延迟增加,严重时将导致中间节点大量丢包。因此可以通过汇聚节点检测端到端传输延迟和丢包率来判断网络是否拥塞。这种检测方法由汇聚节点进行，源节点和中间节点不参与检测。已有的方法分为两种。

(1) 端到端丢包率测量：汇聚节点统计接收到的事件相关数据的丢包率，若发现丢包率起初较低，而突然增高超过一定阈值则认为网络发生拥塞。Siphon 在汇聚节点实现一个代理，代理实时统计来自源节点的数据包丢包率，若持续 10s 内丢包率都高于 40%，则判断网络发生拥塞。

(2) 端到端传输延迟测量：汇聚节点测量端到端数据传输延迟，当发现当前延迟超过平时传输延迟较多，则认为路径上出现拥塞。RCRT 中采用了这种方法，汇聚节点发现丢包后向源节点请求重传，从汇聚节点发出请求到接收到恢复包的时间大致为一个路径返回时间(Round Trip Time，RTT)。如果汇聚节点发现当前丢包恢复时间超过平时 RTT 的 2 倍，则认为网络很可能出现拥塞。

上面提到的 3 种拥塞检测算法各具特点。基于队列长度的拥塞检测方法实现简单，几乎没有任何开销，因而是目前使用最广泛的拥塞检测方法；基于信道采样的拥塞检测比队列长度测量法更精细，但会引入额外的能量开销，并且需要 MAC 协议支持；基于端到端测量方法的优点是将大部分的功能都集中在汇聚节点，从而减轻了节点负担，但这种方法延迟较大，对于突发产生的大量数据，当拥塞控制启动时事件可能已经结束了。根据不同的应用可以选择使用其中的一种或多种，例如 CODA 中同时采用了基于队列长度和基于信道采样的方法。

6.2.3.2 拥塞通告

拥塞通告的目的是在检测到拥塞发生后，及时告知相关节点进行处理。无线传感器网络中，某一节点处出现的拥塞很可能与其上游节点或其他邻居节点相关，如图 6-2-1(a)中，S_3 处的拥塞也是 S_1 和 S_2 共同影响的结果。因此，一旦发生拥塞则需要及时通知对拥塞造成直接影响的节点。传感器网络中的拥塞通告通常有两种方式：显式通告和隐式通告。

显式通告通常采用独立的控制分组，如 CODA 使用的反压消息(suppression message)，当邻居节点接收到这种消息后进行相关处理，并将该消息沿上游方向扩散。显式通告的弊端是会引入额外的能量和带宽开销，因而大多数协议都采用隐式通告，即将拥塞信息附带在数据包中传递。隐式通告利用了无线传输具有的广播特性，每个数据包内预留一个拥塞位(Congestion Bit，CB)，当某个节点发现拥塞后将该位设置为 1。利用这种方法可以通知汇聚节点或周围邻居节点网络出现拥塞。由于隐式通告基本上不引入额外开销，所以被大量协议采用，包括 IFRC、Fusion、ESRT 等。

6.2.3.3 拥塞解除

节点在接收到拥塞通告后将启动拥塞解除策略进行处理。根据造成拥塞原因的不同，其解除方式也有所差异。

1. 局部拥塞解除方法

局部拥塞从发生到结束的时间通常较短，需要及时处理，其处理区域通常位于拥塞区域附近。为了尽快解除拥塞状态，接收到拥塞通告的节点需要立刻做出处理。在 CODA 中，从拥塞节点开始，使用反向压力消息通知上游节点，接收到反压信息的节点通过缓存或丢包方式来降低自身发送速率。Fusion 中，当节点接收到来自下游节点的 CB 后停止向下游节点转发数据，以便产生拥塞的节点能够及时清除缓存的数据。数据融合能够显著减少数据流量，因此 CONCERT 提出在拥塞区域根据拥塞的程度来进行数据融合，拥塞越严重则融合力度越大。需要注意的是，解除局部拥塞的目的在于及时消除拥塞状态，减少无谓的能量消耗，但无论哪种方法都不可避免地造成信息丢失，因此在设计网络时应该充分估计突发数据流量的大小，预留足够的带宽以防出现拥塞。

2. 全局拥塞解除方法

全局拥塞产生的根本原因来自产生数据的源节点，所以解除拥塞的基本方法是降低这些造成拥塞的源节点的发送速率。在 ESRT 中，汇聚节点在检测到拥塞时根据当前网络状态计算一个合理的速率，并把该速率洪泛到所有节点，节点接收后调整自身速率。这种做法能够有效解除拥塞，但并不能保证公平性，因为拥塞可能只是一部分源节点造成的。为了解决这种问题，可在拥塞时调整拥塞节点及其子树节点的传输速率，如图 6-2-4 所示。

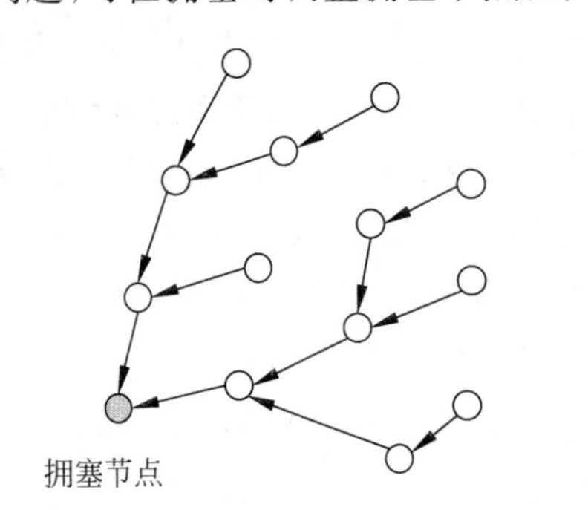

(a) 传感节点产生数据在拥塞节点发生拥塞

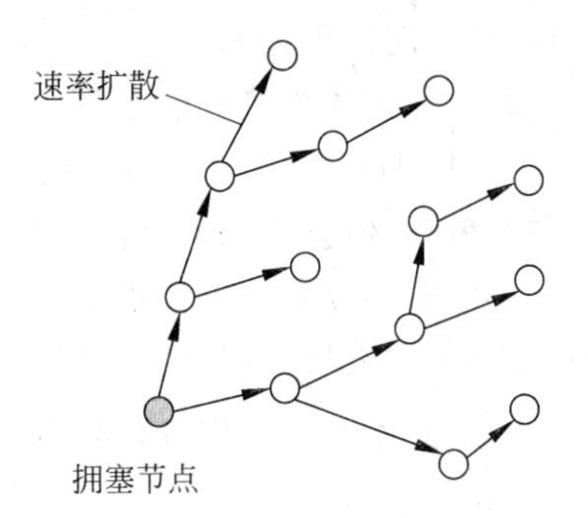

(b) 拥塞节点将调整后的子树节点速率下发给各节点

图 6-2-4 拥塞节点及其子树节点上的速率调整

从拥塞节点开始，每个节点首先测量自身平均发送速率 r 和子树规模 n，然后将自身产生数据的速率调整为 r/n，并将 r/n 通告其所有子节点。子节点也采用同样的方式计算自身的数据产生速率，在获得父节点通告的速率后，取两者中的小者作为自己的实际数据产生速率。按照这种方式，拥塞节点将速率分配到子树上的每个节点。这种方法考虑了拥塞节点及其子树，但实际上拥塞节点周围的邻居节点甚至包括拥塞节点父节点的邻居节点都可能是造成拥塞的潜在原因，这些节点也需要降低自身的发送速率。

3. 其他方法

上面提到的两种方法是使用最为普遍的方法，除此以外，Siphon 假设网内存在一些功能较强的虚拟汇聚(Virtual Sink，VS)节点，每个 VS 节点拥有双通信模块，其中低速率模块与传感器网络相连，高速率模块能够建立高速骨干网络协助数据转发。当节点发现拥塞后将数据流导向 VS 节点，利用其高速率接口转发造成拥塞的流量。这种方法本质上是依靠网络资源的动态配置来解除网络拥塞，既可以用于局部拥塞，也可以用于全局拥塞。

6.2.4 以拥塞控制为中心的协议

无线传感器网络中汇聚的、多对一的流量模式使其非常容易发生拥塞。

6.2.4.1 拥塞检测和避免协议 CODA

CODA 基于中继节点的包队列长度来检测拥塞。CODA 包含 3 种机制：拥塞检测机制、开环跳段反向压力信标机制和闭环多源调整机制，如图 6-2-5 所示。在开环跳段反向压力信标机制中，源节点基于局部拥塞状况获取对的。在闭环多源调整机制中，源节点从汇聚节点获取 ACK，当拥塞发生时，汇聚节点停止向源节点发送 ACK。因为 CODA 是最流行的拥塞控制协议之一，所以有必要了解这 3 种机制的细节。

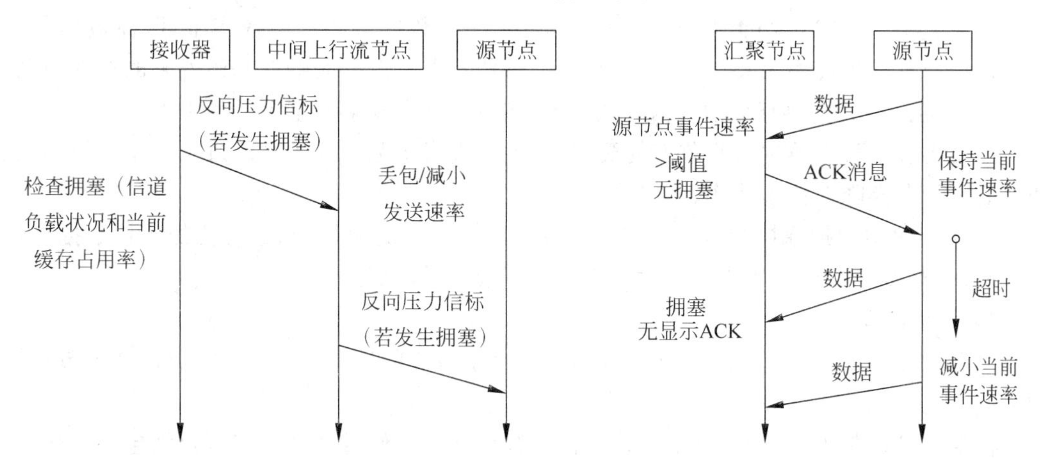

图 6-2-5 开环：跳段反向压力信标机制（左）；闭环多源调整机制（右）

1. 拥塞检测机制

CODA 旨在使用当前和过去的信道负载状况以及当前的缓存占用情况来精确判断每个接收节点是否发生拥塞。但是，在资源有限的传感器网络中，通过监听共享介质是否由于其他站点间的流量发生了拥塞来衡量局部负载情况的方法并不明智。因此，CODA 使用一种采样机制来周期性地监测局部信道并尽可能降低成本。在检测到拥塞后，节点使用反向压力信标机制来通知它们的上行邻居节点。

2. 开环跳段反向压力信标机制

在检测到拥塞时，运行 CODA 的网络中的传感器节点会使用此机制向上行节点广播反向压力消息。接收到反向压力消息的节点会降低它们的数据传输率或根据局部拥塞处理策略来丢弃数据包。另外，收到反向压力消息的上行节点会决定是否继续将此消息向上传播。

3. 闭环多源调整机制

如果拥塞持续了很长时间，那么闭环多源调整机制就会派上用场。汇聚节点使用此机制来确定并处理多个源节点发生的拥塞。源节点会进行调整并以低于信道最大理论吞吐率的特定比例的速率来继续发送事件数据。闭环调整仅在吞吐率超过这一数值时才会被触发，因为此时源节点可能导致了拥塞的发生。这种情况会触发汇聚节点调整机制。此时，汇聚节点通过发送类似于 ACK 的常量和慢速反馈来对相关源节点进行调整。这些反馈信息使源节点得以维持它们的事件发送速率。另外，如果源节点未接收到反馈消息，那么它会降低自己的事件发送速率。

CODA 基于“加性增和乘性减”（AIMD）算法来控制包的流动速率。此算法是节能的，但是无法保证包能成功送达，因为在接收到反向压力消息时，也就是源节点从中继节点接收到消息时，该节点会根据拥塞参数丢弃某些数据包。

6.2.4.2 拥塞控制和公平性（CCF）协议

CCF 协议通过调整传输速率来实现基于数据包服务时间的拥塞控制。CCF 协议在控制拥塞的同时保证数据包发送到基站的公平性。公平性主要指确保在一段时间内从网络上的每个传感器节点接收相同数量的数据包。CCF 协议在设计时主要有以下两点考虑：拥塞控制设计和公平性设计。

1. 拥塞控制设计

CCF 协议主要考虑两类拥塞。在第一类拥塞中，数据包的产生速率很低，而数据包的同步传输与其产生速率无关。例如，所有的传感器节点可能同时响应基站发来的查询消息。CCF 协议通过在数据链路层引入微小的抖动，或在应用层进行调整来产生相移。

第二类拥塞可以通过监测节点的缓存/队列来进行检测。如果其超过了某个阈值，则通知它的下行节点降低传输速率。

CCF 协议中的拥塞控制方法的核心是计算下行节点的数量、测量可行的平均数据包传输速率、计算每个节点的父节点传输速率以及下行传播速率。

2. 公平性设计

CCF 协议通过两种机制来保证公平性：每个子节点的数据包队列；维护每个子节点树的大小。

在第一种机制中，每个节点都会在传输层维护一个存储其每个子节点数据包的队列，以及另一个存储自己产生的数据包的队列。每个数据包的报头都包含一个域，其中存储了上一跳节点的 ID，在将接收到的数据包插入对应的队列中时，这个域会发挥作用。

在第二种机制中，每个子节点获得自己的子树大小并将此信息作为变量分别存储在各子节点中。

公平性主要通过两种机制来实现：概率选择和基于分段的按比例选择。前者按概率选取下一个要传输数据包的队列，后者基于分段进行选择，即每个队列对应的时间段都是子树中节点总数量的整数倍。

6.2.4.3 基于优先级的拥塞控制协议(PCCP)

Wang 等提出了一种比 CCF 协议更快、更节能的拥塞控制协议 PCCP。正如其名，PCCP 维护一个优先级指数，它表示每个节点的重要性。数据包的到达间隔时间和服务时间都用于确定拥塞度。节点的优先级指数和拥塞度值还有助于进行逐跳拥塞控制。

如图 6-2-6 所示，在此模型中，PCCP 中的每个节点都有一个网络层和 MAC 层之间的调度器。它为源节点流量和转接流量维护了两个队列。调度器使用加权公平队列(WFQ)和加权轮询(WRR)算法来保证这两种流量之间的公平性。这两种算法也可以用来保证所有传感器节点之间的公平性。

PCCP 包含以下 3 种机制：智能拥塞检测(ICD)、隐式拥塞通知(ICN)和基于优先级的速率调整(PRA)。

1. 智能拥塞检测(ICD)

与 TCP 中在端点检测拥塞不同，PCCP 在中继节点根据平均包到达间隔时间(t_a^i)(两个连续到达包之间的平均时间)和包服务时间(t_s^i)(即从数据包到达 MAC 层开始到其最后一个比特成功传输之间的时间)来检测拥塞，ICD 引入了拥塞度的概念，其定义如下：

$$d(i)=\frac{t_s^i}{t_a^i} \tag{6-2-1}$$

拥塞度有助于估计每个中继节点的当前拥塞水平。从式(6-2-1)可以看出，节点经历拥塞意味着包服务时间应该大于包到达间隔时间。因此，为了避免拥塞，包服务时间应该小于包到达间隔时间。换句话说，数据包到达节点的速率应该小于数据包离开节点的速率。

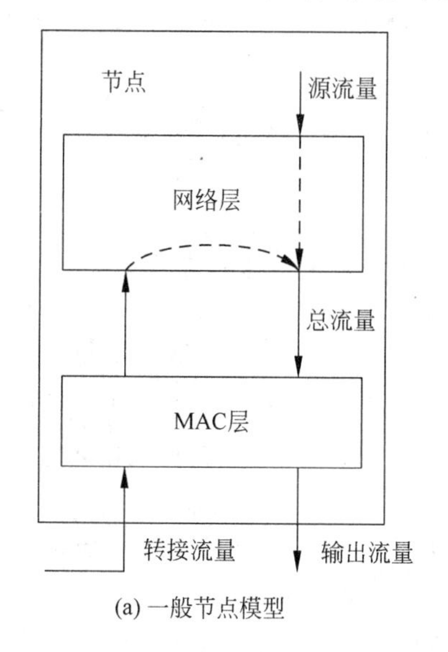

(a) 一般节点模型

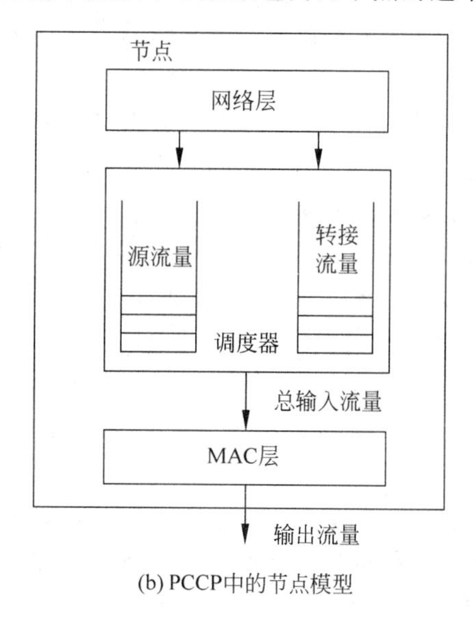

(b) PCCP中的节点模型

图 6-2-6 一般节点模型与 PCCP 节点模型对比(摘自文献[4]，稍加改动)

2. 隐式拥塞通知(ICN)

PCCP 使用 ICN 技术来将拥塞信息封装在数据包的报头中。因为使用的是无线信道，所以拥塞信息从父节点发送到子节点，从而避免了发送额外的控制信息。ICN 与传统有线网络传输协议(如 TCP)中使用的显式拥塞通知(ECN)技术相似。

拥塞信息存储在数据包的报头中，它可由以下两种事件触发：

(1) 当节点转发的数据包的数量超过某个阈值时。

(2) 当节点从其父节点接收到拥塞通知时。

在每个节点 i，PCCP 都封装了 t_a^i、t_s^i、全局优先级 GP(i)和后继节点数 $O(i)$。全局优先级指数是源节点的流量优先级指数与子节点的全局优先级指数之和。

3. 基于优先级的速率调整(PRA)

有学者提出通过调整调度速率 r_{svc}^i 来避免拥塞。r_{svc}^i 应该比 MAC 转发速率 r_f^i 低，才能达到避免拥塞的目的。由于拥塞通知(CN)位承载的信息有限，所以传统的传输控制协议(如 TCP)使用的“加性增和乘性减”(AIMD)机制在调整传输速率中用处不大。因此，给节点提供具体的提速或减速数值非常重要。如前所述，拥塞度、优先级指数和全局优先级值有助于精确调整速率。

6.2.4.4 Trickle 协议

Trickle 协议是一种用于从下行节点通过多跳路径中的中继节点向汇聚节点传播码字更新的机制。此机制中的每个节点都含有一个周期性事件，如果该节点从其邻居节点接收的元数据超过阈值，它会用此事件来限制广播。

Trickle 基于“礼貌流言”的概念。根据此概念，每隔一段时间，如果某个传感器最近没有收到从其他节点发来的任何元数据，它就向邻居节点广播一次元数据。这些元数据只是码字的概括信息，而不是码字本身。如果节点从其他节点的流言中接收到比它自己更老的元数据,它就广播一条更新信息从而更新流言。Trickle 的主要特点之一在于它能够通过适当调整传输速率来限制数据包的数量。因此,较少数量的 Trickle 包就足以保证节点的实时更新。

目前已经有一些仿真和实验对 Trickle 进行评估。其中一项实验表明,Trickle 可以在 30s 内对整个网络重新编程,而带来的额外开销只有每小时 3 个数据包。

6.2.4.5 Fusion 协议

Fusion 协议通过网络协议栈不同层次的 3 种机制协调运作来控制拥塞。这 3 种机制为逐跳流量控制机制、源速率限制机制和优先级 MAC 层机制。

1. 逐跳流量控制机制

此机制中,每当节点经历拥塞,它就将此拥塞信息通过反向压力技术传播到其下行节点。同时,在与拥塞信息一起传播的数据包中设置一个拥塞位。这有助于减少拥塞带来的丢包。

逐跳流量控制包含两个主要部分:拥塞检测和拥塞缓解。拥塞检测机制通过检测每个传感器节点维护的队列大小来实现。只有当队列中可用的空间降至某个特定值以下时,发出数据包的拥塞位才会被置为 1。拥塞缓解通过控制向下一跳节点传输的包的数量来保证不发生溢出。若节点接收到拥塞位为 1 的包,则会暂时停止传输。

2. 源速率限制机制

此机制主要用于缓解对于远离上行汇聚节点的源节点的不公平性。它的核心是信令桶算法,这一算法用来调控每个传感器节点的包传输速率。根据该算法,每当节点的父节点向其发送特定数量的包时,它就会积累一个信令。节点只能在信令数量大于 0 时发送信息。

3. 优先级 MAC 层机制

通常,无线网络中的介质访问由 CSMA 类协议控制,它们给所有参与的站点平等的传输机会。但是,据观察,在拥塞发生时,拥塞节点无法立即向其邻居发送拥塞信息,从而导致网络性能下降。因此,在优先级 MAC 层中,存储信息的节点可以比不存储信息的节点优先访问 MAC 层,从而减少缓存资源的下降。

6.2.4.6 虹吸管协议

虹吸管(Siphon)协议是直接使用多射频虚拟汇聚(VS)节点概念来管理过载流量的传输协议之一。VS 节点用于在过载情况发生时将数据事件从传感器网络中移除。如图 6-2-7 所示,它们的作用与生活中的虹吸管类似,即将数据流量从过载的区域中吸出。这与在超过阈值时打开压力过大的液体容器的安全阀门类似。这些 VS 节点除了配有接入传感器网络需要的现有低功率射频接口外,还配有更高容量的长距离射频接口,就像 Wi-Fi 或 WiMAX 中那样。虹吸管协议由一系列进行虚拟汇聚节点探索和选择、拥塞检测和流量重定向的算法组成。

1. 虚拟汇聚节点探索和选择

虹吸管协议使用带内信号机制来进行虚拟汇聚节点的探索和选择。在此方法中,它会在物理汇聚节点发出的周期性控制数据包中插入一个包含虚拟汇聚节点 TTL(VS-TTL)字段的签名字节。此需求可以合理地嵌入现有的路由协议功能中,而不会造成太多额外的开销。VS-TTL 字段记录了 VS 经过的跳数。每个传感器节点都包含一个特殊的邻居列表,表中的每个邻居节点都可以帮助它找到其父 VS 节点。类似地,每个 VS 节点也维护一

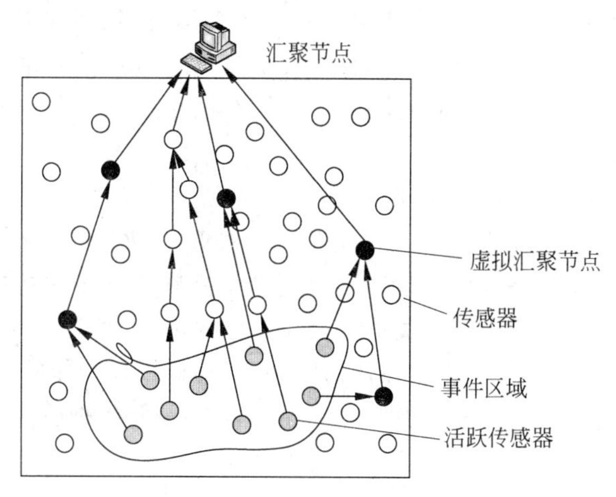

图 6-2-7　虚拟汇聚节点

个其邻居 VS 节点的列表。这样的连通性对于网络中拥塞信息的传输至关重要。

2. 拥塞检测

虹吸管使用了两种拥塞检测机制：节点发起的拥塞检测和物理汇聚节点发起的"事后"拥塞检测。

前者使用的机制与 CODA 中使用的类似。无线接收器利用现在和过去的信道负载信息以及当前缓存情况来确定局部传感器中的拥塞程度。此机制预先计算信道吞吐率的理论上界，当流量超过此值时，在受影响节点的传输范围内的传感器节点就会启用重定向算法，从而通过 VS 节点将来自邻居的某些特定类型的流量漏出。

第二种机制在物理汇聚节点推断出拥塞发生后，以"事后"方式启动相应的 VS 节点。由于物理汇聚节点拥有从不同下行源节点获取的数据集合，所以它们能够更好地监测事件数据质量和应用可信度。当测得的应用可信度降到特定阈值以下时，或者当物理汇聚节点检测到拥塞时，它们就会启动 VS 节点。

3. 流量重定向

虹吸管在网络层报头中使用了重定向位。重定向位可以在检测到拥塞时按需设置或者永久置位。第二种方式更有助于缓解拥塞，但是其能效不高，因为它需要在不考虑邻居拥塞状况的前提下长时间开启辅助射频。

6.2.4.7　基于学习自动机的拥塞避免(LACAS)协议

LACAS 协议是一种基于学习自动机(LA)概念的传感器网络拥塞避免机制。它假设在网络中每个节点内都有一个自动机，即一个可以做出决策的简单自主机器(代码)，如图 6-2-8 所示。

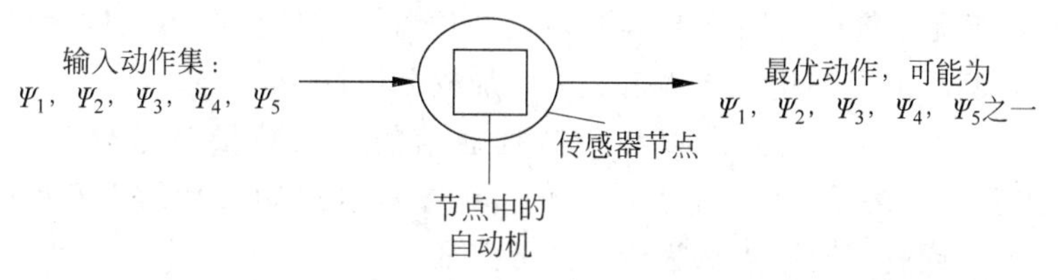

图 6-2-8　内嵌自动机的节点(摘自文献[12]，稍加改动)

LACAS 中,在传输期间只有中继节点的自动机会运行,从而在局部控制拥塞。换句话说,在任何时候,如果我们观察网络拓扑,就会发现是中继节点的自动机而不是源节点的自动机对从源节点发来的数据进行拥塞控制。同时,在网络中每个节点控制拥塞的方式是独立的。

对于 $t=0$ 时自动机的初始输入,作者认为,根据中继传感器节点从源节点接收包的速率,与其关联的动作应该不超过 5 个。这些动作记为 $\Psi=\{\Psi_1,\Psi_2,\Psi_3,\Psi_4,\Psi_5\}$,如图 6-2-8 所示。作为节点自动机输入的速率和 Ψ,是基于此节点在此之前丢掉的数据包数量的。在任何时刻,中继节点的最优动作都通过估计丢掉的包数量来确定。具体来说,使节点丢包数量最少的数据流入速率是最优动作。在任何时刻,自动机最优动作的选择,即数据流入对应节点的速率,都会受到环境的奖励或惩罚。开始时,$t=0$,所有的动作被自动机选中的概率($P_{\Psi_i}(n)$)都相同。可以假设自动机最初根据所有动作在 $t=0$ 时的概率值选择 Ψ_1。被选中的动作会被 $\Psi_2,\Psi_3,\Psi_4,\Psi_5$ 映射到预定义的数据流速率,之后与环境进行交互。环境检测动作 Ψ_1 并基于节点丢包的数量进行奖励或惩罚。如果动作 Ψ_1 受到奖励,那么 Ψ_1 的概率就会增加,其他动作的概率就会降低,如式(6-2-2)和式(6-2-3)所示。

$$P_{\Psi_1}(n+1)=P_{\Psi_1}(n)+\frac{1}{\lambda}(1-P_{\Psi_1}(n)) \tag{6-2-2}$$

$$P_{\Psi_{2,3,4,5}}(n+1)=\left(1-\frac{1}{\lambda}\right)P_{\Psi_{2,3,4,5}}(n) \tag{6-2-3}$$

另外,如果受到了惩罚,那么对应 Ψ_1 的概率和其他动作 $\Psi_{2,3,4,5}$ 的概率都保持不变,如式(6-2-4)和式(6-2-5)所示。

$$P_{\Psi_1}(n+1)=P_{\Psi_1}(n) \tag{6-2-4}$$

$$P_{\Psi_{2,3,4,5}}(n+1)=P_{\Psi_{2,3,4,5}}(n) \tag{6-2-5}$$

在任何时刻所有动作的概率值之和都应该为 1,即 $\sum_{i=1}^{r}P_{\Psi_i}(n)=1$。在下一个时刻,根据更新的概率值,自动机选择与环境再次交互的动作,并获得相应的奖励或惩罚。所有动作的概率持续更新,这样的概率更新一直持续到选出最优动作,即 $\lim_{t\to\infty}P_{\Psi_i}(n)=1$,这意味着最优动作对应的概率值随时间趋于无穷而趋于 1。假设当 t 趋于无穷时,自动机选择 Ψ_2 作为系统的最优动作,传感器节点根据动作 Ψ_2 的速率来发送包。由于这是自动机选择的最优动作,所以发生拥塞的概率会减小,并且对于动作 Ψ_2,丢包的数量将降至最低。

6.2.4.8 基于蚁群的拥塞控制(ARCC)

ARCC 使用蚁群领地优化(ACO)概念来处理无线传感器网络中的拥塞,并寻找源节点和汇聚节点间的最优路径,同时考虑了诸如吞吐率、公平性和丢包等网络性能问题。ARCC 的出发点如下:

(1) 通常基于无线传感器网络节点的角色和位置给它们分配不同的优先级。因此,拥塞控制机制需要基于节点的优先级为节点分配加权公平性。

(2) 由于网络具有动态性,所以参与数据通信的节点数量会随时间变化。因此,由 ACO 算法预先确定的路径不可能总是合适的。拥塞控制机制带来的提升可能导致某个路径在数据流量最小或高峰时都被选为最有效的路径。

(3) ACO 路由协议需要考虑服务质量(QoS)指标以便提高网络的整体性能。

(4) 对于资源有限的无线传感器网络节点，维护路由表是一项不小的开销。鉴于此，ARCC 通过每次运行 ARCC 算法来减小开销，进而消除记录先前结果的需求。

在自组织网络中，由于节点的移动，提前确定的路由路径可能在之后失效。为了处理节点移动性，在每次节点请求与汇聚节点或者任何其父节点通信时，ARCC 就会调用带有拥塞控制的 ACO。另外，ARCC 假设并不是所有的节点都主动参与通信过程。电池能量有限或者受到其他限制的节点可能会在任何时刻出现自私行为。

此协议使用了一种基于信息素的 ACO 方法来检测最优路径。最优性的主要条件通过距离确定。通过这些通路传输的能量消耗小于其他的可用通路。但是，在一段时间内增加一条路径上的信息素内容会导致更多的节点使用相同的路径来通信，这种过量的通信会导致拥塞的发生。

ARCC 基于包(蚂蚁)到达间隔和服务间隔来检测节点的拥塞。服务间隔是指将信息从前一个链路移动到下一个链路所需要的时间。当服务间隔超过某个阈值时就会发生拥塞。在检测到拥塞后，节点通知它的上游节点，这意味着拥塞信息从检测器节点到源节点方向传播，与一般的数据传播方向相反。ARCC 使用这种通知机制来缓解拥塞。在收到拥塞通知后，节点会避免在该路径上进行任何额外传输。另外，之前其他的非最优路径将被选为传输备选路径。利用无线网络的广播特性，可以将拥塞通知打包在数据包中。这个打包过程称为隐式拥塞通知(ICN)。

当蚂蚁包在拥塞节点的队列中等待服务时，它的信息素存储会慢慢减少，减少速率与等待时间成正比，表示由于拥塞的存在而导致的总体延迟。与此同时，缓解算法利用每个节点附带的优先级指数来应对拥塞。基于附带的优先级指数，MAC 层和网络层之间的中继调度器负责估计转发或阻塞的合适数据量。协议周期性地对不同路径上的信息素内容进行比较，以便检测此时给定网络配置下的自由路径。对于每次请求，协议都会准备一个暂态路由表并使用这些估算的最优路径来进行实际的传输。

6.3 可靠传输机制

视频

6.3.1 可靠性的定义

无线传感器网络的可靠性可以从不同角度来定义，例如数据包可靠、事件可靠、端到端/逐跳可靠、上行/下行可靠等。针对某一具体的应用，其可靠需求的定义往往与应用服务质量紧密相关。下面先分别介绍这些定义的含义。

1. 数据包可靠和事件可靠

数据包可靠是指从源节点发出的数据包经过网络传输可靠到达目的节点，例如，对于网络重编程或发送命令，需要数据包准确无误地到达每个节点；事件可靠反映的是某一特定应用提出的服务质量要求(如信息保真度)，例如对于入侵检测或多媒体流传输，往往不需要所有数据包都可靠到达。

2. 端到端可靠和逐跳可靠

端到端可靠强调数据从源节点可靠传输到目的节点。为实现端到端可靠，往往需要在源和目的之间建立闭环反馈机制；而逐跳可靠只考虑单跳链路上数据的可靠转发，不依赖端到端闭环反馈。由于端到端可靠的实现代价过大，所以传感器网络多采用逐跳可靠。

3. 上行可靠和下行可靠

这种定义按照数据的流向划分。上行可靠针对数据收集型应用,保障数据从多个源节点向汇聚节点传输过程的可靠性,由于大多数应用存在冗余性,所以通常不需要100%可靠;而下行则主要针对命令分发、重编程等应用,因此往往要求100%可靠。下行可靠还可根据数据分发区域大小分为全局可靠和局部可靠。全局可靠是指汇聚节点将信息可靠地发布到全网节点,而局部可靠是指可靠地发布到某个局部区域或特定比例节点。在针对某一特定应用时,应该根据服务质量需求慎重选择所需要的可靠性。不同的可靠性实现的代价差别很大,例如,端到端可靠要求的闭环反馈会造成较高的延迟,而且反馈本身也要占用大量的带宽,相比而言采用逐跳可靠的代价要小得多。

6.3.2 可靠性保障的基本思想

无线传感器网络中,造成丢包的原因可能是拥塞,拥塞造成丢包需要采用前面讨论的拥塞控制方法来消除。这里讨论的可靠性保障主要针对节点非拥塞状态下,因无线信号衰减、多径效应或冲突而导致的丢包。保障数据包可靠传输的基本方法是丢失检测(loss detection)和丢失恢复(loss recovery)。

有线网络中的TCP采用端到端的肯定确认和重传机制来检测和恢复丢包。发送端在数据包中携带序列号,接收端以ACK的形式反馈给发送端。若发送端确认等待超时,则发起端到端重传。这种端到端的正面确认机制在无线传感器网络中是低效的。因为无线多跳通信的丢包率较高,分组从源节点到目标节点的传输成功率低,导致大量重传,造成能量浪费。此外,ACK也需要从接收端经过多跳传输至发送端,耗费大量额外的能量,并且传输的过程中很可能会发生ACK丢失。因此,这种端到端确认的机制在无线传感器网络中很少使用。从能量的角度看,单跳的确认重传更加有效,因为确认及重传分组都只需要经过单跳转发。

1. 丢包检测

无论是端到端还是单跳的确认重传机制,都可以分为发送者发起和接收者发起两类。前面提到的TCP就属于发送者发起的确认重传,检测丢包的方法是等待超时。发送端每发送一个分组就会启动一个定时器,定时器超时后若无法收到ACK则判断丢包。超时等待时间通常为一个路径返回时间RTT(Round Trip Time)。在由接收者发起的确认中,接收者通常利用分组携带的序列号判断是否丢包,由于序列号一般是连续的,所以如果发现接收分组的序列号不连续则判断发生丢包。发生丢包后,接收端通常使用NACK(Negative ACK)来通知发送端。然而一些算法为提高网络利用率而使用乱序发送,对于这些方法需要一些特殊的技巧,无论使用ACK还是NACK都会为网络引入一些额外的带宽和能量开销。为了减少这些开销,一些方法(如RBC)采用隐式ACK的方法将确认信息附带在数据包内,上游节点通过侦听信道来判断是否出现丢包。

2. 丢包恢复

当发送者得知发生丢包后,需要重传丢失的数据包。为此,节点首先需要将已经发出的数据包缓存在内存中,等待一段时间以确定是否需要发起重传。对于端到端的确认,数据包只需要缓存在发送端;对于逐跳确认则需要将数据包缓存在中继节点。丢包后,发送者通常将原始数据包再次发送,在资源允许的情况下也可以对原始数据进行编码,这样做能够提高丢失恢复的效率。例如 RS 编码可将原始的 m 个数据包编码生成 $n(n>m)$ 个编码包，接收者接收到其中任意 m 个编码包就能够恢复原始数据包。在这种情况下，发送者不需要知道具体哪些数据包丢失，只需要知道丢失的个数就可以进行丢失恢复。这一好处尤其体现在一对多的传输过程中，如图 6-3-1 所示。

图 6-3-1 中源节点 S 向目的节点 D_1 和 D_2 发出 4 个数据包，而 D_1 和 D_2 分别接收到 3 个数据包，如果使用原始数据包进行重传，则至少需要发送两次(数据包 1 和 4 各一次)，若采用 RS 编码则只需要发送一次。但是，纠错编码的计算代价较高，需要进行适当优化才能在现有传感器节点平台上使用。

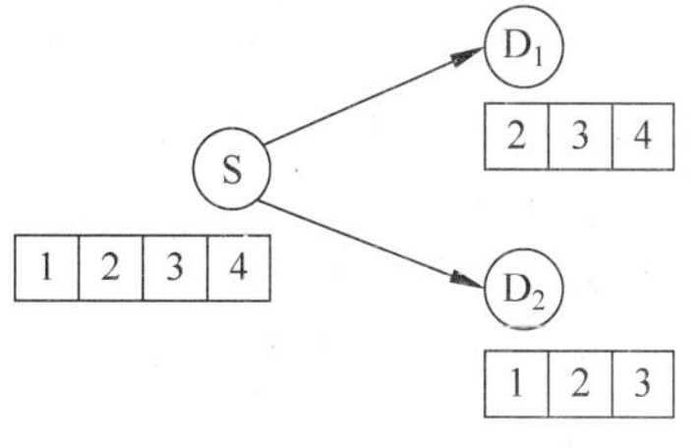

图 6-3-1　一对多传输

3. 带有冗余信息的数据流

在某些实时性要求较高的流传输中，例如音频流或视频流，无论采用端到端还是单跳确认重传都难以满足延迟要求。为了提高传输可靠性，可以采用加入冗余数据的方法。其中最直接的方式是将一个数据包多次发送，这样即使其中一个副本丢失了，还有可能接收到其他副本，这种方式实现简单，但和纠错编码相比效率较低。例如，将由 m 个原始数据包利用 RS 编码生成 n 个编码包连续发送(不等待确认)，只要丢失的编码包数量低于 $n-m$，信息就可完整到达。这种方法与基于确认重传的方法最大的不同是预先将冗余数据加入原始数据中，因此需要准确估计当前端到端丢包率，从而确定冗余数据所占的比重。由于传感器网络链路质量动态变化，因此这种估计本身就十分困难。若估计值比实际值低，则导致无法满足可靠性要求，若估计值过高则可能造成资源浪费甚至引起拥塞，因此极大地限制了该方法的应用。这里讨论的仅仅是设计可靠保障机制的基本方法，实际上研究人员根据不同的场景设计并提出了一系列可靠性保障协议，系统地讨论了从各个协议层次如何实现可靠数据传输，6.3.3 节将列举一些经典协议，使读者能够全面了解协议设计中的细节。

6.3.3　以可靠性为中心的协议

可靠性的概念广泛存在于无线传感器网络中。在无线传感器网络中，可靠性可能是指包可靠性、事件可靠性、端到端可靠性、逐跳可靠性、上行流传感器到汇聚节点可靠性或下行流(汇聚节点到传感器)可靠性。包可靠性是指数据包从源节点到汇聚节点成功传输。事件可靠性是指监测并汇报到汇聚节点的事件具有一定的准确度。端到端可靠性是指从源节点到目标节点的成功数据传输。逐跳可靠性是指从源节点到其下一跳的可靠数据传输。上行流可靠性是指从传感器节点到汇聚节点的可靠数据传输，下行流可靠性是指成功将数据或查询从汇聚节点传送到所有传感器节点。

6.3.3.1　事件到汇聚节点的可靠传输(ESRT)协议

在无线传感器网络中，为了可靠地检测事件汇聚节点依赖于多个源节点(而不是一个节点)提供的聚合数据。因此，无线传感器网络中不需要传统的端到端可靠性，刻意保证传统的端到端可靠性还可能造成不必要的资源浪费。正如其名，ESRT 协议是一种最小能量的可靠事件检测的传输协议。此外，ESRT 协议中还加入了拥塞控制机制，以实现可靠性并节省能量。

就像 ESRT 协议的作者提到的那样，为了可靠地检测事件，或者可靠地追踪事件，汇聚

节点每 t 个时间单位就评估一次事件特征。此处的 t 表示具体应用所决定的决策间隔。评估从源节点到汇聚节点的事件特征可靠性的指标是接收到的数据包数量。ESRT 协议中定义了两种不同的事件可靠性。在第 i 个决策间隔 d_i 时汇聚节点收到的数据包数量记为观测事件可靠性 r_i。可靠事件检测所需要的接收数据包数量记为期望事件可靠性 R。在 ESRT 协议中,通常将可靠性归一化,$\eta=r/R$,η_i 是指决策间隔 d_i 结束时的归一化可靠性。ESRT 协议的目标是将可靠性维持在 $1-\alpha_i\leqslant\eta_i\leqslant1+\alpha$ 范围内,此处 α 是容忍度参量,它取决于具体应用。ESRT 协议的主要任务是维持一个报告速率 f,也就是单位时间内所有源节点发送的数据包的数量,以便在使用资源最少的情况下达到要求的事件可靠性。

在每个决策间隔中 d_i,ESRT 协议通过可靠性指数 η_i 和拥塞检测机制来确定网络状态。网络 S_i 的当前状态可能是以下 5 种状态之一,即 $S_i\in\{$(NC,LR),(NC,HR),(C,HR),(C,LR),OOR$\}$。其网络状态和状态转移如图 6-3-2 所示。ESRT 基于当前网络状态 S_i、f_i 和 η_i 来估算下一个决策间隔 d_{i+1} 的报告频率 f_{i+1}。ESRT 尝试使网络达到并保持在 OOR 状态。

(1) (NC,LR),无拥塞且低可靠性:$f<f_{\max}$ 且 $\eta<1-\alpha$。此状态可能由以下一个或多个原因导致。

① 中继节点硬件失效。

② 由于链路失效导致的丢包。

③ 源节点报告的信息不足。

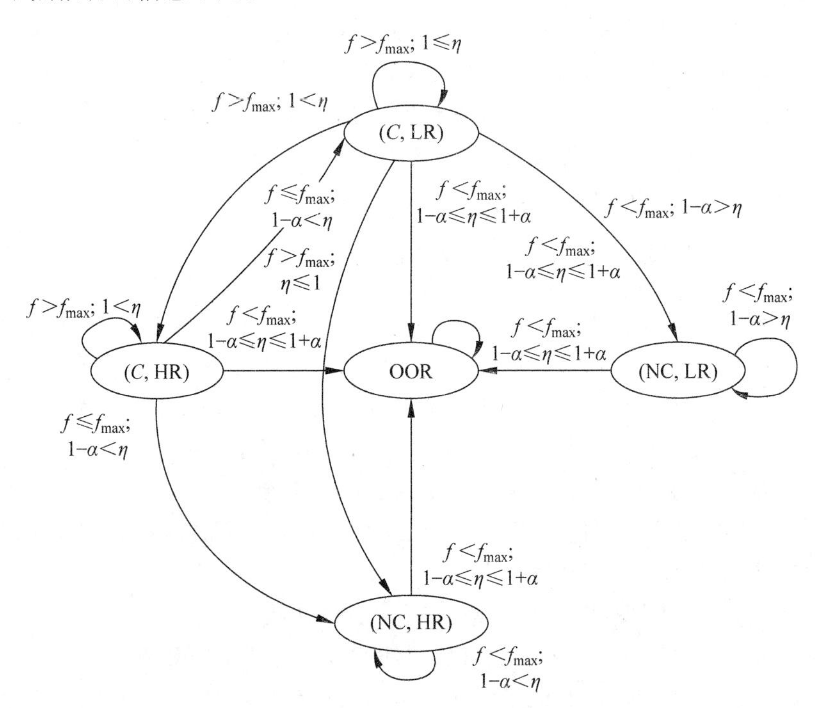

图 6-3-2 ESRT 协议的网络状态和状态转移图

ESRT 协议主要关注第三个原因而忽略前两个。因此,为了提高可靠性,需要增加源节点的信息量。ESRT 协议通过提高报告频率 f 来尽快达到期望的可靠性,而更新后的报告

频率 f_{i+1} 则变为

$$f_{i+1}=\frac{f_i}{\eta_i} \tag{6-3-1}$$

(2) (NC,HR),无拥塞且高可靠性：$f\leqslant f_{\max}$ 且 $\eta>1+\alpha$。此状态中,可靠性等级过高。传感器节点会由于传输过多的信息而消耗更多的能量。ESRT 协议特意降低报告频率,从而节省能量并保持需要的可靠性。报告频率根据下式更新：

$$f_{i+1}=\frac{f_i}{2}\left(1+\frac{1}{\eta_i}\right) \tag{6-3-2}$$

(3) (C,HR),拥塞且高可靠性：$f>f_{\max}$ 且 $\eta>1$。此状态中,ESRT 协议降低报告频率以避免拥塞并节省源节点和中继节点的能量。报告频率降低的同时必须保证事件到汇聚节点的可靠性。ESRT 使用乘性减来更新频率：

$$f_{i+1}=\frac{f_i}{\eta_i} \tag{6-3-3}$$

(4) (C,LR),拥塞且低可靠性：$f>f_{\max}$ 且 $\eta\leqslant 1$。这是所有 5 个状态中最差的。协议未达到要求的可靠性且节点处于拥塞状态。ESRT 协议只能降低报告频率以使网络达到 OOR 状态。报告频率按指数规律减小,更新表达式为

$$f_{i+1}=f_i^{\eta_i/k} \tag{6-3-4}$$

此处 k 是连续的决策间隔数。

(5) OOR,最优操作区域：在此状态中,网络以最低能量达到要求的可靠性,因此下一个决策间隔的报告频率应该与当前的频率相同。

$$f_{i+1}=f_i \tag{6-3-5}$$

ESRT 协议使用了基于局部缓存监控机制的拥塞检测机制。设 B 为传感器节点的缓存大小,b_k 和 b_{k-1} 分别为第 k 和第($k-1$)个报告间隔的缓存占用等级,Δb 为上一个报告周期结束时缓存等级的增量,即

$$\Delta b=b_k-b_{k-1} \tag{6-3-6}$$

如果节点发现在第 k 个间隔 $b_k+\Delta b>B$,它就假设在下一个间隔会经历拥塞。之后节点会通过在所有转发的报头设置拥塞通知位来告知汇聚节点。

6.3.3.2 可靠多段传输(RMST)协议

RMST 协议是一种支持直接扩散且基于 NACK 的选择性传输层协议。它能在保证数据送达的同时,按照要求对数据包进行分段和重组。可靠性机制可以在 MAC 层、传输层、应用层或者三层统一实现。MAC 层可靠性保证了逐跳的帧恢复机制,而传输层则提供了端到端保证可靠性、分段/重组和路线维护以及路线修复机制。应用层也能够提供分段/重组和端到端可靠性。

RMST 协议是一个过滤器,运行在节点以上的扩散栈。RMST 协议的主要任务是将一个特殊 RMST 协议实体的所有段发送到所有相关汇聚节点。这个特殊的 RMST 实体是一个从同一源节点发出的、可能被分为多部分的数据集。RMST 协议提供两种不同的传输服务：保证送达以及消息的有效分段和重组。RMST 协议有缓存和非缓存两种运行模式,这两种模式可实时切换。

在 RMST 协议中,接收器负责检测段的丢失。接收器这一概念取决于 RMST 协议的

运行模式。在非缓存模式中,汇聚节点负责检查实体的完整性;而在缓存模式中,任何RMST缓存节点都可以通过向其到源节点的路径上的下一个上游节点发送请求,发起丢失段的恢复过程。为了检测段丢失,每个RMST实体都有一个由应用指定的特征(集)(RmstNo)识别。数据实体的每个分段还有一个顺序分段(FragNo)标志,并且分段的总数是已知的。分段的丢失可以分为两类:空洞、一系列段中的一个缺失段和突然停止的段流。协议使用计时器驱动机制来检测分段丢失。非缓存模式下的汇聚节点和缓存模式下的所有缓存节点,都维护了一个看门狗定时器。看门狗定时器与每个新的流或新的数据实体相关联。如果期望的分段没有在超时前到达,那么接收器或缓存节点就会检测到数据包丢失。在空洞检测的情况中,缓存节点会特意为丢失的分段发出请求。

当RMST协议缓存节点检测到分段丢失时,它们就向上游节点发送NACK(否定确认)。从源节点到汇聚节点,RMST接收器向加强路径的反方向单播一个NACK。当缓存节点在自己的缓存中检测到丢失段时,它就会向增强路径中的直接下行流节点转发这个段。如果没有发现匹配的段,那么节点就在加强路径中向它的直接上游节点转发NACK。加强路径由源节点到汇聚节点通过直接打散建立。为了送达NACK,RMST协议创建了一个从汇聚节点到源节点的反向信道。RMST协议节点检查增强消息,并将增强消息的发送节点作为它从汇聚节点到源节点反向信道的直接下游节点。

6.3.3.3 可靠的突发性汇聚传输(RBC)协议

无线传感器网络一般用于监控。其主要目标是收集信息和检测感兴趣的事件。在事件驱动的通信中,数据包数量会在短时间内突然增加并在网络中流动。这样的突发变化为可靠和实时的事件检测带来了挑战。大量的数据放大了信道竞争,并由此增加了包冲突的概率。在多跳网络中,包冲突的概率还会进一步增加。

RBC协议利用无窗口的块确认和区别化的竞争控制机制来实现实时和可靠的突发性汇聚传输。无窗口的块确认机制有助于RBC协议在包存在时持续转发并确认包的丢失,而区别化的竞争控制机制则将节点根据其数据包排序,从而减少了信道竞争。

1. 无窗口的块确认

发送节点S的包队列Q的结构是$H+2$个链表,其中H表示每一跳的最大重传数。Q的排列如图6-3-3所示。链表形成了一个虚拟队列,记为$Q_0, Q_1, \cdots, Q_{H+1}$。虚拟队列按它们的下标排序,即若$i<j$,则$Q_i$排在$Q_j$的前面。

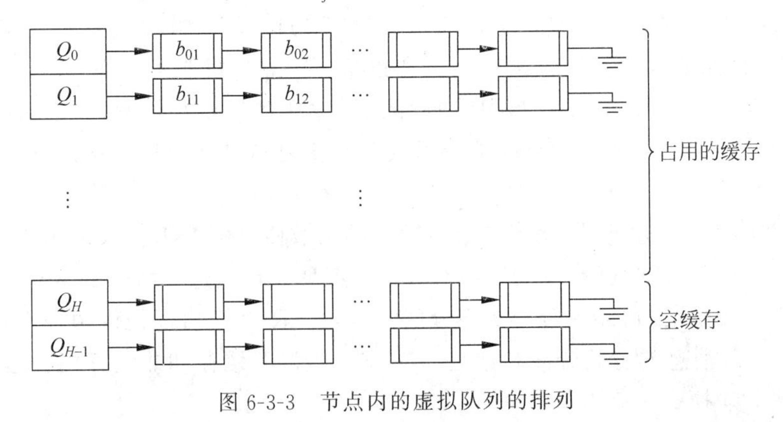

图6-3-3 节点内的虚拟队列的排列

发送节点 S 将新包放在 Q_0 的尾部。Q_{j-1} 的包在 Q_j 的前面发送。在发送了 Q_j 的一个包后，此包会被附加在 Q_{j+1} 的尾部。在已发送包的确认到达后，释放保存此包的缓存并将其添加到 Q_{H+1}。

发送节点的队列缓存由唯一的 ID 标识。当发送节点 S 发送一个数据包 p 时，它将 p 的缓存 ID b_{current} 和下一个包的缓存 ID b_{next} 附加在该包中。在收到 p 后，接收节点 R 就会得知下一个期望包的缓存 ID。当 R 从 S 接收到下一个包 p' 时，它检查 p' 的缓存 ID 和前一个包的 b_{next}。如果两个缓存 ID 相同，那么没有丢包发生，否则有包丢失。

接收节点 R 使用块确认向 S 发送确认信息。当 R 接收到 $m+1$ 个连续的包 $p_j, p_{j+1}, \cdots, p_{j+m}$ 且未丢包时，它会在转发前将一个二元组 $<b_j, b_{j+m}>$ 添加到包 p_{j+m} 中，其中 b_i 是第 i 个包的 ID。发送节点 S 会在 R 转发时检查或嗅探 p_{j+m}。

RBC 协议使用计数器来检测包重复问题。在损失信道中确认信息丢失的概率很高，因此检测并删除重复包非常重要。当发送节点 S 为每一个虚拟队列维护一个计数器，每次该队列中存储新包时，计数器的值加 1。它也会在包中附带此计数器的值。结束节点 R 保存最后一个包中封装的计数器值。如果两个值相等，R 就认为新包是一个复制品并丢掉它。若两个值不相等，则 R 将其视为真正的新包。

2. 区别化的竞争控制

RBC 协议使用节点内和节点间两种调度方式来减少信道竞争和相同排名的数据包之间的干扰，并且平衡节点的队列。它使用无窗口的块确认来调度节点的包。在节点内，低索引队的包的优先级比高索引队列的高。对于节点间调度，拥有高排名数据包的节点能够优先发送它们的包。

节点间调度根据节点排名确定优先级。节点 i 的排名可以表示为 rank_i 同时可以定义为一个三元组 $\langle H-r, |Q_r|, \text{ID}_i \rangle$，其中，$r$ 是 i 的排名最高的非空队列的索引，$|Q_r|$ 是 Q_r 中的数据包个数，而 ID_i 是节点 i 的 ID。协议使用第一个字段，从而使得优先级高的数据包可以更早被发送。而第二个字段则使得队列比其邻居长的节点可以更早发送，第三个字段的作用是在持平的节点间做出选择。节点间调度的过程可以概括如下：

(1) 节点通过将其排名封装在发送的包中来告知其邻居。

(2) 节点 R 通过嗅探或者接收数据包来比较它与发送节点 S 的排名。如果 S 的排名高于 R，R 就不会在接下来的 $D_{\text{RS}} \times T_{\text{pkt}}$ 时间内发送包。T_{pkt} 是在 MAC 层发送一个包的时间，它通过指数加权移动平均机制来估算。$D_{\text{RS}}=4-i$，其中 R 和 S 之间的相对优先级由它们的三元组排名的第 i 个元素确定。

3. 定时器管理

重传定时器管理影响着网络性能。过小的超时值可能导致不必要的包重传，而过大的超时值则会增加包的延迟。在 RBC 协议中，发送节点根据接收节点的队列长度来调整重传定时器的值。在接收到一个数据包 p 后，接收节点 R 在其队列 Q_0 的尾部缓存这个包。在转发 p 之前，接收节点先发送所有其他的包。因此，R 转发 p 的延迟取决于其 Q_0 的长度。由于 Q_0 的长度不断变化，所以转发包的延迟也在随之变化。

为了适应接收节点 R 的排队情况，发送节点 S 需要知道 Q_0 的长度 l_{Q_0}、R 转发包的平均延迟 d_{R} 和 d_{R} 的标准差 δ。S 通过嗅探 R 转发的包来收集这些信息。每当 S 向 R 发送包时，S 的重传定时器初始化为

$$(l_{Q_0}+C)\times(d_R+4\delta) \tag{6-15}$$

其中,C 是一个常数。

接收节点 R 在等待 S 的缓存 b'发送的包时,若收到了从缓存 b 发来的包,则会检测到丢包。R 会知道对于从缓存 b'到 b 之间发送的包,除了 b 发送的包以外都丢掉了。在这种情况下,RBC 使用阻塞 NACK 向发送节点发送确认。为了通知发送节点,接收节点 R 将一个阻塞 NACK$[b',b)$封装在包中发送给下一个转发的包。S 通过嗅探阻塞 NACK$[b',b)$所属的包来学习丢包的情况。在嗅探到 R 的阻塞 NACK$[b',b)$后,S 将各个包的重传定时器重置为 0 之后,若这些包当前缓存在 Q_k 中,则它们会被添加到 Q_{k-1} 的尾部。这样,丢掉的包的优先级就会提高,从而可以更快地被重传。

6.3.3.4 缓发快取(PSFQ)协议

PSFQ 协议是一种简单可靠且可扩展的传输协议,它可以根据不同的无线传感器网络应用的需要进行调整。此协议的目标是建立一个可根据应用需要重新编程或重新组织传感器的通用环境。由于传感器网络资源有限,所以此目标颇具挑战性。另外,随着传感器节点数的增加,任务的重分配操作也会变得更加困难。

在 PSFQ 协议中,源节点的数据包以相对较慢的速率发出。丢包的节点可以以相对较快的速率将丢失的包从有此包副本的邻居节点中取回。若节点收到的消息的序列号比它期望的序列号大,则它检测到发生了丢包。

PSFQ 协议主要包括 3 个部分:消息中继(发操作)、中继发起的差错恢复(取操作)和选择性状态报告(报告操作),接下来逐一进行介绍。

1. 消息中继(发操作)

注入消息与发操作息息相关。此消息的头有 4 个字段:文件标识符、文件长度、序列号和生命周期。发操作有助于在传感器网络的任务重分配操作中及时将代码分段散播给指定的接收节点。它还有助于在流量控制过程中保证任务重分配操作不会发送过多数据,以至超出网络进行正常感知操作的容量。发操作还有助于减少冗余消息的传输(尤其是在网络密集的情况下)和丢包向下行节点的蔓延。

2. 中继发起的差错恢复(取操作)

当节点检测到差错发生时,由于接收的实际包序列号与期望的包序列号不匹配,所以节点会发起一个取操作。

在取操作中,检测到错误的接收节点会向其邻居节点请求重传此包。这可以通过使用一个包含一定数量的丢失消息的批处理取操作来完成,这个过程也叫作"丢失聚合"。它基于如下事实:传感器网络中的丢包一般是由衰落条件、信道削弱或者其他不良物理现象导致的,数据包常常成组丢失而非仅单个包丢失。据此,PSFQ 协议使用一个取操作来处理一组而不是单个丢失的包。此外,常常需要多个邻居节点而非单个邻居节点来帮助接收节点找回丢失的部分消息。这是因为消息的不同部分可能存储在不同的邻居节点中。

取操作附带一个 NACK(否定确认)控制信息,它可以帮助其识别邻居节点的重传信息。在 NACK 消息的不同字段中,还包含一个"丢失窗口"字段来帮助识别它的左右边界。

接收节点向其邻居节点发送 NACK 消息时会同时启动一个定时器。在接收节点未收到其邻居对其 NACK 的回复或其接收到一部分丢失的消息时,此定时器会派上用场。在这些情况下,节点会以设定的定时器间隔为周期反复发送 NACK 消息,直到它收到所有需要的消息。

3. 选择性状态报告(报告操作)

报告操作有助于以报告消息的形式发送数据送达状态反馈。但是,由于大多数传感器网络应用包含大量的节点,所以每个节点都发送反馈效率很低。为了尽量减少反馈消息的数量在PSFQ中,反馈报告消息来源于距用户最远的目标节点,并沿着多条路径发回,路径中的中继传感器会在原始报告消息中封装它们的报告信息。上述报告消息的报头包含了必须转发此消息的目标节点的标识符。因此,当此消息到达最后的目标节点后,它会包含一系列节点标识符和序列号对。

6.3.3.5 GARUDA协议

GARUDA协议解决了可靠下行一到多的数据送达问题,即从一个汇聚节点到多个源节点的数据送达。此协议用于下行传输,因此可能不适用于上行传输。GARUDA的名字来源于印度运载神灵的神鸟。GARUDA有较高的可靠性和可扩展性。它能适应网络大小、消息特征、丢失率和可靠性语义的增加。Park等根据以下分类定义了可靠性语义。

(1) 可靠送达区域内的所有节点。

(2) 可靠送达区域内的部分节点。

(3) 可靠送达能覆盖整个区域的最小数量节点。

(4) 以概率可靠送达区域内的传感器节点的子集。

GARUDA主要组成为丢失恢复服务器(核)的构建和丢失恢复过程。非核心节点用来恢复丢掉的包,而核心节点用来将包缓存下来。

核通过最小支配集(MDS)算法的变种来构建,此算法经常用于可靠信息传输中。

丢失恢复过程的核心是构建A-map(可用性地图),以及它在核心节点之间的交换。A-map通过相关比特集来传递有关包可用性的上层信息。A-map及其对应比特集会被下行核心节点接收。丢失恢复过程包括两个阶段:在第一个阶段中,核心节点恢复所有丢掉的包;在第二个阶段进行非核心节点的丢失恢复,此过程在非核心节点监听到A-map时进行。

6.3.3.6 非对称且可靠传输(ART)协议

ART协议旨在提供事件可靠性,而不是像之前提到的协议那样提供每条消息的可靠性。协议的设计源于以下观察:无线传感器网络中存在大量的冗余信息传输。例如,当在传感器领域检测到一个对象时,检测到此对象的所有传感器都向汇聚节点发送信息。根据多跳路径中的中继节点使用的数据聚合机制的类型,朝向汇聚节点的同一事件的信息副本的减少数量各不相同。但是汇聚节点仍然会收到多条指向同一事件的消息。而这样的多份副本不一定能提供更高的可靠性。实际上,冗余的消息传输会耗尽节点的能量。ART协议在设计时考虑到了这一点。

由于无线传感器网络中的信息流动有两个方向:传感器到汇聚节点(上游)和汇聚节点到传感器(下游)。相应地,ART协议考虑了两种类型的可靠数据传输:事件可靠性和查询可靠性。通常将事件可靠性定义为汇聚节点接收到关于每个重要事件的至少一条消息所需的时间。类似地,查询可靠性定义为汇聚节点发送的每条查询都被负责相应区域的传感器接收。设计的思想是发送的每条查询都被负责的相应区域的传感器接收。设计的思想是发送最小数量的消息并尽量降低能量消耗和数据包送达延迟。当事件的第一条信息成功到达汇聚节点时,上游或下游方向端到端的可靠数据传输便可达成。

ART 还将传感器节点分为必要(E)节点和非必要(N)节点。E 节点由汇聚节点根据传感器剩余能量使用加权贪婪算法选出。在上行和下行方向,由于必要节点与汇聚节点之间的确认(ACK)和否定确认(NACK)都是非对称的,所以端到端可靠数据传输都可能实现。

ART 具有拥塞控制的能力。它利用必要和非必要节点来减轻拥塞。E 节点通过监测对于事件消息的 ACK 到达的持续时间来监测拥塞。如果在某个预设的超时时间内 E 节点没有收到 ACK,那么它会发送拥塞警报消息,从而放慢到达 N 节点的数据速度(甚至暂时停止)。这使得 E 节点的邻居 N 节点相对被动。当 E 节点再次接收到 ACK 时,它发回一个安全消息,表示消息传输恢复正常。

6.3.3.7 合作传输控制(CTCP)协议

CTCP 协议是另一种旨在提供端到端可靠性的协议。它是一种合作性协议,其中网络中的相关节点协同合作来监测并缓解拥塞。此协议通过使用可靠性变化的两级机制来满足不同的应用要求。

即使在网络出现节点失效和中断的情况下,CTCP 依然能够将包送达基站的应用层。它显式地考虑了可靠性节能问题。另外,作为拥塞控制协议,它能够限制节点的包转发速率。下面介绍 CTCP 的两个主要功能。

1. 逐跳连接打开和关闭

在发送感知到的信息之前,CTCP 将数据包(ABR)从源节点发送到目标节点,其中包含了数据流标识符和第一个序列号,此包还会经过路径上的所有节点。当基站收到这个数据包时,它会预留缓存,进行既定的配置任务,并给源节点发回一条响应消息(RSP)。当源节点接收到 RSP 消息后,它便开始发送数据。当源节点完成数据发送后,它会向基站发送一条关闭(CLO)消息。

2. 可控的可靠送达

不同的应用有不同的可靠性要求。另外,CTCP 应该为广泛的应用提供通用传输功能。因此,协议必须能够根据应用需求提供不同等级的可靠性。可靠性等级的变化通过 RSP 包来通知基站。

如前所述,CTCP 支持两个等级的可靠性。当应用数据中存在内在冗余且可以容忍丢包时,可以使用可靠性等级 1。这个可靠性等级有助于节约能量。可靠性等级 2 增加了数据到达目的地的概率。这是因为在使用这个可靠性等级时,路径上的节点失效不会影响数据的送达。

习题 6

1. 简述传输层协议的功能。
2. TCP 为何不适合无线传感器网络?
3. 简述拥塞产生的原因及拥塞控制的步骤。
4. ESRT 协议与 CODA 协议有何不同?
5. 简述可靠传输保障的基本方法。

第7章 无线传感器网络的支撑技术

CHAPTER 7

在无线传感器网络中，大量传感器节点分布在大范围的地理区域，实时地监测、感知和采集网络分布区域内的各种环境或监测对象的数据。作为非传统的复杂任务型网络，传感器网络的单个节点资源匮乏，网络数据感知、处理与传输均需要通过特定的协同机制完成。传感器网络的支撑技术是保障无线传感器网络规模化运行的关键。

传感器网络的支撑技术包括时间同步技术、定位技术、安全技术、数据管理技术和接入技术等。传感器节点都有自己的内部时钟，由于不同节点的晶体振荡频率存在偏差，节点时间会出现偏差，因此节点之间必须频繁进行本地时钟的信息交互，以保证网络节点在时间认识上的一致性。时间同步作为上层协同机制的主要支撑技术，在时间敏感型应用中尤为重要。

传感器节点不仅需要时间的信息，还需要空间的信息。在网络中，节点需要认识自身位置——自定位技术，这是目标定位的前提条件。对于目标、事件的位置信息，传感器网络利用目标定位技术来确定其相应的位置信息。

无线传感器网络是以数据为中心的网络，由于其节点数量多、分布广，获得的数据量非常大，因此需要借助数据融合技术从大量的数据中提取用户需要的信息。网络中感知数据还需要统一管理，即数据管理技术。

7.1 无线传感器网络的定位技术

节点定位技术是无线传感器网络的核心技术之一，其目的是通过网络中已知位置信息的节点计算出其他未知节点的位置坐标。一般来说，无线传感器网络需要大规模地部署无线节点，手工配置节点位置坐标的方法需要消耗大量人力、时间，已经很难实现，而GPS并不是所有的场合都适用，因此，为了满足日益增长的生产、生活需要，需要对无线传感器网络的节点定位技术做更进一步的研究。

无线传感器网络主要应用于事件的监测，而事件发生的位置对于监测信息是至关重要的，没有位置信息的监测消息毫无意义，因此需要利用定位技术来确定相应的位置信息。此外，节点自定位系统是无线传感器网络实际应用的必要模块，是路由算法、网络管理等核心模块的基础，同时也是目标定位的前提条件。因此，定位技术是无线传感器网络关键的支撑技术，是无线网络其他相关技术研究的基础，在相关领域的研究十分广泛。

7.1.1 定位技术概述

视频

随着相关技术的发展，无线传感器网络定位技术已实现在商业、公共安全和军事等多个领域的应用，如将无线传感器网络部署在工业现场，监测设备运行情况，部署在仓库跟踪物流动态，甚至临时快速部署在火灾救护现场为消防员提供最优路线导航等。与目前应用最为广泛的全球定位系统 GPS 相比，无线传感器网络定位系统具有自身的优势。首先 GPS 设备不能工作在 GPS 卫星信号无法到达的场所，如室内环境、枝叶茂密的森林等，而无线传感器网络定位系统不受场地的制约；其次 GPS 设备成本较高，不适合低端的简易应用场景，且在某些特定场景(如军事应用)中不能有效使用。

在无线传感器网络定位技术中，根据节点是否已知自身的位置，把传感器节点分为信标节点(beacon node)和未知节点(unknown node)。信标节点在网络节点中所占的比例很小，可以通过携带 GPS 定位设备等手段获得自身的精确位置。信标节点是未知节点定位的参考点。除了信标节点以外，其他传感器节点就是未知节点，它们通过信标节点的位置信息来确定自身位置。在如图 7-1-1 所示的传感器网络中，未知节点通过与邻近的信标节点或已经得到位置信息的未知节点之间的通信，根据一定的定位算法计算出自身的位置。

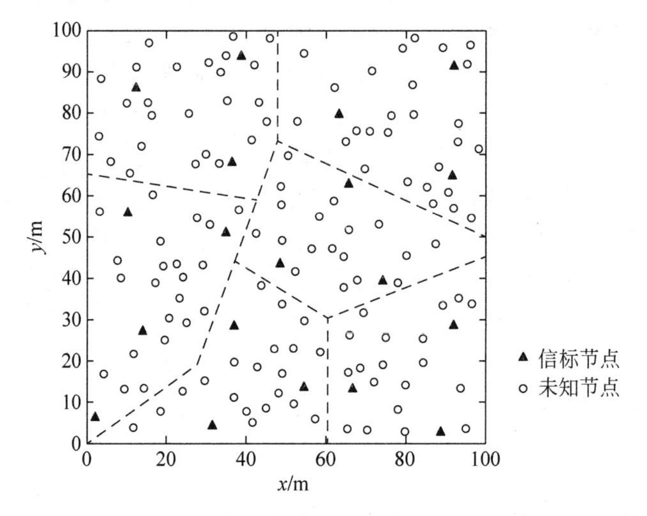

图 7-1-1　无线传感器网络中的节点分布

由于无线传感器网络定位系统及具体应用的多样性，相应的定位算法很多，难以对其进行分类。根据定位过程中是否测量实际节点间的距离，把定位算法分为基于距离的(range-based)定位算法和与距离无关的(range-free)定位算法。前者需要测量邻居节点间的绝对距离或方位，并利用节点间的实际距离来计算未知节点的位置；后者无须测量节点间的实际距离或方位，而是利用节点间估计的距离计算节点位置。

7.1.1.1　三边定位法

三边定位法是指在测得未知节点和周围锚节点的距离的基础上，利用未知节点和锚节点的几何关系确定未知节点位置的方法。图 7-1-2 描述了一个二维空间的三边定位法的示例，已知 A、B、C 三个节点的坐标分别为$(x_a, y_a)$$(x_b, y_b)$、$(x_c, y_c)$，以及它们到未知节点 D 的距离分别为 r_a、r_b、r_c。假设未知节点 D 的坐标为(x, y)，则存在下列公式：

$$\begin{cases}(x-x_a)^2+(y-y_a)^2=r_a^2\\(x-x_b)^2+(y-y_b)^2=r_b^2\\(x-x_c)^2+(y-y_c)^2=r_c^2\end{cases} \tag{7-1-1}$$

则可以得到未知节点D的坐标为

$$\begin{bmatrix} x \\ y \end{bmatrix} = \begin{bmatrix} 2(x_a - x_c) & 2(y_a - y_c) \\ 2(x_b - x_c) & 2(y_b - y_c) \end{bmatrix}^{-1} \begin{bmatrix} x_a^2 - x_c^2 + y_a^2 - y_c^2 + r_c^2 - r_a^2 \\ x_b^2 - x_c^2 + y_b^2 - y_c^2 + r_c^2 - r_b^2 \end{bmatrix} \tag{7-1-2}$$

7.1.1.2　三角定位法

三角定位法是根据三角形的几何特性来计算未知节点位置的方法。如图7-1-3所示，已知A、B、C三个节点的坐标分别为(x_a, y_a)、(x_b, y_b)、(x_c, y_c)，利用AoA测距方法得到节点D相对于节点A、B、C的角度分别为∠ADB、∠ADC、∠BDC。假设节点D的坐标为(x_d, y_d)。

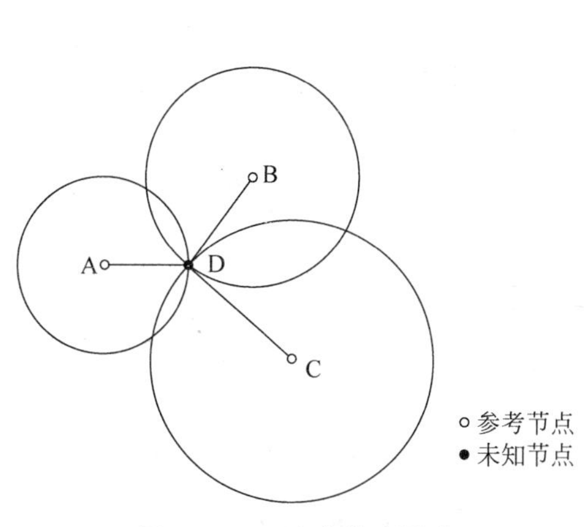

图7-1-2　三边定位法图示

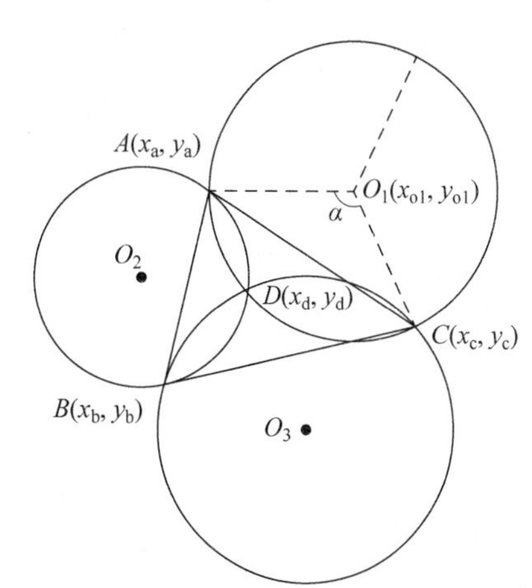

图7-1-3　三角定位法示例

对于节点A、C和角∠ADC，如果弧段AC在△ABC内，那么能够唯一确定一个圆，设圆心为$O_1(x_{o1}, y_{o1})$，半径为r_1，那么$\alpha = \angle AO_1C = (2\pi - 2\angle ADC)$，并存在下列公式：

$$\begin{cases} \sqrt{(x_{o1} - x_a)^2 + (y_{o1} - y_a)^2} = r_1 \\ \sqrt{(x_{o1} - x_c)^2 + (y_{o1} - y_c)^2} = r_1 \\ \sqrt{(x_a - x_c)^2 + (y_a - y_c)^2} = 2r_1^2 - 2r_1^2\cos\alpha \end{cases} \tag{7-1-3}$$

由式(7-1-3)能够确定圆心O_1的坐标和半径r_1。同理对A、B、∠ADC和B、C、∠BDC分别确定相应的圆心$O_2(x_{o2}, y_{o2})$、半径r_2、圆心$O_3(x_{o3}, y_{o3})$和半径r_3。最后利用三边定位法由3个圆心$O_1(x_{o1}, y_{o1})$、$O_2(x_{o2}, y_{o2})$和$O_3(x_{o3}, y_{o3})$以及相应半径r_1、r_2和r_3，确定D点坐标。

7.1.1.3　极大似然估计法

在实际情况下测距是存在误差的，简单利用三边定位往往无法获得未知节点的准确位置。极大似然估计法是寻找一个使测距距离与估计距离之间存在最小差异的点，并以该点作为未知节点的位置。假设锚节点数量为n，其坐标分别为$X_i = (x_i, y_i)$，$i = 1, 2, \cdots, n$，并且这些锚节点与未知节点$X = (x, y)$间的距离分别为r_i，$i = 1, 2, \cdots, n$，如图7-1-4所示n个节点位置已知，未知节点D的位置通过最小化测量值间

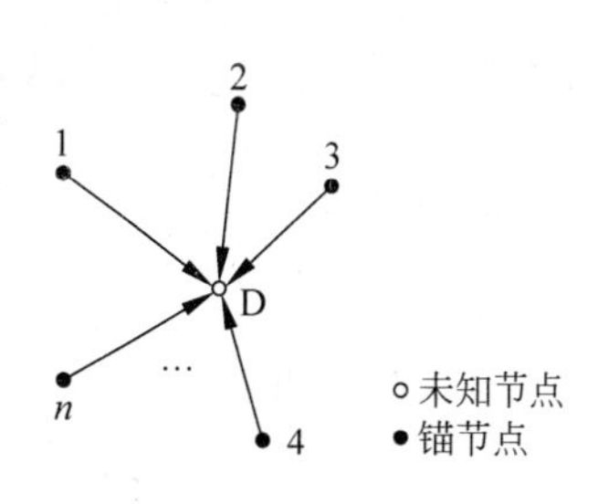

图7-1-4　极大似然估计法

的误差残余项来获得。可以建立如下方程组：

$$\begin{bmatrix}(x_1-x)^2+(y_1-y)^2\\(x_2-x)^2+(y_2-y)^2\\\vdots\\(x_n-x)^2+(y_n-y)^2\end{bmatrix}=\begin{bmatrix}r_1^2\\r_2^2\\\vdots\\r_n^2\end{bmatrix}\tag{7-1-4}$$

从第一个方程开始分别减去最后一个方程，能够将上面的矩阵等式消掉未知节点坐标的平方项，获得如下 $n-1$ 维线性方程组：

$$\boldsymbol{AX}=\boldsymbol{b}\tag{7-1-5}$$

其中系数矩阵 $\boldsymbol{A}$ 和右边值向量 $\boldsymbol{b}$ 为：

$$\boldsymbol{A}=\begin{bmatrix}2(x_n-x_1) & 2(y_n-y_1)\\2(x_n-x_2) & 2(y_n-y_2)\\\vdots & \vdots\\2(x_n-x_{n-1}) & 2(y_n-y_{n-1})\end{bmatrix}\tag{7-1-6}$$

$$\boldsymbol{b}=\begin{bmatrix}r_1^2-r_n^2-x_1^2-y_1^2+x_n^2+y_n^2\\r_2^2-r_n^2-x_2^2-y_2^2+x_n^2+y_n^2\\\vdots\\r_{n-1}^2-r_n^2-{x_{n-1}}^2-y_{n-1}^2+x_n^2+y_n^2\end{bmatrix}\tag{7-1-7}$$

由于测距误差的存在，实际的线性方程组应表示为：$\boldsymbol{AX}+\boldsymbol{N}=\boldsymbol{b}$，其中 $\boldsymbol{N}$ 为 $n-1$ 维随机误差向量。对于该线性方程组，可以利用最小二乘法原理使随机误差向量 $\boldsymbol{N}=\boldsymbol{b}-\boldsymbol{AX}$ 模的平方最小，即 $\|\boldsymbol{N}\|^2=\|\boldsymbol{b}-\boldsymbol{AX}\|^2$ 最小，从而保证测距误差对定位结果的影响最小。

$$\|\boldsymbol{b}-\boldsymbol{AX}\|_2^2=(\boldsymbol{b}-\boldsymbol{AX})^{\mathrm{T}}(\boldsymbol{b}-\boldsymbol{AX})=\boldsymbol{b}^{\mathrm{T}}\boldsymbol{b}-2\boldsymbol{X}^{\mathrm{T}}\boldsymbol{A}^{\mathrm{T}}\boldsymbol{b}+\boldsymbol{X}^{\mathrm{T}}\boldsymbol{A}^{\mathrm{T}}\boldsymbol{AX}\tag{7-1-8}$$

把上式当作 $\boldsymbol{X}$ 的函数并对其求导数，令导数等于零后得到

$$\boldsymbol{A}^{\mathrm{T}}\boldsymbol{AX}-\boldsymbol{A}^{\mathrm{T}}\boldsymbol{b}=0\tag{7-1-9}$$

该式被称为线性最小二乘问题的正则方程。在矩阵 $\boldsymbol{A}$ 是满秩的条件下，该方程有唯一的解：

$$\boldsymbol{X}=(\boldsymbol{A}^{\mathrm{T}}\boldsymbol{A})^{-1}\boldsymbol{A}^{\mathrm{T}}\boldsymbol{b}\tag{7-1-10}$$

否则，最小二乘法将不再适用。

7.1.1.4 最小最大法

最小最大法(min-max)的基本思想是依据未知节点到各锚节点的距离测量值及锚节点的坐标构造若干个边界框，即以参考节点为圆心，未知节点到该锚节点的距离测量值为半径所构成圆的外接矩形，计算外接矩形的质心为未知节点的估计坐标。

如图 7-1-5 所示，已计算得到未知节点 D 到锚节点的估计距离 d_i，锚节点 A、B、C 的坐标为$(x_i,y_i)(i=1,2,3)$，加上或减去测距值 d_i，得到锚节点的限制框。

$$[x_i-d_i,y_i-d_i]\times[x_i+d_i,y_i+d_i]\tag{7-1-11}$$

这些限制框的交集为$[\max(x_i-d_i),\max(y_i-d_i)]\times[\min(x_i+d_i),\min(y_i+d_i)]$。3 个锚节点共同形成的交叉矩形，取矩形的质心为所求节点的估计位置，最小最大法在不需要进行大量计算的情况下能得到较好的效果。

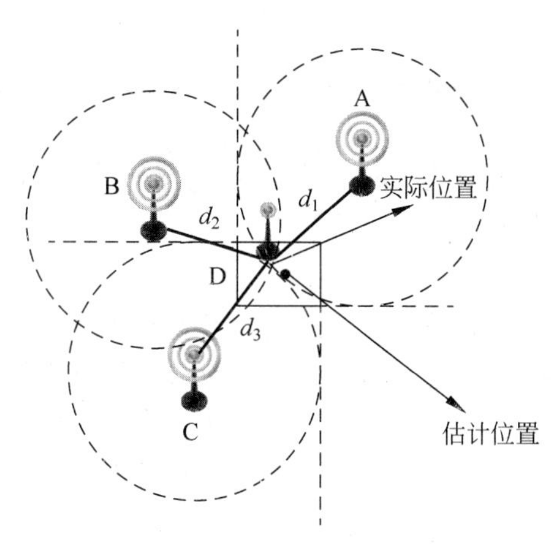

图 7-1-5　最小最大法

7.1.1.5　混合定位法

混合定位法是指利用多种测距结果对未知节点进行定位的方法。例如，当未知节点能够同时测量到锚节点的距离和角度时，可以利用距离/角度混合定位法来进行定位估计。

距离/角度混合定位法原理如图 7-1-6 所示，设锚节点 A 的坐标为(x_a, y_a)，未知节点 D 的坐标为(x, y)，D 到锚节点 A 的距离为 r_a，角度为 α，那么有关系式

$$\begin{cases}(x-x_a)^2+(y-y_a)^2=r_a^2\\ \dfrac{y-y_a}{x-x_a}=\tan\alpha\end{cases} \tag{7-1-12}$$

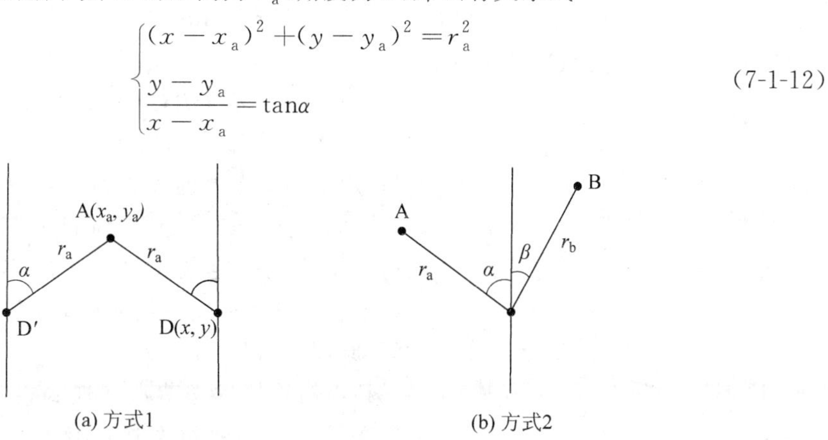

图 7-1-6　距离/角度混合定位法

联立以上方程则可求得未知节点具有如图 7-1-6(a)中 D 和 D′两个可能的位置，因此需要两个锚节点即可唯一确定未知节点 D 的位置。如图 7-1-6(b)中另一锚节点 B 的坐标为(x_b, y_b)，未知节点 D 到锚节点 B 的距离为 r_b，角度为 β。那么得到新的关系方程如下：

$$\begin{cases}(x-x_a)^2+(y-y_a)^2=r_a^2\\ (x-x_b)^2+(y-y_b)^2=r_b^2\\ \dfrac{y-y_a}{x-x_a}=\tan\alpha\\ \dfrac{y-y_b}{x-x_b}=\tan\beta\end{cases} \tag{7-1-13}$$

求解上述方程组，即可唯一确定未知节点 D 的位置。

视频

7.1.2 基于距离的定位

基于距离(range-based)的定位算法是通过测量邻居节点间的实际距离或方位进行定位的。这种定位技术一般分为以下 3 个阶段。

1. 测距阶段

未知节点通过测量接收到信标节点发出信号的某些参数(如强度、到达时间、达到角度等)，计算出未知节点到信标节点之间的距离。该距离可能是未知节点到信标节点的直线距离，也可能是二者之间的近似直线距离。

2. 定位阶段

未知节点根据自身到达至少 3 个信标节点的距离，再利用三边测量法、三角测量法或极大似然估计法等定位算法，计算出自身的位置坐标。

3. 修正(循环求精)阶段

采用一些优化算法或特殊手段将之前得到的未知节点的位置坐标进行优化，以减小误差、提高定位精度。

基于距离的定位算法通过获取电波信号的参数，如接收信号强度(Receive Signal Strength Indication，RSSI)、信号传输时间(Time of Arrival，TOA)、信号到达时间差(Time Difference of Arrival，TDOA)、信号到达角度(Arrival of Angle，AOA)等，再通过合适的定位算法来计算节点或目标的位置。

7.1.2.1 基于 TOA 的定位

在 TOA 方法中，信标节点发射出某种已知传播速度的信号，未知节点根据接收到信号的时间，得出该信号的传播时间，再算出未知节点到信标节点间的距离，最后用三边定位算法等定位算法计算出该未知节点的位置信息。系统通常使用慢速信号(如超声波)测量信号到达的时间，原理如图 7-1-7 所示。

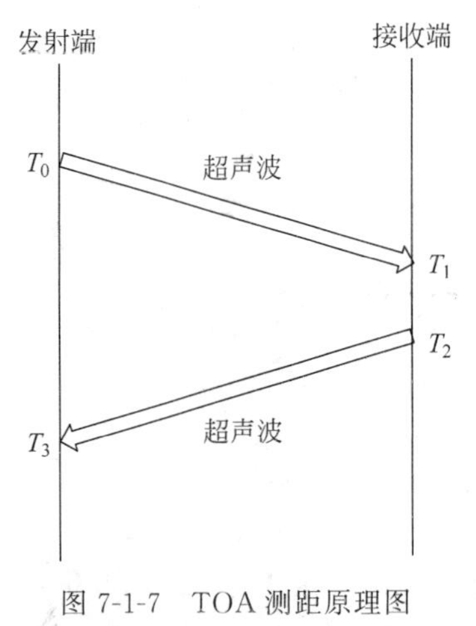

图 7-1-7 TOA 测距原理图

超声信号从发送节点传递到接收节点后，接收节点再发送另一个信号给发送节点作为响应。通过双方的“握手”，发送节点即能从节点的周期延迟中推断出距离 d 为

$$d=\frac{[(T_3-T_0)-(T_2-T_1)]\times V}{2} \tag{7-1-14}$$

式中，V 代表超声波信号的传递速度。这种测量方法的误差主要来自信号的处理时间(如计算延迟以及在接收端的位置延迟 T_2-T_1)。

TOA 定位方法定位精度高，但需要未知节点和信标节点之间保持严格的时钟同步，因此对硬件系统的要求很高，成本也很高。

7.1.2.2 基于 TDOA 的定位

基于到达时间 TDOA 的定位方法是一种基于测量信号到达时间差的定位方法。在该定位方法中，信标节点将会同时发射两种不同频率的无线信号，它们在传输过程中的速度不同，到达未知节点的时间也会不同，根据这个到达时间的不同和这两种信号的传输速度，可以计算出未知节点和信标节点之间的距离，最后通过三边测量算法等定位算法就可以最终计算出该未知节点的位置坐标。TDOA 定位方法误差小，精度高，但受限于超声波传播距离有限和非视距(NLOS)问题对超声波信号的传播影响。

如图 7-1-8 所示，发射节点同时发射无线射频信号和超声波信号，接收节点记录两种信号分别到达的时间为 T_1 和 T_2，已知无线射频信号和超声波的传播速度分别为 c_1 和 c_2，那么两点之间的距离为

$$d=(T_2-T_1)\times s$$

其中，$s=c_1c_2/(c_1-c_2)$。在实际应用中，TDOA 的测距方法可以达到较高的精度。

发射端 接收端

无线射频信号 T_1

超声波信号 T_2

图 7-1-8 TDOA 定位原理图

7.1.2.3 基于 AOA 的定位

基于到达角度 AOA 的定位方法是接收节点通过天线阵列或多个接收器结合来得到发射节点发送信号的方向，计算接收节点和发射节点之间的相对方位和角度，再通过一定的定位算法得到节点的估计位置。

基本的 AOA 定位方法如图 7-1-9 所示，节点 A、B、C 为锚节点，节点 D 为未知节点，其轴线方向为节点 D 处虚线箭头所示方向，节点 A 相对于节点 D 的方位角是$\angle\alpha_A$，节点 B 相对于 D 的方位角是$\angle\alpha_B$，节点 C 相对于 D 的方位角是$\angle\alpha_C$。从而得到：$\angle ADB=2\pi-(\alpha_B-\alpha_A)$，$\angle ADC=\alpha_C-\alpha_A$，$\angle BDC=\alpha_B-\alpha_C$。根据这 3 个角度信息，以及节点 A、B 和 C 之间的关系，利用三角定位法即可得到未知节点 D 的位置。

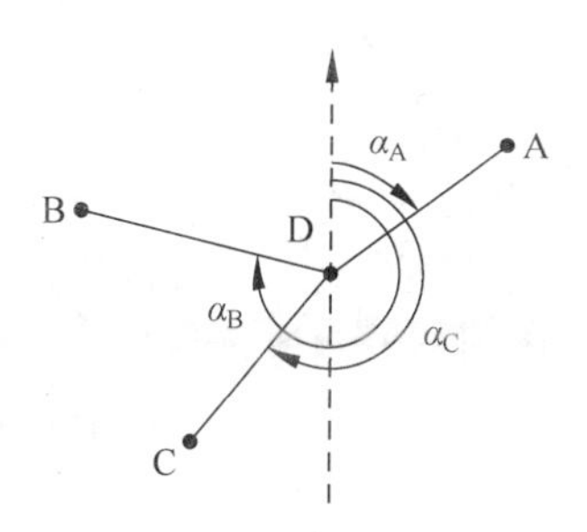

图 7-1-9 AOA 定位原理图

基于 AOA 的定位方法需要高复杂的天线阵列及一定的空间范围，实施成本高，硬件设计复杂，不适用于对成本敏感的大规模无线传感器网络。

7.1.2.4 基于 RSSI 的定位

视频

基于 RSSI(Received Signal Strength Indication)的定位方法是一种基于测量接收信号强度的定位方法。RSSI 是信标节点发射出信号强度已知的射频信号，未知节点测量到的从信标节点发出的射频信号的强度，根据信号传播损耗理论和经验公式计算出该未知节点到对应信标节点之间的距离，最后采用三边测量方法等定位算法计算出该未知节点的位置坐标。由于该定位方法主要采用的是射频技术，且无线通信是无线传感器节点的基本功能之一，因此使用该定位方法，不需要增加额外的硬件模块，是一种成本低、功耗低的定位技术。

但现实环境中的反射效应、多径效应、NLOS 等问题很容易给 RSSI 带来较大的定位误差。

常用的无线信号传播模型为

$$P_{r,dB}(d)=P_{r,dB}(d_0)-\eta 10\lg\left(\frac{d}{d_0}\right)+x_{\delta,dB} \tag{7-1-15}$$

式中，$P_{r,dB}(d_0)$是以d_0为参考点的信号的接收功率；η是路径衰减常数；$X_{\delta,dB}$是以δ^2为方差的正态分布，为了说明障碍物的影响。

式(7-1-15)是无线信号较常使用的传播损耗模型，如果参考点的距离d_0和接收功率已知，则可以通过该公式计算出距离d。理论上，如果环境条件已知，路径衰减常数为常量，则接收信号强度就可以应用于距离估计。然而，不一致的衰减关系影响了距离估计的质量，这就是RSSI-RF信号测距技术的误差经常为米级的原因。在某些特定的环境条件下，基于RSSI的测距技术可以达到较好的精度，可以适当地补偿RSSI造成的误差。

接收信号强度是指接收站设备接收到的无线信号强度。计算公式如下：

$$\mathrm{RSS}=P_t+G_r+G_t-L_c-L_{bf} \tag{7-1-16}$$

其中，RSS为接收信号强度；P_t为发射功率；G_r为接收天线增益；G_t为发射天线增益；L_c为电缆和线头的损耗；L_{bf}为自由空间损耗。

RSS的值为发射功率加上系统的增益，然后减去空间中的衰减。它既可以反映接收机接收到信号的大小，也可以反映接收机的硬件状态，还可以通过RSS定位外界干扰。研发人员还可以通过RSS来计算接收机的噪声系数。若已知发射节点的发射信号强度，接收节点根据收到信号的强度，计算出信号的传播损耗，利用理论和经验模型将传输损耗转化为距离，就可计算出节点的位置。该技术主要使用RF信号，因定位节点本身具有无线通信能力，故其是一种低功率、廉价的测距技术。

RSS的单位为dBm。dBm是一个表示功率绝对值的值(也可以认为是以1mW功率为基准的一个比值)，计算公式为10lg(功率值/1mW)。

无线路由器发射功率一般都是100mW(甚至更高)，当接收端RSS为−50dBm的时候，相当于接收端的功率为0.01μW；但是在实际情况下，RSS只要大于−50dBm，信号就非常好了，这样建立的无线网就是一个高速稳定的网络。RSS一旦小于−75dBm，就有可能引起传输不稳定。对于无线传感器网络来说，RSS低于−95dBm时信号是不可靠的。在实际情况下，传输过程中受到的干扰是比较大的，所以RSSI值一般为负值。

无线信号的发射功率和接收功率之间的关系可以用式(7-1-17)表示，P_r是无线信号的接收功率，P_t是无线信号的发射功率，d是收发单元之间的距离，单位是m。n为路径损耗指数，也叫传播因子，表明路径损耗随距离增长的速率，它依赖于周围环境和建筑物类型。

$$P_r=P_t/(d^n) \tag{7-1-17}$$

在公式(7-1-17)两边取对数，再乘以10，可得

$$10\cdot n\lg d=10\lg(P_t/P_r) \tag{7-1-18}$$

节点的发射功率是已知的，其强度用$-A$ dBm表示，将发送功率代入式(7-1-18)中可得

$$10\lg P_r=-A-10\cdot n\lg d \tag{7-1-19}$$

式(7-1-19)等号左边是接收信号功率转换为dBm的表达式，可用RSS表示，则有

$$\mathrm{RSS}=-(10\cdot n\lg d+A) \tag{7-1-20}$$

当$d=1$m时，$A=-\mathrm{RSS}$，因此，A可理解为距离探测设备1m远时的RSS值的绝对值，符合对数距离路径损耗模型所得的结论。A的最佳范围为45～49；n需要测试矫正，最佳范围为3.25～4.5。

将RSS信号转换为距离：

$$d=10((\mathrm{abs(RSS)}-\mathrm{A})/(10\cdot n)) \tag{7-1-21}$$

RSS的测距定位技术对硬件的要求低、功耗小，且没有时间同步，具有容易实现等优点，得到了广泛的应用。

RSSI是衡量接收信号强度的一个相对值，厂商自己根据自身的信道和信号经验值来给出信号等级。无线局域网供应商可以按照私有方式定义RSSI值，即通过某种关系将原有RSSI的区间映射为自己定义的区间(例如变成[0,255])。如RSSI=0时，认为信号很差，其可能对应实际能量<-90dBm。RSSI=120～127时，可能信号满格，其可能对应实际能量>-60dBm等。所以，信号强度dbm值和信号等级RSSI是厂家自行进行映射的，而且是跟自家产品相关的，不是标准，只是为了方便说明。例如Qualcomm Atheros的RSSI一般是0～127。

在论文中，不管是RSS还是RSSI，基本都是直接使用单位为dBm的值。

7.1.3 与距离无关的定位

视频

尽管基于距离的定位方法在定位的精确性上有很强的优势，但这也需要传感器节点增加额外的硬件模块，增加了硬件设计的复杂度，增加了成本。为了在低成本、低功耗的环境中进行定位，人们开始对与距离无关的定位方法进行深入而广泛的研究。

为了不增加额外的硬件模块，距离无关的定位方法放弃了测量未知节点到信标节点绝对距离的做法，而是采用了无线传感器网络中所有节点相互通信，得到节点间的相对距离，再通过特定的算法计算出各个节点之间的位置坐标。这种方法大大降低了对无线传感器网络节点的硬件要求，降低了功耗，但增加了节点之间的通信量，增大了定位误差。

与距离无关的定位方法不需要实际准确地测得未知节点到信标节点的距离，仅仅根据节点之间相互通信获得未知节点到信标节点距离的估计，再根据极大似然估计法等算法计算出未知节点的位置坐标；或者通过节点之间通信确定未知节点在某一区域，再根据质心定位算法等算法计算出未知节点的位置信息。这种定位算法虽然定位误差较大，但是对传感器节点硬件要求低，功耗小，自组织能力强，在一些特殊的场合得到了广泛的应用。

与距离无关的定位方法需要确定包含待测目标的可能区域，以此确定目标位置，主要的算法包括质心定位算法、DV-Hop算法、APIT算法、凸规划定位算法等。

7.1.3.1 质心定位算法

质心定位算法是南加州大学的Nirupama Bulusu等提出的一种仅基于网络连通性的室外定位算法。在平面几何中，一个多边形的中心称为该多边形的质心，它的位置坐标为这个多边形各个顶点坐标的平均值，如图7-1-10所示。该算法的核心思想是：传感器节点以所有在其通信范围内的信标节点的几何质心作为自己的估计位置。

具体的算法过程如下：信标节点每隔一段时间向邻居节点广播一个信标信号，该信号中包含节点自身的ID和位置信息；当传感器节点在一段侦听时间内接收到来自信标节点的信标信号数量超过某一个预设阈值时，该节点认为与此信标节点连通，并将自身位置确定为所有与之连通的信标节点所组成的多边形的质心；当传感器节点接收到所有与之连通的信标节点的位置信息后，就可以根据由这些信标节点所组成的多边形的顶点坐标来估算自己的位置了。假设这些坐标分别为(x_1,y_1)，(x_2,y_2)，…，(x_k,y_k)，则可根据下式计算出传感器节点的坐标：

$$(x_{\text{est}}, y_{\text{est}}) = \left(\frac{x_1 + x_2 + \cdots + x_k}{k}, \frac{y_1 + y_2 + \cdots + y_k}{k}\right) \tag{7-1-22}$$

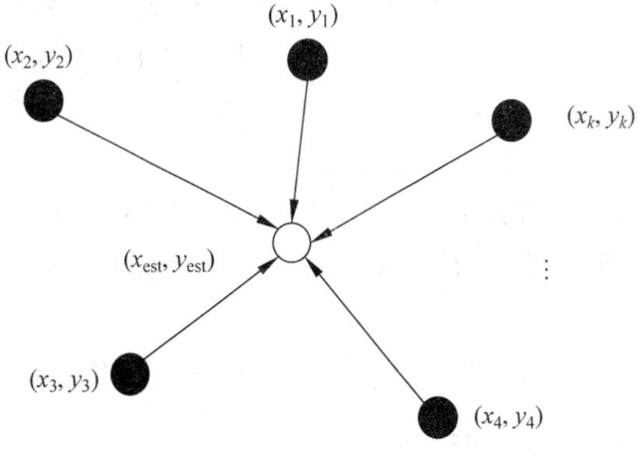

图 7-1-10　质心定位法示意图

质心定位算法完全根据未知节点是否能接收到信标节点发送的无线信号进行定位，依赖于无线传感器网络的连通性，不需要节点之同的频繁通信协调和计算，所以算法相对简单，易于实现。但质心定位算法都是假设信标节点发射的无线信号模型进行传播，而没有考虑现实中无线信号在传播过程中会被反射、折射、吸收、干扰等现象。此外，由几何关系可以看出，要想对无线传感网络中所有未知节点进行定位，要求信标节点部署的数目多、分布均匀、密度大，这将导致整个无线传感器网络成本增大，维护困难。

7.1.3.2　DV-Hop 算法

DV-Hop(Distance Vector-Hop)算法是由美国罗格斯大学的 Dragos Niculescu 等利用距离向量路由的原理设计的定位算法。DV-Hop 定位算法类似于传统网络中的距离向量路由机制。算法的基本原理是信标节点发送无线电波信号，未知节点接收到之后进行转发，直至整个网络中的节点都接收到该信号。邻居节点之间通信记为 1 跳，未知节点先计算出接收到信标节点信号的最小跳数，再估算平均每跳的距离，将未知节点到达信标节点所需要的最小跳数与平均每跳的距离相乘，可以计算出未知节点与信标节点之间相对的估算距离，最后再用三边测量法或极大似然估计法等估算方法就可计算该未知节点的位置坐标。

DV-Hop 算法的定位过程可以分为以下 3 个阶段。

1. 计算未知节点与每个信标节点的最小跳数

首先使用典型的距离向量交换协议，使网络中的所有节点获得距离信标节点的跳数(distance in hops)。

信标节点向邻居节点发射无线电信号，其中包括自身的位置信息和初始化为 0 的跳数计数值。未知节点接收到该信号后，与接收到的其他跳数进行比较，保留每个发送信号信标节点的最小跳数，舍弃相同信标节点其他的跳时值，然后再将保留的每个信标节点最小跳数加 1 后进行转发。由此，网络中每个节点都可以得到每个信标节点到达自身节点的最小跳数。

2. 计算未知节点与信标节点的实际跳段距离

每个信标节点根据第一个阶段中记录的其他信标节点的位置信息和相距跳段数，利用式(7-1-23)估算平均每跳的实际距离：

$$\text{Hopsize}_i = \frac{\sum_{j \neq i} \sqrt{(x_i - x_j)^2 + (y_i - y_j)^2}}{\sum_{j \neq i} h_j} \tag{7-1-23}$$

式中，(x_i, y_i)、(x_j, y_j)是信标节点i、j的坐标，h_j是信标节点i与$j(j \neq i)$之间的跳段数。

然后，信标节点将计算的每跳平均距离用带有生存期字段的分组广播到网络中，未知节点只记录接收到的每跳平均距离，并转发给邻居节点。这个策略保证了绝大多数节点仅从最近的信标节点接收平均每跳距离值。未知节点接收到每跳平均距离后，根据记录的跳段数(hops)来估算它到信标节点的距离。

$$D_{\mathrm{i}} = \text{hops} \times \text{Hopsize}_{\text{ave}} \tag{7-1-24}$$

3. 利用三边测量法或极大似然估计法计算自身的位置

估算出未知节点到信标节点的距离后，就可以用三边测量法(见式(7-1-2))或者极大似然估计法(见式(7-1-10))计算出未知节点的位置坐标。

DV-Hop算法对硬件的要求很低，能够轻易地在无线传感器网络平台上实现。其缺点在于用每跳平均距离来估算未知节点到信标节点距离的做法本身就存在明显的误差，定位精度难以保证。

7.1.3.3 APIT算法

近似三角形内点测试法(Approximate Point-in-triangulation Test，APIT)是由T. He教授在博士期间首次提出的，从本质上来看是对质心算法的一种改进。APIT定位算法的基本原理是未知节点先得到临近所有信标节点的位置信息，随机选取3个信标节点组成一个三角形，然后测试该三角形区域是否包含未知节点，如果包含则保留，不包含则舍弃。不断地选取测试，直至选取的包含该未知节点的三角形区域可以达到定位精度要求停止，再计算出选取到的三角形重叠后多边形的质心，并将该质心的位置作为该未知节点的位置坐标，如图7-1-11所示。

在该算法中，需要测试未知节点是否包含于三角形。这里介绍一种十分巧妙的方法，其理论基础是最佳三角形内点测试法。该测试原理指出，如果存在一个方向，一点沿着该方向移动会同时远离或接近三角形的3个顶点，则该点一定位于三角形外，否则该点位于三角形内。将该原理应用于静态环境的APIT定位算法时，可通过利用该节点的邻居节点来模拟该节点的移动，这要求邻居节点距离该节点较近，否则该测试方法将出现错误。

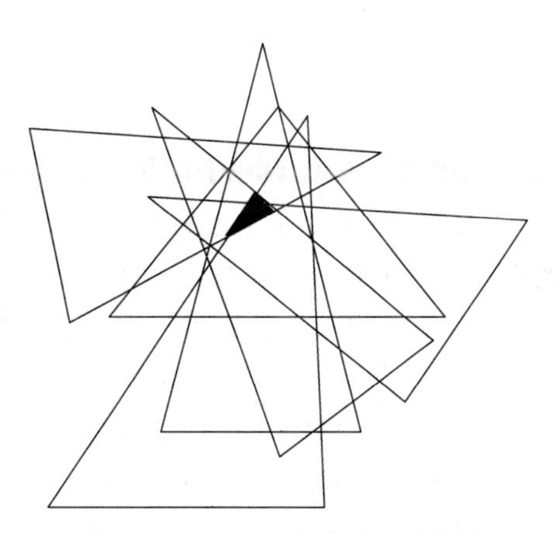

图7-1-11　APIT定位原理示意图

APIT定位算法的优点是：当信标节点发射的无线信号传播有明显的方向性，且信标节点位置较随机时，该定位算法定位更加准确。其缺点在于需要无线传感器网络中有大量的信标节点。

7.1.3.4 MSP算法

多序列定位(Multi-Sequence Positioning，MSP)算法是由明尼苏达大学的T. He等提

出的一种基于事件驱动的定位策略，该算法旨在通过对区域中的节点进行事件触发，根据节点感知到事件发生的先后顺序来完成定位操作。

MSP 算法是利用多组一维传感器节点序列建立相对位置信息的定位算法。MSP 算法的基本原理是通过处理节点序列将传感器网络划分成多个小的区域。首先，在区域中不同的位置同时产生事件触发(例如，超声波或者不同角度的激光扫描)。传感器网络中的节点因与事件触发点的距离不同，将在不同的时间感知到事件发生。对于每一个事件，都能够按照感知到节点的顺序建立一组一维节点序列。图 7-1-12 展示了一个拥有 9 个未知节点和 3 个锚节点的传感器网络。以直线扫描为触发事件，扫描线 1 从上到下扫描后得到一组节点序列为(8,1,5,A,6,C,4,3,7,2,B,9)。扫描线 2 从左到右扫描后得到一组节点序列为(3,1,C,5,9,2,A,4,6,B,7,8)。因为锚节点位置已知，所以 3 个锚节点能够把区域划分为 16 个子区域。该算法能够通过增加更多的锚节点和事件扫描方向来将区域划分得更小。然后 MSP 算法处理每一组节点序列确定节点的边界，也就是序列中的前后两个相邻锚节点位置，根据获得的多个边界信息收缩节点的位置区域，最后通过质心定位算法将缩小区域的质心作为目标节点的估计位置。

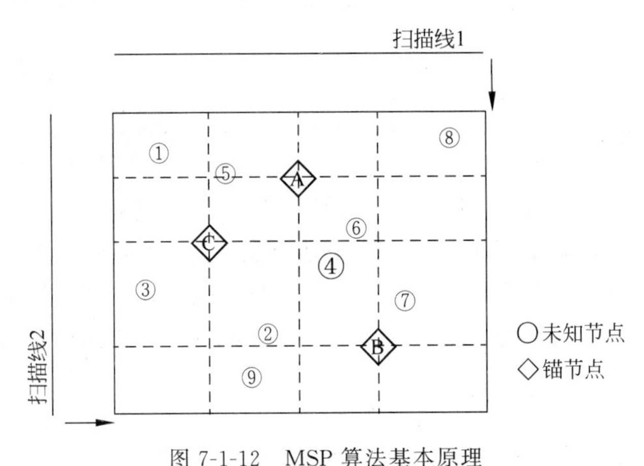

图 7-1-12 MSP 算法基本原理

MSP 算法的优点在于定位过程不依赖于触发事件的类型，也就是说，不管触发事件是超声波还是爆炸声，MSP 算法原理和定位的精度都不会受到其影响。实验证明 MSP 算法能够在较少的锚节点条件下取得一步之内的定位准度。然而 MSP 算法为了准确获得节点感知事件的顺序，需要在节点间进行时间同步或者节点感知事件后进行相互通信告知，这都不可避免地带来了额外的通信开销。

7.1.3.5 MDS-MAP 算法

MDS-MAP 算法是哥伦比亚大学的 Yi Shng 等提出的一种集中式定位算法，多维尺度分析(Multi-Dimension Scaling，MDS)源自心理学专业，是一种能够将具有距离关系的数据转化为几何图形的数据分析技术，已经在传感器网络定位技术领域得到大量的研究。MDS-MAP 定位算法就是利用 MDS 技术分析各个点之间的距离或连通度等关系，以获取各节点的相对位置信息，并利用少量锚节点来重构全局或局部拓扑结构。

1. MDS-MAP 定位算法原理

MDS-MAP 定位算法主要包括 3 个步骤：第一步是计算定位区域内所有节点对之间的

最短路径，这些最短路径长度被用来构建节点之间的距离平方矩阵；第二步是对距离平方矩阵采用 MDS 分析算法进行处理，通过多个最大特征值或者特征向量来辅助构造相对坐标图；第三步通过足够多已知位置的锚节点（二维空间最少需要 3 个锚节点，三维空间最少需要 4 个锚节点），将节点的相对坐标图转换为基于锚节点绝对坐标的实际拓扑图。

2. 利用 MDS 计算相对坐标

利用 MDS 分析算法计算节点坐标的基本原理如下：假设传感器网络区域中有 n 个传感器节点均匀分布在 k 维空间中（如 $k=2$ 和 $k=3$ 分别表示二维空间和三维空间），节点 i 的坐标表示为 $x_i=(x_{i1},x_{i2},\cdots,x_{ik})$，节点 j 的坐标表示为 $x_j=(x_{j1},x_{j2},\cdots,x_{jk})$，则节点 i 和节点 j 之间的欧氏距离可表示为

$$d_{ij}=\sqrt{\sum_{m=1}^{k}(x_{im}-x_{jm})^2} \tag{7-1-25}$$

设 n 维节点间对称距离平方矩阵为 $\boldsymbol{D}$，可表示为

$$\boldsymbol{D}=\begin{bmatrix} 0 & d_{12}^2 & d_{13}^2 & \cdots & d_{1n}^2 \\ d_{21}^2 & 0 & d_{23}^2 & \cdots & d_{2n}^2 \\ d_{31}^2 & d_{32}^2 & 0 & \cdots & d_{3n}^2 \\ \vdots & \vdots & \vdots & & \vdots \\ d_{n1}^2 & d_{n2}^2 & d_{n3}^2 & \cdots & 0 \end{bmatrix} \tag{7-1-26}$$

MDS 假定所有坐标都在原点，这样只需要经过线性转换就能够从距离信息中得到坐标 $\boldsymbol{B}$ 表示 $\boldsymbol{D}$ 的双中心形式，即 $\boldsymbol{B}=-(\boldsymbol{1/2})(\boldsymbol{JDJ})$。中心矩阵 $\boldsymbol{J}$ 定义为 $\boldsymbol{J}=\boldsymbol{E}-(1/\boldsymbol{n})\times\boldsymbol{I}$，其中 $\boldsymbol{E}$ 为 n 阶的单位矩阵，$\boldsymbol{I}$ 为数据元素全为 1 的 n 阶方阵。矩阵 $\boldsymbol{B}$ 可以表示为：

$$\boldsymbol{B}=\boldsymbol{XX}^{\mathrm{T}} \tag{7-1-27}$$

显然 $\boldsymbol{B}$ 是对称的正半定矩阵，那么可利用奇异值分解为 $\boldsymbol{B}=\boldsymbol{V\Lambda V}^{\mathrm{T}}$ 的形式，其中 $\boldsymbol{\Lambda}=\mathrm{diag}(L_1,L_2,\cdots,L_n)$ 是由从大到小排列的特征值组成的对角矩阵，$\boldsymbol{V}=[V_1,V_2,\cdots,V_n]$ 是列向量为特征向量的正交矩阵，取 $\boldsymbol{\Lambda}$ 前 k 个特征值构成 $\boldsymbol{\Lambda}_k$，$\boldsymbol{V}$ 中前 k 个特征向量构成 $\boldsymbol{V}_k$，$\boldsymbol{B}$ 可以表示成

$$\boldsymbol{B}=\boldsymbol{V}_k\boldsymbol{\Lambda}_k\boldsymbol{V}_k^{\mathrm{T}} \tag{7-1-28}$$

由式(7-1-27)和式(7-1-28)可得 k 维主轴坐标解

$$\boldsymbol{X}^k=\boldsymbol{V}_k\boldsymbol{L}_k^{1/2} \tag{7-1-29}$$

式中，$\boldsymbol{X}^k$ 就是整个网络的相对坐标系统，在这个相对坐标系统中，各节点的距离与式(7-1-26)中的距离矩阵 $\boldsymbol{D}$ 很好地保持了一致，它再现了距离矩阵 $\boldsymbol{D}$ 所表示的网络拓扑。

MDS-MAP 定位算法的优点在于能够只根据节点间的连通度信息来计算节点的相对坐标图，然后通过少数几个已知自身位置的锚节点将之转化为绝对坐标图。在仅知道网络连通度的情况下，其有较好性能的根本原因在于它运用 MDS 技术对已知信息（如连通度信息）进行了充分的分析。但是，对于具有 N 个传感器节点的网络，MDS-MAP 方法的计算复杂性为 $O(N^3)$，在大规模实际运用时会导致增加处理时间和节点的能量消耗，降低网络的生命周期等不利影响。

7.1.3.6　凸规划定位算法

加州大学伯克利分校的 Doherty 等将节点间点到点的通信连接视为节点位置的几何约

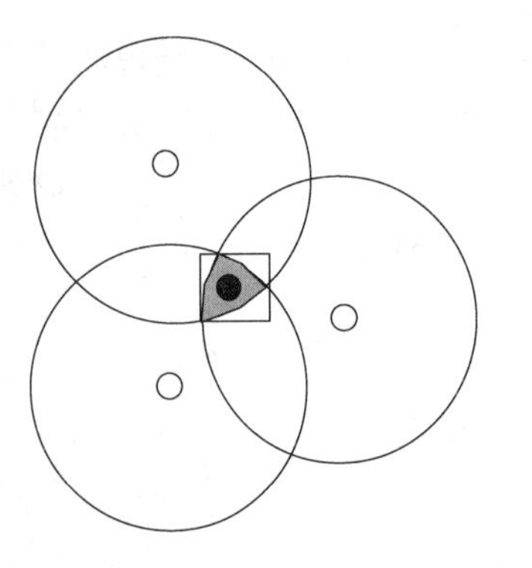

图 7-1-13 凸规划定位算法示意图

束，把整个模型化为一个凸集，从而将节点定位问题转化为凸约束优化问题，然后使用半定规划和线性规划方法得到一个全局优化的解决方案，确定节点位置，同时也给出了一种计算传感器节点有可能存在的矩形空间的方法。如图 7-1-13 所示，根据传感器节点与信标节点之间的通信连接和节点无线通信射程，可以估算出节点可能存在的区域(图 7-1-13 中阴影部分)，并得到相应矩形区域，然后以矩形的质心作为传感器节点的位置。

凸规划是一种集中式定位算法，定位误差约等于节点的无线射程(信标节点比例为 10%)，为了高效工作，信标节点需要被部署在网络的边缘，否则外围节点的位置估算会向网络中心偏移。该算法的优点在于定位精确性得到了很大的提高，缺点是信标节点在整个无线传感器网络区域中需要靠近边缘，且分布密度要求也较高。

视频

7.2 无线传感器网络的时间同步

时间同步是无线传感器网络技术研究领域里的一个新热点。它是无线传感器网络应用的重要组成部分，很多无线传感器网络的应用都要求传感器节点的时钟保持同步。

在集中式管理的系统中，事件发生的顺序和时间都比较明确；但在分布式系统中，不同节点都具有自己的本地时钟，由于不同节点的晶体振荡器频率存在偏差，以及受到温度变化和电磁干扰等，即使在某个时刻所有节点都达到时间同步，它们的时间也会逐渐出现偏差。在分布式系统的协同工作中，节点间的时间必须保持同步，因此时间同步机制是分布式系统中的一个关键机制。

在无线传感器网络的应用中，传感器节点将感知到的目标位置、时间等信息发送到传感器网络中的簇头节点，簇头节点在对不同传感器发送来的数据进行处理后便可获得目标的移动方向、速度等信息。为了能够正确地监测事件发生的次序，就必须要求传感器节点之间实现时间同步。在一些事件监测的应用中，事件自身的发生时间是相当重要的参数，这要求每个节点维持唯一的全局时间以实现整个网络的时间同步。

7.2.1 时间同步概述

无线传感器网络应用的多样化导致其对于时间同步的需求的多样化，但是传感器网络有自身的局限性，如能量有限、要求可扩展性、要求动态自适应性等，这些局限使得很难在传感器网络中实现时间同步，也使得传统的时间同步方案不适合无线传感器网络。Internet 上广泛使用的网络时间协议(Network Time Protocol，NTP)和全球定位系统(Global Position System，GPS)都不适用于传感器网络。2002 年 8 月，J. Elson 和 K. Romer 在 HotNets-I 国际权威学术会议上首次提出和阐述了无线传感器网络中的时间同步的研究课题，引起了无线传感器网络研究领域的广泛关注。

无线传感器网络的时间同步是指各个独立的节点通过不断与其他节点交换本地时钟信息，最终达到并且保持全局时间协调一致的过程，即以本地通信确保全局同步，无线传感器网络中，节点分布在整个感知区域中，每个节点都有自己的内部时钟（即本地时钟），由于不同节点的晶体振荡（晶振）频率存在偏差，再加上温度差异、电磁波干扰等，即使在某个时间所有的节点时钟一致，一段时间后它们的时间也会再度出现时钟不同步，针对时钟晶振偏移和漂移，以及传输和处理不确定时延的情况，本地时钟采取的关于时钟信息的编码、交换与处理方式都不同。

本地时钟同步问题与无线链路传输是无线网络根本的服务质量 QoS 要求。一方面，无线传输为本地时钟的同步提供了平台与保障；另一方面，本地时钟的同步反过来又能促进一系列信号处理及通信平台的应用开发。

传感器网络中节点造价不能太高，节点的微小体积不能安装除本地振荡器和无线通信模块外更多的用于同步的器件，因此价格和体积成为传感器网络时间同步的重要约束。传感器网络中多数节点是无人值守的，仅携带少量有限的能量，即使是进行侦听通信也会消耗能量，时间同步机制必须考虑消耗的能量。现有网络的时间同步机制往往关注于最小化同步误差来达到最大的同步精度，而较少考虑计算和通信的开销，由于传感器网络的特点，以及能量、价格和体积等方面的约束，使得 NTP、GPS 等现有的时间同步机制不适用于传感器网络，需要修改或重新设计时间同步机制来满足传感器网络的要求。

通常在无线传感器网络中，除了非常少量的传感器节点携带如 GPS 的硬件时间同步部件外。绝大多数传感器节点都需要根据时间同步机制交换同步消息，与网络中的其他传感器节点保持时间同步。在设计传感器网络的时间同步机制时，需要从以下几个方面进行考虑。

（1）扩展性：在无线传感器网络应用中，网络部署的地理范围大小不同，网络内节点密度不同，时间同步机制要能够适应这种网络范围或节点密度的变化。

（2）稳定性：无线传感器网络在保持连通性的同时，因环境影响以及节点本身的变化，网络拓扑结构将动态变化，时间同步机制要能够在拓扑结构的动态变化中保持时间同步的连续性和精度的稳定。

（3）鲁棒性：由于各种原因可能造成传感器节点失效，现场环境随时可能影响无线链路的通信质量，因此要求时间同步机制具有良好的健壮性。

（4）收敛性：无线传感器网络具有拓扑结构动态变化的特点，同时传感器节点又存在能量约束，这些都要求建立时间同步的时间很短，使节点能够及时知道它们的时间是否达到同步。

（5）能量感知：为了减少能量消耗，保持网络时间同步的交换消息数应尽量少，必需的网络通信和计算负载应该可预知，时间同步机制应该根据网络节点的能量分布均匀使用网络节点的能量来达到能量的高效使用。

由于无线传感器网络具有应用相关的特性，在众多不同应用中很难采用统一的时间同步机制，即使在单个应用中，多个层次可能都需要时间同步，每个层次对时间同步的要求也不同。总之，时间同步机制对无线传感器网络的节点定位、无线信道时分复用、低功耗睡眠、路由协议、数据融合、传感事件排序等应用及服务都会产生直接或者间接的重要影响。因此，时间同步机制几乎渗透至每一个与数据相关的环节。

7.2.2　无线传输的时延

准确地估计信息包的传输延迟，通过偏移补偿或漂移补偿的方法对时钟进行修正是无线传感器网络中实现时间同步的关键。目前,绝大多数的时间同步算法都是对时钟偏移进行补偿,由于对偏移进行补偿的精度相对较高且比较难实现,所以对漂移进行补偿的算法相对少一些。

在无线传感器网络中,为了完成节点间的时间同步,消息包的传输是必需的。为了更好地分析包传输中的误差,可将消息包收发的时延分为以下6个部分,如图7-2-1所示。

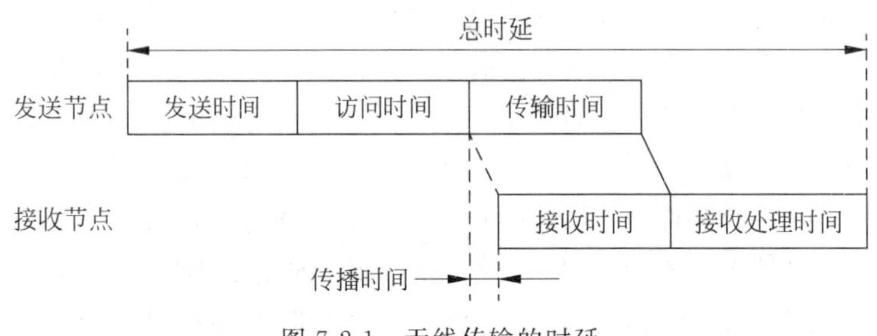

图 7-2-1 无线传输的时延

(1) 发送时间(send time):发送节点构造一条消息和发布发送请求到MAC层所需的时间,包括内核协议处理、上下文切换时间、中断处理时间和缓冲时间等。它取决于系统调用开销和处理器当前负载,可能高达几百毫秒。

(2) 访问时间(access time):消息等待传输信道空闲所需的时间,即从等待信道空闲到消息发送开始时的延迟。它是消息传递中最不确定的部分,与低层MAC协议和网络当前的负载状况密切相关。在基于竞争的MAC协议(如以太网)中,发送节点必须等到信道空闲时才能传输数据,如果发送过程中产生冲突,则需要重传。无线局域网IEEE 802.11协议的RTS/CTS机制要求发送节点在数据传输之前先交换控制信息,获得对无线传输信道的使用权;TDMA协议要求发送节点必须得到分配给它的时间槽时才能发送数据。

(3) 传输时间(transmission time):指发送节点在无线链路的物理层按位(bit)发射消息所需的时间,该时间比较确定,取决于消息包的大小和无线发射速率。

(4) 传播时间(propagation time):指消息在发送节点到接收节点的传输介质中的传播时间,该时间仅取决于节点间的距离,与其他时延相比这个时延是可以忽略的。

(5) 接收时间(reception time):指接收节点按位接收信息并传递给MAC层的时间,这个时间和传输时间相对应。

(6) 接收处理时间(receive time):指接收节点重新组装信息并传递至上层应用所需的时间,包括系统调用、上下文切换等时间,与发送时间类似。

7.2.3 时间同步机制的基本原理

在无线传感器网络中,节点的本地时钟依靠对自身晶振中断计数实现,晶振的频率误差因初始计时时刻不同,使得节点之间的本地时钟不同步。若能估算出本地时钟与物理时钟的关系或者本地时钟之间的关系,则可以构造对应的逻辑时钟以达成同步。节点时钟通常用晶体振荡器脉冲来度量,任意一节点在物理时刻的本地时钟读数可表示为

$$c_i(t)=\frac{1}{f_0}\int_0^t f_i(\tau)\mathrm{d}\tau+c_i(t_0) \tag{7-2-1}$$

式中,$f_i(\tau)$是节点i晶振的实际频率,f_0为节点晶振的标准频率,t_0代表开始计时的物理

时刻，$c_i(t_0)$代表节点 i 在 t_0 时刻的时钟读数，t 是真实时间变量。$c_i(t_0)$是构造的本地时钟，间隔 $c(t)-c(t_0)$被用来作为度量时间的依据。由于节点晶振频率短时间内相对稳定，因此节点时钟又可表示为

$$c_i(t)=a_i(t-t_0)+b_i \tag{7-2-2}$$

对于理想的时钟，有 $r(t)=\dfrac{\mathrm{d}c(t)}{\mathrm{d}t}=1$，也就是说，理想时钟的变化频率 $r(t)$为 1，但工程实践中，因为温度、压力、电源电压等外界环境的变化往往会导致晶振频率产生波动，因此构造理想时钟比较困难。一般情况下，晶振频率的波动幅度并非任意的，而是局限在一定的范围之内：

$$1-\rho\leqslant\frac{\mathrm{d}c(t)}{\mathrm{d}t}\leqslant 1+\rho \tag{7-2-3}$$

式中，ρ 为绝对频率差上界，由制造厂商标定，一般 ρ 多为$(1\sim100)\times10^{-6}$，即 1s 内会偏移 1～100μs。

在无线传感器网络中主要有以下 3 个原因导致传感器节点时间的差异：

(1) 节点开始计时的初始时间不同。

(2) 每个节点的石英晶体可能以不同的频率跳动，引起时钟值的逐渐偏高，这个误差称为偏差误差。

(3) 随着时间的推移，时钟老化或随着周围环境(如温度)的变化而导致时钟频率发生变化，这个误差称为漂移误差。

对任何两个时钟 A 和 B，分别用 $c_A(t)$和 $c_B(t)$表示它们在 t 时刻的时间值，那么偏移可表示为 $c_A(t)-c_B(t)$，偏差可表示为$\dfrac{\mathrm{d}c_A(t)}{\mathrm{d}t}-\dfrac{\mathrm{d}c_B(t)}{\mathrm{d}t}$，漂移(drift)或频率(frequency)可表示为$\dfrac{\partial^2 c_A(t)}{\mathrm{d}t^2}-\dfrac{\partial^2 c_B(t)}{\mathrm{d}t^2}$。

假定 $c(t)$是一个理想的时钟。如果在 t 时刻有 $c(t)=c_i(t)$，则称时钟 $c_i(t)$在 t 时刻是准确的；如果$\dfrac{\mathrm{d}c(t)}{\mathrm{d}t}=\dfrac{\mathrm{d}c_i(t)}{\mathrm{d}t}$，则称时钟 $c_i(t)$在 t 时刻是精确的；而如果 $c_i(t)=c_k(t)$，则称时钟 $c_i(t)$在 t 时刻与时钟 $c_k(t)$是同步的。上面的定义表明：两时间同步和时钟的准确性和精度没有必然的联系，只有实现了与理想时钟(即真实的物理时间)的完全同步之后，三者才是统一的。对于大多数的传感器网络应用而言，只需实现网络内部节点间的时间同步，这就意味着节点上实现同步的时钟可以是不精确甚至是不准确的。

本地时钟通常由一个计数器组成，用来记录晶体振荡器产生脉冲的个数。在本地时钟的基础上，可以构造出逻辑时钟，目的是通过对本地时钟进行一定的换算以达成同步。节点的逻辑时钟是任一节点 i 在物理时刻 t 的逻辑时钟读数，可以表示为 $\mathrm{Lc}_i(t)=\mathrm{la}_i\times c_i(t)+\mathrm{lb}_i$。其中，$c_i(t_0)$为当前本地时钟读数，$\mathrm{la}_i$、$\mathrm{lb}_i$ 分别为频率修正系数和初始偏移修正系数。采用逻辑时钟的目的是对本地任意两个节点 i 和 j 实现同步，构造逻辑时钟有以下两种途径：

一种途径是根据本地时钟与物理时钟等全局时间基准的关系进行变换。将式(7-2-2)反变换可得

$$t=\frac{1}{a_i}c_i(t)+\left(t_0-\frac{b_i}{a_i}\right) \tag{7-2-4}$$

将 la_i、lb_i 设为对应的系数，即可将逻辑时钟调整到物理时间基准上。

另一种途径是根据两个节点本地时钟的关系进行对应换算。由式(7-2-2)可知，任意两个节点 i 和 j 的本地时钟之间的关系可表示为

$$c_j(t)=a_{ij}c_i(t)+b_{ij} \tag{7-2-5}$$

式中，$a_{ij}=a_j/a_i$，$b_{ij}=b_j-(a_j/a_i)b_i$。将 la_i、lb_i 设为对应 a_{ij}、b_{ij} 构造出的一个逻辑时钟的对应系数，即可与节点的本地时钟达成同步。

以上两种方法都估计了频率修正系数和初始偏移修正系数，精度较高；对应低精度类的应用，还可以简单地根据当前的本地时钟和物理时钟的差值或本地时钟之间的差值进行修正。

一般情况下，都采用第二种方法进行时钟间的同步，其中 a_{ij} 和 b_{ij} 分别称为相对漂移和相对偏移。式(7-2-5)给出了两种基本的同步原理，即偏移补偿和漂移补偿。如果在某个时刻，通过一定的算法求得了 b_{ij}，也就意味着在该时刻实现了时钟 $c_i(t)$和 $c_j(t)$的同步。偏移补偿同步没有考虑时钟漂移，因此同步时间间隔越大，同步误差越大，为了提高精度，可以考虑增加同步频率。另外一种解决途径是估计相对漂移量，并进行相应的修正来减小误差。可见漂移补偿是一种有效的同步手段，在同步间隔较大时效果尤其明显。当然实际的晶体振荡器很难长时间稳定地工作在同一频率上，因此综合应用偏移补偿和漂移补偿才能实现高精度的同步算法。

视频

7.2.4 同步算法分类

无线传感器网络的时间同步在近几年有了很大的发展，开发出了很多同步协议，根据同步协议的同步事件及其具体应用特点，时间同步算法机制可以分为以下不同的种类。

1. 按同步事件划分

(1) 主从模式与平等模式。在主从模式下，从节点把主节点的本地时间作为参考时间并与之同步。一般而言，主节点要消耗的资源量与从节点的数量成正比，所以一般选择负荷小、能量多的节点为主节点。在平等模式下，网络中的每个节点是相互直接通信的，这减小了因主节点失效而导致同步的瘫痪危险性。平等模式更加灵活但难以控制。参考广播时钟同步协议(Reference Broadcast Synchronization，RBS)是采用平等模式的。

(2) 内同步与外同步。在内同步中，全球时标(即真实时间)是不可获得的，它关心的是让网络中各个时钟的最大偏差如何尽量减小。在外同步中，有一个标准时钟源(如 UTC)提供参考时间，从而使网络中所有的点都与标准时间源同步，可以提供全球时标。但是，绝大部分的无线传感器网络同步机制是不提供真实时间的，除非具体应用需要真实时间。内同步不需要更多的操作，可用于主从模式和平等模式；外同步提供的参考时间更精确，只能用于主从模式。

(3) 概率同步与确定同步。概率同步可以在给定失败概率(或概率上限)的情况下，给出某个最大偏差出现的概率。这样可以减少确定同步情况下那样的重传和额外操作，从而节能。当然，大部分算法是确定的，都给出了确定的偏差上限。

(4) 发送者-接收者与接收者-接收者。

传统的发送者-接收者同步方法分为以下 3 步：

第一步，发送者周期性地把自己的时间作为时标，用消息的方式发给接收者。

第二步，接收者把自己的时标和收到的时标同步。

第三步，计算发送和接收的延时。

接收者-接收者时间同步假设两个接收者大约同时收到发送者的时标信息，然后相互比较它们记录的信息收到时间，从而达到同步。

2. 按具体应用特点划分

(1) 单跳网络与多跳网络。在单跳网络中，所有的节点都能直接通信以交换消息。但是，大部分无线传感器网络应用都要通过中间节点传送消息，它们规模太大，往往不可能是单跳的。大部分算法都提供了单跳算法，同时有把它扩展到多跳的情形。

(2) 静态网络与动态网络。在静态网络中，节点是不移动的。例如，监测一个区域内车辆动作的无线传感器网络，这些网络的拓扑结构是不会改变的。RBS等连续时间同步机制针对的是静态网络。在动态网络中，节点可以移动，当一个节点进入另一个节点的范围内时，两节点才是连通的，它的拓扑结构是不断改变的。

(3) 基于MAC的机制与标准机制。MAC有两个功能，即利用物理层的服务向上提供可靠服务和解决传输冲突问题。MAC协议也有很多类型，不同的类型特性不一样。有一部分同步机制是基于特定的MAC协议的，有些是不依赖具体MAC协议的，也称为标准机制。

总之，在具体应用中同步协议的设计需要因地制宜。

7.2.5　典型时间同步协议

视频

7.2.5.1　全球定位系统(GPS)

GPS连续广播从1980年1月6日0时起开始测量的UTC(世界标准时间)。然而，与UTC不同的是，GPS不受闰秒的影响，因此比UTC时间快若干整数秒(2009年是15秒)。甚至廉价的GPS接收器都可以接收到精度为200ns的GPS时间。时间信息也可以通过路基的无线电基站来传播，例如，美国国家标准及技术研究所用无线电基站WWV/WWVH和WWVB持续广播基于原子时钟的时间。然而，这些方案有许多限制从而影响了在WSN中的应用。例如，GPS信号不是任何地方都可以接收到的(例如水下室内、茂密的森林中)，并且对电源的要求也相对较高，这对低成本的传感器节点来说是不可行的，并且添加GPS对小小的节点来说太大也太贵了。可是，许多传感器网络是既包含能量有限的传感器设备也包含功率较大的设备的层次化系统，功率较大的设备通常作为网关或者是簇头。这些大功率设备可以支持GPS或无线接收器，可以作为主时钟源。网络内其他所有节点可以利用它，使用本节介绍的“发送器-接收器”模式进行时间同步。

7.2.5.2　传感器网络时间同步(TPSN)协议

传感器网络时间同步(Timing-sync Protocol for Sensor Networks，TPSN)协议是较典型的实用时间同步算法。TPSN算法是由加州大学网络和嵌入式系统实验室Saurabh Ganeiwal等于2003年提出的，算法采用发送者-接收者之间进行成对同步的工作方式，并将其扩展到全网域的时间同步。算法的实现分两个阶段：层次发现阶段和同步阶段。

在层次发现阶段，网络产生一个分层的拓扑结构，并赋予每个节点一个层次号。同步阶段进行节点间的成对报文交换。图7-2-2中给出了TPSN一对节点报文交换情况。节点A通过发送同步请求报文，节点B接收到报文并记录接收时间戳后，向节点A发送响应报文，节点 A 可以得到整个交换过程中的时间戳 T_1、T_2、T_3 和 T_4。设两个节点的时间差为 Δ，即 $T_B-T_A=\Delta$；传输时间均设为 τ，则

$$\begin{cases} T_2 = T_1 + \tau + \Delta \\ T_4 = T_3 + \tau - \Delta \end{cases} \tag{7-2-6}$$

解得

$$\begin{cases} \tau = \dfrac{(T_2 - T_1) + (T_3 - T_4)}{2} \\ \Delta = \dfrac{(T_2 - T_1) - (T_4 - T_3)}{2} \end{cases} \tag{7-2-7}$$

根据式(7-2-6)和式(7-2-7)计算得到偏差 Δ，节点 A 即可调整自身时间与节点 B 同步。每个节点根据层次发现阶段所形成的层次结构，分层逐步同步直至全网同步完成。

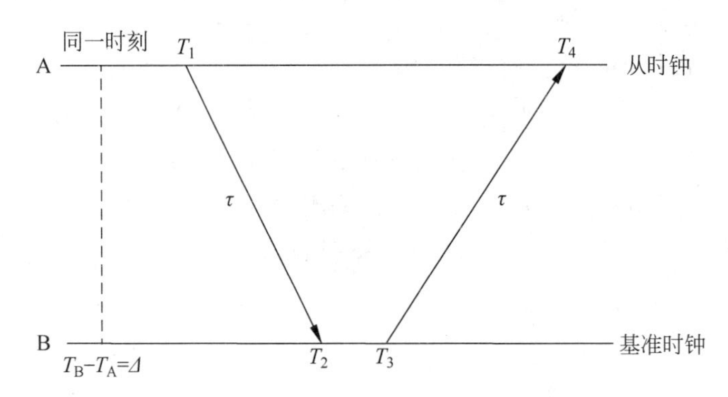

图 7-2-2 TPSN 一对节点报文交换情况

TPSN 能够实现全网范围内的节点间的时间同步，同步误差与跳数距离成正比关系。

TPSN 的优点如下：该协议是可以扩展的，它的同步精度不会随着网络规模的扩大而急剧降低；全网同步的计算量比起 NTP 要小得多。

TPSN 的缺点如下：当节点达到同步时，需要在本地修改物理时钟，能量不能有效利用，因为 TPSN 需要一个分级的网络结构，所以该协议不适用于快速移动节点，并且 TPSN 不支持多跳通信。

7.2.5.3 参考广播同步(RBS)协议

参考广播同步(Reference Broadcast Synchronization)协议是典型的接收者-接收者同步模式。其最大的特点是发送节点广播不包含时间戳的同步包，在广播范围内接收节点同步包，并记录收到包的时间。而接收节点通过比较各自记录的收报时间(需要进行多次的通信)达到时间同步，消除了发送时间和接收时间的不确定性带来的同步偏差。在实际中传播时间是忽略的(考虑到电磁波传播速度等同于光速)，所以同步误差主要是由接收时间的不确定性引起的。RBS 之所以能够进行精确的同步，主要是因为经过实验(用 Motes 实验)验证各个节点接收时间之间的差是服从高斯分布的($\mu=0, \sigma=1.1\mu s$, confidence$=99.8\%$)，因此可以通过发送多个同步包减小同步偏差，以提高同步精度。

RBS 算法示意图如图 7-2-3 所示。

假设有两个接收者 i 和 j，发送节点每轮同步向它们发送 m 个包，计算它们之间的时钟

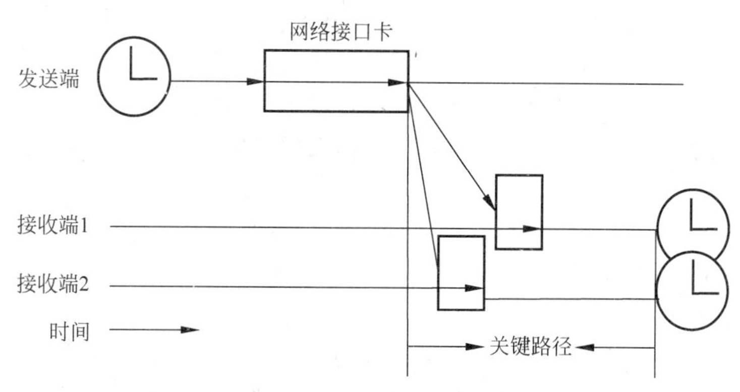

图 7-2-3　RBS 算法示意图

偏差 Δ 为

$$\Delta[i,j]=\frac{1}{m}\sum_{k=1}^{m}(T_{i,k}-T_{j,k}) \tag{7-2-8}$$

式中，$T_{i,k}$ 和 $T_{j,k}$ 分别是接收者 i 和 j 记录的收到第 k 个同步包的时间。当接收节点的接收时间之间的差服从高斯分布时，可以通过发送多个同步包的方式来提高同步精度，这在数学上是很容易证明的。

经过多次广播后，可以获得多个点，从而可以用统计的方法估计接收者 i 相对于接收者 j 的漂移，用于进一步的时钟同步。

RBS 也能扩展到多跳算法，可以选择两个相邻的广播域的公共节点作为另一个时间同步消息的广播者，这样两个广播域内的节点就可以同步起来，从而实现多跳同步。

RBS 的优点如下：使用了广播的方法同步接收节点，同步数据传输过程中最大的不确定性可以从关键路径中消除。这种方法比起计算回路延时的同步协议有更高的精度；利用多次广播的方式可以提高同步精度，因为实验证明回归误差是服从良好分布的，这也可以被用来估计时钟漂移；也可以很好地处理奇异点及同步包的丢失，拟合曲线在缺失某些点的情况下也能得到；RBS 允许节点构建本地的时间尺度。这对于很多只需要网内相对同步而非绝对时间同步的应用很重要。

当然，RBS 也有它的不足之处：这种同步协议不能用于点到点的网络，因为协议需要广播信道；对于 n 个节点的单跳网络，RBS 需要 $O(n^2)$次数据交互，这对于无线传感器网络来说是非常高的能量消耗；由于很多次的数据交互，同步的收敛时间很长，在这个协议中参考节点是没有被同步的。如果网络中参考节点需要被同步，那么会导致额外的能量消耗。

7.2.5.4　泛洪时间同步协议(FTSP)

泛洪时间同步协议(Flooding Time Synchronization Protocol，FTSP)利用无线电广播同步信息，将尽可能多的接收节点与发送节点同步。同步信息包含估计的全局时间(即发送者的时间)。接收节点在收到信息时从各自的本地时钟读取相应的本地时间。因此，一次广播信息提供了一个同步点(全局-本地时间对)给每个接收节点。接收节点根据同步点中全局时间和本地时间的差异来估计自身与发送节点之间的时钟偏移量。FTSP 通过在发送节点和接收节点多次记录时间戳来有效降低中断处理和编码/解码时间的抖动。时间戳是在传输或接收同步信息的边界字节时生成的。中断处理时间的抖动主要是由于单片机上的程序段禁止短时间中断产生的，这个误差不是高斯分布的，但是将时间戳减去一个字节传输时间(即传输一个字节花费的时间)的整数倍可使其标准化。选取最小的标准化时间戳可基本消除这个误差。编码和解码时间的抖动可以通过取这些标准化时间戳的平均值而减少。接收节点的最终平均时间戳还需要通过可以从传输速度和位偏移量计算得到的字节校准时间进一步校正。

多跳 FTSP 中的节点利用参考点来实现同步。参考点包含一对全局时间与本地时间戳，节点通过定期发送和接收同步信息获得参考点。在网络中，根节点是一个特殊节点，由网络选择并动态重选，它是网络时间参考节点。在根节点的广播半径内的节点可以直接从根节点接收同步信息并获得参考点。在根节点的广播半径之外的节点可以从其他与根节点的距离更近的同步节点接收同步信息并获得参考点。当一个节点收集到足够的参考点后，它通过线性回归估算自身的本地时钟的源移和偏移以完成同步。

如图 7-2-4 所示，FTSP 提供多跳同步。网络的根节点保存全局时间，网络中其他节点将它们的时钟与根节点的时钟同步。节点形成一个自组织网络结构来将全局时间从根节点转换到所有的节点。这样可以节省建立树的初始相位，并且对节点、链路故障和动态拓扑改变有更强的鲁棒性。实验结果显示，使用 FTSP 可以达到很高的同步精度。实际中 FTSP 以其算法的低复杂度、低消耗等优势被广泛应用。

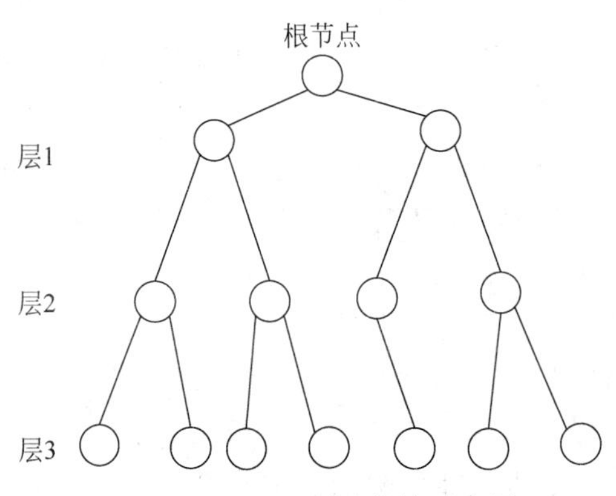

图 7-2-4　FTSP 同步协议示意图

7.2.5.5　基于树的轻量级同步(LTS)协议

LTS 协议的主要目的是用尽可能小的开销提供特定的精度(而不是最大精度)。LTS 能够用于多种集中式或者分布式的多跳同步算法中。为了理解这种方案，将先讨论对于一对节点的同步信息交换。

首先，节点 j 发送一个同步消息给节点 k，同步消息的时间戳包含了传输时间 T_1。节点 k 在 T_2 收到消息，回复一个包含了时间戳 T_3 和之前记录的时间 T_1 和 T_2 的消息。这个消息在 T_4 时刻被 j 收到。注意，T_1 和 T_4 是基于 j 的时钟，而时间 T_2 和 T_3 是基于 k 的时钟。假设传输时延是 τ(更进一步地认为 τ 在两个方向是一样的)，两个时钟之间未知的时钟偏移为 Δ，节点 k 的时间 $T_2=T_1+\tau+\Delta$。同样，$T_4=T_3+\tau-\Delta$。所以，Δ 可以按式(7-2-7)计算：

$$\Delta=\frac{(T_2-T_1)-(T_4-T_3)}{2} \tag{7-2-9}$$

集中式的多跳LTS算法基于单一的参考节点，这个节点是网络内所有节点最大生成树的根节点。为了使同步准确性最高，树的深度必须最小。鉴于节点对之间两两同步会使产生的错误不断累加，因此误差会随着跳数增加在树节点增加。在LTS中，同步算法每执行一次树的生成算法(如广度优先算法)就执行一次，树一旦生成，参考节点就与它的子节点进行两两同步来完成同步过程，一旦完成，每个子节点就重复这个过程直到所有节点都完成同步。两两同步有3个消息的固定开销，因此，如果一棵树拥有n条边，那么开销是$3n-3$。

分布式的多跳LTS不需要建立最大生成树，同步的责任从参考节点转移到传感器节点自己。这种模式假定：无论何时某个节点需要同步的时候，总存在一个或几个节点能与它通信。这种分布式的方案允许节点自己确定再同步周期。也就是说，节点根据合适的准确度、到最近参考节点的距离、它们自己的时钟漂移以及它们上次同步的时间来决定它们的再同步周期。最后，为了消除潜在的低效性，分布式LTS尽量满足邻居节点的要求。为此，在挂起一个同步要求时，一个节点可以询问它的邻居节点。如果邻居节点有同步要求，这个节点与自己的一跳邻居节点同步，而不是与参考节点同步。

7.3 无线传感器网络的安全

无线传感器网络为在复杂的环境中部署大规模的网络，进行实时数据采集与处理带来了希望。但同时无线传感器网络通常部署在无人维护、不可控制的环境中，除了具有一般无线网络所面临的信息泄露、信息篡改、重放攻击、拒绝服务等多种威胁外，还面临传感节点容易被攻击者物理操纵，并获取存储在传感节点中的所有信息，从而控制部分网络的威胁。用户不可能接受并部署一个没有解决好安全和隐私问题的传感网络，因此在进行无线传感器网络协议和软件的设计时，必须充分考虑无线传感器网络可能面临的安全问题，把安全机制集成到系统设计中。只有这样，才能促进无线传感器网络的广泛应用。本节将根据无线传感器网络的特点，对无线传感器网络所面临的潜在安全威胁进行分类描述与对策探讨。

7.3.1 安全问题概述

视频

7.3.1.1 安全需求

无线传感器网络开放性分布和无线广播通信特征决定了它存在着安全隐患，而不同应用背景的无线传感器网络对信息提出了不同的安全需求。无线传感器网络和传统计算机网络一样有安全需求，主要表现在以下几方面。

1. 机密性(Confidentiality)

要求确保网络节点间传输的重要信息以加密方式进行。在信息传递过程中，授权用户(即通信中合法的收发双方)才有权利用私钥进行解密，非授权用户因无密钥将无法得到正确数据。

2. 完整性(Integrity)

网络节点收到的数据包在传输过程中应该未被恶意插入、删除和篡改，保障数据完整性。

3. 真实性(Authentication)

能够核实消息来源的真实性，即恶意攻击者不可能伪装成一个合法节点而不被识破。

4. 可用性和鲁棒性(Availability & Robustness)

即使部分网络受到攻击,攻击者也不能完全破坏系统的有效工作以及导致整个网络瘫痪。

5. 新鲜性(Freshness)

要求接收方收到的数据包都是最新的而非重放或过时的,保障数据时效性。

6. 授权(Authorization)和访问控制(Access Control)

要求能够对访问无线传感器网络的用户身份进行确认,确保其合法性,即保证只有合法用户才有权访问无线传感器网络相关服务和资源。

7. 不可抵赖性(Non-repudiation)

要求节点具有不能否认已经发送数据包的行为。

当一个节点离开网络后,它将不再知晓网络今后发生的相关信息,此为保持前向秘密。而当一个新节点加入传感器网络后,它不应知晓网络以前发生的信息,此为保持后向秘密。

从通信安全和信息安全两方面对无线传感器网络安全技术内容进行了详细描述,上述真实性、完整性和机密性等安全需求都归纳为信息安全范畴。通信安全是信息安全的基础,通信安全保证无线传感器网络数据采集、数据融合和数据传输等基本功能的正常进行,是面向网络基础设施的安全性。

7.3.1.2 安全分析

无线传感器网络是一种大规模的分布式网络,常常部署于无人维护、条件恶劣的环境中,且大多数情况下传感器节点都是一次性使用,从而决定了传感器节点是价格低廉、资源极度受限的无线通信设备。大多数无线传感器网络在进行部署前,其网络拓扑是无法预知的,在部署后,整个网络拓扑、传感器节点在网络中的角色也是经常变化的,因而不像有线网、无线网那样能对网络设备进行完全配置。由于对无线传感器节点进行预配置的范围是有限的,因此很多网络参数、密钥等都是传感器节点在部署后进行协商而形成的。无线传感器网络的安全性主要源自两方面。

1. 通信安全需求

(1) 节点的安全保证。传感器节点是构成无线传感器网络的基本单元,节点的安全性包括节点不易被发现和节点不易被篡改。无线传感器网络中由于普通传感器节点分布密度大,因此少数节点被破坏不会对网络造成太大影响;但是,一旦节点被俘获,入侵者可能从中读取密钥、程序等机密信息,甚至可以重写存储器将节点变成一个“卧底”。为了防止为敌所用,要求节点具备抗篡改能力。

(2) 被动抵御入侵能力。无线传感器网络安全系统的基本要求是,在网络局部发生入侵的情况下,保证网络的整体可用性。被动防御是指当网络遭到入侵时,网络具备对抗外部攻击和内部攻击的能力,它对抵御网络入侵至关重要。外部攻击者是指那些没有得到密钥、无法接入网络的节点。外部攻击者虽然无法有效地注入虚假信息,但可以通过窃听、干扰、分析通信量等方式,为进一步的攻击行为收集信息,因此对抗外部攻击首先需要解决保密性问题。其次,要防范能扰乱网络正常运转的简单的网络攻击,如重放数据包等,这些攻击会造成网络性能的下降。最后,要尽量减少入侵者得到密钥的机会,防止外部攻击者演变成内部攻击者。内部攻击者是指那些获得了相关密钥,并以合法身份混入网络的攻击节点。由于无线传感器网络不可能阻止节点被篡改,而且密钥可能会被对方破解,因此总会有入侵者在取得密钥后以合法身份接入网络。同时，由于至少能取得网络中一部分节点的信任，因此内部攻击者能发动的网络攻击种类更多、危害更大，形式也更隐蔽。

（3）主动反击入侵的能力。主动反击能力是指网络安全系统能够主动地限制甚至消灭入侵者而需要具备的能力，主动反击入侵能力对网络安全提出了更高的要求。主要包括以下几种：

入侵检测能力。和传统的网络入侵检测相似，首先需要准确地识别出网络内出现的各种入侵行为并发出警报。其次，入侵检测系统还必须确定入侵节点的身份或位置，只有这样才能随后发动有效的攻击。

隔离入侵者的能力。网络需要具有根据入侵检测信息调度网络的正常通信来避开入侵者，同时丢弃任何由入侵者发出的数据包的能力。这相当于把入侵者和己方网络从逻辑上隔离开来，以防止它继续危害网络的安全。

消灭入侵者的能力。由于无线传感器网络的主要用途是为用户收集信息，因此让网络自主消灭入侵者是较难实现的。

2. 信息安全需求

信息安全就是要保证网络中传输信息的安全性。就无线传感器网络而言，具体的信息安全需求如下：

（1）数据的机密性——保证网络内传输的信息不被非法窃听。

（2）数据鉴别——保证用户收到的信息来自己方而非入侵节点。

（3）数据的完整性——保证数据的传输过程中没有被恶意篡改。

（4）数据的时效性——保证数据在时效范围内被传输给用户。

综上所述，无线传感器网络安全技术的研究内容包括两方面的内容，即通信安全和信息安全。通信安全是信息安全的基础，是保证无线传感器网络内部数据采集、融合、传输等基本功能的正常运行，是面向网络基础设施的安全性保障；信息安全侧重于保证网络中所传送消息的真实性、完整性和保密性，是面向用户应用的安全性保障。

7.3.1.3　安全性目标和挑战

在传统网络技术的发展过程中，我们最初关注的是如何实现稳定、可靠的通信，随着网络技术的成熟与发展，网络安全才逐渐地成为人们关注的焦点。无线传感器网络作为一个新型的网络，在发展的最初就应该考虑到网络所面临的安全风险，考虑到如何在网络设计中加入安全机制来保障无线传感器网络实现安全的通信。如果在设计网络协议时没有考虑安全问题，而在后来引入和补充安全机制，付出的代价将是昂贵的。

在无线传感器网络中，无论是哪种应用，安全防护都是必不可少的部分。不同的应用则需要不同等级的安全防护，如在环境监测、智能小区中所需的安全防护级别要求较低，而在军事应用中则需要较高级别的安全防护。虽然无线传感器网络的安全技术研究和传统网络的有着较大的区别，但它们的出发点相同，都需要解决网络数据的保密性（confidentiality）、完整性（integrity）、安全认证问题（authentication）、新鲜度（freshness）、可用性（availability）以及入侵监测和访问控制等问题。然而，遗憾的是无线传感器网络技术在最初形成时没有考虑安全问题。而无线传感器网络区别于传统网络的众多特点，使传统网络的安全机制无法有效地在传感器网络中部署并发挥作用。

不同应用场景的无线传感器网络，安全级别和安全需求不同，如军事和民用对网络的要求不同。无线传感器网络的安全目标及实现该目标的主要技术见表7-3-1。

表7-3-1 无线传感器网络安全目标及实现该目标的主要技术

目标	意义	主要技术
可用性	确保网络能够完成基本的任务,即使受到攻击,如拒绝服务(DoS)攻击	冗余、入侵检测、容错、容侵、网络自愈和重构
机密性	保证机密信息不会暴露给未授权的实体	信息加解密
完整性	保证信息不会被篡改	MAC、Hash、签名
不可否认性	信息源发起者不能够否认自己发送的信息	签名、身份认证、访问控制
数据新鲜度	保证用户在指定时间内得到所需要的信息	网络管理、入侵检测、访问控制

要设计适用于无线传感器网络的有效安全机制,就必须针对网络特性以及面临的安全挑战进行考虑:

1. 网络通信信道的开放性

无线传感器网络使用的无线通信信道是开放式的信道。任何人都可以通过使用相同频段的无线通信设备捕获信号的手段,实现对网络通信的监视、窃听甚至哄骗参与。这让攻击者可以轻而易举地对网络发起攻击进行信息窃取和破坏。

2. 网络协议缺乏安全考虑

大多数无线传感器网络协议在设计之初都没有考虑潜在的安全需求。而这些协议的标准在互联网上是公开的,通信协议本身被众所周知,攻击者可以很容易地分析得出协议的安全漏洞并加以利用。

3. 网络资源高度受限

无线传感器网络资源受到高度限制,使得功能强大、算法复杂的安全机制很难应用。例如,对于加密技术,在大多数情况下,对称密钥加密技术是设计无线传感器网络安全加密协议的首选,尽管使用非对称密钥加密能够对系统的安全性做出更多的优化。此外,无线传感器网络节点数目众多,要求设计出来的安全机制必须简单、灵活、方便扩展。然而在无线传感器网络资源严重受限的条件下设计这样的安全机制又非常困难,性能强大的安全机制必然会提高网络的开销,导致网络应用性能的下降。权衡网络应用的性能和安全性,无线传感器网络安全机制的设计必须有所折中,在这种情况下设计出来的安全机制有可能很轻易地被攻击者找到弱点进行突破。

4. 网络部署环境的特殊性

无线传感器网络常常部署在极端恶劣的环境甚至是敌方管辖区域中,没有固定的网络基础设施,缺乏相应的物理保护。网络节点一旦部署,对网络的监视工作和物理操作就很难维持。这样便大大地增加了网络出现故障或是遭遇攻击的可能性。

网络的安全需求通常源于对攻击的抵御,安全的最大威胁之一也是网络攻击。攻击者为了达到破坏通信窃取敏感信息的目的,发明了许多种针对无线传感器网络的特有攻击手段。因此,要保障网络安全就必须考虑攻击防御。目前,针对无线传感器网络的路由协议也比较多,在安全路由方面主要是采用对广播的路由信息进行机密性和完整性的认证。

7.3.1.4 安全体系结构

无线传感器网络容易受到各种攻击,存在许多安全隐患。目前,比较通用的无线传感器网络安全体系结构如图7-3-1所示。无线传感器网络协议栈由硬件层、操作系统层、中间件层和应用层构成。其安全组件分别为安全原语、安全服务和安全应用三层组件，还有各种攻击和安全防御技术存在于上述3层中的各个层。

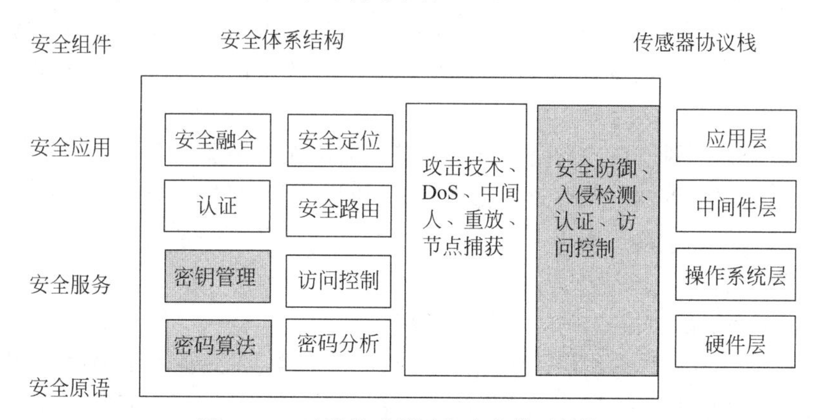

图7-3-1　无线传感器网络安全体系结构图

安全路由协议就是抵制敌人利用路由信息而获取相应的知识来对网络实施攻击，对路由信息要进行相应的认证，必要时采用多径方式来避免敌人的攻击，保证网络路由协议的顽健性。

安全中间件作为网络和应用之间提供中间桥梁，封装了相应的安全组件，为应用的开放提供可信的开发环境。需要保证安全中间件的可靠性。

入侵检测模块也是贯穿各个层次，其主要功能是及时发现传感器网络的异常，并及时给予相应的处理。

7.3.2　安全攻击和防护手段

视频

7.3.2.1　安全攻击

无线传感器网络中的攻击类型多种多样，简单归纳如下。

1. 节点的捕获（物理攻击）

无线传感器网络在开放环境中大量分布的传感器节点易受物理攻击，例如，攻击者破坏被捕获传感器节点的物理结构，或者基于物理捕获从中提取出密钥，撤除相关电路，修改其中的程序。或者在攻击者的控制下用恶意的传感器来取代它们。这类破坏是永久性的、不可恢复的。

2. 隐私攻击

无线传感器网络的大量数据能在远程访问加剧了对隐私的威胁。攻击者能够以一种低风险、匿名的方式收集信息，它可以同时监视多个站点。通过监听数据，敌方可以很容易地发现通信的内容（消息截取），或分析得出与机密通信相关的知识（流量分析）。

3. 拒绝服务攻击

针对无线传感器网络的拒绝服务攻击包括黑洞、资源耗尽、方向误导、Sinkhole攻击、Wormhole攻击和泛洪攻击等，它们直接威胁无线传感器网络的可用性。无线传感器网络协议栈分层角度将拒绝服务攻击分为：物理层用相同频率的无线信号传输导致节点拥塞；链路层违反通信协议不断传输消息以产生碰撞，引起数据包重传大量消耗传感器节点的能源；网络路由层在多跳网络中拒绝必要的路由信息或故意向不正确的目标节点发送路由信息,导致与其邻接的节点至少部分不能与网络交换消息;传输层向一个节点发送大量连接请求,导致节点资源因泛洪攻击被耗尽。

4. 假冒的节点和恶意的数据

入侵者添加一个节点到系统中,向系统输入伪造的数据或阻止真正数据的传递,或插入恶意的代码,消耗节点的能量,潜在地破坏整个网络,更糟糕的是,敌方可能控制整个网络。

5. Sybil 攻击

Sybil 攻击指恶意的节点向网络中的其他节点非法地提供多个身份。Sybil 攻击利用多身份的特点,威胁路由算法、数据融合、投票、公平资源分配和阻止不当行为的发现。如对位置敏感的路由协议的攻击,依赖于恶意节点的多身份产生多个路径。

6. 路由威胁

无线传感器网络路由协议的安全威胁分为:

(1) 外部攻击,包括注入错误路由信息、重放旧的路由信息、篡改路由信息,攻击者通过这些方式能够成功地分离一个网络或者向网络中引入大量的流量,引起重传或无效的路由,消耗系统有限的资源。

(2) 内部攻击。一些内部被攻陷的节点可以发送恶意的路由信息给其他节点,这类节点由于能生成有效的签名,因此要发现内部攻击更困难。

在无线传感器网络中,安全是设计中的关键问题之一,没有足够的保护机密性、私有性、完整性以及防御 DoS 和其他攻击的措施,无线传感器网络就不能得到广泛的应用,它只能在有限的、受控的环境中得到实施,这会严重影响无线传感器网络的应用前景。另外,在考虑无线传感器网络安全问题和选择对应安全机制的时候,必须在协议和软件的设计阶段就根据网络特点、应用场合等综合进行设计,试图在事后增加系统的安全功能通常被证明为不成功或是功能较弱。

7.3.2.2 安全防护技术分类

针对传感器网络的安全需求,其安全防护技术包括安全路由技术、密钥管理技术、身份认证技术、入侵检测技术、数字签名、完整性检测技术等。

1. 安全路由技术

WSN 遇到的安全威胁以路由威胁为主,具体包括选择转发、伪造路由信息、虫洞攻击、多重身份攻击、呼叫洪攻击、急行军攻击、确认欺骗攻击、同步攻击、重放攻击、拒绝服务攻击等。对不同的攻击,采取的防御方式主要有物理攻击防护、阻止拒绝服务、对抗女巫攻击、数据融合等。WSN 的特殊架构使得对路由安全的要求较高,因此应当根据物联网不同应用的需求选择合适的安全路由协议。一般来说,可以从以下两个方面来设计安全路由协议:

(1) 采用密钥系统建立的安全通信环境来交换路由信息;

(2) 利用冗余路由传送数据。

就 WSN 面临的诸多威胁而言,需要设计合适的安全防护机制,以保证整个网络安全通信。SPINS 安全协议是可选的传感器网络安全框架之一,它包括 SNEP 协议及 TESLA 协议两个部分。其中:SNEP 协议用来实现通信的机密性、完整性和点对点认证;TESLA 协议则用来实现点到多点的广播认证 SPINS 协议可以有效地保证物联网路由安全。但它并没有指出实现各种安全机制的具体算法。所以,在具体应用中,应当多考虑 SPINS 协议的实现问题。

2. 密钥管理技术

密钥系统是信息与网络安全的基础，加密、认证等安全机制都需要密钥系统的支持。所谓密钥，就是一个秘密的值，是密码学的核心内容。密码学包括密码编码学和密码分析学。密码编码学就是利用加密算法和密钥对传递的信息进行编码以隐藏真实信息，而密码分析学试图破译加密算法和密钥以获得信息内容，二者既相互对立，又相互联系，构成了密码学的密码体制。

密码体制是指一个系统所采用的基本工作方式以及它的两个基本构成要素，即加密解密算法和密钥。加密的基本思想是伪装明文以隐藏其真实内容。将明文伪装成密文的操作过程称为加密，加密时所使用的信息变换规则称为加密算法。由密文恢复出明文的操作过程称为解密，解密时所使用的信息变换规则称为解密算法。

加密密钥和解密密钥的操作通常都在一组密钥控制下进行。加密密钥和解密密钥相同的密码算法称为对称密钥密码算法，而加密密钥和解密密钥不同的密码算法称为非对称密钥密码算法。对称密钥密码系统要求保密通信双方必须事先共享一个密钥，因而也称为单钥(私钥)密码系统。这种算法又分为分流密码算法和分组密码算法两种。而非对称密钥密码系统中，每个用户拥有两种密钥，即公开密钥和秘密密钥。公开密钥对所有人公开，而秘密密钥只有用户自己知道。

一般地，无线传感器网络的通信不能依靠一个固定的基础组织或者一个中心管理员来实现，而要用分散的密钥管理技术。密钥的确立需要在参与实体和密钥计算之间建立信任关系。信任建立可以通过公开密钥或者秘密密钥技术来实现，其核心为密钥管理协议。WSN 是分布式自组织的，没有控制中心，必须充分考虑其结构特点，构建适合的密钥管理方案。WSN 密钥管理方式可分为对称密钥加密和非对称密钥加密两种。其中，对称密钥加密是 WSN 密钥管理主流方式，其密钥长度不长，计算、通信和存储开销相对较小。

3. 身份认证技术

身份认证技术通过检测通信双方拥有什么或者知道什么来确定通信双方的身份是否合法。这种技术是通信双方中的一方通过密码技术验证另一方是否知道他们之间共享的秘密密钥或者其中一方自有的私有密钥。这是建立在运算简单的对称密钥密码算法和哈希函数基础上的，适合所有无线网络通信。

由于 WSN 处于开放的环境中，节点很容易受到来自外部攻击者的破坏，甚至将伪造的虚假路由信息、错误的采集数据发布给其他节点，从而干扰正常数据的融合、转发，因此，要确保消息来源的正确性，必须对通信双方进行身份认证，身份认证技术可以使得通信双方确认对方的身份并交换会话密钥，其及时性和保密性是两个重要问题。

由于传感器节点的计算能力和存储能力有限，因此数字签名、数字证书等非对称密码技术都不能采用，只能选择建立安全性能适中的身份认证方案。同时，网络中信息资源的访问必须建立在有序的访问控制前提下，这要求对不同的访问者规定相应的操作权限，如是否可读、是否可写、是否允许修改等。

4. 入侵检测技术

安全路由、密钥管理等技术在一定程度上降低了节点安全的脆弱性，并且增强了网络的防御能力。但是，对于一些特殊的安全攻击行为来说，这些技术能发挥的作用是有限的。因此,WSN 引入了入侵检测来检测和处理那些影响 WSN 正常工作的安全攻击行为。WSN 的入侵检测系统具备协作处理、多方监控、分布检测等特征。

目前,针对 WSN 入侵检测技术的研究大部分还停留在模型设计、理论分析上,但已有人提出了可用于 WSN 的入侵检测模型、神经网络的入侵检测算法等较好的入侵检测算法。由于 WSN 自身的特点,入侵检测系统的组织结构需要根据其特定的应用环境进行设计。在目前已经提出的体系结构中,根据检测节点之间存在的关系不同。例如是否存在数据交换、相互协作等,可以将入侵检测系统的体系结构分为分布式入侵检测体系、对等合作入侵检测体系、层次式入侵检测体系。

5. 数字签名

数字签名是用于提供服务不可否认性的安全机制。数字签名大多基于非对称密钥密码算法,用户利用其密钥对一个消息进行签名,然后将消息和签名一起传给验证方,验证方利用签名者公开的密钥来认证签名的真伪。

6. 完整性检测技术

完整性检测技术用来进行消息的认证,是为了检测因恶意攻击者篡改而引起的信息错误。为了抵御恶意攻击,完整性检测技术加入了秘密信息,不知道秘密信息的攻击者将不能产生有效的消息完整性码。消息认证码是一种典型的完整性检测技术,其含义如下:

(1) 将消息通过一个带密钥的哈希函数来产生一个消息完整性码,并将它附着在消息后一起传送给接收方。

(2) 接收方在收到消息后可以重新计算消息完整性码,并将其与接收到的消息完整性码进行比较:若相等,则接收方认为消息没有被篡改;若不相等,则接收方知道消息在传输过程中被篡改了。

该技术实现简单,易于在无线传感器网络中实现。

7.3.2.3 协议栈的安全攻击与防御手段

无线传感器网络是由成千上万的传感器节点大规模随机分布而形成的具有信息收集、传输和处理功能的信息网络,通过动态自组织方式协同感知并采集网络覆盖区域内被查询对象或事件的信息,用于决策支持和监控。

无线传感器网络无中心管理点,网络拓扑结构在分布完成前是未知的;无线传感器网络一般分布于恶劣环境、无人区域或敌方阵地,无人参与值守,传感器节点的物理安全不能保证,不能够更换电池或补充能量;无线传感器网络中的传感器都使用嵌入式处理器,其计算能力十分有限;无线传感器网络一般采用低速、低功耗的无线通信技术,其通信范围、通信带宽均十分有限;传感器节点属于微元器件,只有非常小的代码存放空间,这些特点对无线传感器网络的安全与实现构成了挑战。目前,传感器网络在网络协议栈的各个层次中可能受到的攻击方法和防御手段见表 7-3-1。

表 7-3-1 无线传感器网络攻防手段

网络层次	攻击方法	防御手段
物理层	干扰攻击	宽频、优先级消息、区域映射、模式转换
	物理破坏	破坏感知、节点伪装和隐藏
	篡改破坏	消息认证

续表

网络层次	攻击方法	防御手段
链路层	碰撞攻击	纠错码
	耗尽攻击	设置竞争阈值
	非公平竞争	使用短帧策略和非优先级策略
网络层	伪造路由信息	认证、监测、冗余机制
	黑洞攻击	认证
	Sybil 攻击	认证
传输层	泛洪攻击	客户端认证
	异步攻击	认证

7.3.3 入侵检测技术

视频

无线传感器网络安全防护(见图 7-3-2)可以分成两层：第一层主要集中在密钥管理、认证、安全路由、数据融合安全、冗余、限速及扩频等方面。第一层防御机制可以对攻击进行防范，但是攻击者总能找出网络的脆弱点实施攻击，在防御机制被攻克，攻击者可以发动攻击时，缺乏有效的检测与应对措施，没有针对入侵的自适应能力，所以入侵检测作为第二道防线就显得尤为重要。

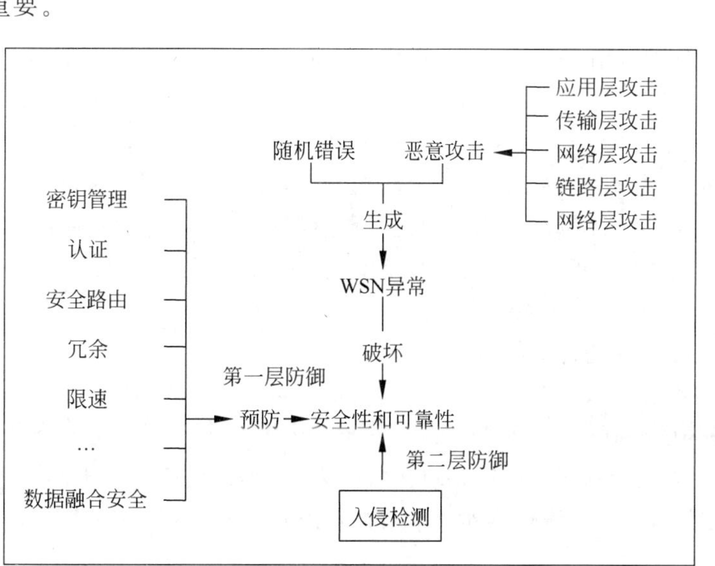

图 7-3-2　无线传感器网络安全防护

入侵是指破坏系统机密性、可用性和完整性的行为。入侵检测提供了一种积极主动的深度防护机制，通过对系统的审计数据或者网络数据包信息来实现非法攻击和恶意使用行为的识别。当发现被保护系统可能遭受的攻击和破坏后，通过入侵检测响应维护系统安全。相比于第一层防御致力于建立安全、可靠的系统或网络环境，入侵检测采用预先主动的方式，全面地自动检测被保护的系统，通过对可疑攻击行为进行报警和控制来保障系统的安全。目前，入侵检测系统已被广泛应用到网络系统和计算机主机系统安全中。

由于无线传感器网络与传统的计算机网络在终端类型、网络拓扑、数据传输等很多方面的不同,且面临的安全问题也有较大的差别,因此已有的检测方法不再适用。如何设计实现适用于无线传感器网络的入侵检测系统,已成为当前无线传感器网络安全防御机制的重点。

7.3.3.1 入侵检测技术概述

入侵检测可以被定义为识别出正在发生的入侵企图或已经发生的入侵活动过程。它是无线传感器网络的安全策略之一,传感器节点有限的内存和电池能量使得无线传感器网络并不适合使用现行的入侵检测机制。

入侵检测是发现、分析和汇报未授权或者毁坏网络活动的过程。传感器网络通常被部署在恶劣的环境下,甚至是敌人区域,因此容易受到捕获和侵害,传感器网络入侵检测技术主要集中在监测节点的异常以及恶意节点辨别上。由于资源受限以及传感器网络容易受到更多的侵害,因此传统的入侵检测技术不能直接应用于传感器网络。

无线传感器网络入侵检测研究面临的主要挑战有以下几个方面:

(1) 攻击形式多种多样。无线传感器网络的攻击手段和攻击特点与传统计算机网络具有较大差异,如链路层和网络层的大部分攻击都是无线传感器网络中特有的。传统计算机网络使用的资源(如网络、文件、系统日志、进程)无法应用于无线传感器网络,需要考虑能够应用到无线传感器网络入侵检测中的特征信息。

(2) 无线传感器网络中的新型攻击层出不穷,如何提升入侵检测系统检测未知攻击的能力是需要解决的问题。

(3) 无线传感器网络资源有限,包括存储空间、计算能力、带宽和能量。有限的存储空间意味着传感器节点上不可能存储大量的系统日志。基于知识的入侵检测系统需要存储大量定义好的入侵模式,通过模式匹配的方式检测入侵,这种方式需要存储入侵行为特征库,并且随着入侵类型的增多,特征库也随之增大。有限的计算能力意味着节点上不适合运行需要大量计算的入侵检测算法。当前的无线传感器网络采用的都是低速、低功耗的通信技术,节点能源有限的特点要求入侵监测系统不能带来太大的通信开销,这一点在传统计算机网络中较少考虑。

7.3.3.2 入侵检测技术的分类

通常入侵检测技术分为基于误用的检测、基于异常的检测、基于规范的检测。

1. 基于误用的检测

通过比较存储在数据库中的已知攻击特征来检测入侵,但由于无线传感器网络中节点的存储能力的限制,以及无线传感器网络数据管理系统的不成熟,因此建立完善的入侵特征库存在一定困难。

2. 基于异常的检测

通过建立系统状态和用户行为的正常轮廓,然后与当前的活动进行比较,如果有明显的偏差,则发生异常。由于无线传感器网络动态性强,以及当节点能量消耗殆尽而导致的无线传感器网络拓扑结构变化,因此网络流量一方面呈现出一种高度非线性、耗散与非平衡的特性,另一方面并非所有的入侵都表现为网络流量异常,这给区分无线传感器网络的正常行为和异常行为带来了极大的挑战。

3. 基于规范的检测

主要是定义一系列描述程序或协议的操作规范,通过比较系统程序的执行、系统定义正常的程序和协议规范来判断异常。在无线传感器网络中,异常检测器利用预先定义的规则把数据分为正常和异常，当监控网络时，通过应用合适的规则，如果定义为异常条件的规则得到满足，则发生异常。

7.3.3.3　入侵检测体系框架

无线传感器网络入侵检测由3个部分组成：入侵检测、入侵跟踪和入侵响应。这3个部分顺序执行，首先执行入侵检测，若入侵存在，则执行入侵跟踪来定位入侵，然后执行入侵响应来防御攻击者。入侵检测框架如图7-3-3所示。

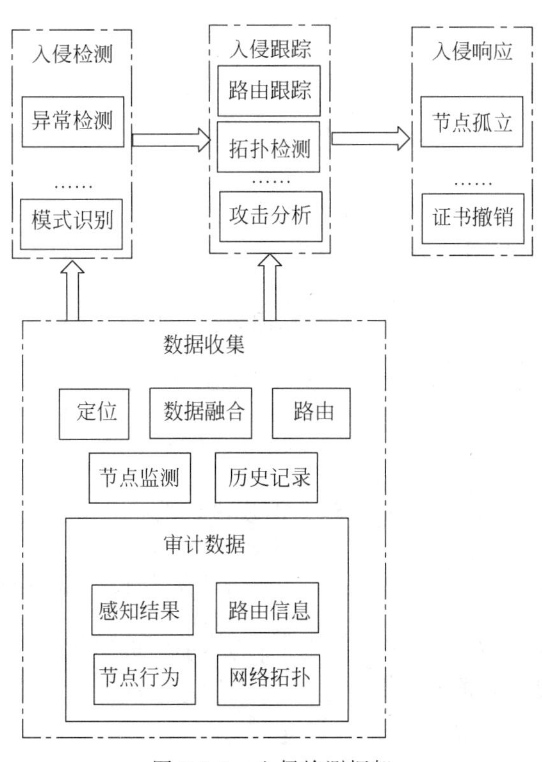

图7-3-3　入侵检测框架

W. Ribeiro等提议通过监测恶意信息传输来标识传感器网络的恶意节点。如果信息传输的信号强度与其所在的地理位置相矛盾，那么此信息被认为是可疑的。当节点接收到信息时，比较接收信息的信号强度和期望的信号强度（根据能力损耗模型计算），如果相匹配，则将此节点的不可疑投票加1，否则将可疑投票加1，然后通过信息发布协议来标识恶意节点。

A. Agah等通过博弈论的方法衡量传感器网络的安全。协作、信誉和安全质量是衡量节点的基本要素。另外，攻击者和传感器网络之间规定非协作博弈，最终得到抵制入侵的最近防御策略。

7.3.3.4　典型的入侵检测方案

1. 博弈论框架

对于一个固定的簇k，攻击者可能采用3种策略：攻击群k（AS_1）、不攻击群k（AS_2）、攻击其他群（AS_3）。入侵检测系统（Intrusion Detection System，IDS）也有两种策略：保护簇k（SS_1）或者保护其他簇（SS_2）。考虑到这样一种情况，在每个时间片内IDS只能保护一个簇,那么这两个博弈者的支付关系可以用一个 2×3 的矩阵表示,矩阵 $\boldsymbol{A}$ 和 $\boldsymbol{B}$ 中的 a_{ij} 和 b_{ij} 分别表示 IDS 和攻击者的支付。此外,还定义了以下符号:

$U(t)$——传感器网络运行期间的效用;

C_k——保护簇 k 的平均成本;

AL_k——丢掉簇 k 的平均损失;

N_k——簇 k 的节点数量。

IDS 的支付矩阵 $\boldsymbol{A}=(a_{ij})_{2\times3}$ 定义如下:

$$\boldsymbol{A}=\begin{pmatrix} a_{11} & a_{12} & a_{13} \\ a_{21} & a_{22} & a_{23} \end{pmatrix} \tag{7-3-1}$$

这里 $a_{11}=U(t)-C_k$ 表示(AS_1,SS_1),即攻击者和 IDS 都选择同一个簇 k,因此对于 IDS,它最初的效用值 $U(t)$ 要减去它的防御成本。$a_{12}=U(t)-C_k$ 表示(AS_2,SS_1),即攻击者并没有攻击任何簇,但是 IDS 在保护簇 k,所以必须扣除防御成本。$a_{13}=U(t)-C_k-\sum_{i=1}^{N'_k}\mathrm{AL}_{k'}$ 表示(AS_3,SS_1),IDS 保护的是簇 k,但攻击者攻击的是簇 k'。在这种情况下,需要从最初的效用中减去保护一个簇所需的平均成本,另外还需要减去由于丢掉簇 k' 带来的平均损失。$a_{21}=U(t)-C_k-\sum_{i=1}^{N_k}\mathrm{AL}_k$ 表示(AS_1,SS_2),即攻击者攻击的是簇 k,而 IDS 保护的簇为 k'。$a_{22}=U(t)-C_{k'}$ 表示(AS_2,SS_2),即攻击者没有攻击任何簇,但 IDS 在保护簇 k',所以必须减去保护成本。$a_{23}=U(t)-C_k-\sum_{i=1}^{N'_k}\mathrm{AL}_{k'}$ 表示(AS_3,SS_2),即 IDS 保护的是簇 k',但是攻击者攻击的是簇 k''。在这种情况下,要从最初的效用中减去防御簇 k' 的平均成本,另外还要减去丢掉簇 k'' 带来的平均损失。

定义攻击者的付出矩阵 $\boldsymbol{B}=(b_{ij})$ 如下:

$$\boldsymbol{B}_{ij}=\begin{pmatrix} \mathrm{PI}(t)-\mathrm{CI} & \mathrm{CW} & \mathrm{PI}(t)-\mathrm{CI} \\ \mathrm{PI}(t)-\mathrm{CI} & \mathrm{CW} & \mathrm{PI}(t)-\mathrm{CI} \end{pmatrix} \tag{7-3-2}$$

其中,CW 为等待并决定攻击的所需成本;CI 为攻击者入侵的成本,PI(t)为每次攻击的平均收益。在上述支付矩阵中,b_{11} 和 b_{21} 表示对簇 k 的攻击,b_{13} 和 b_{23} 表示对非簇 k 的攻击,它们都为 PI(t)−CI,表示从攻击一个簇所获得的平均收益中减去攻击的平均成本。同样,b_{12} 和 b_{22} 表示非攻击模式,如果入侵者在这两种模式下准备发起攻击,那么 CW 代表因为等待攻击所付出的代价。

现在讨论博弈的平衡问题。首先介绍博弈论中的支配策略,给定由两个 $m\times n$ 矩阵 $\boldsymbol{A}$ 和 $\boldsymbol{B}$ 定义的双博弈矩阵,$\boldsymbol{A}$ 和 $\boldsymbol{B}$ 分别代表博弈者 p_1 和 p_2 的支付。假定 $a_{ij}\geqslant a_{kj}$,$j=1,2,\cdots,n$,则行 i 支配行 k,行 i 称为 p_1 的支配策略。对 p_1 来说,选出支配行 i 要优先于选出被支配行 k,所以行 k 实际上可以从博弈中去掉,这是因为作为一个合理的博弈者 p_1 根本不会考虑这个策略。

从上面的讨论中可以获得这样一个直觉:对于 IDS 来说,最好的策略就是选择最恰当的簇予以保护,这样就使 $U(t)-C_k$ 的值最大;对于攻击者最好的策略就是选择最合适的簇来攻击,因为 PI−CI 总比 CW 大,所以总是鼓励入侵者的攻击。

2. 马尔可夫判定过程(Markov Decision Process,MDP)

假设在有限值范围内存在随机过程$\{X_n, n=0,1,2,\cdots\}$,如果$X_n=i$,则说这个随机过程在时刻n的状态为i。假定随机过程处于状态a,那么过程在下一时刻从状态i转移到状态j的概率为p_{ij},这样的随机过程称为"马尔可夫链"。基于过去状态和当前状态的马尔可夫链的条件分布与过去状态无关而仅取决于当前状态。对IDS来说,可以给出一个奖励概念,只要正确地选出予以保护的簇,它就将为此得到奖励。

马尔可夫判定过程为解决连续随机判定问题提供了一个模型,它是一个关于(S,A,R,tr)的四元组。其中,S是状态的集合,A是行为的集合,R是奖励函数,tr是状态转移函数。状态$s\in S$封装了环境状况的所有相关信息。行为会引起状态的改变,二者之间的关系由状态转移函数决定。状态转移函数定义了每一个(状态,行为)对的概率分布。因此,$\mathrm{tr}(s,a,s')$表示的是当行为a发生时,从状态s转移到s'的概率。奖励函数为每一个(状态,行为)对定义了一个实际的值,该值表示在该状态下发生这次行为所获得的奖励(或所需要的成本)。入侵检测系统的IDS的MDP状态相当于预测模型的状态。例如,状态(x_1,x_2,x_3)表示对x_3的攻击,(x_1,x_2)表示在过去曾经遭受过攻击。这种对应也许不是最佳的,事实上,获取更准确的对应关系需要大量的数据(如"在线时间"等数据)。每一次MDP的行为相当于一个传感器节点的一次入侵检测,一个节点可以建立基于MDP的多个入侵检测系统,但是为了使模型简化和计算简单,这里只考虑一种入侵检测的情况,即当检测到节点x'遭受入侵时,MDP要么认同这次检测,把状态(x_1,x_2,x_3)转移到(x_1,x_2,x');要么否定这次检测,重新选择另外一个节点。MDP的奖励函数把检测入侵的效用进行编码,如状态(x_1,x_2,x_3)的奖励可能是维持节点x_3所获得的全部收益。简单地说,如果入侵被检测到,则可为奖励定义一个常量。MDP模型的转移函数$\mathrm{tr}((x_1,x_2,x_3),x',(x_2,x_3,x''))$表示对节点$x''$的入侵行为被检测到的概率(假定节点$x'$在过去曾经遭受过攻击)。为了方便学习,这里使用学习方式,即Q-learning。引入这种方式的目的是把获得的基于时间奖励的期望值最大化,这可以通过从学习状态到行为的随机映射来实现。例如,从状态$x\in S$到$a\in A$的映射被定义成$\Pi: S\rightarrow A$。在每一个状态中选择行为的标准是使未来的奖励值达到最大,更确切地说,就是选择的每一个行为能使获得的回报期望值$R=E\left[\sum_{i=0}^{\infty}\lambda_i\omega_i\right]$达到最大,其中$\lambda\in[0,1)$是一个折扣率参数,$\omega_i$表示第$i$步的奖励值。如果在状态$s$时的行为为$a$,则折扣后的未来奖励期望值由$Q$函数定义。

如果$Q(s_t,a_t)\leftarrow Q(s_t,a_t)+a[\omega_{t+1}+\lambda\max\limits_{a\in A}Q(s_{t+1},a)-Q(s_t,a)]$,那么有$Q: S\times A\rightarrow R$。

一旦掌握了Q函数,就可以根据Q函数贪婪地选择行为,从而使R函数的值最大。这样就有了如下表示:

$$\Pi(s)=\arg\max_{a\in A}Q(s,a) \tag{7-3-3}$$

3. 依据流量的直觉判断

第三种方案通过直觉进行判断。在每一个时间片内IDS必须选择一个簇来进行保护。这个簇要么是前一个时间片内被保护的簇,要么重新选择一个更易受攻击的簇。我们使用通信负荷来表征每个簇的流量。IDS根据这个参数值的大小选择需要保护的簇。所以在一个时间片内 IDS 应该保护的是具有最大流量的簇，也是最易受攻击的簇。

视频

7.3.4 密钥管理技术

7.3.4.1 密钥管理

无线传感器网络集传感器技术、通信技术于一体，拥有巨大的应用潜力和商业价值。密钥管理是无线传感器网络安全研究最重要、最基本的内容，有效的密钥管理机制是其他安全机制(如安全路由、安全定位、安全数据融合及针对特定攻击的解决方案等)的基础。

无线传感器网络密钥管理的需求分为两个方面：安全需求和操作需求。安全需求是指密钥管理为无线传感器网络提供的安全保障；操作需求是指在无线传感器网络特定的限制条件下，如何设计和实现满足需求的密钥管理协议。无线传感器网络密钥管理的安全需求包括机密性、完整性、新鲜性、可认证、鲁棒性、自组织、可用性、时间同步和安全定位等。此外，无线传感器网络密钥管理还需满足一定的操作需求，如可访问，即中间节点可以汇聚来自不同节点的数据，邻居节点可以监视事件信号，避免产生大量冗余的事件检测信息；适应性，节点失效或被俘获后应能被替换，并支持新节点的加入；可扩展，能根据任务需要动态扩大规模。

安全管理的核心问题就是安全密钥的建立过程。传统解决密钥协商过程的主要方法有信任服务器分配模型、自增强模型和密钥预分配模型。信任服务器模型使用专门的服务器完成节点之间的密钥协商过程，如 Kerberos 协议；自增强模型需要非对称密码学的支持，而非对称密码学的很多算法无法在计算能力非常有限的传感器网络上实现；密钥预分配模型在系统部署之前完成大部分安全基础的建立，对于系统运行后的协商工作只需要简单的协议过程，所以特别适合传感器网络的安全引导。目前，主流的密钥预分配模型为共享密钥引导模型、基本随机密钥预分配模型、q-composite 随机密钥预分配模型和随机密钥对模型。在介绍安全引导模型之前，首先引入一个新的概念——安全连通性。安全连通性是根据通信连通性提出来的。通信连通性主要是指在无线通信各个节点与网络之间的数据互通性，安全连通性主要是指网络建立在安全通道上的连通性。在通信连通的基础上，节点之间进行安全初始化建立，或者说各个节点根据预共享知识建立安全通道。如果建立的安全通道能够把所有的节点连成一个网络，则认为该网络是安全连通的。安全连通的网络一定是通信连通的，反过来不一定成立。

评价密钥管理方案的好坏不能仅仅依据方案提供保密能力的程度，还必须要满足一定的标准以使它在遭遇敌人攻击时是仍然有效的。这种效能就是传感器网络的“三 R”标准：抵抗能力(Resistance)、撤销能力(Revocation)和恢复能力(Resilience)。

(1) 抵抗能力。攻击者可能捕获网络中部分节点，然后复制这些节点重新投放到网络中。通过这种方式攻击网络，攻击者用复制的节点移植到全部网络，从而抵抗这种攻击。

(2) 撤销能力。如果某个传感器网络被攻击者入侵，那么密钥管理技术要能够提供一个有效的方法来废除那些被捕获的节点。这种方法必须是轻量级的，不能占用太多已经十分有限的通信容量。

(3) 恢复能力。如果传感器网络中某个节点被捕获，那么密钥管理方案要能够确保其他节点上面的秘密信息不被泄露。一个方案的恢复能力可以通过被捕获节点的总数以及网络中被捕获的通信的比例来衡量。网络恢复能力同样意味着方便地将新插入节点加入安全通信。

7.3.4.2 预共享密钥分配模型

预共享密钥是最简单的一种密钥建立过程。SPINS 就是使用这种密钥建立模式的。预共享密钥有以下几种主要的模式。

1. 每对节点之间都共享一个主密钥

这种方式保证每个节点之间的通信都可以使用这个预共享密钥衍生出来的密钥进行加密，该模式要求每个节点都存放于其他所有节点的共享密钥。这种模式的优点如下：不依赖于基站、计算复杂度低、引导成功率为100%；任何节点之间共享的密钥是独享的，其他节点不知道。但是这种模式的缺点也是显然的：扩展性不好、无法加入新的节点，除非重建网络；网络免疫力很低，一旦一个节点被俘，敌人就很容易使用该节点获得与所有节点之间的秘密，并通过这些秘密破坏整个网络；支持的网络规模小，每个传感器节点都必须存储与所有节点共享的密钥，如网络的规模为 n 个节点，每个节点至少要存储 $n-1$ 个密钥。如果考虑到各种衍生密钥的存储，那么整个网络的密钥存储的开销是非常庞大的。

2. 每个普通节点与基站之间共享一对主密钥

这样每个节点需要存储密钥的空间将非常小，计算和存储压力全部集中在基站上。该模式的优点如下：计算复杂度低，对普通节点资源和计算能力要求不高；引导成功率高，只要节点都能连接到基站就能进行安全通信；支持的网络规模取决于基站的能力，可以支持上千个节点；对于异构节点基站可以进行识别，并及时将其排除在网络之外。其缺点如下：过分依赖基站，如果节点被俘，则会暴露与基站的共享密钥；若基站被俘，则整个网络被攻破。所以，要求基站被部署在安全的位置；整个网络通信或多或少地都要经过基站，基站可能成为网络的瓶颈，如果基站能够动态更新，则网络能够扩展新节点，否则将无法扩展。这种模式对于收集性网络比较有效，因为所有的节点都与基站直接相联系；而对于协同性网络，如用于目标跟踪的应用网络，效率会比较低。在协同性网络的应用中，数据要安全地在各个节点之间通信，一种方法是通过基站，但会造成数据拥塞；另一种方法是要通过基站建立点到点的安全通道。在通信对象变化不大的情况下，建立点到点的安全通道的方式还能够进行正常的工作；如果通信对象频繁切换，那么安全通道的建立过程会严重影响网络的运行效率。另外一个问题就是在多跳网络的环境下，它对于 DoS 攻击没有任何防御能力。在节点和基站之间的通信过程中，中间转发节点没有办法对信息包进行任何认证判断，只能透明转发。恶意节点可以利用这一点伪造各种错误数据包发送给基站，因为中间节点是透明转发数据包，所以只有到达基站才能够被识别出来。

预共享密钥引导模型虽然有很多不尽如人意的地方，但因其实现简单，所以在一些网络规模不大的应用中可以得到有效的实施。

7.3.4.3 随机密钥预分配模型

解决 DoS 攻击的最基本方式就是实现逐跳认证，或者说每一对相邻的通信节点之间传递的数据都能够进行有效性认证。这样，一个数据包在每对节点之间转发都可以进行一次认证过程，恶意节点的 DoS 攻击包会在刚刚进入网络时就被丢弃。

实现点到点安全最直接的办法是预共享密钥引导模型中的点到点共享安全密钥的模式。不过这种模式对节点资源要求过高，事实上并不要求任何两个节点之间都共享密钥，而是能够在直接的通信节点之间共享密钥就可以了。由于缺乏后期节点部署的先验知识，传感器网络在部署节点时并不知道哪些节点会与该节点直接通信,所以这种确定的预共享密切模式就必须在任何可能建立通信的节点之间设置共享密钥。

1. 基本随机密钥预分配模型

基本随机密钥预分配模型是Eschenauer和Gligor首先提出来的,目的是保证在任意节点之间建立安全通道的前提下,尽量降低模型对节点资源的要求。其基本的思想是:生成一个比较大的密钥池,任何节点都拥有密钥池中的一部分密钥,只要节点之间拥有一对相同的密钥就可以建立安全通道。如果存放密钥池的全部密钥,则基本密钥预分配模型就退化成点到点的预共享模型。

Eschenauer和Gligor提出的密钥预分配模型不但满足实际的可操作性,而且满足分布式传感器网络的安全需求。这个模式包括传感器密钥的选择性分发和注销,以及在不需要充足的计算和通信能力的前提下的节点密钥的重置。这个模型依赖节点之间随机曲线的概率密钥共享,以及使用一个简单的密钥共享、发现和密钥路径建立的协议,可以方便地进行密钥的撤销、重置和增加节点。基本随机密钥预分配模型的具体实施过程如下:

(1) 在一个比较大的密钥空间中为一个传感器网络选择一个密钥池S,并为每个密钥分配一个ID。在进行节点部署前,在密钥池S中选择m个密钥存储在每个节点中。这m个密钥称为节点的密钥环。m大小的选择要保证两个都拥有m个密钥的节点存在相同密钥的概率大于一个预先设定的概率ρ。

(2) 节点布置好以后,节点开始进行密钥发现过程。节点广播自己密钥环中所有密钥的ID,寻找那些和自己有共享密钥的邻居节点。不过使用ID的一个弊端就是敌人可以通过交换的ID分析出安全网络拓扑,从而对网络造成威胁。解决这个问题的一个方法就是使用Merkle谜题来完成密钥的发现。Merkle谜题的技术基础是正常的节点之间解决谜题要比其他人容易。任意两个节点之间通过谜题交换密钥,它们可以很容易判断出彼此是否存在相同密钥,而中间人却无法判断这结果,也就无法构建网络的安全拓扑。

(3) 根据网络的安全拓扑,节点和那些与自己没有共享密钥的邻居节点建立安全通信密钥。节点首先确定到达该邻居节点的一条安全路径,然后通过这条安全路径与该邻居节点协商一对路径密钥。未来这两个节点之间的通信将直接通过这一对路径密钥进行,而不再需要多次的中间转发。如果安全拓扑是连通的,那么总能找到任何两个节点之间的安全路径。

基本随机密钥预分配模型是一个概率模型,可能存在这样的节点或者一组节点,它们和它们周围的节点之间没有共享密钥,所以不能保证通信连通的网络一定是安全连通的。影响基本密钥预分配模型的安全连通性的因素有密钥环的尺寸m、密钥池S的大小$|S|$,以及它们的比例、网络的部署密度(或者说是网络的通信连通度数)、布置网络的目标区域状况。$m/|S|$越大,则邻居节点之间存在相同密钥的可能性越大。但m太大会导致节点资源占用过多,$|S|$太小或者$m/|S|$太大导致系统变得脆弱,这是因为当一定数量的节点被俘获以后,敌方人员将获得系统中绝大部分的密钥,导致系统的密钥彻底暴露。$|S|$的大小与网络的规模也有紧密的关系。网络部署密度越高,则节点的邻居节点越多,能够发现具有相同密钥的概率就会比较大,整个网络的安全连通概率也会比较高。对于网络布置区域,如果存在大量物理通信障碍,不连通的概率会增大。为了解决网络安全不连通的问题,传感器节点需要完成一个范围扩张过程。该过程可以是不连通节点通过增大信号传输功率,从而找到更

多的邻居，增大与邻居节点共享密钥概率的过程；也可以是不连通节点与两跳或者多跳以外的节点进行密钥发现的过程(跳过几个没有公共密钥的节点)。范围扩张过程应该逐步增加，直到建立安全连通图为止。多跳扩张容易引入 DoS 攻击，因为无认证多跳会给敌人可乘之机。

网络通信连通度的分析基于一个随机图 $G(n,p_1)$，其中 n 为节点个数，p_1 是邻居节点之间能够建立安全链路的概率。根据 Erdos 和 Renyi 对于具有单调特性的图 $G(n,p_1)$ 的分析，有可能为途中的顶点(vertices) 计算出一个理想的度数 d，使得图的连通概率非常高，达到一个指定的阈值 c(如 $c=0.999$)。Eschenauer 和 Gligor 给出规模为 n 的网络节点的理想度数如下式：

$$d=\left(\frac{n-1}{n}\right)\times(\ln n-\ln(-\ln c)) \tag{7-3-4}$$

对于一个给定密度的传感器网络，假设 n' 是节点通信半径内邻居节点个数的期望值，则成功完成密钥建立阶段的概率可以表示为

$$p=\frac{d}{n'} \tag{7-3-5}$$

诊断网络是否连通的一个实用方法是通过检查它能不能通过多跳连接到网络中的所有基站上，如果不能，则启动范围扩张过程。

随机密钥预分配模型和基站预共享密钥相比，有很多优点，主要表现在以下几个方面：

(1) 节点仅存储密钥池中的部分密钥，大大降低了每个节点存放密钥的数量和空间。

(2) 更适合于解决大规模的传感器网络的安全引导，因为大网络有相对比较小的统计涨落。

(3) 点到点的安全信道通信可以独立建立，减少网络安全对基站的依赖，基站仅仅作为一个简单的消息汇聚和任务协调的节点。即使基站被俘，也不会对整个网络造成威胁。

(4) 有效地抑制 DoS 攻击。

2. q-composite 随机密钥预分配模型

在基本模型中，任何两个邻居节点的密钥环中至少有一个公共的密钥。Chan-Perring-Song 提出了 q-composite 模型。该模型将这个公共密钥的个数提高到 q，提高 q 值可以提高系统的抵抗力。攻击网络的攻击难度和共享密钥个数 q 之间呈指数关系。但是要想使安全网络中任意两点之间的安全连通度超过 q 的概率达到理想的概率值 p(预先设定)，就必须缩小整个密钥池的大小、增加节点间共享密钥的交叠度。但是，密钥池太小会使敌人通过俘获少数几个节点就能获得很大的密钥空间。寻找一个最佳的密钥池的大小是本模型的实施关键。

q-composite 随机密钥预分配模型和基本模型的过程相似，只是要求邻居节点的公共密钥数要大于 q。在获得了所有共享密钥的信息之后，如果两个节点之间的共享密钥数量超过 q，为 q' 个，那么就用所有 q' 个共享密钥生成一个密钥，作为两个节点之间的共享密钥。哈希函数的自变量的密钥顺序是预先议定的规范，这样两个节点就能计算出相同的通信密钥。

q-composite 随机密钥预分配模型中密钥池的大小可以通过下面的方法获得。

假设网络的连通概率为 C，每个节点的全网连通度的期望值为 n'。根据式(7-3-4)和

式(7-3-5),可以得到任何给定节点的连通度期望值 d 和网络连通概率 p。设任何两个节点之间共享密钥个数为 i 的概率为 $p(i)$,则任意节点从$|S|$个密钥池中选取 m 个密钥的方法有 $C(|S|,m)$种,两个节点分布选取 m 个密钥的方法数为 $C^2(|S|,m)$个。假设两个节点之间有 i 个共同的密钥,则有 $C(|S|,m)$种方法选出相同密钥,另外 $2(m-i)$个不同的密钥从剩下的$|S|-i$ 个密钥中获取,方法数为 $C(|S|-i,2(m-i))$。于是有

$$p(i)=\frac{C(|S|,i)C(|S|-i,2(m-i))C(2(m-i),(m-i))}{C^2(|S|,m)} \tag{7-3-6}$$

用 p_c 表示任何两个节点之间存在至少 q 个共享密钥的概率,则有

$$p_c=1-(p(0)+p(1)+p(2)+\cdots+p(q-1)) \tag{7-3-7}$$

根据不等式 $p_c \geqslant p$ 计算最大的密钥池尺寸$|S|$。q-composite 随机密钥预分配模型相对于基本随机密钥预分配模型对节点被俘有很强的自恢复能力。规模为 n 的网络,在有 x 个节点被俘获的情况下,正常的网络节点通信信息可能被俘获的概率如式(7-3-8)所示:

$$p=\sum_{i=q}^{m}\left(\left(1-\left(1-\frac{m}{|S|}\right)^{x}\right)^{i}\times\frac{p(i)}{p}\right) \tag{7-3-8}$$

q-composite 随机密钥预分配模型因为没有限制节点的度数,所以不能防止节点的复制攻击。

3. 多路径密钥增强模型

假设初始密钥建立完成(用基本模型),很多链路通过密钥链中的共享密钥建立安全链接。密钥不能一成不变,使用了一段时间的通信密钥必须更新。密钥的更新可以在已有的安全链路上更新,但是存在危险。假设两个节点间的安全链路都是根据两个节点间的公共密钥 K 建立的,根据随机密钥分布模型的基本思想,共享密钥 K 很可能存放在其他节点的密钥池中。如果对手俘获了部分节点,获得了密钥 K,并跟踪了整个密用时的所有信息,那么它就可以在获得密钥 K 以后解密密钥的更新信息,从而获取新的通信密钥。

为此,Andernon 和 Perring 提出了多路径密钥增强的思想。多路径密切增强模型是在多个独立的路径上进行密钥更新。假设有足够的路由信息可用,以至于节点 A 知道所有的到达 B 节点跳数小于 h 的不相交路径。设 A,N_1,N_2,…,N_i,B 是在密钥建立之初建立的一条从 A 到 B 的路径。任何两个节点之间都有公共密钥,并设这样的路径存在 j 条,且任何两条之间不交叉(disjoint)。产生 j 个随机数 $v_1,v_2,\cdots,v_j$,每个随机数与加解密密钥有相同的长度。A 将这个随机数通过 j 条路径发送到 B。B 接收到这 j 个随机数将它们异或之后,作为新密钥。除非对手能够掌握所有的 j 条路径才能够获得密钥 K 的更新密钥。使用这种算法,路径越多则安全度越高,但路径越长安全度越差。对于任何一条路径,只要路径中的任一节点被俘获,整条路径就等于被俘获了。考虑到长路径降低了安全性,所以一般只研究两跳的多路径密钥增强模型,即任何两个节点间更新密钥时,使用两条安全链路,且任何一条路径只有两跳的情况。此时,通信开销被降到最小,A 和 B 之间只需要交换邻居节点信息,并且两跳不可能存在路径交叠问题,降低了处理难度。

多路径增强一般应用在直连的两个节点之间。如果用在没有共享密钥的节点之间,则会大大降低因为多跳带来的安全隐患。但多路径增强密钥模型增加了通信开销,是不是划算要看具体的应用。密钥池大小对多路径增强密钥模型的影响表现在,密钥池小会削弱多路径增强密钥模型的效率,因为敌方人员容易收集到更多的密钥信息。

4. 随机密钥对模型

随机密钥对模型是 Chan-Perring-Song 等提出共享密钥的又一种安全引导模型。它的原型始于共享密钥引导中的节点共享密钥模式。节点密钥模式是在一个 n 个节点的网络中，每个节点都存储于另外 $n-1$ 个节点的共享密钥，或者说任何两个节点之间都有一个独立的共享密钥。随机密钥对模型是一个概率模型，它不存储所有 $n-1$ 个密钥对，而只存储于一定数量节点之间的共享密钥对，以保证节点之间的安全连通的概率 p，进而保证网络的安全连通概率达到 c。式(7-3-9)给出了节点需要存储密钥对的数量 m。从式(7-3-9)中可以看出，p 越小，则节点需要存储的密钥对越少。所以对于随机密钥对模型来说，要减少密钥存储给节点带来的压力，就需要在给定网络的安全连通概率 c 的前提下，计算单对节点的安全连通概率 p 的最小值。单对节点安全连通概率 p 的最小值可以通过式(7-3-4)和式(7-3-5)计算。

$$m = np \tag{7-3-9}$$

如果给定节点存储 m 个随机密钥对，则能够支持的网络大小为 $n=m/p$。根据连通度模型，p 在 n 比较大的情况下可能会增长缓慢。n 随着 m 的增大和 p 的减小而增大，增大的比率取决于网络配置模型。与上面介绍的随机密钥预分配模型不同，随机密钥对模型没有共享的密钥空间和密钥池。密钥空间存在的一个最大的问题就是节点中存放了大量使用不到的密钥信息，这些密钥信息只在建立安全通道和维护安全通道时用得到，而这些冗余的信息在节点被俘时会给攻击者提供大量的网络敏感信息，使得网络对节点被俘的抵御力非常低。密钥对模型中每个节点存放的密钥具有本地特征。也就是说，所有的密钥都是为节点本身独立拥有的，这些密钥只在与其配对的节点中存在一份。这样，如果节点被俘，那么它只会泄露和它相关的密钥以及它直接参与的通信，不会影响其他节点。当网络感知到节点被俘时，可以通知与其共享密钥对的节点将对应的密钥对从自己的密钥空间中删除。

为了配置网络的节点对，引入了节点标识符 ID 空间的概念，每个节点除了存放密钥外，还要存放与该密钥对应的节点标识符。基于节点标识符的概念，密钥对模型能够实现网络中的点到点的身份认证。任何存在密钥对的节点之间都可以直接进行身份认证，因为只有它们之间才有这个密钥对。点到点的身份认证可以实现很多安全功能，如可以确认节点的唯一性，阻止复制节点加入网络。

随机密钥对模型的初始化过程如下，这里假设网络最大容量为 n 个节点：

(1) 初始配置阶段。为可能的 n 个独立节点分配唯一节点标识符。网络的实际大小可能比 n 小。不用的节点标识符在新的节点加入到网络中时使用，以提高网络的扩展性。每个节点标识符和另外 m 个随机选择的不同节点标识符相匹配，并且为每对节点产生一个密钥对，存储在各自的密钥环中。

(2) 密钥建立的后期配置阶段。每个节点 i 首先广播自己的 ID_i 给它的邻居节点，邻居节点在接收到来自 ID_i 的广播包以后，在密钥环中查看是否与这个节点共享密钥对，如果有，则通过一次加密的握手过程来确认本节点确实和对方拥有共享密钥对。例如，节点 A 和 B 之间存在共享密钥，则它们之间可以通过下面的信息交换完成密钥的建立：

$$A \rightarrow *: \{ID_A\}$$

$$B \rightarrow *: \{ID_B\}$$

$$B \rightarrow A: \{ID_A \mid ID_B\} K_{AB}, MAC(K'_{AB}, ID_A \mid ID_B)$$

$$A \rightarrow B:\{ID_B \mid ID_A\} K_{AB}, MAC(K'_{AB}, ID_B \mid ID_A)$$

经过握手，节点双方确认彼此之间确实拥有共同的密钥对。因为节点标识符很短，所以随机密钥对的密钥发现的通信开销和计算开销比前面介绍的随机密钥预分配模型小。与其他随机密钥预分配模型相同，随机密钥对模型同样存在安全拓扑图不连通的问题。这一点可以通过多跳方式扩展节点的通信范围来缓解。例如，节点在3跳以内的节点发现共享密钥，这样可以大大地提高有效通信距离内的安全邻居节点的个数，从而提高安全连通的概率。

通过多跳方式扩展通信范围必须小心使用，因为在中间节点转发过程中，数据包没有认证和过滤。在配置阶段，攻击者如果向随机节点发送数据包，则该数据包会被当作正常的密钥协商数据包在网络中重复很多遍。这种潜在的DoS攻击可能会终止或者减缓密钥的建立过程，通过限定跳数可以减少这种攻击方法对网络的影响。如果系统对DoS攻击敏感，那么最好不要使用多跳特性。多跳过程在随机密钥模型的操作过程中不是必需的。

(3) 随机密钥对模型支持分布节点的撤除。节点撤除过程主要在发现失效节点、被俘节点或者被复制节点时使用，前面描述过如何通过基站完成对已有节点的撤除，但是因为节点和基站的通信延迟比较大，所以这种机制会降低节点撤除的速度。在撤除节点的过程中，必须在恶意节点对网络造成危害之前将它从网络中剪去除，所以快速反应是非常重要的。

在随机密钥对引导模型中定义了一种投票机制来实现分布式的节点撤除过程，使它不再依靠基站。这个投票机制需要的前提是，每个节点中存在一个判断其邻居节点是否已经被俘的算法。这样，节点可以在收到这样的投票请求时，对它的邻居节点是否被俘进行投票。这个投票过程是公开的，不需要加藏投票节点的节点标识符。如果在一次投票过程中，节点A收到弹劾节点B的节点数超过阈值t，节点A将断开与节点B之间的所有连接。这个撤除节点的消息将通过基站传送到网络配置机构，使后面部署的节点不再与节点B共享密钥。

7.3.4.4 其他的密钥管理方案

基于位置的密钥预分配方案是对随机密钥预分配模型的一个改进。这类方案在随机密钥对模型的基础上引入了传感器节点的位置信息，每个节点都存放一个地理位置参数。基于位置的密钥预分配方案借助于位置信息，在相同网络规模、相同存储容量的条件下可以提高两个邻居节点具有相同密钥对的概率，也能够提高网络攻击节点被俘获的能力。

基于KDC的组密钥管理主要是在逻辑层次密钥(Logical Key Hierarchy，LKH)方案上的扩展，如有路由感知密钥分配方案、ELK方案。这些密钥管理方案对于普通的传感器节点要求的计算量比较少，而且不需要占用大量的内存空间，有效地实现了密钥的前向保密和后向保密，并且可以利用哈希方法减少通信开销，提高密钥更新频率。但在无线传感器网络中，KDC的引入使网络结构异构化，增加了网络的脆弱环节。KDC的安全性直接关系网络的安全。另外，KDC与节点距离很远，节点要经过多跳才能到达KDC，会导致大量的通信开销。一般来说，基于KDC的模型不是传感器网络密钥管理的理想选择。

无线传感器网络的密钥管理方案还有许多，如使用部署知识的多路径密钥增强方案等。通常，应根据具体的应用来选取合适的密钥管理方案。然而，目前大多数的预配置密钥管理机制的可扩展性不强，而且不支持网络的合并，网络的应用受到了局限；而且在资源受限的网络环境下，让传感器节点随机性地和其他节点预配置密钥也不是一个高效能的选择。因此，与应用相关的定向、动态的密钥预配置方案将获得更多的关注。随着新应用的出现和传感器网络中一些基础协议的研究的发展，也需要提出新的相应的密钥管理协议。因此，密钥管理仍然是传感器网络安全的一个研究热点。

7.3.5　网络安全框架协议

视频

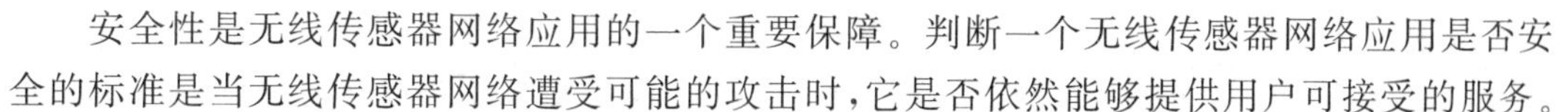

安全性是无线传感器网络应用的一个重要保障。判断一个无线传感器网络应用是否安全的标准是当无线传感器网络遭受可能的攻击时，它是否依然能够提供用户可接受的服务。

因为传感器网络面临诸多威胁，所以需要为传感器网络设计合适的安全防护机制来保证整个网络的安全性。SPINS 安全协议框架是可选的传感器网络安全框架之一，包括 SNEP(Secure Network Encryption Protocol)和 μTESLA(micro Timed Efficient Streaming Loss-tolerant Authentication)两部分。SNEP 用于实现通信的机密性、完整性、新鲜性和点到点的认证，μTESLA 用于实现点到多点的广播认证。

7.3.5.1　安全网络加密协议(SNEP)

SNEP 是一个以低通信开销实现了数据机密性、数据认证、完整性保护、新鲜性保证的简单高效的安全通信协议，是为传感器网络专门设计的。SNEP 本身只描述安全实施的协议过程，并不规定实际实现的算法。该协议采用预共享主密钥(Master Key)的安全引导模型，假设每个节点与基站之间都共享一对主密钥，其他密钥都是从主密钥衍生出来的，协议的各种安全机制通过信任基站完成。

SNEP 实现的机密性不仅具有加密功能，还具有语义安全特性。语义安全特性是针对数据机密性提出的一个概念，是指相同数据信息在不同的时间、上下文，经过相同的密钥和加密算法产生的密文不同。语义安全可以有效抑制已知明文/密文对攻击。实现语义安全的方法有很多，如密码分组链加密模型具有先天的语义安全特性。每块数据的密文是由明文与前段密文迭代产生的；计数器模式也可以实现语义安全，因为每个数据包的密文与其加密时的计数器值相关。

SNEP 的消息完整性和点到点认证是通过消息认证码协议实现的。消息认证码协议的认证公式为

$$M=\mathrm{MAC}(K_{\mathrm{mac}},C \parallel E) \tag{7-3-10}$$

式中，K_{mac} 是消息认证算法的密钥；$C \parallel E$ 是计数器 C 和密文 E 的粘接，表明消息认证码对计数器和密文一起进行运算。

消息认证的内容可以是明文也可以是密文，SNEP 采用的是密文认证。用密文认证方式可以加快接收节点认证数据包的速度，接收节点在收到数据包后可以对密文进行认证，若发现问题则直接丢弃。

SNEP 通过计数器模式支持数据通信的弱新鲜性。所谓弱新鲜性，是指一种单向的新鲜性认证。假设节点 1 给节点 2 连续发送若干个请求数据包，通过计数器值，节点 2 能够知道这些数据包是顺序从节点 1 发送出来的；同样，节点 1 也可以根据计数器值判定从节点 2 发出的若干响应数据包，并且对于任何响应包的重放攻击都能够得到有效抑制，即实现了弱新鲜性认证。但弱新鲜性认证存在一个问题，即节点 1 不能判断它所收到的响应包是否是针对它所发出的请求包的回应，为此，SNEP 使用 Nonce 机制实现强新鲜性认证方法。Nonce 是一个唯一标志当前状态且任何无关者都不能预测的数，通常使用随机数发生器产

生。SNEP 在其强新鲜性认证过程中，在每个安全通信的请求数据包中增加 Nonce 段，唯一标识误码请求包的身份。强新鲜性认证会增加安全通信开销和计算开销，在一般情况下没有必要采用。

7.3.5.2 基于时间高效容忍丢包的微型流认证(μTESLA)协议

在查询式网络中，基站要向所有节点发出查询命令。为节省网络带宽和通信时间，基站一般采取广播的方式通知节点。节点接收广播包时，必须能够对广播包的来源进行认证。广播包的认证和单播包的认证过程不同，单播包的认证只要收发节点之间共享一对认证密钥就可以完成了，而广播包则要使用一个全网公共密钥来完成认证。广播包认证是一个单向的认证过程，所以必须使用非对称机制来完成。如果通过 SNEP 实现广播包的认证，那么需要通过复制数据包以单播包的形式传播到所有节点，开销非常大。

最直接的方法是基站与所有节点共享一个公共的广播认证密钥，节点使用该密钥进行广播包认证。但是，该方法安全度低，因为任何一个节点被俘都会泄露整个网络的广播密钥。若使用一包一密的认证方式，则可以有效防止被俘节点泄露信息，但是需要不断更新密钥，这样就增加了通信开销。因此，需要一套完整有效的机制实现广播包的认证。

TESLA 认证广播协议是一种比较高效的认证广播协议。该协议最初是为组播流认证设计用于 Internet 上进行广播的。连续媒体流认证需要完成以下工作：

(1) 确保发送者是唯一的信任数据源；

(2) 支持成千上万的接收者；

(3) 必须能够容忍丢失；

(4) 效率足够高，以实现高速流媒体的实时传送。

其中，前 3 个特点决定了该协议能够在传感器网络中应用，使认证广播过程不是使用非对称密钥算法，而是采用对称密钥算法大大降低了广播认证的计算强度，提高了广播认证速度。但是，TESLA 协议是针对 Internet 上的流媒体传输设计的认证协议，直接用到传感器网络中开销过大。

μTESLA 是为低功耗设备传感器节点专门打造的实现广播认证的微型化 TESLA 协议版本。在基站和节点松散同步的假设情况下，基于对称密钥体制，μTESLA 协议通过延迟公开广播认证密钥来模拟对称认证。μTESLA 协议实现了基站广播认证数据过程和节点广播认证运算过程。

在基站广播认证数据的过程中，基站用一个密钥计算消息认证码。基于松散时间同步，节点知道同步误差上界，因而了解密钥公开时槽，从而知晓特定消息的认证密钥是否已经被公开。如果该密钥未公开，那么节点可以确信在传送过程中消息不会被篡改。节点缓存消息直至基站广播公开相应密钥。如果节点收到正确密钥，则用该密钥认证缓存中的消息；如果密钥不正确或者消息晚于密钥到达，则该消息可能被篡改，将会被丢弃。

在 μTESLA 协议中，基站的消息认证码密钥来自一个单向哈希密钥链，单向哈希函数 F 公开。首先基站随机选择密钥 K_n 作为密钥链中第一个密钥，重复运用函数 F 产生其他密钥：

$$K_i = F(K_{i+1}), \quad 0 \leqslant i \leqslant n-1 \tag{7-3-11}$$

密钥链中每个密钥都关联一个时槽，基站可以根据发送消息的相应时槽选择密钥来计算消息认证码，如图 7-3-4 所示。

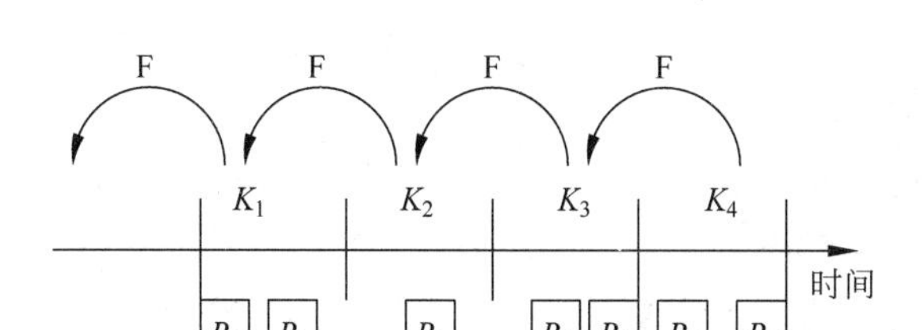

图 7-3-4　μTESLA 单向密钥链

例如,假设数据包 P_1 和 P_2 在时段 1 发送,采用密钥 K_1 加密;数据包 P_3 在时段 2 发送,采用密钥 K_2 加密。接收者在接收到这些数据包之后,首先通过一个单向函数 $K_0=F(K_1)$ 鉴别 K_1,如果鉴别通过,接收端采用密钥 K_1 解密数据包 P_1 和 P_2。同样地,在其他时段,只要节点接收到前一个时段的密钥 K_j,就采用一组单向函数 $K_i=F_{j-i}(K_j)$ 来鉴别密钥 K_j。如果鉴别通过,则授权新的密钥 K_j,用于解密时段 i 和 j 之间接收到的所有数据包。

7.4　无线传感器网络数据融合

视频

7.4.1　数据融合概述

7.4.1.1　无线传感器网络数据融合的特点和作用

数据融合是利用计算机技术对按时序获得的多传感器观测信息在一定的准则下进行多级别、多方面、多层次信息检测、相关估计和综合,以获得目标的状态和特征估计,产生比单一传感器更精确、完整、可靠的信息和更优越的性能。数据融合技术是 20 世纪 70 年代为满足军事应用的需要而诞生的,它通过对各传感器信息的获取、综合、滤波估计、融合,来实现自动化的军事指挥,如图 7-4-1 所示给出了军事指挥系统中数据融合的一般处理模型。

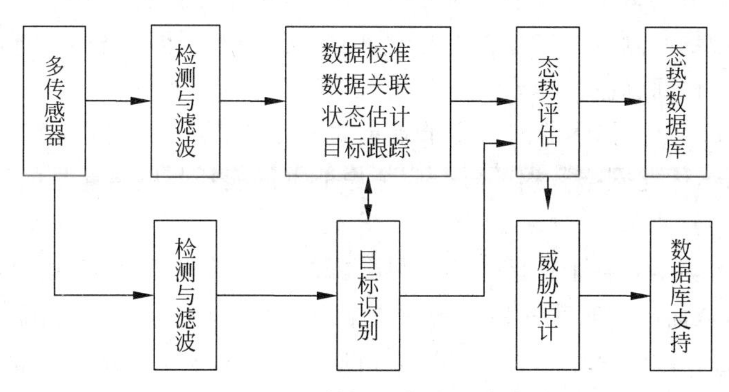

图 7-4-1　数据融合功能模型

数据融合需要充分利用传感器资源,合理支配和使用传感器的观测信息,依据某种准则组合多个传感器在空间或时间上的冗余或互补信息,以获得被测对象的一致性解释或描述。

数据融合技术有以下几方面的优点:

(1) 提高了信息的可信度。多传感器能够更加准确地获得环境与目标的某一特征或一组相关特征;与单一传感器获得的信息相比,进行多传感器数据融合所获得的综合信息具有更高的精度和可靠性。

(2) 扩展了系统的空间、时间覆盖能力。多个传感器在空间交叠，时间上轮值，扩展了整个系统的时空覆盖范围。

(3) 减小了系统的信息模糊程度。由于采用多传感器信息进行检测、判断、推理等运算，所以降低了事件的不确定性。

(4) 改善了系统的检测能力。多个传感器可以从不同的角度得到结论，提高了系统发现问题的概率。

(5) 提高了系统的可靠性。多传感器相互配合，系统获取的信息就具有冗余度，某个传感器的失效不会影响整个系统，降低了系统的故障率。

(6) 提高了系统决策的正确性。多传感器增加了信息采集的可靠度，决策级融合所得结论的可信度更高。

无线传感器网络经常架设在人类难以到达的恶劣环境下，能量补充往往存在较大困难，而传感器节点的寿命严格受到电池电量和网络特性的限制。因此，无线传感器网络需要降低系统功耗，延长网络的生存周期，这就要求节点在接收和传输数据时尽可能消耗更少的能量。所以，通过在节点间尽可能地使用本地融合可以有效提高带宽的利用率，降低节点能量消耗，减少由于部分节点死亡对网络造成的破坏，从而达到延长网络生存周期的目的。

无线传感器的数据融合技术与传统的多传感器数据融合技术相比，在以下几个方面有更高的要求：

(1) 稳定性。传统多传感器数据融合是通过扩展空间覆盖范围与提高抗干扰能力，来增强运行的鲁棒性。无线传感器网络则从提高数据收集效率出发，数据融合多在网内(局部范围)完成。由于恶劣环境因素或自身能量耗尽，部分节点会出现失效情况，因此鲁棒性和自适应性是传感器网络数据融合实现的前提需求。

(2) 数据关联(data association)。传统多传感器数据融合着重解决多目标的数据关联问题。而无线传感器网络中大量节点所处位置不同，相互之间进行通信时存在干扰，造成不同传感器对同一参量的测量结果存在差异性，因此无线传感器网络的数据融合更多在于解决数据的相关二义性问题。

(3) 能量约束。无线传感器网络中节点能量有限，且节点发送与接收数据的耗能远大于计算与存储能耗，因此网络数据的融合应考虑节点的能耗与网络能量的均衡，融合处理节点选择至关重要。

数据融合的关键是对各个传感器所测得数据的真实性进行判别，找出不同传感器数据之间的相互关系，从而决定对哪些传感器的数据进行融合，目前关于数据融合算法的研究都具有很强的针对性，往往是针对某一问题本身进行相应的算法研究。一般的融合方法中存在的问题是：在判别传感器数据之间的相互关系时过于绝对化和经验化，从而使融合的结论受主观因素的影响过大，不利于对实际情况做出客观的判别。在无线传感器网络研究领域，许多学者将数据融合技术与协议层次研究相结合。如：在应用层设计中，利用分布式数据库技术对采集的数据逐步筛选，达到数据融合的效果；在网络层研究中，路由协议中采用数据融合机制来减少传输数据量。

7.4.1.2 无线传感器网络数据融合层次

无线传感器网内数据融合主要有两个融合层次，即数据包级和应用级。

1. 数据包级融合

数据包级上的融合操作包括有损融合和无损融合。在有损融合中，通常采用减少信息的详细内容或降低信息质量的方式来减少数据传输量，从而达到降低功耗的作用；而在无损融合中，所有的信息都将会得到保留。在各个结果之间相关性较大的情况下，会存在许多冗余数据。无损融合的两个例子是时间戳融合和打包融合。时间戳融合可以在远程监测的任务中使用。在这种情况下，数据信息可能包含多种属性，各属性中均包含时间戳。不同属性之间或许是时间相关的(如彼此都是在1s之内产生的)，那么不同属性中的时间戳就可以使用一个共同的时间戳来表示。在打包融合中，几个未经融合的数据包被打成一个数据包(不压缩)。在这里唯一的节省就是这些数据包包头的节省。

2. 应用级融合

应用级上的融合操作是用整个网络作为对数据信息进行处理的计算平台，数据信息能够在传送给用户前在网络内进行预处理。例如接收节点只对感知数据的最大值感兴趣，那么若一个节点同时收到了两个感知数据的包，则只需传送包含最大值的数据包。

7.4.2 数据融合分类

视频

7.4.2.1 根据处理融合信息的方法分类

根据处理融合信息的方法不同，数据融合系统可分为集中式、分布式和混合式3种。

1. 集中式

各个传感器的数据都送到融合中心进行融合处理。这种方法实时性好、数据处理精度高，可以实现时间和空间的融合。但是该方法融合中心的负荷大、可靠性低、数据传输量大，对融合中心的数据处理能力要求高。

2. 分布式

各个传感器对自己测量的数据单独进行处理，然后将处理结果送到融合中心，由融合中心对各传感器的局部结果进行融合处理。与集中式相比，分布式处理对通信带宽要求低，计算速度快，可靠性和延续性好，系统生命力强。但分布式数据融合精度没有集中式高，每个传感器在自己做出决策的过程中增加了融合处理的不确定性。

3. 混合式

混合式是以上两种方式的组合，可以均衡上述两种方式的优缺点，但系统结构同时变得复杂。

7.4.2.2 根据融合处理的数据种类分类

根据融合处理的数据种类，数据融合系统可以分为时间融合、空间融合和时空融合。

(1) 时间融合：同一传感器在不同时间的测量值进行融合。

(2) 空间融合：不同传感器在同一时刻的测量值进行融合。

(3) 时空融合：不同的传感器在一段时间内的测量值不断地进行融合。

7.4.2.3 根据信息的抽象程度分类

根据信息的抽象程度来分，数据融合可分为数据级融合、特征级融合和决策级融合3种。

1. 数据级融合

如图7-4-2所示，是直接在采集到的原始数据层上进行的融合，在传感器采集的原始数据未经处理之前就对数据进行了分析和综合。这是最低层次的数据融合。这种融合的主要优点是能保持尽可能多的原始现场数据,提供更多其他融合层次不能提供的细节信息。由于这种融合是在信息的最底层进行的,传感器的原始信息存在不确定性、不完全性和不稳定性,所以要求在进行数据融合时有较高的纠错能力。因为需要各传感器信息之间具有精确到一个数据的校准精度,所以要求各传感器信息来自拥有同样校准精度的传感器。

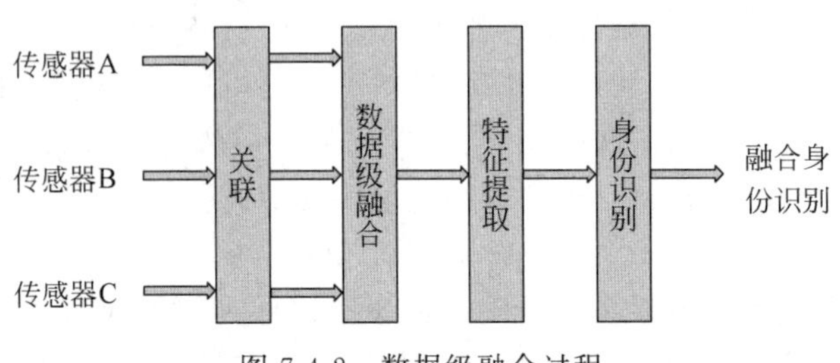

图 7-4-2　数据级融合过程

数据级融合通常用于多源图像复合、图像分析和理解、同类(同质)雷达波形的直接合成、多传感器遥感信息融合等。

2. 特征级融合

如图 7-4-3 所示特征级融合属于中间层次,它先对来自传感器的原始数据提取特征信息。通常来讲,提取的特征信息应是像素信息的充分表示量或充分统计量,然后按特征信息对多传感器数据进行分类、汇集和综合。特征级融合的优点在于实现了可观的信息压缩,有利于实时处理。由于所提取的特征信息直接与决策分析有关,因而融合结果能最大限度地给出决策分析所需要的特征信息。特征级融合分为两大类:目标状态数据融合和目标特性融合。目标状态数据融合主要用于多传感器目标跟踪领域。目标特性融合多用于多传感器的目标识别领域。

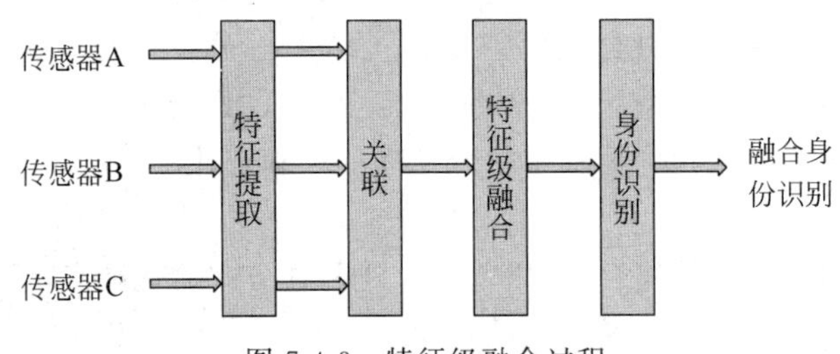

图 7-4-3　特征级融合过程

3. 决策级融合

如图 7-4-4 所示,决策级融合是在最高级层进行的融合。在融合之前,每种传感器的信号处理装置已完成决策或分类任务。信息融合只是根据一定的准则和决策的可信度做最优决策,以便具有良好的实时性和容错性,使传感器网络在一种或几种传感器失效时也能工作。决策级融合的结果是为决策提供依据,因此,决策级融合通常是从具体的决策问题出发,充分利用特征级融合所提取对象的各类特征信息,采用特定的融合技术来实现。决策级融合直接针对具体决策目标,融合结果对决策的水平有直接影响。

决策级融合的主要优点有:

(1) 具有很高的灵活性;

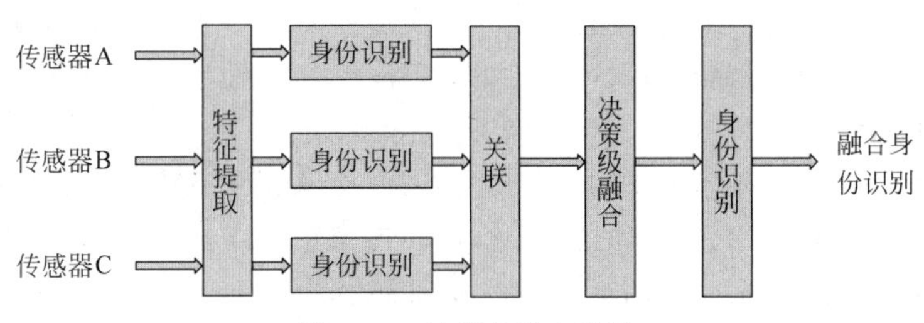

图 7-4-4 决策级融合过程

(2) 系统对信息传输的带宽要求较低；

(3) 能有效反映环境或目标各个侧面的不同类型信息；

(4) 当一个或几个传感器出现错误时，通过适当融合，系统还能获得正确的结果，所以具有容错性；

(5) 通信量小，抗干扰能力强；

(6) 对传感器的依赖性小，传感器可以是同质的，也可以是异质的；

(7) 融合中心处理代价低。

但是，决策级融合需要对传感器采集的原始信息进行预处理并获得各自的判决结果，因此预处理代价很高。

7.4.3 常用的数据融合算法

7.4.3.1 数据融合算法类型

进行数据融合算法的相关理论包括如下几种。

1. 检测和决策理论

该理论是根据被测对象的测量值，对被选假设做出决策，以确定哪个假设能最佳地描述观测值。这种方法的代表为贝叶斯概率理论、D-S(Dempster-Shafer)证据理论、马尔可夫随机域理论等。

2. 估计理论

一个参量的估计要使用多个观测变量的测量值，而这些观测量又直接与该参量相关。估计理论是利用与被估计参数有关变量的多次观测值，对该参数进行估计。代表性方法有最小二乘法、最大似然法、维纳滤波、卡尔曼滤波等。这些方法的共同特点是需要建立测量与估计参数之间关系的模型，并要有测量误差或估计参数特征的统计知识。

3. 数据关联技术

对于多传感器数据源在进行分类或估计之前，可以将测量值按来源不同分成不同的集合实现数据关联。常用的关联技术包括匹配滤波器、卡尔曼滤波器等。

4. 不确定性管理

系统复杂性的增加不可避免地导致各种不确定因素的产生。

贝叶斯概率模型是最常用的描述测量(证据)不确定性的方法，它用概率来表示假设(或命题)的置信度。

D-S 证据理论通过引入概率区间的概念提供了一种表示信息未知的方法，并给出了将各种证据组合在一起的算法。

和随机性一样，模糊性在数据融合系统中也大量存在，尤其是在一些涉及用人的知识和经验描述的场合下，因而模糊理论及一些启发式方法也被大量应用于数据融合系统。

5. 基于知识的方法

从模仿生命系统信息处理方式的角度出发，人们提出了许多基于知识的数据和信息处理方法，例如，人工神经网络、模糊系统、进化计算、专家系统以及人工智能等。这些方法都试图从某种角度来模仿生命系统的运作过程，因而被称为基于知识的或者智能的信息处理方法。

7.4.3.2 D-S 证据理论

在数据融合系统中，各个传感器提供的信息往往是不完整、不精确的，具有某种程度的不确定性及模糊性，甚至有可能是矛盾的。数据融合不得不依据这些不确定性信息进行推理，以达到监测目标状态、做出决策的目的。D-S 证据理论是不确定性推理的一种重要方法。

1. 证据理论基础

不确定性推理是处理不完全、不确定、不清晰的信息或数据的基础，是目标识别和属性信息融合的基础。贝叶斯推理、证据理论、模糊逻辑推理、基于规则推理等都属于不确定性推理方法。证据理论是 Dempster 于 1967 年研究统计问题时首先提出的，Shafer 把它推广到更加一般的情形并使之系统化、理论化。因此该理论又称为 Dempster-Shafer 证据理论(简称 D-S 理论或 D-S 证据理论)。

证据理论中，概率可以看成是为一个命题赋真值，不仅可以取 0 或 1，还可以取之间的所有值。换句话说，该命题为真的程度并非 1 或 0，而是介于 0～1 的数。求某个命题的概率也即确定它为真的程度。概率是一个人在证据的基础上构造出的他对命题为真的信任程度，简称可信度。

证据是证据理论的核心，这里的“证据”并不是指通常意义上的证据，而是人们知识和经验的一部分，是人们对有关问题所做的观察和研究的结果。决策者的经验知识以及他对问题的观察研究都是用来做决策的证据。证据理论要求决策者根据自己拥有的证据，在假设空间(或称识别框架)上产生一个概率分配函数，称为 mass 函数。mass 函数可以看作是该领域专家凭借自己的经验对假设所做的评价，这种评价对于某一问题的最终决策者来说又可以看作是一种证据。

2. 识别框架

对于某个决策问题，对于该问题的所有可能结果的集合用 Θ 表示，那么任一命题都对应于 Θ 的一个子集，Θ 称为识别框架，Θ 的子集称为一个命题。

这些可能的结果也可称为对问题的假设。各个假设相互排斥，并且完备地描述了问题的所有可能。Θ 的幂集 2^{Θ} 表示了所有可能的命题集，即 Θ 的所有子集构成的集合。通常是一个非空的有限集合，R 是识别框架幂集 2^{Θ} 的一个集类，即表示任何可能的命题集，(Θ, R)称为命题空间。因为 R 有集合性质，故可以在 R 上定义并、交、补以及包含等关系。

3. 概率分配函数

设 Θ 为识别框架，若函数 $m: 2^{\Theta} \to [0,1]$满足：

(1) $m(\phi)=0$

(2) $\sum_{A \subseteq \Theta} m(A)=1$

则 m 称为识别框架上的概率分配函数，$m(A)$称为 A 的基本概率数。

$m(A)$表示指派给 A 本身的信任测度，即证据支持命题 A 本身发生的程度，它并不支持 A 的任何真子集。

$m(A)$也称为假设的质量函数或 mass 函数。mass 函数是人们凭经验给出的，或者根据传感器所得到的数据构造而来。

4. 信任函数和似然函数

设 Θ 为识别框架，当且仅当其满足：

(1) $\text{Bel}(\phi)=0$

(2) $\sum_{A \subseteq \Theta} \text{Bel}(A)=1$

(3) $\forall A_1, A_2, \cdots, A_n \subseteq \Theta$($n$ 为任意自然数)，有

$$\text{Bel}\left(\bigcup_{i=1}^{n} A_i\right) \geqslant \sum_{i=1}^{n} \text{Bel}(A_i)-\sum_{i<j} \text{Bel}(A_i A_j)+\cdots+(-1)^{n+1} \text{Bel}(A_1 A_2 \cdots A_n) \tag{7-4-1}$$

则称 Bel: $2^{\Theta} \rightarrow [0,1]$是信任函数，似然函数定义为：$\text{pl}(A)=1-\text{Bel}(\bar{A})$(对于所有的 $A \subseteq \Theta$)。

信任函数 Bel(A)表示给予命题 A 的全部支持程度，包括对 A 的子集的支持。似然函数 pl(A)表示不反对命题 A 的程度，亦即与 A 交集非空的全部集合所对应的基本可信度分配值之和。[Bel(A)，pl(A)]构成证据不确定区间，表示证据的不确定程度。

5. D-S 合成规则

D-S 合成规则反映证据的联合作用，给定几个同一识别框架下基于不同证据的概率分配函数，如果这几批证据不是完全冲突的，那么就可以利用 D-S 合成规则计算出一个概率分配函数，这个概率分配函数可以作为在这几批证据的联合作用下产生的概率分配函数。设 m_1 和 m_2 分别是同一识别框架 Θ 上的两个概率分配函数，子集分别为 $A_1, A_2, \cdots, A_k$ 和 $B_1, B_2, \cdots, B_l$，设

$$\sum_{A_i B_j=\Theta} m_1(A_i) m_2(B_j)<1 \tag{7-4-2}$$

那么由下式定义的函数 m：$2^{\Theta} \rightarrow [0,1]$是联合概率分配函数：

$$m(A)\begin{cases}0, & A=\phi \\ \dfrac{\sum\limits_{A_i B_j=A} m_1(A_i) m_2(B_j)}{1-\sum\limits_{A_i B_j=\phi} m_1(A_i) m_2(B_j)}, & A \neq \phi\end{cases} \tag{7-4-3}$$

由 m 给定的为两个概率分配函数的合成，多个概率分配函数的合成可以由两个概率分配函数合成的递推得到。由新的概率分配函数可得到新的证据体和信任函数。

7.4.3.3 基于点估计理论的递推估计数据融合方法

点估计理论的递推估计数据融合方法原理：设剔除偶然误差后的测量数据 $x_1, x_2, \cdots, x_n$，其算术平均值为$\bar{x}=\sum_{i=1}^{n} x_n$，并把它作为递推估计的初值和检测结果 x^{-}。后续测量中，

根据系统的误差要求 ε 对传感器后续采样值 x^k ($k=n+1,n+2$) 进行一致性检验，即当 $|x^k - x^-| \leqslant \varepsilon$ 时，认定 x^k 为一致性测量数据，然后计算 x^- 和 x^k 的递推估计值 x^+，并将 x^+ 作为新的测量结果和下一次传感器采样一致性测量数据进行递推估计。如果 $|x^k - x^-| \geqslant \varepsilon$ 则剔除 x^+，仍将 x^- 作为测量结果。

对于被估计的参数 X，测量方程为

$$\begin{bmatrix} x^- \\ x^k \end{bmatrix} = \boldsymbol{H}X + \begin{bmatrix} V^- \\ V^k \end{bmatrix} \tag{7-4-4}$$

式中，系数矩阵 $\boldsymbol{H}$ 设为 $\begin{bmatrix} 1 \\ 1 \end{bmatrix}$，$V^-$ 和 V^+ 为正态分布的测量噪声。令 x^-、x^+ 的方差分别为 σ_-^2 和 σ_+^2，则测量噪声的协方差为

$$\boldsymbol{D} = \boldsymbol{E}[\boldsymbol{V} \quad \boldsymbol{V}^{\mathrm{T}}] = \begin{bmatrix} E(V^-)^2 & E[V^- V^k] \\ E[V^k V^-] & E[V_k^2] \end{bmatrix} \tag{7-4-5}$$

由统计理论中点估计理论可得参数 X 实时一致最小方差无偏估计值为

$$\begin{aligned} x^+ &= x^- + \sigma_-^2 \boldsymbol{H}^{\mathrm{T}}[\boldsymbol{H}\sigma_-^2 + \boldsymbol{D}]^{-1}[x^k - \boldsymbol{H}x^-] \\ &= x^- + \sigma_-^2 [\sigma_-^2 + \sigma_k^2]^{-1}[x^k - x^-] \\ &= \frac{\sigma_k^2}{\sigma_-^2 + \sigma_k^2} x^- + \frac{\sigma_-^2}{\sigma_-^2 + \sigma_k^2} x^k \end{aligned} \tag{7-4-6}$$

上式即为递推估计的数据融合算法。

估计值 x^+ 的方差为

$$\begin{aligned} \sigma_+^2 &= \sigma_-^2 - \sigma_-^2 \boldsymbol{H}^{\mathrm{T}}[H\sigma_-^2 \boldsymbol{H}^{\mathrm{T}} + \boldsymbol{D}]^{-1}[\boldsymbol{H}\sigma_-^2] \\ &= \sigma_-^2 - \sigma_-^2 [\sigma_-^2 + \sigma_k^2]^{-1} \sigma_-^2 \\ &= \frac{\sigma_k^2 \sigma_-^2}{\sigma_-^2 + \sigma_k^2} \end{aligned} \tag{7-4-7}$$

实际中不知道 σ_-^2、σ_k^2，一般采用它们的估计值。

点估计理论的递推估计数据融合方法实用举例：假设在同一个监测区域内，50 个节点同时测量监测区域的湿度，其测量结果叠加噪声如表 7-4-1 所示(以 26%为基准真实值，且都是一致性测量数据)。

表 7-4-1 传感器节点实测湿度值/%

25.0305	26.9003	26.5839	25.8373	26.8709
25.4055	25.4623	25.9129	26.2309	25.1158
26.0056	25.7057	26.5242	25.8114	25.3974
26.4936	25.6924	26.4189	26.2137	26.6762
25.0393	25.0370	26.2076	25.8902	26.3626
26.8436	26.8338	26.6263	26.4764	26.0503
26.3626	25.8578	25.9720	26.6428	25.8205
25.0197	25.5444	26.8636	25.4053	25.7590
25.6092	26.7826	25.8894	25.3525	26.7873
25.2778	25.3976	25.9320	26.3443	26.6636

由于前5个数据只产生一个有效测量值(x^-)，$x^- = 26.1165$，$\sigma_-^2 = \frac{1}{5}\sum_{i=1}^{5}(T_i - x^-)^2 = 0.3776$，$\sigma_k^2 = E(x^2) - E^2(x) = 0.3$，故经过滤波处理以后只有46组数据。

如果将原始测量结果按照分批估计算法分成两批，则分批估计融合值的方差为0.0084，而递推估计融合值的方差为0.1672，可见分批估计融合算法比递推估计融合算法优越。

7.4.3.4 算术平均数据融合方法

在相同的观测条件下，对某量进行多次重复观测，根据偶然误差特性，可取其算术平均值作为最终观测结果。

设对某量进行了 n 次等精度观测，观测值分别为 $l_1, l_2, \cdots, l_n$，其算术平均值为

$$L = \frac{l_1 + l_2 + \cdots + l_n}{n} \tag{7-4-8}$$

设观测量的真值为 X，观测值为 l_i，则观测值的误差为

$$\begin{cases} \Delta_1 = l_1 - X \\ \Delta_2 = l_2 - X \\ \vdots \\ \Delta_n = l_n - X \end{cases} \tag{7-4-9}$$

将式(7-4-9)内的各式两边相加，并除以 n，得

$$\frac{\Delta_1 + \Delta_2 + \cdots + \Delta_n}{n} = X - \frac{l_1 + l_2 + \cdots + l_n}{n} \tag{7-4-10}$$

进一步可得

$$L = X + \frac{\Delta_1 + \Delta_2 + \cdots + \Delta_n}{n} \tag{7-4-11}$$

根据偶然误差的特性，当观测次数 n 无限增大时，则有

$$\lim_{n \to \infty} \frac{\Delta_1 + \Delta_2 + \cdots + \Delta_n}{n} = 0 \tag{7-4-12}$$

那么同时可得

$$\lim_{n \to \infty} L = X \tag{7-4-13}$$

由上式可知，当观测次数 n 无限增大时，算术平均值趋近于真值。但在实际测量工作中，观测次数总是有限的，因此，算术平均值较观测值更接近于真值。将最接近于真值的算术平均值称为最或然值或最可靠值。这种算法简单有效，但是在户外的场合采样时，一般采样数据会有噪声干扰，直接用平均法会丢失很多有效的数据，并且精度也没有分批估计算法的好。

7.4.3.5 传统数据融合算法分析

数据融合算法泛指所有用来对多源系统获得的多个数据进行各种数据处理并进行符号推理以构成系统一致结果的方法。相对于融合理论本身而言，数据融合算法更容易实现。由于数据融合多学科交叉的性质，其算法也有许多不同的分类标准。

数据融合算法中应用较多且比较典型的融合方法包括加权平均、卡尔曼滤波、贝叶斯估

计、D-S 证据理论、模糊逻辑、统计决策理论、产生式规则、聚类分析法、神经网络等。

加权平均法是最简单、最直观的融合方法，通过将多个传感器提供的冗余原始数据进行加权平均处理，把处理结果作为最终配合结论来实现。该方法能实时处理动态的原始传感器数据，但调整和设定权系数的工作量很大，并带有一定的主观性。

卡尔曼滤波(KF)用测量模型的统计特性递推来决定统计意义下最优融合数据，用于实时融合动态的低层次多余传感器数据。该方法的递推特性使系统数据处理不需要大量的数据存储和计算。卡尔曼滤波又分为分散卡尔曼滤波(DKF)和扩展卡尔曼滤波(EKF)。DKF 能够实现多传感器数据融合完全分散化，每个传感器节点失效不会导致整个系统失效。EKF 可以有效克服数据处理不稳定性或系统模型线性程度的误差对融合过程产生的影响。

贝叶斯(Bayes)估计是融合静态环境中多传感器低层数据的一种常用方法，适用于具有加性高斯噪声的不确定性信息。该方法又包括采用一致传感器的贝叶斯估计和多贝叶斯估计。在采用一致传感器的贝叶斯估计方法中，首先要去除可能有错误的传感器数据信息，再对剩下的一致传感器提供的信息进行融合处理，其信息不确定性描述为概率分布，需要给出各传感器对目标类别的先验概率。多贝叶斯方法将环境表示为不确定几何物体的集合，对系统的每一个传感器进行一种贝叶斯估计，将各单独物体的关联概率分布组合成一个联合后验概率分布函数，通过队列的一致性观察来描述环境。

D-S 证据理论是对贝叶斯推理方法推广，但不需要知道先验概率，能够很好地表示"不确定"，被广泛用来处理不确定数据。它主要适用于信息融合、专家系统、情报分析、法律案件分析、多属性决策分析工作。D-S 证据理论的主要特点是：满足比贝叶斯概率论更弱的条件；能够强调事物的客观性，还能强调人类对事物估计的主观性，其最大的特点就是对不确定性信息的描述采用"区间估计"，而非"点估计"，在区分不知道和不确定方面以及精确反映证据收集方面显示出很大的灵活性。

模糊逻辑推理是将多传感器数据融合过程中的不确定性直接表示在推理过程中，是一种不确定推理过程。此方法首先对多传感器的输出模糊化，将所测得的物理量进行分级，用相应的模糊子集表示，并确定这些模糊子集的隶属函数，每个传感器的输出值对应一个隶属函数，然后使用多值逻辑推理，根据模糊集合理论的演算，将这些隶属函数进行综合处理，最后将结果清晰化，计算出非模糊的融合值。

统计决策理论将信息不确定性表示为可加噪声，先对多传感器数据进行鲁棒假设测试，以验证其一致性，再利用一组鲁棒最小最大决策规则对通过测试的数据进行融合。

带有置信因子的产生式规则将不确定性描述为置信因子，用符号表达传感器信息和目标属性之间的关系。产生式规则一般要通过对具体使用的传感器的特性和环境特性分析后人为产生，不具有一般性产生方法，这使系统在改换或增减传感器时，其规则要重新产生，这种方法的系统扩展性较差。

聚类分析法是利用生物科学和社会科学中众所周知的一种启发式算法，根据预先制定的相似标准把观测量分为一些自然组或聚集，再使自然组与目标预测类型相关。由于聚类算法的启发式特征，一般来说数据的标准相似尺度、聚类算法的选择甚至输入数据的次序都可能反映到结果聚集中，因此要根据聚类法的效率和特征聚集的可重复能力来决定是否采用此方法。

神经网络法是通过模仿人脑的结构和工作原理完成多传感器的数据信息融合。首先由数据系统和信息融合形式确定神经网络的拓扑结构，将综合处理后的传感器输入信息作为总体的输入函数，并将此函数映射定义为相关单元的映射函数，然后对传感器的输出信息进行学习，分配权值，完成知识获取和数据融合。

在结构健康监测中多数监测节点都处于静态环境中，如桥梁健康监测、大型建筑物的损伤监测等。另外，结构监测中所测得的数据因为环境噪声等因素的影响，将使监测值产生不确定性。结合在之前对网络层数据融合讨论得出的结论，采用以数据为中心的路由方式进行数据融合。这里采用一种基于被动分簇的改进定向扩散路由，构造出一棵数据融合树实现数据融合。在融合阶段采用多传感器中的一致性数据融合算法并对其加以改进。

7.4.4 无线传感器网络数据融合方法

视频

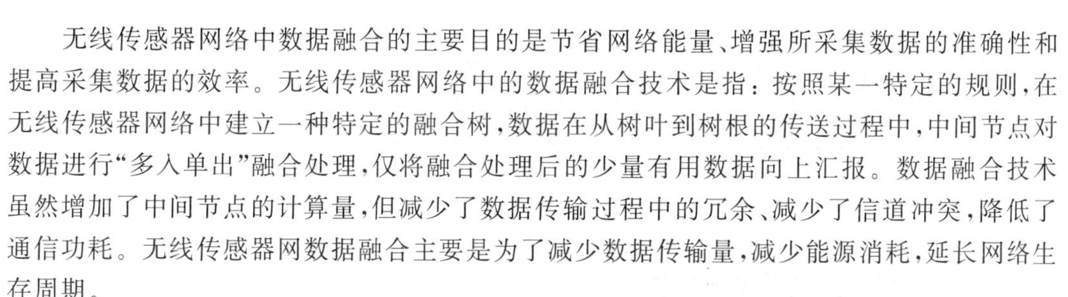
无线传感器网络中数据融合的主要目的是节省网络能量、增强所采集数据的准确性和提高采集数据的效率。无线传感器网络中的数据融合技术是指：按照某一特定的规则，在无线传感器网络中建立一种特定的融合树，数据在从树叶到树根的传送过程中，中间节点对数据进行“多入单出”融合处理，仅将融合处理后的少量有用数据向上汇报。数据融合技术虽然增加了中间节点的计算量，但减少了数据传输过程中的冗余、减少了信道冲突，降低了通信功耗。无线传感器网数据融合主要是为了减少数据传输量，减少能源消耗，延长网络生存周期。

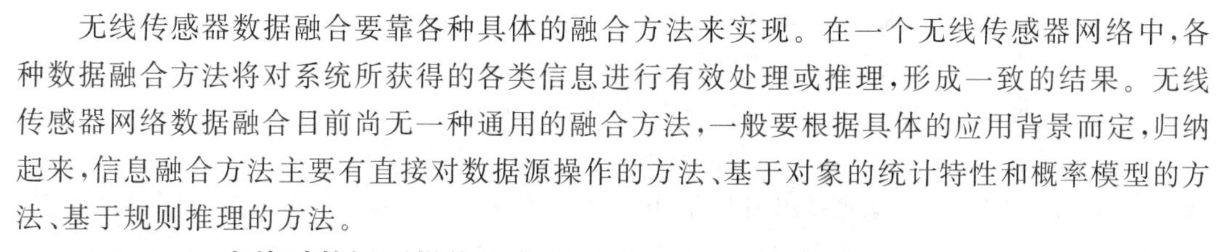
无线传感器数据融合要靠各种具体的融合方法来实现。在一个无线传感器网络中，各种数据融合方法将对系统所获得的各类信息进行有效处理或推理，形成一致的结果。无线传感器网络数据融合目前尚无一种通用的融合方法，一般要根据具体的应用背景而定，归纳起来，信息融合方法主要有直接对数据源操作的方法、基于对象的统计特性和概率模型的方法、基于规则推理的方法。

7.4.4.1 直接对数据源操作的方法

1. 加权平均法

加权平均法是最简单直观的实时处理信息的融合方法。基本过程如下：设用 n 个传感器对某个物理量进行测量，第 i 个传感器输出的数据为 x_i，其中 $i=1,2,\cdots,n$。对每个传感器的输出测量值进行加权平均，加权系数为 ω_i，得到的加权平均融合结果为

$$\overline{X}=\sum_{i=1}^{n}\omega_i x_i \tag{7-4-14}$$

加权平均法将来自不同传感器的冗余信息进行加权平均作为融合结果，该方法必须先对系统和传感器进行详细分析，以获得正确的权值。

2. 神经网络法

神经网络是模拟人类大脑而产生的一种信息处理技术，它由大量以一定方式相互连接和相互作用的具有非线性映射能力的神经元组成，神经元之间通过权值系数相连。将信息分布于网络的各连接权值中，使得网络具有很高的容错性和鲁棒性。神经网络根据各传感器提供的样本信息，确定分类标准，这种确定方法主要表现在网络的权值分布上，同时还采用神经网络特定的学习算法进行离线或在线学习来获取知识，得到不确定性推理机制，然后根据这一机制进行融合和再学习。

当在同一个逻辑推理过程中的两个或多个规则形成一个联合的规则时，可以产生融合。神经网络具有较强的容错性和自组织、自学习、自适应能力，能够实现复杂的映射。神经网络的优越性和强大的非线性处理能力，能够很好地满足多传感器数据融合技术的要求。

基于神经网络的传感器数据融合具有如下特点：具有统一的内部知识表示形式，通过学习可将网络获得的传感器信息进行融合，获得相关网络的测量参数，并且可将知识规则转换成数字形式，便于建立知识库；充分利用外部环境信息，有利于实现知识自动获取及进行联想推理；其有大规模并行处理信息的能力，能够提高系统的处理速度。

由于神经网络本身所具有的特点，它为多传感器数据融合提供了一种很好的方法。基于神经网络多传感器融合的一般结构如图 7-4-5 所示，其处理过程如下：

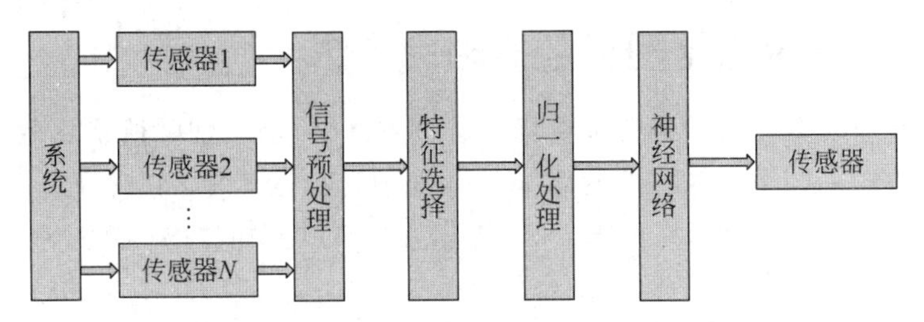

图 7-4-5　基于神经网络的传感器数据融合

(1) 用选定的 N 个传感器检测系统状态。

(2) 采集 N 个传感器的测量信号并进行预处理。

(3) 对预处理后的 N 个传感器信号进行特征选择。

(4) 对特征信号进行归一化处理，为神经网络的输入提供标准形式。

(5) 将归一化的特征信息与已知的系统状态信息作为训练样本，输入神经网络进行训练，直到满足要求为止。该训练好的网络作为已知网络，只要将归一化的多传感器特征信息作为输入信号输入该网络，则网络输出就是被测系统的状态。

7.4.4.2　基于对象的统计特性和概率模型的方法

1. 卡尔曼滤波法

卡尔曼(Kalman)滤波法主要用于动态环境中冗余传感器信息的实时融合，该方法应用测量模型的统计特性递推地确定融合数据的估计，且该估计在统计意义下是最优的。滤波器的递推特性使得它特别适合在那些不具备大量数据存储能力的系统中使用。对于系统是线性模型，且系统与传感器的误差均符合高斯白噪声模型，则卡尔曼滤波将为融合数据提供唯一的统计意义上的最优估计。对系统和测量不是线性模型的情况，可采用扩展的卡尔曼滤波。对于系统模型有变化或系统状态有渐变或突变的情况，可采用基于强跟踪的卡尔曼滤波。下面对常规卡尔曼滤波融合算法做简要介绍。

设动态系统的数学模型为

$$\begin{cases} X_{k+1} = \boldsymbol{\phi} X_k + \omega_k \\ Z_k = HX_k + v_k \end{cases} \tag{7-4-15}$$

式中，$\boldsymbol{X}$ 为系统的状态向量；$\boldsymbol{\phi}$ 是系统的状态转移矩阵；$\boldsymbol{\omega}$ 是系统噪声，并设其协方差阵为 $\boldsymbol{Q}$；$\boldsymbol{Z}$ 为观测向量；$\boldsymbol{v}$ 为观测噪声，并设 $\boldsymbol{R}$ 为其协方差阵；设 $\boldsymbol{H}$ 为系统的观测矩阵。

采用最小方差估计方法根据测量值 Z 估计系统状态 X 的卡尔曼滤波器包括时间更新

和测量更新两个过程，其方程如下：

时间更新过程为

$$\hat{X}_{k+1,k}=\boldsymbol{\phi}\hat{X}_{k,k} \tag{7-4-16}$$

$$P_{k+1,k}=\boldsymbol{\phi}P_{k,k}\boldsymbol{\phi}^{\mathrm{T}}+Q_k \tag{7-4-17}$$

即根据本时刻的状态估计下一时刻的状态测量更新过程如下式所示：

$$\hat{X}_{k,k}=\hat{X}_{k,k-1}+G_k[\boldsymbol{Z}_k-\boldsymbol{H}\hat{X}_{k,k-1}] \tag{7-4-18}$$

$$G_k=P_{k,k}\boldsymbol{H}^{\mathrm{T}}[\boldsymbol{H}P_{k,k-1}\boldsymbol{H}^{\mathrm{T}}+R_k] \tag{7-4-19}$$

$$P_{k,k}=(\boldsymbol{I}-G_k\boldsymbol{H})P_{k,k-1} \tag{7-4-20}$$

式中，$\hat{\boldsymbol{X}}$ 和 $\boldsymbol{P}$ 为产生的状态估计向量和估计误差协方差阵。测量更新过程根据本次测量值和上次的一步预估值的差，对一步预估值进行修正，得到本次的估计值。卡尔曼滤波器实现数据融合的实质就是各传感器测量数据的加权平均，权值大小与其测量方差成反比。改变各传感器的方差值，相当于改变了各传感器的权值，从而得到一个更精确的估计结果。

2. 贝叶斯估计法

贝叶斯估计法是静态数据融合中常用的方法。其信息描述是概率分布，适用于具有加性高斯噪声的不确定信息处理。每一个源的信息均被表示为一个概率密度函数，贝叶斯估计法利用设定的各种条件对融合信息进行优化处理，它使传感器信息依据概率原则进行组合，测量不确定性以条件概率表示。当传感器组的观测坐标一致时，可以用直接法对传感器测量数据进行融合。在大多数情况下，传感器是从不同的坐标系对同一环境物体进行描述的，这时传感器测量数据要以间接方式采用贝叶斯估计进行数据融合。

贝叶斯方法用于多传感器数据融合时，要求系统可能的决策相互独立。这样，可以将这些决策看作一个样本空间的划分。设系统可能的决策为 $A_1,A_2,\cdots,A_m$，当某一传感器对系统进行观测时，得到观测结果 B，如果能够利用系统的先验知识及该传感器的特性得到各先验概率 $P(A_i)$和条件概率 $P(B|A_i)$，则利用贝叶斯条件概率公式：

$$P(A_i\mid B)=\frac{P(A_iB)}{P(B)}=\frac{P(B\mid A_i)P(A_i)}{\sum_{j=1}^{m}P(B\mid A_j)P(A_j)},\quad i=1,2,\cdots,m \tag{7-4-21}$$

根据传感器的先验概率 $P(A_i)$更新为后验概率 $P(A_i|B)$。这一结果推广到多个传感器的情况。当有 n 个传感器，观测结果分别为 $B_1,B_2,\cdots,B_n$ 时，假设它们之间相互独立且与被观测对象条件独立，则可以得到系统有 n 个传感器时的各决策总的后验概率如下：

$$P(A_i\mid B_1,B_2,\cdots,B_n)=\frac{P(A_iB)}{P(B)}$$

$$=\frac{\prod_{k=1}^{n}P(B_k\mid A_i)P(A_i)}{\sum_{j=1}^{m}\prod_{k=1}^{n}P(B_k\mid A_j)P(A_j)},\quad i=1,2,\cdots,m \tag{7-4-22}$$

最后，系统的决策可由某些规则给出，如取具有最大后验概率的那条决策作为系统的最终决策。

3. 多贝叶斯估计法

多传感器对目标进行某一特性的提取,然后对这些特性所组成的环境进行模拟估算,从而得到最终的合成信息。Durrant-Whyte 教授将任务环境表示为不确定几何物体集合的多传感器模型,提出了多贝叶斯估计方法的传感器数据融合。该方法把每个传感器的输出作为一个贝叶斯估计值,将各单个传感器信息的联合概率分布组合成一个联合后验概率分布函数,通过使联合分布函数的似然函数最大,就可以求得多传感器信息的融合值。

4. 统计决策理论法

与多贝叶斯估计法不同,统计决策理论中的不确定性为可加噪声,从而不确定性的适应范围更广。不同传感器观测到的数据必须经过一个鲁棒综合测试,以检验数据的一致性,经过一致性检验的数据用鲁棒极值决策规则融合。

7.4.4.3 基于规则推理的方法

1. D-S 证据理论

D-S(Dempster-Shafer)证据理论适用于传感器所提供的信息与其输出决策的确定性概率并不完全相关的情况。该方法是贝叶斯估计的扩充,与贝叶斯方法相比,无须知道先验概率,但它要求各证据间相互独立。该方法首先计算各个证据的基本概率赋值函数、信任度函数和似然函数,然后用 D-S 证据理论计算所有证据联合作用下的基本概率赋值函数、信任度函数和似然函数。最后根据一定的决策规则,选择联合作用下支持度最大的假设。

D-S 证据理论的优点:

(1) 证据理论需要的先验数据比概率推理理论中的更直观和更容易获得;

(2) 可以综合不同专家或数据源的知识和数据;

(3) 对于不确定性问题的描述很灵活和方便。

D-S 证据理论的缺点:

(1) 证据需要是独立的(有时候不容易满足);

(2) 证据合成理论没有坚固的理论基础,合理性和有效性争议大;

(3) 计算上存在潜在的指数爆炸。

D-S 证据理论在 7.4.3.2 节已经简要介绍过,此处不再赘述。

2. 产生式规则法

"产生式"这一术语是美国数学家 Post 在 1943 年首次提出的,他根据串替代规则提出了一种称为 Post 机的计算模型,Post 机中的每一条规则称为一个产生式。产生式规则法主要用于知识系统的目标识别,并象征性地表示出目标特征与相应传感器信息间的关系。一般情况下,产生式规则法中的规则要通过对系统具体使用的传感器及环境进行特性分析后才能归纳出来,不具有普适性,换句话说,当发生系统改换或增减传感器时,其规则要重新产生。虽然,这种方法的系统扩展性较差,但由于推理过程清楚明了,易于进行系统解释,所以这种方法在实际中也有广泛应用。

3. 模糊集理论法

模糊集的概念是 1965 年由 L. A. Zadeh 首先提出的。它的基本思想是把普通集合中的绝对隶属关系灵活化,使元素对集合的隶属度从原来只能取{0,1}中的值扩充到可以取[0,1]区间的任一数值,因此很适合用来对传感器信息的不确定性进行描述和处理。

模糊集理论进行数据融合的基本原理如下。

在论域 U 上的一个模糊集 A 可以用在单位区间[0,1]上取值的隶属度函数 μ_A 表示,即

$$\mu_A: U \rightarrow [0,1] \tag{7-4-23}$$

对于任意 $u \in U$,$\mu_A(u)$称为 u 对于 A 的隶属度。

设 A、B 为论域上的模糊集合,

$$A = \{a_1, a_2, \cdots, a_m\} \tag{7-4-24}$$

$$B = \{b_1, b_2, \cdots, b_m\} \tag{7-4-25}$$

A 与 B 上的模糊关系定义为笛卡儿积 $A \times B$ 的一个模糊子集。若用隶属函数来表示模糊子集,模糊关系可用矩阵 $R_{A\times B}$ 表示:

$$R_{A\times B} = \begin{bmatrix} \mu_{11} & \mu_{12} & \cdots & \mu_{1n} \\ \mu_{21} & \mu_{22} & \cdots & \mu_{2n} \\ \vdots & \vdots & \ddots & \vdots \\ \mu_{m1} & \mu_{m2} & \cdots & \mu_{mn} \end{bmatrix} \tag{7-4-26}$$

其中 μ_{ij} 表示了二元组(a_i, b_j)隶属于该模糊关系的隶属度,满足 $0 \leqslant \mu_{ij} \leqslant 1$。设 $X = \{x_1 | a_1, x_2 | a_2, \cdots, x_m | a_m\}$是论域 A 上的一个隶属函数,简单地用向量 $\boldsymbol{X} = (x_1, x_2, \cdots, x_m)$来表示,则称向量 $\boldsymbol{Y} = (y_1, y_2, \cdots, y_m)$是 X 经模糊变换所得的结果,它表示了论域 B 上的一个隶属函数。

$$\boldsymbol{Y} = \boldsymbol{X} \cdot R_{A\times B} \tag{7-4-27}$$

$$\boldsymbol{Y} = (y_1 \mid b_1, y_2 \mid b_2, \cdots, y_n \mid b_n) \tag{7-4-28}$$

其中,

$$y_i = \mathop{\mathfrak{R}}_{k=1}^{m} \mu_{ki} \Theta x_k \tag{7-4-29}$$

$\mathfrak{R}$ 与 Θ 表示两种运算,例如可取为下面两种形式。

(1) 令 $\mathfrak{R} = \sum$,即加法运算;$\Theta = \times$,即乘法运算,则该变换公式为

$$y_i = \sum_{k=1}^{m} \mu_{ki} \times x_k \tag{7-4-30}$$

在具体融合时的物理意义是:各传感器对决策的隶属度与该传感器观察值对决策 i 的支持度之积的和作为第 i 项决策总的可信度。

(2) 令 $\mathfrak{R} = \max$,即求极大;$\Theta = \min$,即求极小,则该变换公式为

$$y_i = \max\{\min\{\mu_{ki}, x_k\}\} \tag{7-4-31}$$

其物理意义是:在传感器的隶属度和观察值对决策 i 的支持程度之间取小者,再在 m 个传感器对应的小者之中取最大值作为 i 决策的总的可信度。

4. 粗糙集理论

基于贝叶斯估计需要事先确定先验概率;基于 D-S 证据理论需要事先进行基本概率赋值;用神经网络进行数据融合存在样本集的选择问题;用模糊理论进行信息融合时,模糊规则不易确立,隶属度函数难以确定。当上述的融合方法需要的条件都无法满足时,采用基于粗糙集理论的隐含方法可以解决这些问题。粗糙集理论是波兰华沙理工大学 Pawlak 教授在 1982 年提出的一种研究不完整数据和不确定性知识的强有力的数学工具,目前已经成

为人工智能领域的一个新的学术热点,在知识获取、知识分析和决策分析等方面得到了广泛的应用,在数据融合技术中也有一定程度的应用,受到了国内外专家和科研人员的广泛关注。其优点是不需要预先给定检测对象的某些属性或特征的数学描述,而是直接从给定问题的知识分类出发,通过不可分辨关系和不可分辨类确定对象的知识约简,导出间接的决策规则。

在粗糙集理论中,把传感器每次采集的数据看成一个等价类,利用粗糙集理论中的约简、核与相容性等概念,对大量的传感器数据进行分析,去掉相同的信息,求出最小不变的核,找到对决策有用的信息,从而得到最快的融合算法。

视频

7.4.5 网络层的数据融合

当数据融合在网络层实现时,常用的方法是结合路由协议来进行,其中最关键的问题在于路由方式的选取。路由协议负责将数据分组从源节点通过网络转发到目的节点,它主要包括两个方面的功能：一是寻找源节点和目的节点间的优化路径；二是将数据分组沿着优化路径正确转发。

在无线传感器网络中,路由协议需要高效利用能量；并且传感器数量往往很多,节点只能获取局部拓扑结构,这就要求路由协议能在局部网络信息的基础上选择合适路径。无线传感器网络的路由协议常常与数据融合技术结合在一起,通过减少通信量达到降低功耗的目的。

无线传感器网络数据融合是在数据从传热器节点向汇聚节点汇聚时发生的。数据沿着所建立的数据传输路径传送,并在中间的融合节点上进行融合,越早进行数据融合就越能更多地减少网络内的数据通信量。在网络中有大量的数据融合节点的组合,如何找到一个最优的组合方式来达到最小的数据传输量就显得非常困难。

DD定后扩散路由在传感器节点与汇聚节点之间根据启发式的分布式算法建立有效的通信路径,数据通过这些路径向汇聚节点汇聚,从不同传感器节点产生的数据在建立共享路径的中间节点上进行数据融合。

为了更多地节省能耗,需要更好的数据分发策略尽早在共享路径上实现数据融合,GIT(Greedy Incremental Tree)数据路由算法就是为满足这一要求而发展起来的。GIT算法是建立一棵融合树作为数据的传输路径,并在非叶子节点上进行数据融合。首先,在第一个传感器节点与接收节点之间建立一条最短路径,然后其他的传感器点逐个连接到这个已经存在的树上的节点,并成为这棵树的一部分。非叶子节点在一段时间内接收到多个数据并延迟一段时间,然后将这些收到的数据融合后发送。

EADAT算法使用邻居广播策略和邻居节点分布式的竞争机制。其主要思想是分布和启发式地建立和维护一棵融合树,关闭所有叶子节点的无线电通信来减少能源消耗,以达到延长网络生命期的目的。因此,为了减少广播信息的数量,只有非叶子节点才能够进行数据融合和转发数据。

7.4.5.1 路由方式

根据加入数据融合与否,路由分为DC(Data Centric)路由和AC(Address Centric)路由两种方式。DC路由在信息转发的过程中,节点会依据其内容,对来自多个源节点的信息进行融合,如图7-4-6(a)所示。在另一种方式中,AC路由追求信息传递路径最短,基本没有考虑数据融合,如图 7-4-6(b)所示;信息源采到信息之前其传输路由就已经形成,而这一路由是全局的最短路径或最优的逼近。相比于图 7-4-6(b),源节点没有形成最短路径,而是在 B 处经融合后再发送。

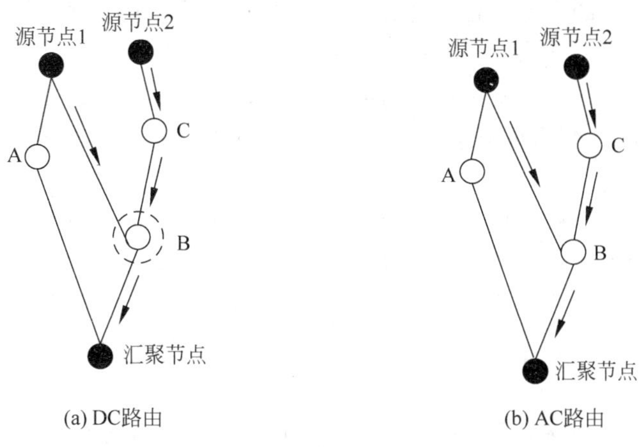

图 7-4-6 DC、AC 路由

在衡量标准为能量消耗的前提下,DC 路由与 AC 路由的效果同数据间的相关性有较大关系。当原始数据的相关性较大时,减少传输信息量的 DC 路由可以很好地节约能源。如果数据的相关性较小甚至毫不相关时,AC 路由的最短路径最省能耗,在传输路径不是最优化的情况下,融合了信息,增加了节点发送的负担,并且在融合消耗计算中,DC 路由将会带来延迟、个别节点过早死亡、能耗较大等结果。结合了数据融合与路由的协议是实现以数据为中心的网络的关键,图 7-4-7 说明了这一点。

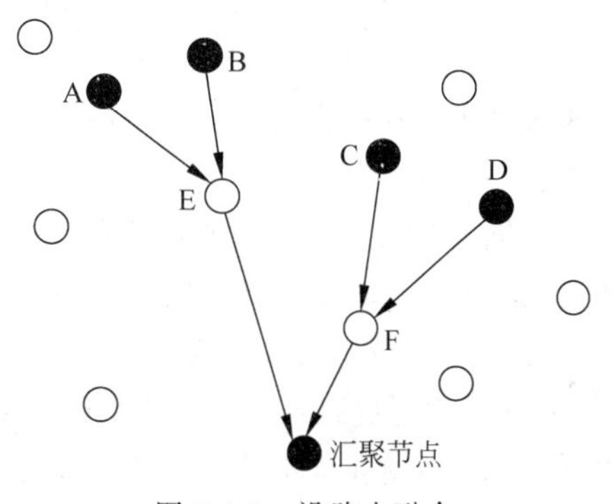

图 7-4-7 沿路由融合

监控区域中散布多个视频传感节点,事件发生时,节点(A,B,C,D,E,F)被触发,各自产生一个大小为 p 的数据包,此时汇聚节点发出传输监控区域情况数据的命令后,网络中逐级地迅速形成了一棵以汇聚节点为树根,各个视频传感节点为树枝树叶的生成树。节点 A、B、C、D 分别作为在树叶端的信息源,向汇聚中心进行反向组播。各自发送到节点 E、F 处,采用融合操作,故此树可以称为融合树。原始 $4p$ 的数据经融合后,压缩去除冗余,数据量大大减少,到达汇聚节点的数据还可以进一步融合。

7.4.5.2 构造融合树

无线多媒体传感器网络的数据融合树是以数据融合为目的建立的。在汇聚节点这一树根处做最后的收集整理,在树上每一个非叶子节点都进行数据融合,树根则得到高度凝练的信息。

研究者们对融合路由进行了研究,其中证明了求解达到数据传输次数最小的路由是一个最不可解的 NP 完备问题,所以转而开展针对次优路由的研究。

1. 以最近源节点为中心(Center at Nearest Source,CNS)

将距离汇聚节点最近的数据源节点设置为融合节点,一切数据源节点都以其为目的地发送数据。经这个节点融合后,发给汇聚节点。

2. 最短路径树(Shortest Path Tree,SPT)

在全局联通的赋权图中,数据源节点形成一条到达汇聚节点的最短路径,信息就沿着该路径传输,在各个路径的交叠重合处进行融合,之后沿着最短路径继续传输。

3. 贪婪增长树(Greedy Incremental Tree,GIT)

这种方式以数据源开始,逐步选取离汇聚节点最近的节点,以此逐步地从备选节点中选取枝干,生成融合树,直到形成连接汇聚节点与各个数据源节点的生成树,自然地在树枝分叉处进行融合。

在应用中,构造融合树有两种常见的方式:一是基于事件触发的系统,二是周期性上报、查询。当数据源节点远离汇聚节点时,越早进行融合对于减少传输量越有利。在效率方面,SPT 优于 CNS 而弱于 GIT,CNS 最差;反之,当距汇聚节点较近时,CNS 依然最差,而 SPT 与 GIT 差别不甚明显,二者的高下取决于数据的相关性;相关度大时,GIT 较优;反之 SPT 较优。

研究结果表明,融合路由受到很多条件的影响。最关键的是数据的相关性。根据不同的场景,相关度差异很大。当查询需求是较为简单的标量数据时,例如温度、湿度,无论节点数目还是分布,当求其平均值时,融合后的输出数据大小不变。显然,这是一种彻底的融合。当查询需求是多媒体数据(如音频、视频)时,融合进行不彻底。一旦数据间没有相关因素,则不能融合;即便融合,所得的数据大小也等于被融合前数据量之和,是零度融合。

数据的相关性大,数据融合才有意义。大多数情况下,融合后的数据量介于上面两个极端情况之间,此时可以节省更多的能量,用于传输数据量。在设计路由方式时,同时要考虑路由的迅速到达。当数据无相关性时,SPT 成为最优的选择。

能量消耗包括数据传输和数据融合处理的消耗,因此能量消耗也是一大制约因素。当数据的相关性大时,数据融合可以大大减少数据的传输量,此时,要求建立起能够尽快融合的树状路由;反之,当数据的相关性较小时,如果引入了融合操作的消耗,那么数据融合不能使数据量显著减少,此时的算法要建立能够速达汇聚节点的路由,减少或者不用加入融合的考虑。因此,设计结合融合的路由时,要考虑到数据相关性、拓扑结构,并权衡传输和融合开销间的收益损失,才可以降低网络整体能耗。

与此同时,路由要适应无线多媒体传感器网络的动态性,即视频传感节点的加入、退出、移动,结合融合的路由更要在动态性中寻找平衡。

7.4.5.3 基于估计代价的数据聚合树生成算法

1. 系统模型

1)网络模型

在无线传感器网络定向传输方式的研究上,网络拓扑由一个固定位置的汇聚节点和一定数量的随机分布的传感器节点组成。其中汇聚节点负责数据收集任务的发布以及将收集的数据转发到外部网络。

根据数据处理位置,聚合模式一般分为集中和分布(网内)两种。前者模式中汇聚节点作为唯一的数据聚合中心,虽然能保证信息损失较小,但大量的数据传输耗能很大。因此采用分布式数据聚合方式,将传感器节点分为源节点和聚合节点两类。源节点负责环境的监测，感知数据的生成与发送；聚合节点则具有数据转发和聚集双重功能。

无线传感器网络是以数据为中心的，即网络中的节点不以地址作为标识ID，而以节点可以提供的数据作为寻址依据。汇聚节点在网络中广播以某种数据格式构成的消息询问它所感兴趣的监测数据，与这种兴趣匹配的节点(称源节点)响应这种查询，称为事件，并回送监测数据给汇聚节点，如图7-4-8所示。

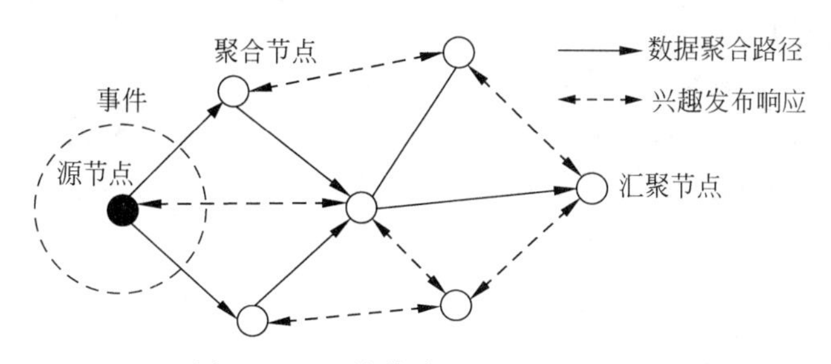

图7-4-8　无线传感器网络数据聚合

2）通信模型

从节省能量的角度考虑，无线传感器网络的MAC协议通常采用“侦听/休眠(Listen/Sleep)”交替的无线信道使用策略。采用P. Popovski等提到的MAC协议优化方法，节点完成数据聚合任务后，立即进入侦听/休眠状态。

2. 问题提出

1）通信时延

设定一个区域中分布n个传感器节点$1,2,\cdots,n$和一个汇聚节点。假设在相同的信道宽度下，每个传感器单位时间产生一个数据包发送到汇聚节点。为简化，将每单元时间称为一轮(round)，每轮离散为m个时隙(slot)，且假设所有数据包的大小均为千位(kb)。来自不同数据源的信息需要在每轮收集，经聚合，发送到汇聚节点，其中数据源与汇聚节点间距离用跳数(hop)表示。

假设在侦听/休眠模式下，由多个节点发出的数据包在传感器i上发生聚合。若S表示所有传感器节点组成的集合，则传感器i上产生的时延D_i为

$$D_i = T_{\text{sleep}}(i) + T_{\text{listen}}(i) + T_{\text{tran}}(i) + T_{\text{AG}}(i), \quad i \in S \tag{7-4-32}$$

其中，$T_{\text{sleep}}(i)$、$T_{\text{listen}}(i)$分别表示传感器节点i的睡眠时延与侦听时延；$T_{\text{tran}}(i)$是数据的发送时延，其计算公式如下：

$$T_{\text{tran}}(i) = \frac{K}{B}, \quad i \in S \tag{7-4-33}$$

TAG是由数据聚合处理产生的时延，假设在当前研究的网络模型下，各传感器采用相同的数据聚合算法，则

$$T_{\text{AG}}(i) = \frac{K_{\text{total}}}{\phi}, \quad i \in S \tag{7-4-34}$$

其中，K_{total}是该节点收到的数据包数量，ϕ是节点单位时间可聚合的数据包数量。

传感器网络每轮产生的全部数据总时延为

$$D = \sum_{i \in S} \{T_{\text{sleep}}(i) + T_{\text{listen}}(i) + T_{\text{tran}}(i) + T_{\text{AG}}(i)\} \tag{7-4-35}$$

2）消息路由机制

在定向传输模式下，当一个汇聚节点需要从传感器区域收集数据时，它会以数据包形式发布一个请求消息，该消息包括以下内容：

(1) 收集的网络感知数据类型，一般为特定属性值，如温度、压力、湿度、光照等；

(2) 与消息所匹配的信息传送时间间隔；

(3) 消息的生存期；

(4) 消息发布的区域。

携带所需信息的源节点通过响应消息来应答请求。响应消息数据包中除了通信应用层数据外，还根据不同的路由策略，包括用于建立路由的服务数据，如本节点标识 ID、下一跳目的节点标识 ID 等。

通过汇聚节点与源节点间的请求响应过程，建立起数据源到处理节点之间的路由，如图 7-4-9 所示。

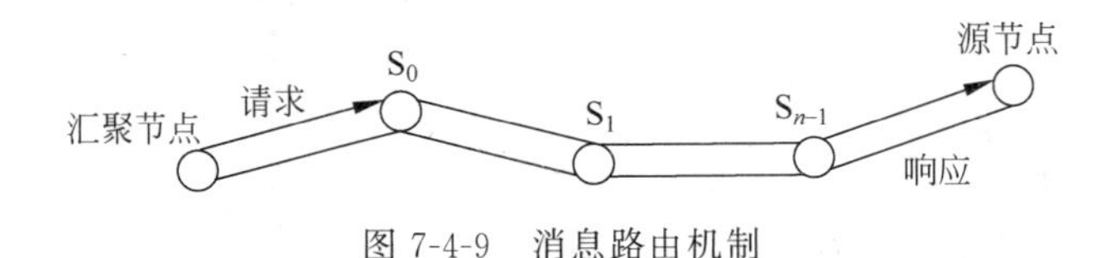

图 7-4-9　消息路由机制

3）问题描述

基于上述消息路由机制，数据从源节点发送到汇聚节点的聚合路由过程类似于反向组播聚合树的建立过程。考虑通信时延，分析得出以下几方面的研究问题。

节点 S_i 能否成为聚合节点，依赖于其他数据包到达该节点的可能性。

在传感器节点覆盖密集条件下，源节点感知的数据存在较高的相似性；且在同一聚合节点上，已达的数据包，与后达数据包进行聚合的可能性随停留时间增大而增大。

若考虑节点在状态转换间的能耗，随着传输时延的增加，在一定程度上将消耗能量。

3. 基于估计代价的聚合树生成算法

1）相关定义

设定 N 个源节点与一个汇聚节点通过请求/响应消息建立数据源至数据处理中心的聚合路由。假设信息在统一时间间隔 T 内产生，T 被离散化为 m 个时隙，在每个时隙内，一个消息到达聚合节点 A_n 的概率依赖于途经该节点的发送数据包节点数 W_n。设 m_n 是在聚合时延 T 内监测区域内产生的平均消息数。在 m_n 个时隙内一个到达聚合节点 A_n 的消息概率 P_n 可以通过以下公式计算：

$$P_n(A_n)=1-\left(\frac{N-W_n}{N}\right)^{m_n} \tag{7-4-36}$$

其中，m_n 必须满足条件 $\sum_{n=1}^{h} m_n \leqslant m$，其中 h 是消息从源节点传送至汇聚节点经历的跳数。

传感器网络中总的消息概率为

$$P_n\left(\bigcup_{n=1}^{N} A_n\right)=\sum_{k=1}^{N} P_k-\sum_{k=1}^{N}\sum_{l=1}^{N}(P_k P_l)+\cdots+(-1)^{n-1}\prod_{k=1}^{N} P_k \tag{7-4-37}$$

对于每个时槽，即 $M_n=1$ 时，一个消息到达的概率为

$$P_n(A_n)=1-\left(\frac{N-W_n}{N}\right)=\frac{W_n}{N} \tag{7-4-38}$$

【定义】 聚合增益 ω 是一种测度,用于反映数据聚合在降低传输通信量方面的收益。设 M 是实现给定应用层任务所需传输的数据量,采用聚合方法执行相同任务所需传送的数据量为 M_a,则网络系统的聚合增益为

$$\omega=1-\frac{M_a}{M} \tag{7-4-39}$$

对于同一个聚合事件,由于受能量约束及邻居节点分布的影响,各聚合节点的数据聚合能力存在差异。因此考虑研究单个聚合节点的估计聚合效益,为优化选择聚合节点提供依据。

【定义】 节点度 d 为所有距离该节点一跳的邻居节点的数目。

假设在每个时隙内各节点数据传输速率相同,各聚合节点采用相同的数据聚合算法条件下,给定聚合节点 A_n 所需传输的可能最大数据量 M 为所有源节点发送数据量总和。不失一般性,节点最大可传输的数据量与该节点度 d_n 成正比。聚合节点执行聚合后,可发送的数据量与可达该节点消息概率成正比。因此,改写式(7-4-39),聚合节点的估计聚合增益为

$$\omega=1-\frac{d_n}{N} \tag{7-4-40}$$

2) 算法描述

采用GEAR路由机制中的路径代价方法,考虑节点间数据传输距离、节点剩余能量以及节点自身的估计聚合增益3方面因素。在建立从事件区域源节点到汇聚节点数据聚合路径时,中间节点使用估计代价来决定下一个聚合节点。假设 S 表示由所有源节点组成的集合,A 表示所有具有数据转发与聚合功能的中间节点组成的集合,则节点计算自己到事件区域源节点的路径代价公式如下

$$C(i,j)=(\alpha d(i,j)+(1-\alpha)e(i))/\omega,\quad i\in A,j\in S \tag{7-4-41}$$

式中,$d(i,j)$为节点 i 到节点 j 的距离(跳数),$e(i)$为节点 i 的剩余能量,α 为比例参数,ω 为节点 i 的估计聚合增益值。

该算法分为如下3个阶段来实现:探测阶段、反馈阶段和反向聚合树生成阶段。

(1) 探测阶段。本阶段主要任务是汇聚节点周期性向邻居节点广播兴趣消息,消息中增加一个到汇聚节点的跳数域(初始值为0)以及表征消息请求/响应不同阶段的标记 T_{AG}。在探测阶段,$T_{AG}=0$。与汇聚节点邻居节点收到该消息后,将汇聚节点作为自己父节点,并设置自己到汇聚节点的跳数为1。若该节点不是源节点,则将消息中跳数域值加1后继续广播。若一个节点同时收到多个广播消息,则选择消息信号更强的节点作为父节点。该过程一直扩展到整个网络,从而形成以汇聚节点为根的树型结构。源节点收到兴趣消息后,不再转发消息,而作为叶节点加入生成树中。

(2) 反馈阶段。各源节点收到 $T_{AG}=0$ 的兴趣消息后,将其节点度数置为0,并连同自己至汇聚节点的跳数值,以消息形式广播。其父节点根据收到的消息计算源节点数,更新自己的度数,并形成消息沿生成树向汇聚节点转发。汇聚节点收到所有子节点消息后,计算获得事件区域源节点数目。各中间节点收到消息后,保存源节点跳数。汇聚节点将 T_{AG} 置为1,与源节点数目一起通过消息机制发送到所有中间节点。各中间节点通过本地计算保存估计代价。

(3) 反向聚合树生成阶段。各源节点收到 $T_{AG}=1$ 的兴趣消息后,沿兴趣消息的反方向传输监测数据。数据传输聚合过程中采用贪婪算法,在邻居节点中选择估计代价最小的节点作为数据聚合节点。这个过程持续下去,一直到达汇聚节点为止。

视频

7.5 接入技术

7.5.1 多网融合体系结构

多网融合的无线传感器网络是在传统无线传感器网络的基础上,利用网关接入技术,实现无线传感器网络与以太网、无线局域网、移动通信网等多种网络的融合。在多网融合的无线传感器网络中,网关的地位异常特殊,作用异常关键,担当着网络间的协议转换器、不同网络类型的网络路由器、全网数据聚集、存储处理等重要角色,成为网络间连接不可缺少的纽带,其体系结构如图 7-5-1 所示。传感器节点采集感知区域内的数据,进行简单处理后发送至汇聚节点;网关读取数据并转换成用户可知的信息,如传感器节点部署区域内的温度、湿度、加速度、坐标等;接着通过无线局域网、以太网或移动通信网进行远距离传输。

处于特定应用场景之中的、高效自组织的无线传感器网络节点,在一定的网络调度与控制策略驱动下,对其所部署的区域开展监控与传感;网关节点设备将实现对其所在的无线传感器网络的区域管理、任务调度、数据聚合、状态监控与维护等一系列功能。经网关节点融合、处理并经过相应的标准化协议处理和数据转换之后的无线传感器网络信息数据,将由网关节点设备聚合,根据其不同的业务需求及所接入的不同网络环境,经由 TD-SCDMA 和 GSM 系统下的地面无线接入网、Internet 环境下的网络通路及无线局域网络下的无线链路接入点等,分别接入 TD-SCDMA 与 GSM 核心网、Internet 主干网及无线局域网等多类型的异构网络,并通过各网络下的基站或主控设备,将传感信息分发至各终端,以实现针对无线传感器网络的多网远程监控与调度。同时,处于 TD-SCDMA、GSM、Internet 等多类型网络终端的各应用与业务实体,也将通过各自的网络连接相应的无线传感器网络网关,并由与此相应的无线传感器网络节点实现数据查询、任务派发、业务扩展等多种功能,最终实现无线传感器网络与以移动通信网络、Internet 网络为主的各类型网络的无缝的、泛在的交互。

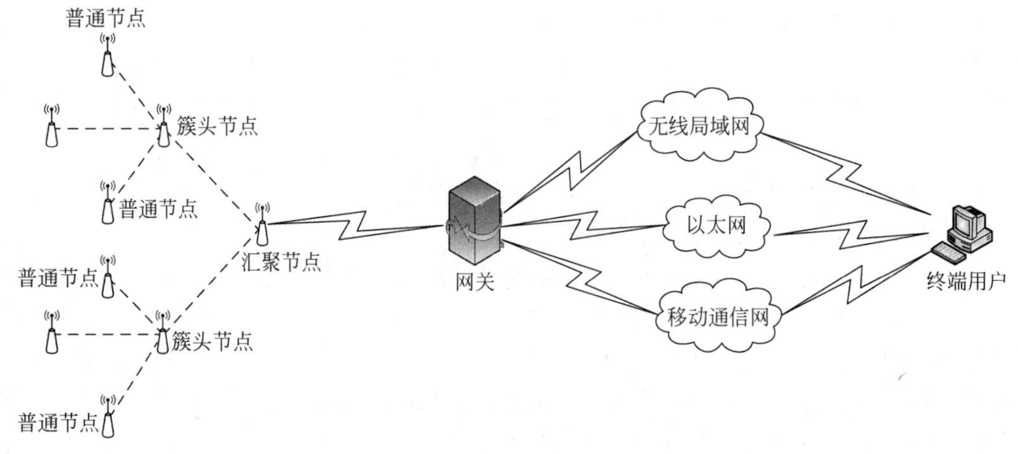

图 7-5-1 多网融合体系结构

7.5.2 面向 WSN 接入

7.5.2.1 概述

1. 网关研究现状

传统的 WSN 网关是利用汇聚节点与 PC 相结合来实现的，利用 PC 与外部网络连接将无线传感器网络的数据进行远距离传输。目前，比较典型的是基于有线通信方式的以太网和基于无线通信方式的 GPRS、CDMA 等 WSN 网关。也有利用公共电话网(PSTN)，采用拨号方式建立临时连接的方式来实现远程数据传输的网关。

2. 网关分类

目前应用比较广泛、技术比较成熟的无线传感器网络网关主要有以下 3 类。

1）基于 Internet 的 WSN 网关

使用 Internet 的 WSN 网关，人们从任何地点、任何时刻获取到数据的愿望成为现实。实现该系统必须解决许多关键性问题，如数据传输的可靠性、准确性和实时性等。基于 Internet 的 WSN 网关适用于异地或者远程控制的数据采集、故障监测、报警等，其应用范围十分广泛。

2）基于无线通信的 WSN 网关

对于工作点多、通信距离远、环境恶劣且实时性和可靠性要求比较高的场合，可以利用无线通信网络来实现主控站与各子站之间的数据通信，采用这种远程数据传输方式有利于解决复杂连线问题，无须铺设电缆或光缆，降低了环境成本。基于无线通信的 WSN 网关应用领域十分广泛，如森林火灾监测、军队指挥自动化建设等均可采用这种技术来实现。

3）利用公用电话网的 WSN 网关

在通信不是很频繁、通信数量较小、实时性和保密性要求不高的场合，可以租用公用电话网，采用拨号方式建立临时连接的方式来实现 WSN 网关的远程数据传输。这种网关价格低廉，运行可靠，可以实时传输数据。

3. 网关设计接入方式考虑因素

在实际应用中，选择网关的接入方式时，该综合考虑以下 3 方面：

(1) 应该考虑 WSN 的应用环境所能提供的可能的网络接入方式。

(2) 与现有网络相比，WSN 是一种以数据为中心的网络，网关节点的上行数据量大而下行数据量小。因而，在考虑网关与外部网络的连接方式时，上行数据率是一个关键指标。

(3) 网关节点的成本和集成难度也是一个关键因素。通过有线方式接入其他网络，给硬件设备的布置带来了许多不便，极大地限制了网关设备的应用。GPRS 接入方式上行数据率较低。CDMA 接入方式涉及与通信运营商的交涉，开发较为不便。

综合考虑以上因素，WLAN 网络在网络覆盖、数据传输速率、网络的稳定性和设备性价比上都有优势。因此，无线传感器网关设备通过 USB 2.0 接口加载无线网卡设备，选用 WLAN 作为网关与监控中心的空中接口，克服了硬件设备布置的局限性，大大扩展了网关设备的应用范围。如表 7-5-1 所示为几种接入方式在网络覆盖、上行数据率和集成难度方面的比较。

表 7-5-1 无线传感器网络接入基础网络的方式比较

接入方式	上行数据率	网络覆盖	网关集成难度及成本
有线接入	最高(56kb/s～100Mb/s)	室内	易集成,成本低
GPRS 接入	较低(115.2kb/s)	较广	易集成,成本低
CDMA 接入	较高(153.6kb/s)	较广	易集成,成本低
WLAN 接入	高(1～54kb/s)	热点区域	易集成,成本较低
卫星接入	最低,传输延迟大	最广	不易集成,成本低

7.5.2.2 面向以太网的 WSN 接入

1. 以太网接入 WSN 方式

以太网是总线型拓扑结构局域网的典型代表,最初是美国施乐(Xerox)公司于 1975 年研制成功的基带总线局域网,并用曾经在历史上表示传播电磁波的以太(Ether)来命名,后来由 DEC 公司、Intel 公司和施乐公司在 1982 年联合公布一个标准,它是当今 TCP/IP 采用的主要局域网技术。以太网的成功在于它提供了低成本的高速传输,采用以太网产品的用户很容易将 10Mb/s 的以太网改造为高速数据系统而不需要增加太多费用。

以太网作为目前应用最为广泛的局域网技术,在工业自动化和过程控制领域得到了越来越多的应用。随着互联网技术的发展,通过以太网无缝接入互联网的通信方式成为自动化控制系统通信的主流。

μCLinux 继承了 Linux 优异的网络能力,提供了通用的 Linux API 以支持完整的 TCP/IP,同时它还支持许多其他网络协议,因此对于嵌入式系统来说它无疑是一个网络完备的操作系统。Linux 下开发以太网应用程序的关键技术是套接字通信机制。

套接字(socket)是一个支持网络输入输出(I/O)的结构。应用程序在它需要与网络连接时,创建一个套接字。然后,它就通过套接字与远程应用建立连接,通过从套接字中读取数据和写入数据与远程应用通信。

图 7-5-2 说明了这个概念。本地程序可通过套接字将信息传入网络。一旦信息进入网络,网络协议就会引导信息通过网络,远程程序会访问它。类似地,远程程序可将信息输入套接字,信息将从那里通过网络回到本地程序。

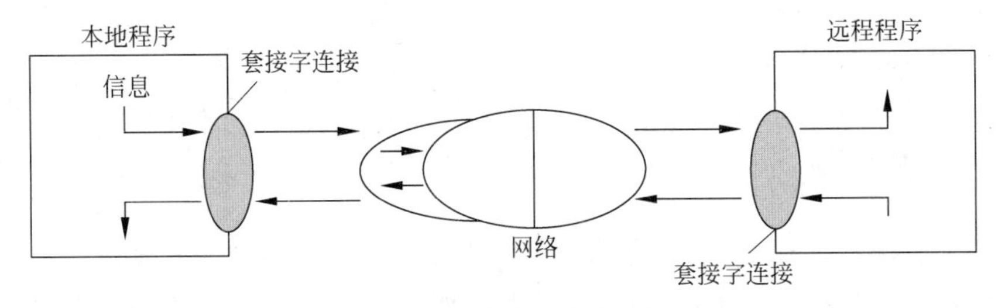

图 7-5-2 网络的套接字连接

Linux 环境下的套接字编程是对以太网通信应用程序开发的主要手段。网络的套接字数据传输是一种特殊的 I/O,套接字也是一种文件描述符,具有一个类似文件的调用函数 socket()。该函数返回一个整型的套接字描述符,随后的连接建立、数据传输等操作都是通过该函数实现的。常用的套接字类型有两种:流式套接字和数据报式套接字。两者的区别在于:前者对应于 TCP 服务,后者对应于 UDP 服务。流式套接字提供面向连接的、可靠的、双向的、有序的、无重叠且无记录边界的通信模式，有一系列的数据纠错功能，可以保证在网络上传输的数据及时、无误地到达对方。

在网关的设计过程中，考虑到对数据传输的可靠性要求较高，故采用基于 TCP 的流式套接字。

2. 以太网数据传输的实现

网关与远程终端之间的以太网数据传输程序，采用的是面向连接的客户机/服务器模型，其通信过程如图 7-5-3 所示。

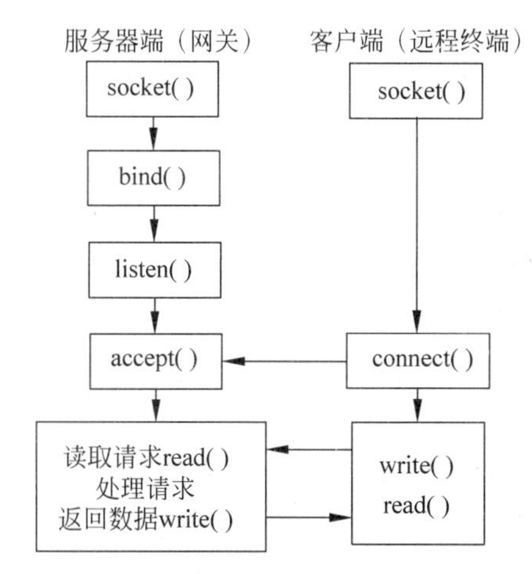

图 7-5-3 以太网通信方式网关与远程终端通信过程

在服务器端：网关调用 socket()函数，建立一个套接字，指定 TCP 及相关协议；之后将本地创建的套接字地址（包括主机地址和端口号）所创建的套接字绑定；在该端口号上进行监听，调用 accept()函数接收远程 PC 发来的连接请求；通过 read()函数读取该请求并调用 write()函数转发封装好的信息。

在客户机端：远程 PC 调用一个 socket()函数，建立一个套接字，指定 TCP 及相关协议；调用 connect()函数将本地端口号和地址信息传送至网关，请求建立连接；之后通过 write()函数进行服务请求的发送，通过 read()函数进行响应的接收，读取网关发送的信息。

7.5.2.3 面向无线局域网的 WSN 接入

网关节点通过无线网卡模块以无线的方式接入无线局域网，从而实现无线传感器网络与 Internet 的互联互通。

所谓无线网络，就是利用无线电波作为信息传输的介质构成的无线局域网（WLAN），与有线网络的用途十分类似，最大的不同在于传输介质的不同，利用无线电技术取代网线，可以和有线网络互为备份，但速度较慢。无线网卡是无线网络的终端设备，是无线局域网的无线覆盖下通过无线连接网络进行上网使用的无线终端设备。具体来说，无线网卡就是使某一设备可以通过无线上网的一个装置，但是有了无线网卡还需要一个可以连接的无线网络，如果设备所在地有无线路由器或者无线接入点（Access Point，AP）覆盖，就可以通过无线网卡以无线的方式连接无线网络。无线局域网通信协议经历了多项标准的演进，各标准的典型参数如表 7-5-2 所示。

表 7-5-2 无线局域网各通信协议典型参数表

协议名称	使用频段/GHz	传输速率/(Mb/s)	兼容性
IEEE 802.11a	5	54	与 IEEE 802.11b 不兼容
IEEE 802.11b	2.4	11	兼容
IEEE 802.11g	2.4	54	向下兼容 IEEE 802.11
IEEE 802.11n	5/24	300	向下兼容

无线网卡按照接口的不同可以分为以下 4 种。

(1) 台式机专用的 PCI 无线网卡;

(2) 笔记本电脑专用的 PCMCIA 接口网卡;

(3) USB 无线网卡;

(4) 笔记本电脑内置的 MINI-PCI 无线网卡。

根据无线传感器网络的实际应用要求,网关采用 USB 无线网卡。这种网卡只要安装了驱动程序,就可以使用。在选择时需要注意的是,只有采用 USB 2.0 接口的无线网卡才能满足 IEEE 802.11g 或 IEEE 802.11g+的需求。

网关节点还可以通过 GSM 移动台空中接口、TD-SCDMA 移动台空中接口和相应的编码调制系统接入移动网络。

为了以无线的方式接入无线局域网,需要为网关设备的嵌入式 Linux 系统加载无线模块内核,并移植无线网卡驱动到嵌入式 Linux 系统中。

7.5.2.4 面向移动通信网的 WSN 接入

以 GPRS 和 TD-SCDMA 为例,介绍面向移动通信网的无线传感器网络接入技术。

通用分组无线业务(General Packet Radio Service,GPRS)是一种基于 GSM 系统的无线分组交换技术,提供端到端的、广域的无线 IP 连接。虽然 GPRS 是作为现有 GSM 网络向第三代移动通信演变的过渡技术,但是它在许多方面都具有显著的优势。越来越广泛的无线数据通信技术的应用,促使无线传输需求的骤增,中国移动适时推出了 GPRS 业务,在一定程度上满足了用户无线接入互联网的需求。GPRS 网不但具有覆盖范围广、数据传输速度快、通信质量高、永远在线和按流量计费等优点,并且其本身就是一个分组型数据网,支持 TCP/IP,无须经过 PSTN 等网络的转接,可直接与 Internet 互通。

通过在网关上连接 SIM100 模块电路来实现 GPRS 应用,GPRS 远程数据传输软件设计需要达到两个目的:

(1) 通过短消息将无线传感器网络的信息发送至手机终端;

(2) 通过 GPRS 数据传输程序将信息发送至远程终端(PC)。

在程序设计时,主要通过向串口写入各种 AT 命令来实现上述目的。

1. 短消息收发方式

在 ESTI 制定的 SMS 规范中,与短消息收发有关的规范主要包括 GSM03.38、GSM03.40 和 GSM07.05。前两者着重描述 SMS 的技术实现(含编码方式),后者规定了 SMS 的 DTE-DCE 接口标准(AT 命令集)。在手机中有 3 种方式来发送和接收短消息:Block Mode、Text Mode 和 PDU Mode。Block Mode 目前已经很少使用了。Text Mode 即文本模式,可使用不同的 ASCII 字符集,从技术上讲也可用于发送中文短消息,但国内手机基本上不支持,主要用于欧美地区。PDU Mode 被所有手机支持,可以使用任何字符集,这也是手机默认的编码方式。由于一条短消息的内容长度有限制，所以在设计程序时，发送无线传感器网数据的短消息采用 Text Mode(英文)，发送网关温度报警的短消息采用 PDU Mode(中文)。设置短消息收发方式的 AT 命令为 at+cmgf=1(0)，1 为文本方式，0 为 PDU 方式。

完成短消息收发方式设置后，即可以利用 AT 命令来发送短消息了，文本方式和 PDU 方式的短消息发送有较大区别，具体如下：

(1) 文本方式发送示例。

```
at+cmgs=目的手机号码<CR>
>输入所发送信息<Ctrl+Z>
```

(2) PDU 方式发送示例。

```
at+cmgs=TPDU 串的长度<CR>
>输入所发送信息的 PDU 编码<Ctrl+Z>
```

这里需要注意的是，在进行应用编程时，回车与换行对应的字符分别为“\r”和“\n”，Ctrl+Z 对应的十六进制为 0xla。

2. 短消息 PDU 编码

由于网关的报警短消息内容为中文，在发送前需要对短消息内容进行 PDU 编码。

PDU 编码由两部分组成：短消息服务中心(Short Message Service Center，SMSC)地址和 TPDU 串。SMSC 地址由 3 部分组成：SMSC 地址信息的长度、SMSC 地址类型(TON/NPI)和 SMSC 地址的值。

(1) SMSC 地址信息的长度占用一个字节，这个值代表 SMSC 地址长度(一般为 7)与用国际格式号码长度(一般为 1)之和，一般情况下 SMSC 地址信息的长度为 0x08。

(2) SMSC 地址的值即短消息服务中心号码，如北京地区附近为+8613800100500，但在 PDU 编码中需要将其转换为两两颠倒的格式形成 7 字节，如果组成号码的数字为奇数，则补 F 凑成偶数。上述号码将转换成 0x683108100005F0，为 7 字节。

3. GPRS 数据传输程序设计

在进行 GPRS 数据传输之前，SIM100 模块首先要建立 TCP 连接过程，利用指令“at+cipstart="tep","219.224.239.145","2020"\r”来实现，同时在服务器上运行名为 server 的软件，写入指令后，SIM100 模块将返回 OK 信息，注意这个信息并不代表连接成功，只代表指令的输入正确。一般情况下，如果连接成功模块会在 5～10s 返回 CONNECT OK；如果不成功，则可能是服务器端的 server 软件没有开启或者模块处在盲区，这时模块在 60s 后返回 CONNECT FAIL。建立连接后，便可以进行数据传输，数据传输流程如图 7-5-4 所示。

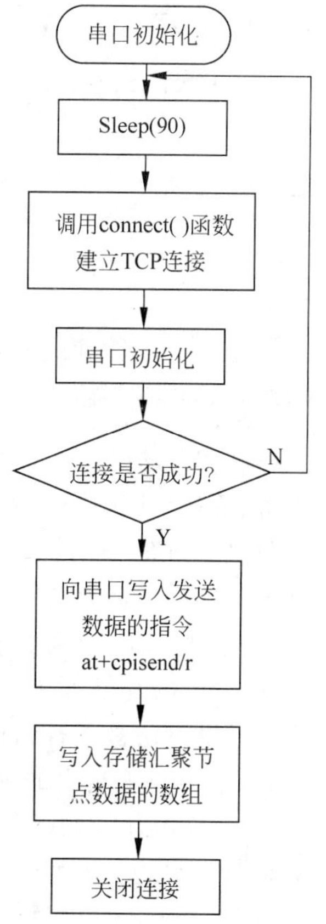

图 7-5-4 数据传输流程

4. 协议栈结构

以无线传感器网络与目前主流的 TD-SCDMA 网络为例，其协议栈结构如图 7-5-5 所示。网关节点设备通过 ZigBee 射频获取来自无线传感器网络内的多元化采集信息(包括一般环境传感信息、多媒体传感信息等),并逐渐通过自下而上各协议层次的规范化数据解析。网关上的系统软件与支撑软件,根据其接入网络或服务对象设置业务与数据需求,并根据传感数据的自身特性,开展处理、分析、融合与提取,得到满足条件的多类型传感信息,并提供给建立于系统软件之上的TD-SCDMA协议体系,作为其初始业务源。网关节点将按照该协议的规范与标准,完成业务类型确定、数据格式转换、数据帧封装等一系列操作,由TD-SCDMA射频实现最终的接入功能。

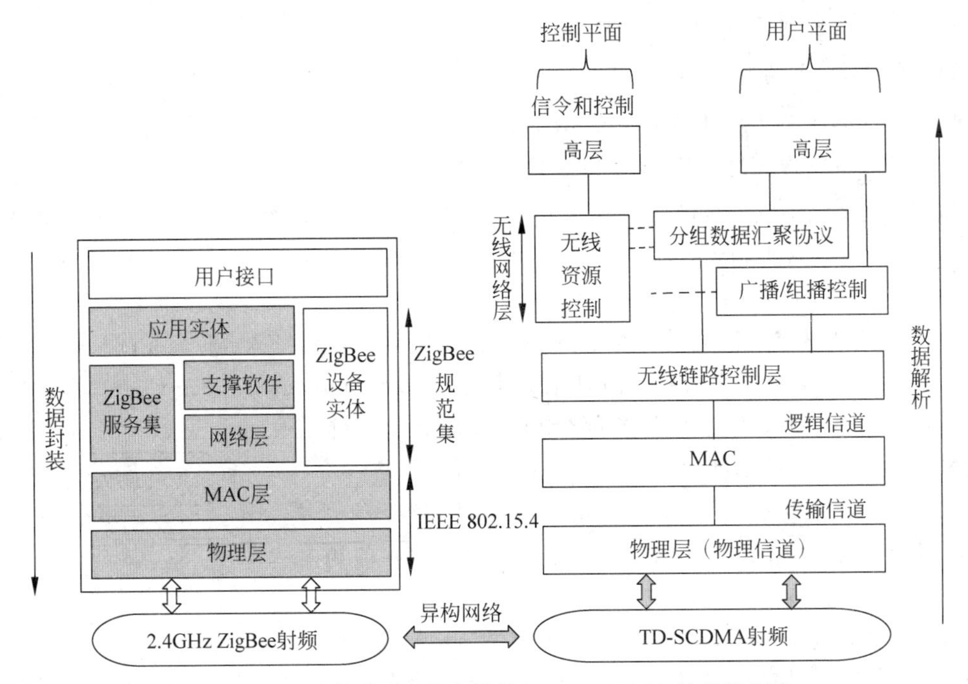

图 7-5-5 无线传感器网络协议栈与TD-SCDMA协议栈衔接

视频

7.5.3 WSN接入Internet

7.5.3.1 概述

传感器网络既可独立工作,也可连接到其他网络。独立运行的传感器网络不能对外提供服务,应用范围受限。传感器网络作为服务提供者,向用户提供环境监测服务,而在许多应用场景中,用户为Internet上的主机,因此将传感器网络集成到现有的IP网络具有重要的研究价值和实际意义。在野外监控、生物监控等应用中,负责监控的传感器节点定期采样环境信息,并将监测的数据通过无线链路传送到网关,将网关连接到互联网上,使得Internet上的研究人员能够取得实时环境监测数据。

传感器网络被部署在监测区域,实时监测物理世界信息,为用户提供环境监测服务。Internet作为一个巨大的资源库,是资源整合、资源共享、服务提供、服务访问和信息传输的载体,但是Internet缺乏与物理世界直接交互的能力。将传感器网络接入Internet使其真正延伸到世界的各个物理角落,人们能够方便地了解到自己所关心的物理区域状态(温度、湿度、振动情况等)。将传感器网络接入Internet是信息技术进一步发展的需要,对推动网络技术的新发展具有重要的意义。

由于传感器网络特殊的应用背景、通信条件以及节点资源的严格受限，Internet 使用的 TCP/IP 协议栈并不适用于传感器网络。传感器网络协议栈和传统的 TCP/IP 协议栈存在较大的差异。使用专用网络协议栈的传感器网络和其他网络之间的互联存在许多难题，Internet 上的用户难以直接使用传感器网络提供的服务。

由于传感器网络的自身特性以及往往部署在无人照看的区域，传感器网络接入 Internet 面临以下挑战。

(1) 实现专用于传感器网络协议栈和互联网 TCP/IP 协议栈之间的接口，这也是接入互联网的网络必须要解决的问题。

(2) 在网络层地址分配上，传感器网络使用节点 ID 或者位置来标识节点，而不是使用唯一标识的 IP 地址，进行节点地址转换是传感器网络接入 Internet 必须解决的问题。

(3) 在传输层，TCP 和 UDP 在传感器网络中应用的主流方案是传感器网络采集到的数据和其他无须强调可靠性的信息传输使用 UDP，而网络管理、接入互联网等需要满足可靠性和兼容性的应用使用 TCP。即在汇聚节点和传感器节点之间主要使用 UDP，而在用户和汇聚节点之间使用 TCP/UDP。

(4) 传感器网络自身能量受限，通常情况下，传感器节点是以电池供电的，而且基本上不具备再次充电的能力。在这种情况下，网络的主要性能指标是网络运转的能量消耗。由于通信的能耗远高于计算的能耗，因此传感器网络协议设计必须遵循最小通信量原则，有时甚至要牺牲其他网络性能，如传输延迟和误码率等，这与传统的 IP 网络截然不同。

(5) 传感器网络是数据收集型网络，其数据传输模式不同于传统的点对点方式。在传感器网络中，将每个传感器节点视为一个单独的数据采集装置，进而可以将整个传感器网络视为分布式数据库，因此一对多或者多对一的数据流是其通信的主要模式，而传统的 IP 网络以点对点的数据传输为主。

(6) 传统 IP 网络遵循分层协议原则，传输层对上层应用屏蔽了下层的路由。传感器网络情况正好相反，由于其特定的应用背景，因此其设计原则是网内处理。在某些数据流交汇的节点进行数据融合，以便过滤掉冗余信息，这在大部分传感器网络路由协议算法中得到充分体现。而互联网是围绕以地址为中心的思想设计的，网上流动的数据通常有对应的特定源和目的地址，而以地址为中心的思想并不适合传感器网络。

(7) 在 Internet 中，采用能力强大的服务器为用户提供服务，而这在传感器网络中是不现实的，为了给传感器网络提供服务，近年来提出了“雾”的概念，是区别于“云”的将汇聚节点或网关连接成网提供存储与服务，目前仍在研究当中。

(8) 传感器网络是针对特定环境的专用型网络，在不同的应用环境下，传感器网络的实现方式不同，因此，难以实现统一的传感器网络接入 Internet 的方法。

目前，传感器网络接入 Internet 的研究尚处于初级阶段，主要方式如下：利用网关或者赋予 IP 地址的节点，屏蔽下层无线传感器节点，向远端的 Internet 用户提供实时的信息服务，并且实现互操作；利用移动代理技术，在移动代理中实现传感器网络协议栈和传统的 TCP/IP 协议栈的数据包转换，实现传感器网络接入 Internet。

7.5.3.2 WSN 接入 Internet 结构

为了降低网络的通信负载和地址管理的复杂性，在传感器网络中，不需要为每个节点分配全局唯一的标识符，而仅仅使用 ID 和位置来标识传感器节点。设计传感器网络接入

Internet 结构,需要保证传感器网络自身的特色以及保持传统的 TCP/IP 协议栈。

传感器网络接入 Internet 方案需要屏蔽下层的传感器网络。根据传感器网络节点是否能够支撑 TCP/IP 协议栈,其接入 Internet 的结构分为同构网络和异构网络接入方式。

1. 同构网络接入方式

在传感器网络和 Internet 之间设置一个或几个独立的网关节点,实现传感器网络接入 Internet 的网络称为同构网络,如图 7-5-6 所示。在同构网络中,除了网关节点外,所有节点都具有相同的资源。

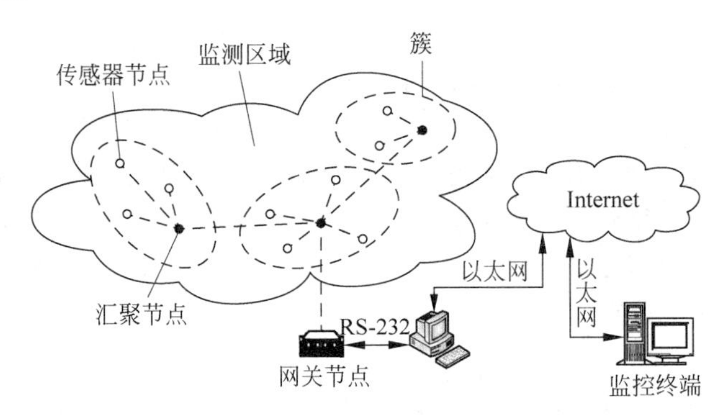

图 7-5-6 通过特定网关接入 Internet 的同构网络

同构网络利用应用层网关作为接口,将传感器网络接入 Internet。对于网络结构简单的传感器网络,网关可以作为 Web 服务器,传感器节点的数据存储在网关上,并以 Web 服务的形式提供给用户。对于结构复杂的多层次传感器网络,网关可以视为分布式数据库的前台,用户通过 SQL 语言提交查询,查询的应答和优化在传感器网络内部完成,结果通过网关返回给用户。

此方式实际上是把与互联网标准 IP 的接口置于传感器网络外部的网关节点。同构网络接入方式比较适用于传感器网络的数据流模式,易于管理,无须对传感器网络本身进行大的调整。此方式的缺点是:查询造成大量数据流在网关节点周围聚集,并不符合网内处理的原则,会造成一定程度的信息冗余。其改进方案是使用多个网关节点,多出口方案的好处在于解决网络瓶颈问题,并且避免了网络的局部拥塞,但是信息冗余的问题依然没有得到解决。

2. 异构网络接入方式

与同构网络相反,如果网络中部分节点拥有比其他大部分节点更高的能力,并被赋予 IP 地址,运行 TCP/IP 协议栈,这种网络称为异构网络,如图 7-5-7 所示。

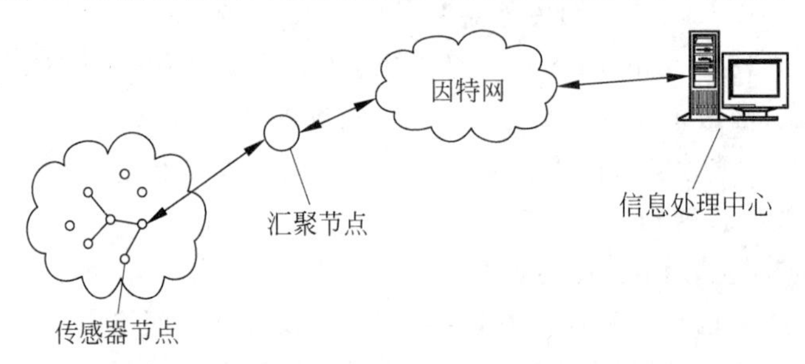

图 7-5-7 通过 IP 节点接入 Internet 的异构网络

异构网络的特点是：部分能力高的节点被赋予 IP 地址，作为与互联网标准 IP 的接口。这些高能力的节点可以完成复杂的任务，承担更多的负荷，可以充当簇头节点。

在分簇的异构网络中，可以在底层传感器网络的基础上，以这些被赋予 IP 地址的簇头节点建立一个 IP 网络。与同构网络相比，异构网络的能耗分布较为均衡，而且采用网内处理原则，减少信息冗余。但是异构网络需要对传感器网络进行较大的调整，包括节点功能、路由算法等，增加了传感器网络设计与管理的难度。

7.5.3.3 WSN 接入 Internet 方法

目前，研究人员对传感器网络如何接入 Internet 没有达成共识。无论是采用同构还是异构网络结构，接入节点的设计以及传感器网络的服务提供方式都是非常重要的。现有传感器网络接入 Internet 方案主要有以下 5 种。

1. 应用层网关

美国南加州大学的 Marco Z. Z 指出，使用 TCP/IP 协议栈给每个传感器节点分配 IP 地址，对于传感器网络是不适合的。他们提出使用应用层网关的方法实现传感器网络接入 Internet。应用层网关是传感器网络接入 Internet 最常见的方法，应用层网关集成两个网络协议栈，实现异构网络协议栈的转换。使用应用层网关的优点是结构简单，传感器网络可以自由选择协议栈，无须对 Internet 进行任何改动。其缺点是在应用层实现协议转换效率较低；传感器网络数据汇聚到网关，容易形成网络瓶颈；传感器网络对用户完全屏蔽，用户难以直接访问特定的传感器节点。

2. 延时容忍网络

在应用层网关方法的基础上，Intel 公司伯克利研究中心的 Kevin Fall 提出传感器网络和 Internet 融合的延时容忍网络（DTN）体系结构。使用延时容忍网络实现传感器网络接入 Internet 的主要思想是：在 TCP/IP 网络和非 TCP/IP 网络协议线上部署 Bundle 层，实现传感器网络接入 Internet，此方法能够使各种异构传感器网络接入 Internet，但是需要在网络的协议栈上部署额外的层次，这对广泛使用的 Internet 来说也是不实际的。

3. TCP/IP 覆盖传感器网络协议栈

由于传感器网络能量受限的特性，传统 IP 难以直接使用。A. Dunkels 等针对传感器网络设计了特定的 IP 解决方案——u-IP。此方案需要给某些能力较强的传感器节点分配 IP 地址，主要优点是 Internet 用户能够直接将请求发送到具有 IP 地址的传感器网络节点。

4. 传感器网络协议栈覆盖 TCP/IP

美国科罗拉多州立大学的 Hui Dai 和 Richard Han 将传感器网络协议栈部署在 TCP/IP 协议栈上，实现传感器网络和 Internet 的互联。在此方式中，每个被部署传感器网络协议栈的 Internet 主机都被看作虚拟的传感器节点。

5. 移动代理

最近，移动代理技术被提议解决传感器网络接入 Internet 问题，主要方法是在通信移动代理中封装，当代理所在的节点将要耗尽能量而导致与 Internet 断开连接时，移动代理可以携带有用信息，选择转移到附近的合适节点，使之成为接入节点。远端用户可以在所发出数据的移动代理中封装长期交互过程中所需的所有信息，由该代理程序携带用户的查询请求，发送至传感器网络并在其上运行，与网关或接入节点进行所需的交互。在此期间，传感器网络与 Internet 的连接甚至可以中断而不会影响移动代理程序的工作，当移动代理程序工作结束后，如果连接恢复，代理即可将交互结果返还给远端用户。

7.5.3.4 WSN 接入 Internet 体系结构设计

传感器网络接入 Internet 需要解决两个问题：WSN-Internet 网关实现传感器网络和 Internet 的网络层互联；在网关上实现协议转换，包括传感器网络数据包转换成 Internet 数据包和 Internet 数据包转换成传感器网络数据包。

传感器网络是以数据为中心的网络，为 Internet 用户提供环境信息监测服务。网络中主要的通信模式包括：用户通过网关节点以广播的方式将服务请求发送到传感器网络；传感器网络为用户提供服务的响应信息；网络管理者通过网关节点对传感器网络进行配置；传感器网络内部的通信。为了协调传感器网络和 Internet 通信，向 Internet 用户提供环境信息监测服务，设计合理的传感器网络接入 Internet 体系结构对传感器网络的应用具有重要的实用价值。设计的一种接入体系结构如图 7-5-8 所示。

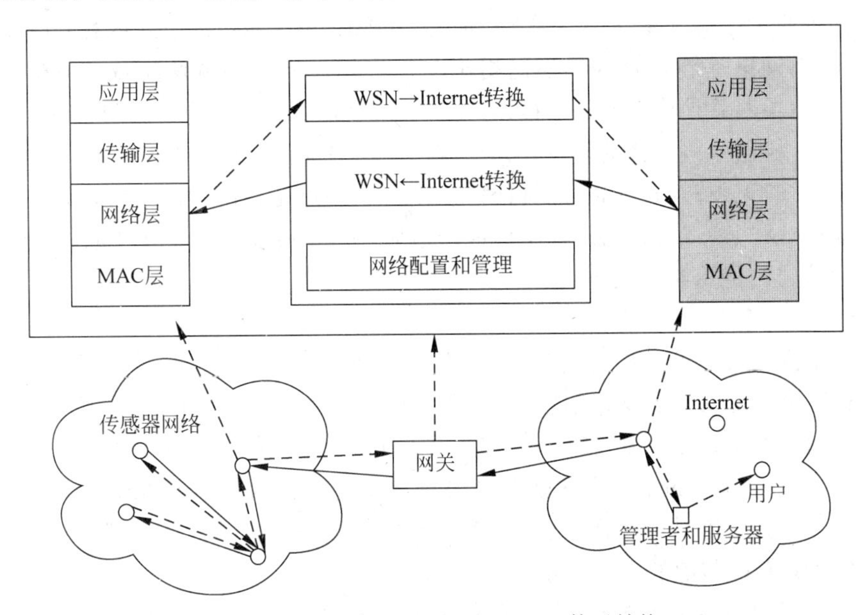

图 7-5-8 传感器网络接入 Internet 体系结构

1. 接入网关设计

目前，传感器网络主要使用两种网络地址形式：节点 ID 和节点位置。Internet 主机使用 IP 地址唯一标识自己。传感器网络接入 Internet 首先必须解决网络层的接入问题。为了实现异构网络的接入，在传感器网络和 Internet 之间部署协议转换网关(称为 WSN-Internet 网关)。WSN-Internet 网关包括以下几个部分：Internet→WSN 数据包转换、WSN→Internet 数据包转换以及为服务访问提供支撑的服务提供、服务注册、位置管理和服务管理。WSN-Internet 网关结构如图 7-5-9 所示。

WSN-Internet 网关完成的主要功能：将 Internet 用户的请求或者操作命令数据包转换成传感器网络数据包；将传感器网络的响应数据包转换成 Internet 数据包；对传感器网络服务进行管理，将服务在中心管理服务器上注册，并对用户提供环境监测服务。

为了实现 IP 地址和节点 ID/位置之间的转换，在 WSN-Internet 网关中建立 3 张表：信息服务表、IP 映射表和 IP 地址-传感器节点映射表。信息服务表用在基于数据信息发现的

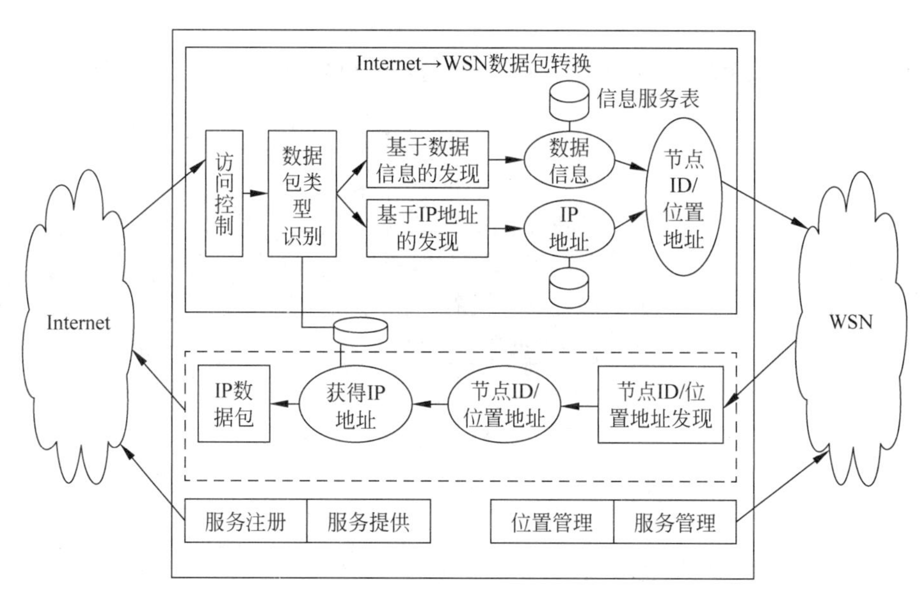

图 7-5-9 WSN-Internet 网关结构

Internet→WSN 数据包转换中，将传感器网络提供的服务与相应的传感器节点 ID/位置对应起来；IP 映射表使用在基于 IP 地址发现的 Internet→WSN 数据包转换中，将 IP 地址与传感器节点 ID/位置对应起来；IP 地址-传感器节点映射记录表记录 Internet→WSN 数据包转换过程中对应的原始 IP 数据包和转换之后的传感器网络数据包，其目的就是为 WSN→Internet 数据包转换过程提供地址转换服务。

2. Internet→WSN 数据包转换

在将 Internet 数据包转化成传感器网络数据包的过程中，存在两种地址转换类型：基于 IP 地址发现和基于数据信息发现。在基于 IP 地址发现中，WSN-Internet 网关根据 Internet 数据包的 IP 来检索 IP 映射表，确定目的传感器节点的 ID/位置。在基于数据信息发现中，WSN-Internet 网关提取数据包的数据信息，通过检索信息服务表，确定目的传感器节点 ID/位置。在将转换后的数据包发送给传感器网络之前，将原始的 Internet 数据包和转换后的数据包存储在 IP 地址-传感器节点映射记录表中。其目的是为传感器网络的响应数据包转换成 Internet 数据包提供地址映射，具体的转换算法如下：

(1) 对来自 Internet 用户请求数据包中的请求令牌进行认证(具体认证方式可采用证书方式)，若请求令牌非法，则丢弃此信息；若请求令牌合法，则提取数据包中的用户 IP 地址。

(2) 在请求令牌认证通过之后，提取此请求数据包中的地址转换类型，若转换类型为基于数据信息的发现，则执行步骤(3)；若转换类型为基于 IP 地址的发现，则执行步骤(4)。

(3) 提取数据包内容，根据请求数据包的内容查找信息库得到相应传感器节点的 ID/位置。

(4) 根据步骤(1)中提取的用户 IP 地址查找 IP 映射库得到相应的传感器节点的 ID/位置。

(5) 将步骤(1)中提取的用户 IP 地址和步骤(3)中得到的传感器节点 ID/位置保存在

IP 地址和传感器节点映射记录表中,供此请求的响应消息使用。

(6) 生成传感器网络中的数据包。数据包转换的具体流程如图 7-5-10 所示。

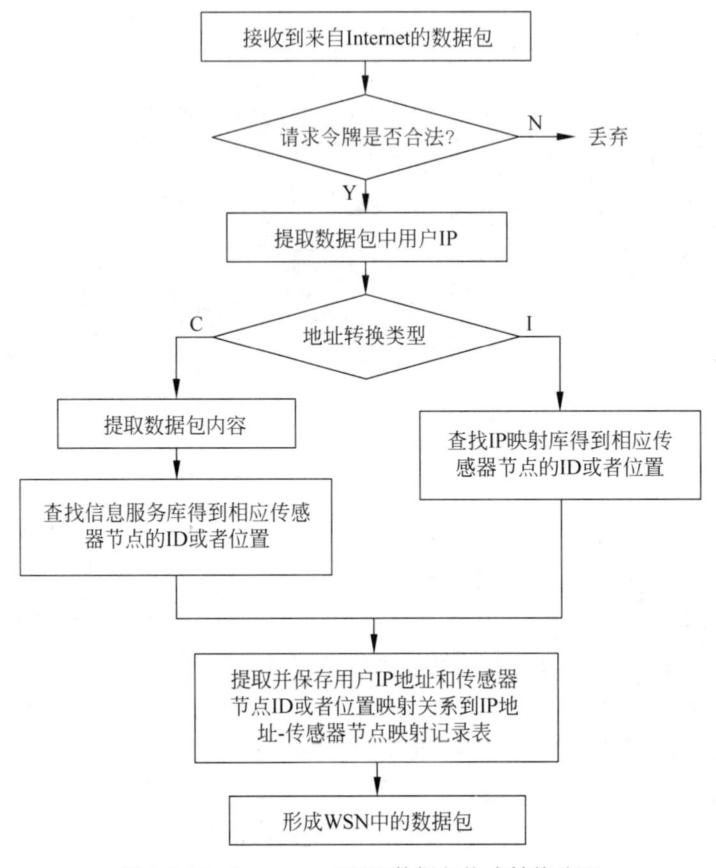

图 7-5-10 Internet→WSN 数据包格式转换流程

3. WSN→Internet 数据包转换

当接收到来自传感器网络的响应用户的数据包时,WSN-Internet 网关使用数据包中包含 ID/位置在 IP 地址-传感器节点映射表中查找先前转换的传感器网络数据包,WSN-Internet 网关能够发现最初的 Internet 数据包,并得到用户 IP 地址,然后创建一个新的 Internet 响应数据包。具体的转换步骤如下:

(1) 提取来自 WSN 的请求响应数据包中的传感器节点 ID/位置。

(2) 根据获得的节点 ID/位置,查找 IP 地址和传感器节点映射记录表获得对应的 IP 地址。

(3) 生成 WSN-Internet 网关给用户的请求响应数据包。

(4) 从 IP 地址-传感器节点映射记录表中删除该条记录。

数据包转换的具体流程如图 7-5-11 所示。

4. 数据包转换表生成

在上述的数据包转换过程中,需要在网关建立 3 张表,分别为信息服务表、IP 映射表和 IP 地址-传感器节点映射表。这 3 张表是数据包转换的依据,由 WSN-Internet 网关负责生成和维护。

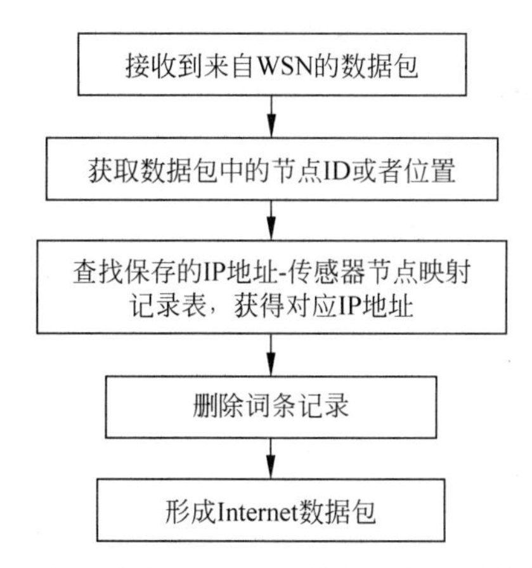

图 7-5-11　WSN→Internet 数据包格式转换流程

在 Internet→WSN 数据包转换中，若是基于数据信息进行地址转换的，则信息服务表提供目的传感器节点的地址。在网络初始化过程中，所有的传感器节点将能够提供的监测服务向网关进行注册，网关将此注册信息写入信息服务表。当网关接收到来自 Internet 用户的请求时，根据具体的用户请求内容，将请求消息发送给能够提供服务的传感器节点。若是基于 IP 地址发现进行地址转换，则 IP 映射表提供目的传感器节点的地址。预先在 WSN-Internet 网关的 IP 映射表中注册 IP 地址和传感器节点的对应关系，可以使具有特定 IP 地址的管理节点或者用户能访问特定的传感器节点。

传感器网络传送到 Internet 上的数据包为用户请求的响应信息。在 Internet→WSN 数据包转换的过程中，WSN-Internet 网关在 IP 地址传感器节点映射表中记录 IP 数据包和转换后的传感器网络数据包。当用户请求得到响应后 WSN-Internet 网关需要将响应数据包转换成 IP 数据包，使用 WSN-Internet 网关中预先记录的信息确定 Internet 上的目的用户。

7.5.4　多网融合网关的硬件设计

视频

网关的构建以实用性、开放性、功能的可扩展性、技术的先进性为指导原则，通过对无线传感器网络数据传输过程的分析，并按照嵌入式系统的开发流程总结出网关的设计需求如下。

1. 硬件需求

网关硬件平台应由具有低功耗、高性能的嵌入式微处理器对数据进行处理；存储器系统用于存储应用程序及从无线传感器网络接收到的数据；在调试程序及上传数据时需要用到串行通信接口；以太网接口作为网关与终端进行数据传输的一个接口；无线网卡通过 USB 接口接入本网关；此外，网关硬件还应包括 JTAG 测试接口、时钟系统及复位电路等。

2. 软件需求

网关软件平台应为便于移植的、可裁剪的嵌入式操作系统，方便随时根据需要添加或删除内核模块。此平台应支持 WSN 数据的采集、转换、转发等应用程序，并支持多线程编程。

根据上述的硬件和软件需求，无线传感器网络网关的总体实现目标如下。

(1) 网关设计要具备良好的可扩展性。

(2) 实现对无线传感器网络不同节点信息的采集和转换。

(3) 远程数据传输应具备无线和有线两种方式，提高可靠性。

(4) 网关可以实现各模块程序并行执行。

7.5.4.1 网关总体结构设计

1. 网关节点设备的技术指标

(1) 无线传感器网络网关节点具备无缝接入 GSM、TD-SCDMA、Internet、WLAN 等网络的能力,并具备信息聚合、处理、选择与分发功能,具备独立寻址与编址能力。

(2) 每个无线传感器网络节点都可以通过网关节点的中转,实现与各异构网络终端的一对一或一对多的数据通信与信息交互。

(3) 网关节点的处理频率高于 16MHz,数据吞吐量大于 10Mb/s,无线数据传输速率高于 250kb/s。

(4) 网关节点同时支持无线传感器网络协议栈与主流移动通信网络协议栈、TCP/IP 协议栈、IEEE 802.11 协议栈。

(5) 网关节点支持网内节点组网规模大于 128 个,并可以实现对网内节点稳定、高效的监督、管理与控制,可以对网内无线传感器节点的工作模式、频率设置、采样时间等进行控制,实现远程管理。

2. 网关设备的典型结构

无线传感器网络的特点决定了只有将它与现有的网络基础设施相融合,才能方便人们进行网络控制、管理和数据采集,进而最大限度地发挥其作用并最大化地扩展其应用。由于自身硬件资源的限制及部署环境中的网络基础设施等条件的影响,在现有的硬件及网络系统架构下,无线传感器网络及其节点无法接入 Internet 及主流的移动通信网络,这也就在一定程度上限制了无线传感器网络大规模应用的开展。为解决上述无线传感器网络接入的限制并实现多类型网络的融合,需要研制并实现一种可接入移动通信网络、Internet 等多类型异构网络的无线传感器网络网关设备,以期在底层硬件结构上屏蔽各类型网络与无线传感器网络的协议差别,统一其业务规范与数据流,保证无线传感器网络和其他多类型网络之间的异构数据通信与交互。

网关典型的系统架构如图 7-5-12 所示,包括以下几个组成模块。

1) 多类型网络控制与接入模块

网关节点主要通过多类型网络控制与接入模块,实现与 TD-SCDMA、Internet 等多类型网络的互联与互通。根据不同网络协议下的接入标准与层间结构,本模块将重点包括 TD-SCDMA 编码调制系统及其空中协议接口、Internet 网络控制器及其网络接口设备、无线局域网络适配装置及其射频子系统等多类型网络接入装置,并在此基础上,考虑底层硬件系统的二次开发需求,为其他类型网络接入装置提供相应的设备接口,便于网关设备的进一步开发。

2) 异构网络协议转换模块

异构网络协议转换模块是网关设备实现其接入功能的核心,将重点实现无线传感器网络与 TD-SCDMA、Internet 等网络协议栈的对接与融合。模块根据各类型网络协议模型的特点和层次特性,自物理层开始,逐一开展异构网络业务区分、数据封装与解析、数据格式转换等操作,最终实现无线传感器网络综合业务数据的上传和以 TD-SCDMA、Internet 为代表的主要支撑网络的数据下载。

3) 核心控制与处理模块

面向多类型异构网络的网关节点的核心控制与处理模块主要实现对无线传感器网络任

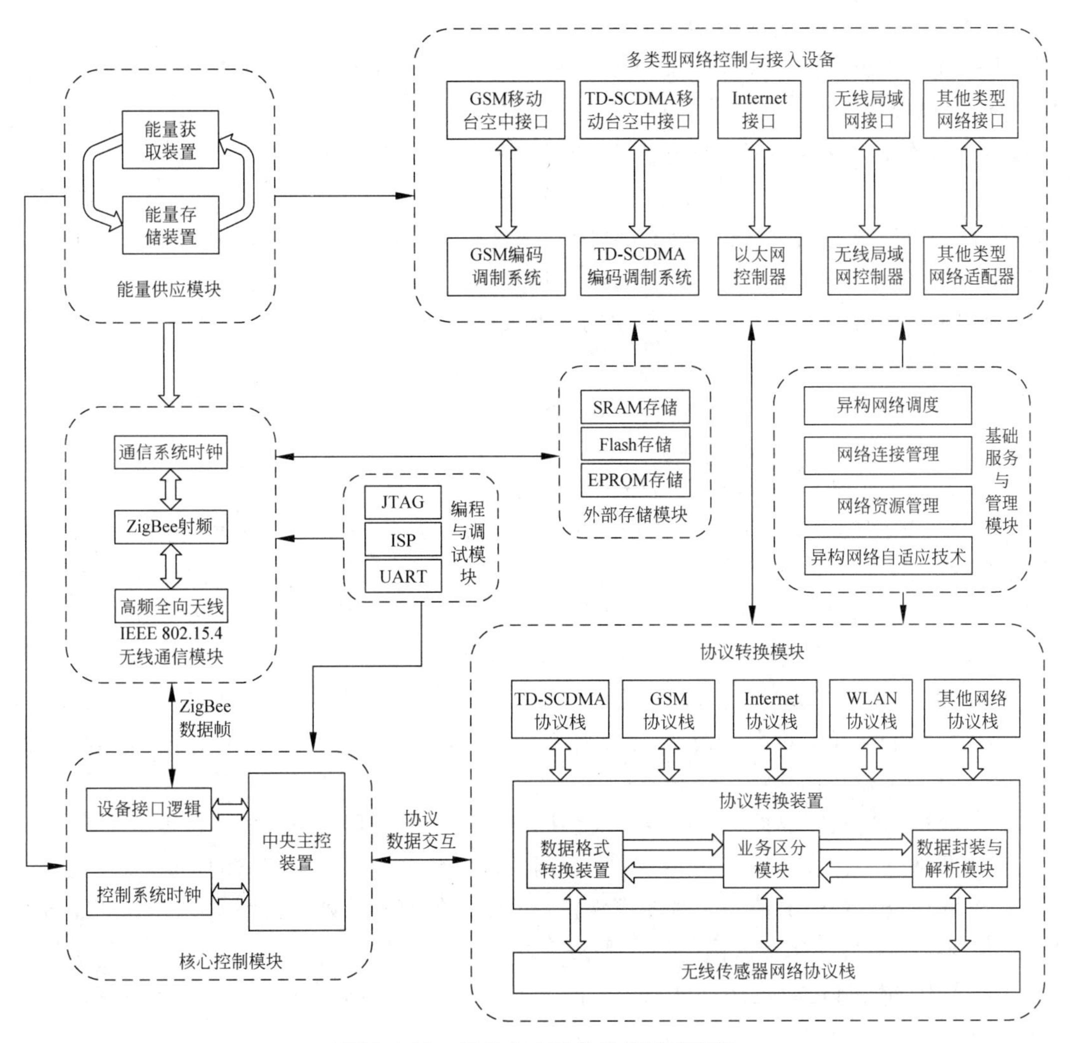

图 7-5-12 网关节点设备系统结构实例

务的全局处理、数据融合与信息提取，还为多类型网络提供基础服务与管理功能，完成异构网络调度、网络资源管理、网络连接管理及自适应切换等功能，是整个网关节点的调度中心装置，无线传感器网络网关节点拟定以32位嵌入式微处理系统为核心，并配置较为完善与丰富的嵌入式操作系统及支撑软件，以保证其控制与处理功能的稳定、高效、正确执行。本模块将主要包括中央主控装置、设备接口逻辑及控制系统时钟等。

4) IEEE 802.15.4 无线通信模块

无线传感器网关节点的无线通信模块的主要作用是从协议底层正确获取网络内各节点的多种类型下的传感数据信息，交由核心控制与处理模块进行处理，并最终传送至指定的接入网络。同时，由各类型网络下行而来的、经过协议与格式转换后的数据流、控制流业务流等，也通过本模块发布至无线传感器网络的各个独立节点。针对网关节点无线通信模块的特殊性与重要性，拟定在其硬件通信实体上，全面加载基于 IEEE 802.15.4 的 ZigBee 网络协议栈，其硬件基本组成包括 ZigBee 射频、面向 2.4GHz 的高频全向天线及用于控制整个无线通信时序的通信系统时钟。

5）外部存储和能量供应模块

由于无线传感器网络与 TD-SCDMA、Internet 等网络在所承载的网络业务类型与业务量、传输数据量与数据传输速率、网格带宽与调制方式、载波频段等方面存在明显区别，因此必然要求网关节点具备必要的存储能力，以尽可能降低其所接入的不同类型网络之间的差异性。同时，作为无线传感器网络的终端设备，具备较强存储功能的网关节点为更好地实现其网络管理与控制功能，在原有无线传感器网络节点存储体系的基础上，从网关设备整体结构出发，在存储介质类型与存储容量方面，进行进一步扩展，以满足应用需求。另外，网关设备的能量供应模块为节点的各组成模块的功能实现提供了能量支撑。

6）多类型网络协议栈存储模块

由于无线传感器网络、TD-SCDMA、Internet 等网络的体系结构的复杂性，在开展网关节点设备研制过程中，必须充分考虑设备对各类型网络协议的支持与规范。为此，拟定在无线传感器网络网关节点中，构建拥有较强存储能力并可进行快速访问的存储模块，以实现对各类型网络通信协议栈的集中存取与访问控制。建立丰富的协议接入与访问接口，以保证网关节点进行无线传感器网络与异构网络互联时，实现快速协议转换与业务切换。考虑到二次开发的需求，拟定在本模块中，为其他类型的接入网络保留协议栈存储空间及访问路径。

7）基础服务与管理模块

基础服务与管理模块是无线传感器网关设备的中心调度模块，通过与协议转换模块和多类型网络控制与接入设备的协调，完成各类型接入网络与无线传感器网络的数据与业务接入与互联。本模块结构中主要包括以下部件：

（1）异构网络调度部件——实现多类型网络与无线传感器网络的资源调度。

（2）网络连接管理部件——管理并实现网关设备与多类型异构网络的连接。

（3）网络资源管理部件——对无线传感器网络内的各种软硬件资源进行有效管理与分配，并实现与多类型异构接入网络的资源共享。

（4）异构网络自适应连接部件——为网关节点接入不同的网络环境提供切换与自适应支持。

一个无线传感器网络网关硬件部分通常包括 5 个主要模块：外部网络接入与控制设备、IEEE 802.15.4 无线通信模块、处理器模块、外部存储器模块和能量供应模块。

例如，网关系统可以 ARM920T 为核心，用 DM9000AEP 网络芯片接入以太网，用 USB 接口无线网卡 RT73 接入无线局域网，用符合 IEEE 802.15.4 协议的 2.4GHz 芯片 CC2530 接入 ZigBee 网络，再加上简单的外围辅助电路，完成了整个硬件电路的设计。

外部网络接入与控制设备由 Internet 接口与以太网控制器、无线局域网接口与无线局域网控制器以及其他类型的网络接口与网络适配器构成，用来实现无线传感器网络与外部网络(如 Internet)之间的通信。IEEE 802.15.4 无线通信模块由通信系统时钟、ZigBee 射频和高频全向天线构成，用来实现与无线传感器节点之间的通信。处理器模块一般包括处理器、存储器和 A/D 转换器等功能单元，主要用于控制节点运作、存储和处理数据。由于无线传感器网络采集与处理的数据量大，需在网关设置一个外部存储器，外部存储器模块一般由 SRAM 存储器、Flash 存储器和 EPROM 存储器构成。能量供应模块一般由一些微型电池及能量检测功能单元组成，主要是为节点提供能量，同时也要节省能量消耗。此外，节点也可以根据具体需求增加其他功能模块，如定位系统、移动装置等。

网关设备节点将具备接入多类型网络的能力，这必然要求构建于网关节点之上的嵌入式系统软件为网络接入提供协议支撑。网关节点将主要完成无线传感器网络传感信息的无缝网络发布以及多类型异构网络业务需求与功能控制的无障碍通告。

由于无线传感器网络接入系统复杂，接入类型多样，因此必须要求网关设备系统软件拥有自主、灵活、智能、快速的网络识别与切换能力，根据不同网络的接入要求，实现其与无线传感器网络的无缝互联。

3. 面向多类型异构的 WSN 网关节点设备实现策略

1）功能化、模块化与集成化设计策略

网关节点设备除了要对传感器网络中的各节点进行监测、管理、任务调度与分配、全局与个体控制等功能以外，还需要同移动通信网络（如 TD-SCDMA、GSM 等）、Internet、无线局域网络等进行复杂交互与融合，拥有较为庞大的硬件体系结构。因此，必须全面实施模块化的设计策略，重点面向总线和模块间的接口规程设计，并将门级元件与中小型 IC 进行较大规模的整合，以简化网关节点设备的开发、设计、测试与验证流程。

为进一步推广面向多类型异构网络接入的无线传感器设备，网关节点还需要同时实现高度集成化的目标，以保证在二次开发和后续业务拓展中，仍然可以发挥较大作用。

2）通用部件复用策略

由于网关节点不仅面向单一的无线传感器网络，因此必须充分考虑其功能部件的利用效率，以增强网关设备的功能性。需要在详细研究各类型异构网络接入设备硬件体系架构的基础上，分析其设备共性与相似性，并在此基础上，重点开展对网关设备中的主要功能部件（如主控制器、协议栈存储器、射频部件等）的多功能复用，以尽可能地简化网关节点的硬件设备结构组成，提高系统的运转效率。

3）可重用及二次开发策略

为面向更多类型的网络应用，进一步拓展无线传感器网络的应用规模，在对网关节点设备的研制过程中，应充分考虑其二次开发能力，深度挖掘其进一步开发的潜能，使得网关节点设备拥有支持更多的网络接入类型的能力，具备多元化和可扩展的特点，以满足更多的新型网络业务需要，拥有较强的可持续运转能力。

网关设备将重点面向 TD-SCDMA、GSM 等主流移动通信网络标准及 Internet 网络系统，全面构建可接入多种异构网络的无线传感器网关节点设备。

7.5.4.2　典型的平台网关

无线传感器网络网关属于协议网关的一种，可以转换不同的协议。在无线传感器网络中汇聚节点用于连接传感器网络、互联网和 Internet 等外部网络，可实现几种通信协议之间的转换，所以在无线传感器网络中可以认为汇聚节点是无线传感器网络的网关，典型的平台网关有以下几种。

1. Cortex-A 系列的智能网关

以 Cortex-A8 为例，其硬件参数如下：

核心 CPU 采用三星公司 S5PV210，基于 Cortex-A8 内核，采用 0.65mmpitch 值的 $17\times17mm^2$ FPGA 封装，内部集成了双通道 32b DDR2 内存接口。主频高达 1GHz。

内存：1GB，Samsung K4T1G084QQ。

Flash：1GB，Samsung K9K8G08U0A。

配置7寸液晶显示触摸屏。

板载支持：SD卡或MMC卡。

视频：TV-OUT/VGA/HDMI高清；支持TV-IN和SDIO摄像头。

支持1080P视频播放；支持2D、3D加速；支持视频TV输入。

4路TTL；2路RS232串口100M网口；板载Wi-Fi；板载ZigBee工业20pin接口。

2. IPv6网关

IPv6网关硬件参数如下：

微处理器STM32W108，128KB Flash，8KB RAM。

工业SoC设计ZigBee集成化解决方案。

传送速率最大250kb/s；通道16个可选频段。

传输距离0～200m可调。

JTAG引出，程序调试；1个按键，2个LED。

开源无线传感网操作系统方案：TinyOS基于IPv6协议栈进行组网；Contiki OS系统应用开发，基于IPv6协议栈进行组网。

电源电压：5V±0.2V(DC)。

3. Wi-Fi网关

Wi-Fi网关硬件参数如下：

处理器：内嵌ARM7处理器72MHz。

板载天线2.4GHz 2dB陶瓷天线。

支持多种网络协议：TCP/IP/UDP。

支持UART/GPIO/以太网数据通信接口。

支持透明协议数据传输模式，支持串口AT指令。

支持IEEE 802.11b/g/n无线标准。

支持TCP/IP/UDP网络协议栈。

支持无线工作在STA/AP/AP+STA模式。

提供友好的Web设置界面。

网关自带ZigBee与Wi-Fi模块通过串口相连，同时Wi-Fi模块也可直接与计算机相连。

4. 蓝牙网关

蓝牙模块硬件参数如下：

基于TI CC2540低功耗蓝牙SoC芯片。

软件支持业界领先的蓝牙4.0低功耗协议栈。

支持UART透传，AT指令。

配置COM接口，外设主从开关。

支持电池供电。

数字接口部分全部引出。

BLEStack软件包。

兼容TI原版设计。

TI公司发布的最新协议栈无须修改可运行。

提供基于 iOS 系统的手机端监控软件。

可用该模块实现蓝牙转 ZigBee 功能手机通过蓝牙控制 ZigBee 节点。

5. ZigBee 网关

网关节点通过 USB 口和计算机(PC)实现通信；通过网关内置 ZigBee 模块和各无线传感器网络节点实现通信。网关节点是将所有节点数据汇总、分析、存储和发送的一个机构。

它的工作流程是：当计算机发送命令以后，网关接收命令，首先判断是不是可用的命令，如果可用，则根据命令判断计算机需要哪个节点的信息，并向该节点发送命令要求将对应数据传回网关，然后再将接收到的指定节点的信息按既定格式发送给 PC，PC 通过传感器网络 PC 软件显示出来。

以 ZigBee 技术为基础的无线传感器网络网关由网关开发板、显示屏、CC2530 模块等组成。

1）网关硬件参数

微处理器 CC2530，128KB Flash，8KB RAM。

2.4 GHz(IEEE 802.15.4)。

TI ZigBee 最新协议栈 ZigBee 2007，安全传输 AES 等可选加密方式，开发环境 IAR 编译器。

电源电压：＋2.0～＋3.6V。

2）网关协议的转换

CC2530 是 ZigBee 芯片的一种，广泛使用于 2.4GHz 片上系统解决方案。建立在基于 IEEE 802.15.4 标准的协议之上，支持 ZigBee 2006、ZigBee 2007 和 ZigBee Pro 协议。在无线传感器网络数据采集和传输的过程中，CC2530 模块通过无线可以接收到其他传感器节点的数据，此无线通信协议为 ZigBee 协议。

网关的主要作用就是通过协议转换将数据发送出去。将 CC2530 模块插入到网关开发板的 CC2530 插槽中，便成为网关开发板的一部分。网关协议转化过程如图 7-5-13 所示。

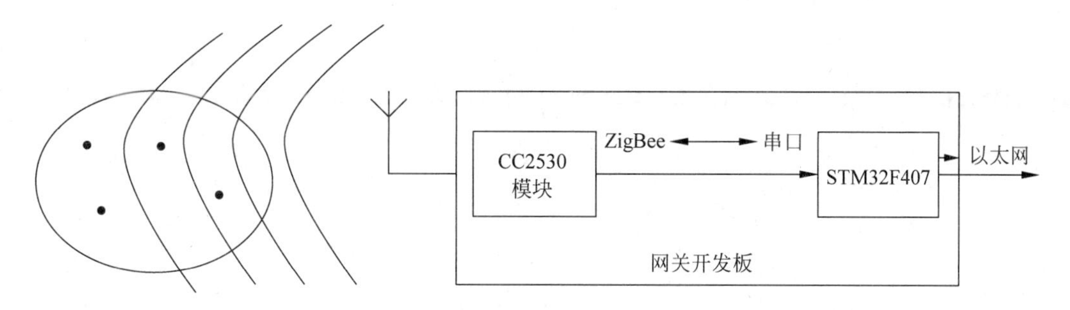

图 7-5-13 网关协议转化过程

CC2530 模块通过 ZigBee 协议接收到其他支持 ZigBee 协议节点发送的数据后，将此数据经过“ZigBee 协议↔串口”的转化，通过串口可以将数据传输至网关开发板的 STM32F407 处理器中。网关开发板的 STM32F407 处理器可以通过处理将协议转换为以太网，将数据通过以太网发送出去。

习题 7

1. 如何对传感器网络的定位方法进行分类?
2. 简述 RSSI 测距的原理。
3. 简述 RSSI 和 RSS 的区别和联系。
4. 简述质心定位算法的原理及其特点。
5. 举例说明 DV-Hop 算法的定位实现过程。
6. 传感器网络实现时间同步的作用是什么?
7. 传感器网络常见的时间同步机制有哪些?
8. 简述 TPSN 时间同步协议的设计过程。
9. 传感器网络的安全性需求包括哪些内容?
10. 简述无线传感器网络的被攻击类型。
11. 简述入侵检体系的基本框架。
12. 如何选择传感器网络安全协议的加密算法?
13. 什么是数据融合技术? 它在传感器网络中的主要作用是什么?
14. 简述数据融合技术的不同分类方法及其类型。
15. 常见的数据融合方法有哪些?
16. 接入 WSN 的方式有几种?
17. 画出网关总体结构设计图。
18. 画出 WSN 接入体系结构。
19. 传感器网络接入 Internet 方法的基本思想是什么?
20. 典型的平台网关有哪些?

第8章 无线多媒体传感器网络

CHAPTER 8

传统的无线传感器网络一般只能采集和传输压力、温度、湿度、光强等物理数据，随着业务类型的丰富和信息需求的提升，人们已经不满足于从环境中获取简单的标量数据，而是希望可以得到图像、声音、视频等更为丰富的信息。于是，无线多媒体传感器网络（Wireless Multimedia Sensor Network，WMSN）应运而生。无线多媒体传感器网络是在传统无线传感器网络的基础上引入了图像、声音、视频等多媒体信息处理技术的一种新型的传感器网络。它结合了无线传感器网络技术和多媒体处理技术，能够带给用户更为直观的体验，而且能完成图像处理、目标识别、定位追踪等多种任务，因此功能也更为强大。

8.1 无线多媒体传感器网络的架构

视频

8.1.1 基本概念

无线多媒体传感器网络是在传统无线传感器网络的基础上引入了多媒体信息处理技术的一种网络，这里的多媒体信息处理包括声音、图像、视频等信息的采集、压缩和传输等。无线多媒体传感器网络是在无线传感器网络的基础上发展起来的，一方面，它继承了无线传感器网络自组织、资源受限等特征；另一方面，多媒体信息的采集、传输又对硬件设计、节能控制、服务保障、信息处理等方面提出了新的要求。无线多媒体传感器网络除了具有传感器网络的共有特点外，还有其显著的个性特点，具体表现在以下几个方面。

1. 节点及网络能力增强

由于具备音视频、图像等多媒体信息处理能力，节点及网络能力（采集、处理、存储、收发、能量供应等方面）都有显著增强；为了更好地满足多媒体传输需求，网络带宽资源也相应增加。

2. 感知媒体丰富，多种异构数据共存

无线多媒体传感器网络中共存有音频、视频、图像、数值、文本及控制信号等多种的数据；另外，这些数据的格式多样、异构，如单一数值数据和视频流信息共同服务于多媒体监测任务。

3. 处理任务复杂

传统传感器网络采集的数据格式单一，信息量少，处理简单，只需加、减、乘、除、求和、求平均等处理；而无线多媒体传感器网络中的音频、视频、图像等数据量大、信息丰富、格式复杂，需要压缩、识别、融合等多种复杂的处理以满足多样化应用需求。

4. 对环境全面有效感知

无线多媒体传感器网络通常由感知多种媒体类型的节点组成，监测能力远远大于几种单一媒体类型传感器网络的简单叠加。各种媒体信息从不同的角度描述物理世界，可以更加全面有效地感知监测环境。

8.1.2 通信协议架构

无线多媒体传感器网络的实现离不开通信协议的支持，通常采用如表8-1-1所示的通信协议架构。与传统网络协议的结构类似，该通信协议也有5层。

表8-1-1 WMSN通信协议体系结构

分层	WMSN中采用的技术
应用层	多媒体编码，网内处理
传输层	实时性，关键帧可靠性
网络层	路由选择
MAC层	信道接入，差错控制
物理层	UWB技术

1. 物理层

常见的传输介质包括无线介质、光介质或者红外线等。在普通的传感器网络中，由于业务数据较为简单，因此对带宽的要求不高。而在无线多媒体传感器网络中，业务数据量巨大，因此超宽带技术成为主要的研究热点，尤以基于时间跳的脉冲无线超宽带技术为代表。

2. 介质访问控制(MAC)层

MAC层主要负责无线信道的接入，完成通信中点到点的连接。它直接控制着数据报文和控制报文对无线介质的访问，并为相互竞争的分配有限的无线信道资源。受资源的限制与外部环境的影响，设计MAC协议时需要综合考虑能量效率、资源分配、业务类别等因素。根据信道使用方法的差异，MAC协议一般可分为3类：调度式、竞争式和混合式。调度式是指节点按照一定的规则依次使用无线信道，竞争式是指节点通过竞争的方式来使用无线信道，混合式则是这两种方法的结合。从设计难度上来看，混合式最为复杂，但有研究人员认为它能够较好地满足无线多媒体传感器网络的需求。另外，混合使用多种MAC协议也是值得研究的方向。

3. 网络层

网络层的任务是寻找合适的路径，把信息发送给目标节点，如把命令发送给采集节点，把结果发送给汇聚节点等。在普通的传感器网络中，路由设计的出发点主要以提高能量效率为目标。但对于多媒体业务而言，提供特定的服务质量保障(QoS)是必须要考虑的重要问题，常见的QoS要求包括带宽、时延、差错率、抖动等。此外，路由算法的能量效率、可扩展性和快速收敛性也是常见的要求。由于业务与数据的种类繁多，因此并不存在通用的路由机制与算法。在设计路由协议时，需要结合具体的应用，对多个参数与要求进行取舍与折中。在设计无线多媒体传感器网络路由协议时，目前常见的技术手段包括多径路由、跨层协作和区分服务等。另外，在转发数据时结合一定的数据融合处理也是常用的方法之一。

4. 传输层

传输层的主要作用是提供端到端的数据传输服务。在普通的传感器网络中，传输层通常沿用无线网络和有线网络的传输协议。传输层的研究也并不是很多，主要是对经典传输协议进行一些修改。在无线多媒体传感器网络中，出于提高网络服务质量的需求，研究人员对业务的实时性保障和关键数据的可靠性保障研究较多，并已发表了一些研究成果。

5. 应用层

应用层通常与具体的应用相结合，以满足用户的需求。常见的一些需求包括数据查询、事件告警、实时监控等。在无线多媒体传感器网络中，多媒体业务的编解码是当前研究的重点，比较有前景的技术是分布式编码。另外，智能查询、网络编码、数据分析也是研究的热点方向。

8.1.3 单层结构

视频

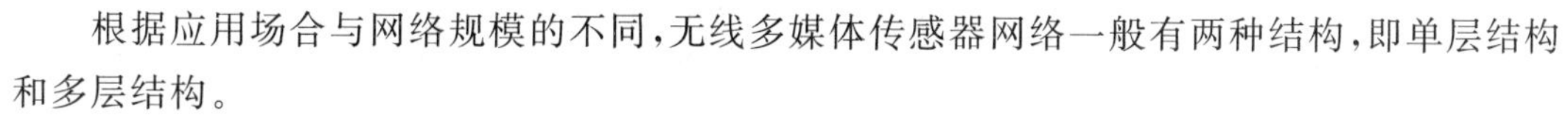

根据应用场合与网络规模的不同，无线多媒体传感器网络一般有两种结构，即单层结构和多层结构。

单层结构中包含的基本元素有音视频传感器节点、标量数据传感器节点、多媒体融合处理中心、汇聚节点和数据存储中心等。音视频传感器节点捕捉目标的声音、图像或视频信息。标量数据传感器节点收集简单的数据信息，如温度、湿度、压力等。多媒体融合处理中心具有一定的计算和存储能力，可以对原始数据进行一定的预处理，包括对数据的聚合和融合处理等。汇聚节点负责接收、处理用户命令，把查询要求发送到网络中特定的节点，并返回结果给用户。大型或异构多媒体网络中可能存在多个汇聚节点。数据存储中心一般具有较大的存储容量，用于存储收集到的数据或多媒体信息。图 8-1-1 所示是由多个音视频传感器节点组成的单层网络。图 8-1-2 是由不同类型的传感器节点组成的单层网络。音视频传感器节点和标量传感器节点各自采集不同的数据，并传送到多媒体融合处理中心，然后经过处理后提交给汇聚节点。

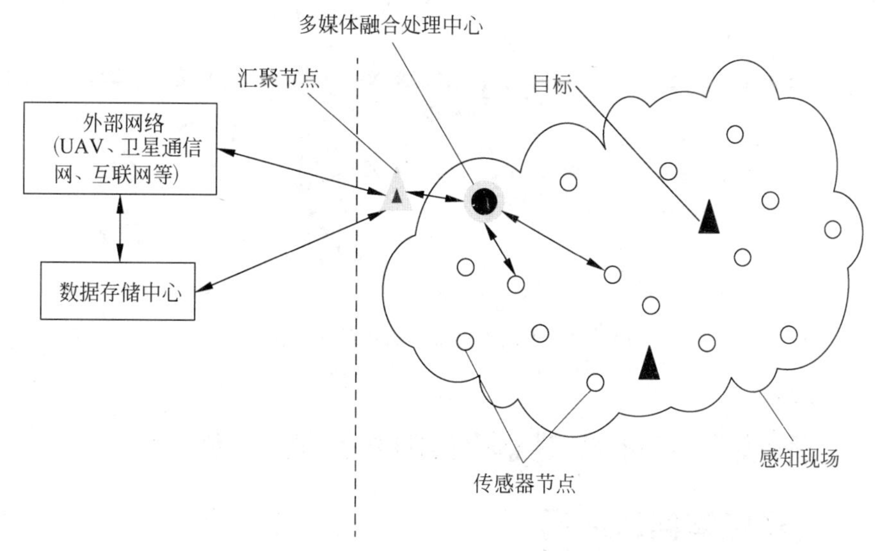

图 8-1-1　音视频传感器节点组成的单层网络

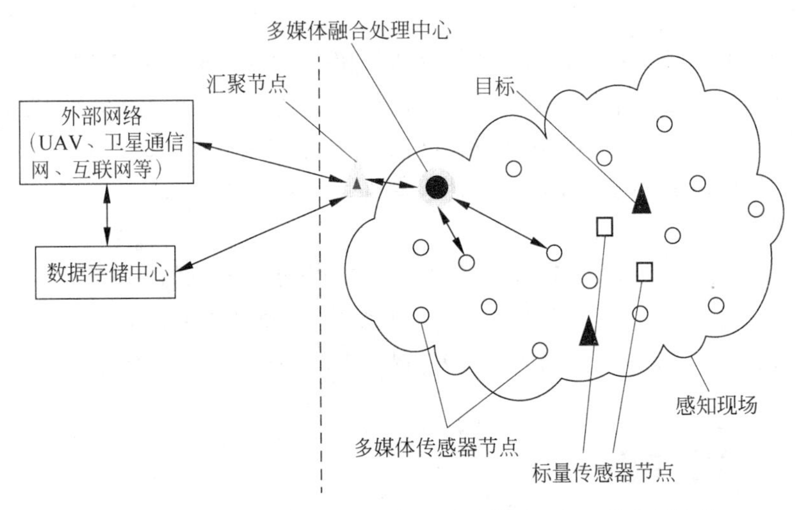

图 8-1-2　音视频传感器节点和标量传感器节点组成的单层网络

8.1.4　多层结构

多层结构是由多种类型传感器节点组成的多层网络。根据功能或目标的划分,每一层完成部分数据的采集任务。资源和功率受限的标量传感器执行简单任务,拥有更多资源和更高功率的设备负责音视频数据的采集。通常,这种体系结构与单层体系结构相比可扩展性更好、功能更强、可靠性更佳,如图 8-1-3 所示。

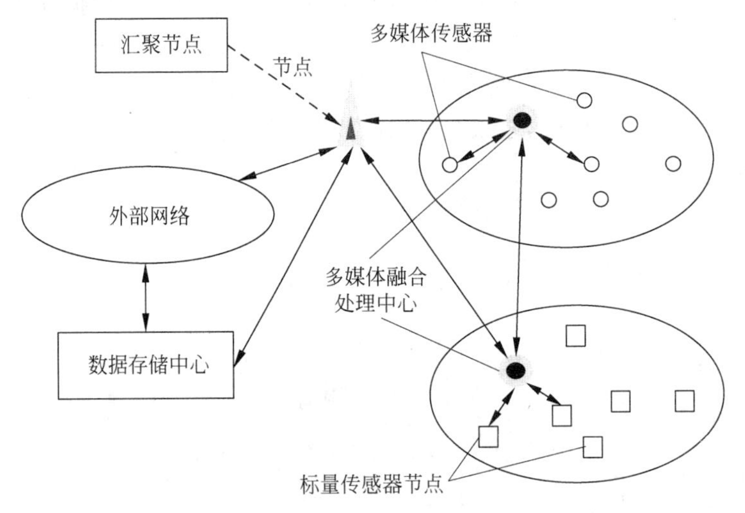

图 8-1-3　不同类型节点组成的多层网络

8.2　无线多媒体传感器网络的关键技术

8.2.1　多媒体信源编码

多媒体信息数据量较大,在数据传输前,通常要对多媒体信息进行编码操作,压缩数据,在数据传输到目标节点或汇聚节点后，再进行解码操作，恢复原始的多媒体信息。在整个过程中，编解码是关键环节。传统的有线网络中，多媒体视频编码标准主要由ITU制定的H.26x系列和ISO/IEC制定的MPEG标准。这些技术一般采用基于帧间的预测编码和基于块的DCT变换，一般要求比较复杂的编码器。编码端设备要求计算量大、功能强、能耗高，但解码端相对简单。这类技术不适合无线多媒体传感器网络。因为无线多媒体传感器网络的终端采集节点一般计算能力和能耗都比较有限，但汇聚节点的能耗供给、计算能力和存储能力都较强。所以适合编码简单而解码复杂的编解码方案。分布式视频编码就是其中的典型代表。本书将在后面详细讨论这种编码方式的理论基础、特点和改进。如图8-1-4所示为视频数据编解码流程。

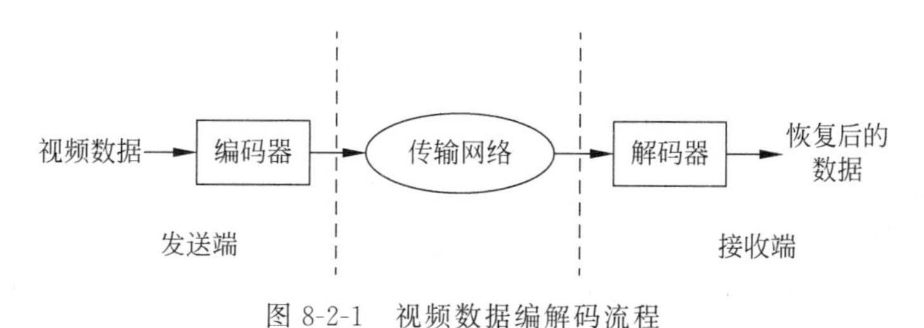

图8-2-1 视频数据编解码流程

8.2.2 超带宽技术

超宽带(Ultra Wide Band,UWB)技术是一种新型的无线通信技术。它通过对具有很陡上升和下降时间曲线的冲激脉冲进行直接调制，使信号具有吉赫兹量级的带宽。超宽带技术解决了困扰传统无线技术多年的有关传播方面的重大难题，它具有对信道衰落不敏感、发射信号功率谱密度低、低截获能力、系统复杂度低、能提供数厘米的定位精度等优点。

UWB是一种“特立独行”的无线通信技术，它将会为无线局域网LAN和个人局域网PAN的接口卡和接入技术带来低功耗、高带宽并且相对简单的无线通信技术。

UWB具有以下特点：

(1) 抗干扰性。UWB信号，在发射时将微弱的无线电脉冲信号分散在宽阔的频带中，输出功率甚至低于普通设备产生的噪声。接收时将信号能量还原出来，在解扩过程中产生扩频增益。因此，与IEEE 802.11a、IEEE 802.11b和蓝牙相比，在同等码速条件下，UWB具有更强的抗干扰性。

(2) 传输速率高。UWB的数据速率可以达到每秒几十兆比特到几百兆比特，有望高于蓝牙100倍，也可以高于IEEE 802.11a和IEEE 802.11b。

(3) 带宽极宽。UWB使用的带宽在1GHz以上，并且可以和窄带通信系统同时工作而互不干扰。这在频率资源日益紧张时开辟了一种新的时域无线电资源。

(4) 系统容量大。因为不需要产生正弦载波信号，可以直接发射冲激序列，因此UWB系统具有很宽的频谱和很低的平均功率，有利于与其他系统共存，从而提高频谱利用率，带来了极大的系统容量。

(5) 发射功率低。在短距离的通信应用中，超宽带发射机的发射功率通常可做到低于1mW，从理论上说，超宽带信号所产生的干扰仅仅相当于一个宽带的白噪声。这样有助于超宽带与现有窄带通信之间的良好共存，对于提高无线频谱的利用率具有很大的意义，更好地缓解日益紧张的无线频谱资源问题。

(6) 保密性好。UWB保密性表现为两方面：一方面是采用跳时扩频，接收机只有已知发送端扩频码时才能解出发射数据；另一方面是系统的发射功率谱密度极低，传统的接收机无法接收。并且超宽带信号的隐蔽性较强，不容易被发现和拦截，具有较高的保密性。

(7) 通信距离短。信号传输受到距离的影响和高频信号强度会衰减很快，因此超宽频带的使用更加适用于短距离之间的通信。

(8) 多径分辨率。因为其采用的是持续时间极短的窄脉冲，所以其时间上和空间上的分辨率都是很强的，方便进行测距、定位、跟踪等活动的开展，并且窄脉冲具有良好的穿透性，所以超宽带在红外通信中也得到广泛的使用。

(9) 便携。此技术使用基带传输，无须射频调制和解调，因此其设备功耗小，成本也较低，灵活的使用特性也使其更适合便携型无线通信。

利用UWB低成本、低功耗的特点，可以将UWB用于无线传感网。在大多数的应用中，传感器被用在特定的局域场所。传感器通过无线的方式而不是有线的方式传输数据将特别方便。作为无线传感网的通信技术，它必须是低成本的；同时它应该是低功耗的，以免频繁地更换电池。UWB是无线传感网通信技术的最合适的候选者。

目前超宽带技术主要有两种：一种是基于时间跳的脉冲无线UWB(TH-IR-UWB)，另一种是多载波UWB(MC-UWB)，通常基于正交频分复用技术。很多学者认为TH-IR-UWB较适用于无线多媒体传感器网络。因为它非常灵活，适合密集多径环境下的无线通信，具有在几十米范围内支持低能耗、高速率通信的潜力，并且有极低的能量谱密集度和可靠性拦截/探测。这个方面目前已进行了不少研究，目前主要的技术难题是如何在多跳网络环节中有效共享媒介，以及如何构建有效的基于超宽带技术的通信体系以保证多媒体流的服务质量等。

8.2.3 服务质量要求

服务质量(Quality of Service，QoS)保障就是网络为用户提供服务时，必须满足业务所要求的性能指标。常见的性能指标包括系统寿命、传输效率、时延、抖动、数据准确性、数据分辨率、覆盖率和定位精度等。不同的业务对于服务指标有不同要求，而网络的不同层面对于同一个性能要求也有不同的处理手段。有效的服务质量保障体系，能够保证业务的服务质量，平衡多种业务的服务要求，提供网络资源的利用率，并延长网络的工作寿命。无线多媒体传感器网络由于节点资源受限、网络动态变化、容易受到环境干扰等原因，服务质量的保障面临很大挑战。目前，对于服务质量保障的研究，主要从流媒体信息传输、拥塞控制、拓扑控制、网络覆盖等角度展开。

8.2.4 节点系统

传感器节点系统是构成无线多媒体传感器网络(WMSN)的基础，目前已经设计或生产的WSN节点可分为两类：一类是以通用微处理器为核心部件，类似嵌入式系统方式设计的节点，目前大多数节点采用这种方式，如Mica、Gainz等；另一类则是采用FPGA、ASIC等专用器件设计的平台，如PicoRadio、Multi-Radio WSN platform等。WMSN和传统WSN在节点硬件结构上的不同在于，WMSN采用了具有图像、视频采集功能的CMOS传感器以及具有更强处理功能的处理器。大多数节点的设计采用扩展接口方式连接传感器，以增加平台的通用性。从处理器的角度看，这些节点可以分为两类：一类采用以ARM为代表的高端处理器，多数支持动态电压调节(DVS)或动态频率调节(DFS)等节能策略，有很强的视频处理能力，如Stargate等；另一类是以采用低端微控制器为代表的节点，这类节点处理能力较弱，只能完成简单的图像采集任务，如基于Micaz平台的Cyclops等。

虽然目前已经设计出很多WMSN节点，但普遍存在以下问题：

(1) 能耗较大，严重限制其大规模应用；

(2) 体积过大，尤其是CMOS传感器体积一般都是普通WSN节点体积的几倍；

(3) 抗毁性较差，CMOS传感器属光学精密仪器，经不起大强度的碰撞，这对恶劣环境下的随机抛撒部署提出了很大挑战。

解决这些问题依赖于以下几个方面的技术进步：一是能源获取技术，现阶段开发大容量电池面临很多困难，很多学者都提出了利用能源再生技术补充节点能量；二是CMOS技术，进一步开发WMSN专用的微型、超低功耗、有很强抗毁性的CMOS传感器；三是采用SoC技术设计WMSN节点，在运行相同MAC协议的情况下，采用FPGA、ASIC的节点能耗比采用ARM的节点能耗显著降低。随着SoC技术的进步和芯片加工工艺的发展，SoC技术在WMSN中将得到更多应用。

8.2.5 覆盖范围

在无线多媒体传感器网络中，传感器部署有两种基本方法：大规模的随机抛撒算法(Scattering)，以及针对特定的应用进行有确定性部署算法(Planning)。一般而言，在环境恶劣或某些军事领域的情况下，多使用随机散布算法：而对特定的监测环境或特定的应用要求时，多数使用确定性部署。网络覆盖是无线多媒体传感器网络研究的基本问题之一。它主要针对节点随机抛撒的网络，研究如何调整节点位置和摄像机角度，使得网络的覆盖范围尽量大且盲区范围尽可能小。与温湿度等标量传感器节点相比，多媒体传感器节点的不同之处在于它们的视角范围有限，只能观察局部区域内的目标。因此无线多媒体传感器网络的覆盖问题比传统的传感器网络覆盖问题要复杂。而且，由于多媒体节点的成本相对较高，能耗大，因此在处理网络覆盖问题时，一般需要结合一些节点调度技术来进行，即尽量让一些多媒体节点休眠。一种常见的方法就是在保证覆盖率的情况下让多个多媒体节点轮流工作，均衡节点能耗，延长网络寿命。另一种方法是在网络中布置视频、图像等高端传感器节点和音频、红外等低端传感器节点，高端传感器节点主要处于休眠状态，而低端传感器节点一直工作。待发现情况后，再唤醒高端节点进行监测。

覆盖的目的是在保证一定的服务质量(QoS)的前提下，达到网络覆盖范围最大化。对网络覆盖性能及范围的测量、计算，能够使我们了解是否存在监测和通信盲区，掌握被监测区域的传感器网络的覆盖情况，从而重新调整传感器节点分布(如调整探测方向)，或者发出指令，在将来添加传感器节点后提高系统的覆盖性能。另外，还可以通过调整网络节点的密度，来获取更多有价值的信息，如可以对被监测区域中重要区域部署更多的传感器节点，保证测量数据的全面性、安全性和可靠性。因此，传感器的覆盖已不是单纯的部署问题，而是一个服务质量问题。

8.3 多媒体信息编解码技术

多媒体信息编解码技术是无线多媒体传感器网络研究的一个重要方面，要解决的关键问题是如何在单个节点存储、处理能力和能量严重受限的情况下高效地实现图像、视频等多媒体信息的压缩编码和传输。

视频

8.3.1 静态图像编码

图像编码也称为图像压缩，是指在满足一定质量(信噪比的要求或主观评价得分)的条件下，以较少比特数表示图像或图像中所包含信息的技术。图像编码系统的发信端基本上由两部分组成。首先，对经过高精度模-数变换的原始数字图像进行去相关处理，去除信息的冗余度；然后，根据一定的允许失真要求，对去相关后的信号编码，即重新码化。一般用线性预测和正交变换进行去相关处理；与之相对应，图像编码方案也分成预测编码和变换域编码两大类。

8.3.1.1 预测编码

1. 预测编码的基本原理

预测编码(Prediction Coding)的基本思想是：首先建立一个数学模型，然后利用以往的样本数据对新样本值进行预测，接着将预测值与实际值相减，最后对差值进行编码。由于这时差值很小，可以减少编码码长，从而实现数据压缩。如果模型足够好，图像样本时间上相关性很强，一定可以获得较高的压缩比。具体来说，从相邻像素之间有很强的相关性特点考虑，例如当前像素的灰度或颜色信号，数值上与其相邻像素总是比较接近，除非处于边界状态。那么，当前像素的灰度或颜色信号的数值，可用前面已出现的像素的值，进行预测(估计)，得到一个预测值(估计值)，将实际值与预测值求差，对这个差值信号进行编码、传送，这种编码方法称为预测编码方法。

2. 预测编码的分类

最佳预测编码：在均方误差最小的准则下，使其误差最小的方法。

线性预测：利用线性方程计算预测值的编码方法。

非线性预测：利用非线性方程计算预测值的编码方法。

线性预测编码方法，也称差值脉冲编码调制法(Differention Pulse Code Modulation，DPCM)。如果根据同一帧样本进行预测的编码方法叫帧内预测编码，那么根据不同帧样本进行预测的编码方法叫帧间预测编码。如果预测器和量化器参数按图像局部特性进行调整，则称之为自适应预测编码(ADPCM)。在帧间预测编码中，若帧间对应像素样本值超过某一阈值则保留，否则不传或不存，恢复时就用上一帧对应像素样本值来代替，这称为条件补充帧间预测编码。在活动图像预测编码中，根据画面运动情况，对图像加以补偿再进行帧间预测的方法称为运动补偿预测编码方法。

3. DPCM 编码算法

一幅二维静止图像，设空间坐标(i,j)像素点的实际样本为$f(i,j)$，$\hat{f}(i,j)$是预测器根据传输的相邻的样本值对该点估算得到的预测(估计)值。编码时不是对每个样本值进行量化，而是预测下一个样本值后，量化实际值与预测值之间的差。计算预测值的参考像素，可以是同一扫描行的前几个像素，这种预测叫一维预测；也可以是本行、前一行或者前几行的像素，这种预测叫二维预测；除此之外，甚至还可以是前几帧图像的像素，这种预测就是三维预测。一维预测和二维预测属于帧内预测，三维预测则属于帧间预测。由于帧间差值的传输以其幅度是否大于某个阈值为条件，因此又称为条件传输帧间预测。

实际值和预测值之间的差值，以下式表示：

$$e(i,j)=f(i,j)-\hat{f}(i,j)$$

将差值 $e(i,j)$ 定义为预测误差，由于图像像素之间有极强的相关性，所以这个预测误差是很小的。编码时，不是对像素点的实际灰度 $f(i,j)$ 进行编码，而是对预测误差信号 $\hat{f}(i,j)$ 进行量化、编码、发送，由此而得名为差值脉冲编码调制法，简写为 DPCM。

DPCM 预测编、解码的原理图如 8-3-1 所示。

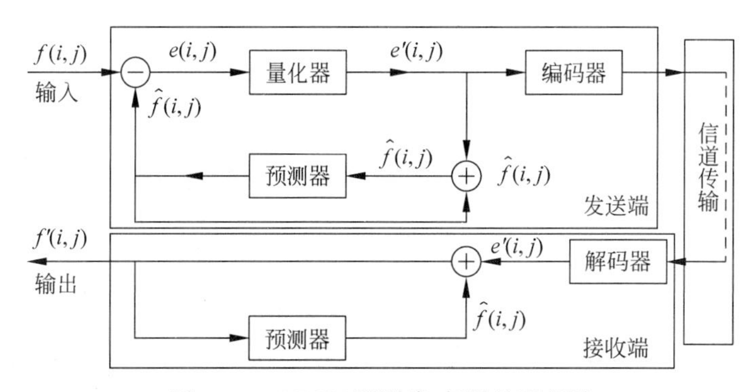

图 8-3-1　DPCM 预测编、解码的原理图

DPCM 系统包括发送端、接收端和信道传输 3 部分。发送端由编码器、量化器、预测器和加减法器组成；接收端包括解码器和预测器等。DPCM 系统的结构简单，容易用硬件实现。

预测编码的步骤：

(1) $f(i,j)$ 与发送端预测器产生的预测值 $\hat{f}(i,j)$ 相减得到预测误差 $e(i,j)$。

(2) $e(i,j)$ 经量化器量化后变为 $e'(i,j)$，同时引起量化误差。

(3) $e'(i,j)$ 再经过编码器编成码字发送，同时又将 $e'(i,j)$ 加上 $\hat{f}(i,j)$ 恢复输入信号 $f'(i,j)$。因存在量化误差，所以 $f(i,j)\neq f'(i,j)$，但相当接近。发送端的预测器及其环路作为发送端本地解码器。

(4) 发送端预测器带有存储器，它把 $f'(i,j)$ 存储起来以供对后面的像素进行预测。

(5) 继续输入下一像素，重复上述过程。

4. 预测编码方法的特点

(1) 算法简单、速度快、易于硬件实现。

(2) 编码压缩比不太高，DPCM 一般压缩到 2～4b/s。

(3) 误码易于扩散，抗干扰能力差。

8.3.1.2　变换域编码

用一维、二维或三维正交变换对一维 n、二维 $n\times n$、三维 $n\times n\times n$ 块中的图像样本的集合去相关，得到能量分布比较集中的变换域；在再码化时，根据变换域中变换系数能量大小分配数码,就能压缩频带。最常用的正交变换是离散余弦变换(DCT),n 值一般选为 8 或 16。三维正交变换同时去除了三维方向的相关性,它可以压缩到平均每样本 1 比特。

图像编码可应用于基本静止图片的数字传输、数字电视电话会议以及数字彩色广播电视。相应的压缩目标,即传输数码率范围,初步定为 64kb/s、2Mb/s、8Mb/s 和 34Mb/s。虽然压缩性能较高的图像编码方案需要进行复杂的多维数字处理,但随着数字大规模集成电路的集成度和工作速度的提高,以及大容量传输信道的实现,数字图像传输必将逐步从实验方案进入实用阶段。基于 DCT 编码的 JPEG 编码压缩过程框图,如图 8-3-2 所示。

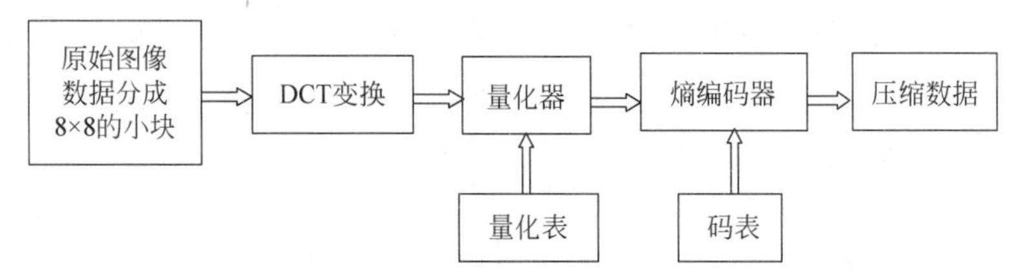

图 8-3-2　基于 DCT 编码的 JPEG 压缩过程简化图

图 8-3-2 是基于 DCT 变换的图像压缩编码的压缩过程,解压缩过程与图 8-1-6 的过程相反。

在编码过程中,首先将输入图像分解为 8×8 大小的数据块,然后用正向二维 DCT 把每个块转变成 64 个 DCT 系数值,其中左上角第一个数值是直流(DC)系数,即 8×8 空域图像子块的平均值,其余的 63 个是交流(AC)系数,接下来对 DCT 系数进行量化,最后将变换得到的量化的 DCT 系数进行编码和传送,这样就完成了图像的压缩过程。

在解码过程中,形成压缩后的图像格式,先对已编码的量子化的 DCT 系数进行解码,然后求逆量化并把 DCT 系数转化为 8×8 样本像块(使用二维 DCT 逆变换),最后将操作完成后的块组合成一个单一的图像。这样就完成了图像的解压过程。

视频

8.3.2 视频编码

所谓视频编码方式就是指通过压缩技术,将原始视频格式的文件转换成另一种视频格式文件的方式。视频流传输中最为重要的编解码标准有国际电联的 H.261、H.263、H.264,运动静止图像专家组的 M-JPEG 和国际标准化组织运动图像专家组的 MPEG 系列标准。此外,在互联网上被广泛应用的还有 Real-Networks 的 RealVideo、微软公司的 WMV 以及 Apple 公司的 QuickTime 等。

音频视频编码方案有很多,常见的音频视频编码有以下几类。

8.3.2.1　MPEG 系列

ISO(国际标准化组织机构)下属的 MPEG(Moving Picture Experts Group),即运动图像专家组,成立于 1988 年,是为数字视/音频制定压缩标准的专家组,已拥有 300 多名成员,包括 IBM、BBC、NEC、Intel、AT&T 等世界知名公司。MPEG 组织最初得到的授权是制定用于"活动图像"编码的各种标准。后来针对不同的应用需求,解除了"用于数字存储媒体"的限制,成为制定"活动图像和音频编码"标准的组织。MPEG 组织制定的各个标准都有不同的目标和应用,已提出 MPEG-1、MPEG-2、MPEG-4、MPEG-7 和 MPEG-21 标准。

MPEG-1:数字电视标准,1992 年正式发布。

MPEG-2：数字电视标准，1994 年公布。

MPEG-3：已于 1992 年 7 月合并到高分辨率电视（High-Definition TV，HDTV）工作组。

MPEG-4：多媒体应用标准，1999 年发布。

MPEG-7：多媒体内容描述接口标准。

MPEG-21：多媒体框架的协议。

1. MPEG-1 标准及其应用

MPEG-1 标准于 1992 年公布，标准的编号为 ISO/IEC 11172，是针对 1.5Mb/s 以下数据传输率的数字存储介质运动图像及其伴音编码的国际标准。它提供的重要特性包括基于帧的视频随机访问、通过压缩比特流的快进/快退搜索、视频的倒放，以及压缩比特流的可编辑性。

MPEG1 用于在 CD-ROM 上存储同步和彩色运动视频信号，可优化为中等分辨率，并在其优化模式下，采用所谓的标准交换格式（SIF）。MPEG-1 现已成为常规视频标准的一个子集，该子集称为 CPB 流。基本的 MPEG-1 视频压缩技术基于宏块结构、运动补偿和宏块的有条件倒填。MPEG-1 对色差分量采用 4∶1∶1 的二次采样率。MPEG-1 旨在达到 VRC 质量，其视频压缩率为 26∶1。

该标准包括 5 部分。第一部分说明了如何根据第二部分（视频）以及第三部分（音频）的规定，对音频和视频进行复合编码。第四部分说明了检验解码器或编码器的输出比特流符合前 3 部分规定的过程。第五部分是一个用完整的 C 语言实现的编码和解码器。

2. MPEG-2 标准及其应用

MPEG 组织于 1994 年推出 MPEG-2 压缩标准，以实现视/音频服务与应用互操作的可能性。MPEG-2 标准是针对标准数字电视和高分辨率电视在各种应用下的压缩方案和系统层的详细规定，编码码率为 3～100Mb/s，特别适用于广播级的数字电视的编码和传送，被认定为 SDTV 和 HDTV 的编码标准。MPEG-2 还专门规定了多路节目的复分接方式。MPEG-2 标准目前分为 9 个部分，统称为 ISO/IEC 13818 国际标准。

MPEG-2 图像压缩的原理是利用了图像中的两种特性：空间相关性和时间相关性。这两种相关性使得图像中存在大量的冗余信息。如果能将这些冗余信息去除，只保留少量非相关信息进行传输，则可以大大节省传输频带。接收机利用这些非相关信息，按照一定的解码算法，可以在保证一定图像质量的前提下恢复原始图像。

MPEG-2 的编码图像分为 3 类，分别称为 I 帧、P 帧和 B 帧。

I 帧图像采用帧内编码方式，即只利用了单帧图像内的空间相关性，而没有利用时间相关性。I 帧使用帧内压缩，不使用运动补偿，由于 I 帧不依赖其他帧，所以是随机存取的入点，同时是解码的基准帧。I 帧主要用于接收机的初始化和信道的获取，以及节目的切换和插入，I 帧图像的压缩倍数相对较低。I 帧图像是周期性出现在图像序列中的，出现频率可由编码器选择。

P 帧和 B 帧图像采用帧间编码方式，即同时利用了空间和时间上的相关性。P 帧图像只采用前向时间预测，可以提高压缩效率和图像质量。P 帧图像中可以包含帧内编码的部分，即 P 帧中的每一个宏块可以采用前向预测，也可以采用帧内编码。B 帧图像采用双向时间预测，可以大大提高压缩倍数。值得注意的是，由于 B 帧图像采用了未来帧作为参考，因此 MPEG-2 编码码流中图像帧的传输顺序和显示顺序是不同的。

MPEG-2 的编码码流分为 6 个层次。为更好地表示编码数据,MPEG-2 用句法规定了一个层次性结构。它分为 6 层,自上到下分别是图像序列层、图像组(GOP)、图像、宏块条、宏块、块。MPEG-2 标准的主要应用如下:

(1) 视音频资料的保存;

(2) 非线性编辑系统及非线性编辑网络;

(3) 卫星传输;

(4) 电视节目的播出。

3. MPEG-4 标准

MPEG-4 标准专家组成立于 1993 年,该标准的目标为:支持多种多媒体应用(主要侧重于对多媒体信息内容的访问),可根据应用的不同要求现场配置解码器。MPEG-4 于 2000 年年初正式成为国际标准。该标准旨在为视音频数据的通信、存取与管理提供一个灵活的框架与一套开放的编码工具。这些工具将支持大量的应用功能(新的和传统的)。尤为引人注目的是,MPEG-4 提供的多种视音频(自然的与合成的)的编码模式使图像或视频中对象的存取大为便利。这种视频、音频对象的存取,常被称作基于内容的存取。基于内容的检索是它的一种特殊形式。

MPEG-4 与 MPEG-1 和 MPEG-2 有很大的不同。MPEG-4 不只是具体压缩算法,它是针对数字电视、交互式绘图应用(影音合成内容)、交互式多媒体(WWW、资料撷取与分散)等整合及压缩技术的需求而制定的国际标准。MPEG-4 标准将众多的多媒体应用集成于一个完整的框架内,旨在为多媒体通信及应用环境提供标准的算法及工具,从而建立起一种能被多媒体传输、存储、检索等应用领域普遍采用的统一数据格式。

MPEG-4 采用基于对象的编码,即在编码时将一幅图像分成若干在时间和空间上相互联系的视频对象,分别编码后,再经过复用传输到接收端,接收端对不同的对象分别解码,从而组合成所需要的视频和音频。这样既方便我们对不同的对象采用不同的编码方法和表示方法,又有利于不同数据类型间的融合,还可以方便地实现对于各种对象的操作及编辑。例如,可以将一个卡通人物放在真实的场景中,或者将真人置于一个虚拟的演播室里,还可以在互联网上方便地实现交互,根据自己的需要有选择地组合各种视频音频以及图形文本对象。

MPEG-4 系统的一般框架是:对自然或合成的视听内容的表示;对视听内容数据流的管理,如多点、同步、缓冲管理等;对灵活性的支持和对系统不同部分的配置。与 MPEG-1、MPEG-2 相比,MPEG-4 具有如下特点:

(1) 基于内容的交互性。

MPEG-4 提供了基于内容的多媒体数据访问工具,如索引、超级链接、上/下载、删除等,利用这些工具,用户可以方便地从多媒体数据库中有选择地获取自己所需的与对象有关的内容;提供了内容的操作和位流编辑功能,可应用于交互式家庭购物,淡入/淡出的数字化效果等;提供了高效的自然或合成的多媒体数据编码方法,可以把自然场景或对象组合起来成为合成的多媒体数据。

(2) 高效的压缩性。

同已有的或即将形成的其他标准相比,在相同的比特率下,它具有更高的视觉听觉质量，这就使得在低带宽的信道上传送视频、音频成为可能。同时 MPEG-4 还能对同时发生的数据流进行编码。一个场景的多视角或多声道数据流可以高效、同步地合成为最终数据流。

（3）通用的访问性。

MPEG-4 提供了易出错环境的鲁棒性，来保证其在许多无线和有线网络以及存储介质中的应用。还支持基于内容的可分级性，即把内容、质量、复杂性分成许多小块来满足不同用户的不同需求。支持具有不同带宽、不同存储容量的传输信道和接收端。

因此，MPEG-4 主要应用如下：Internet 音/视频广播、无线通信、静止图像压缩、电视电话、计算机图形、动画与仿真、电子游戏。

4. MPEG-7 标准及其应用

随着 Internet 的普及和网络带宽的增加，产生了大量的多媒体数据，如何在浩如烟海的信息中快速、准确地获得自己所需的内容则成为当前必须解决的问题。在此需求下，MPEG-7 应运而生。规定一个用于描述各种不同类型多媒体信息的描述符的标准集合被称为"多媒体内容描述接口"。该标准于 1998 年 10 月提出，于 2001 年最终完成并公布。MPEG-7 标准可以独立于其他 MPEG 标准使用，但 MPEG-4 中所定义的音频、视频对象的描述适用于 MPEG-7。

MPEG-7 的目标是支持多种音频和视觉的描述，包括自由文本、*N* 维时空结构、统计信息、客观属性、主观属性、生产属性和组合信息；是根据信息的抽象层次，提供一种描述多媒体材料的方法以便表示不同层次上的用户对信息的需求；是支持数据管理的灵活性、数据资源的全球化和互操作性。最终的目的是把网上的多媒体内容变成文本内容，具有可搜索性。

MPEG-7 由以下几部分组成。

（1）MPEG-7 系统：它保证 MPEG-7 描述有效传输和存储所必需的工具，并确保内容与描述之间进行同步，这些工具有管理和保护的智能特性；

（2）MPEG-7 描述定义语言：用来定义新的描述结构（说明成员之间的结构和语义）的语言；

（3）MPEG-7 音频：只涉及音频描述的描述子（定义特征的语法和语义）和描述结构；

（4）MPEG-7 视频：只涉及视频描述的描述子和描述结构；

（5）MPEG-7 属性实体和多媒体描述结构；

（6）MPEG-7 参考软件：实现 MPEG-7 标准相关成分的软件；

（7）MPEG-7 一致性：测试 MPEG-7 执行一致性的指导方针和程序。

MPEG-7 标准可以支持非常广泛的应用，具体如下：音视数据库的存储和检索；广播媒体的选择（广播、电视节目）；Internet 上的个性化新闻服务；智能多媒体、多媒体编辑；教育领域的应用（如数字多媒体图书馆等）；远程购物；社会和文化服务（历史博物馆、艺术走廊等）；调查服务（人的特征的识别、辩论等）；遥感；监视（交通控制、地面交通等）；生物医学应用；建筑、不动产及内部设计；多媒体目录服务（如，黄页、旅游信息、地理信息系统等）；家庭娱乐（个人的多媒体收集管理系统等）。

5. MPEG-21 标准及其应用

互联网改变了物质商品交换的商业模式，这就是"电子商务"。新的市场必然带来新的问题：如何获取数字视频、音频以及合成图形等“数字商品”，如何保护多媒体内容的知识产权，如何为用户提供透明的媒体信息服务，如何检索内容，如何保证服务质量等。MPEG-21就是在这种情况下提出的。

MPEG-21的正式名称是多媒体框架，又称数字视听框架（Digital Audio-Visual Framework）。它的目标就是理解如何将不同的技术和标准结合在一起，需要什么样的新标准以及完成不同标准的结合工作。简言之，制定MPEG-21标准的目的是：

（1）将不同的协议、标准、技术等有机地融合在一起；

（2）制定新的标准；

（3）将这些不同的标准集成在一起。

MPEG-21标准其实就是一些关键技术的集成，通过这种集成环境就对全球数字媒体资源进行透明和增强管理，实现内容描述、创建、发布、使用、识别、收费管理、产权保护、用户隐私权保护、终端和网络资源抽取、事件报告等功能。

MPEG制定的是一系列的标准，实际上它并没有给出太多的具体的实现，最后的实施还要通过各个厂商和研发人员实现。目前很多的产品或研究成果都已出现，有些已经进入百姓的生活中，如遵照MPEG-1标准制造的VCD、MP3产品，符合MPEG-2标准的DVD产品，遵循MPEG-2和MPEG-4标准的高清晰度数字电视，压缩率翻倍的MPEG-4 Advanced Video lodec(AVC)等。

视频

8.3.2.2 H.26X系列

由ITU主导，侧重网络传输，(注只是视频编码)，ITU-T的标准包括H.261、H.263、H.264，主要应用于实时视频通信领域，如视频会议；MPEG系列标准是由ISO/IEC制定的，主要应用于视频存储(DVD)、广播电视、互联网或无线网络的流媒体等。两个组织也共同制定了一些标准，H.262标准等同于MPEG-2的视频编码标准，而H.264标准则被纳入MPEG-4的第10部分。

如今广泛使用的H.264视频压缩标准可能不能够满足应用需要，应该由另一种更高的分辨率、更高的压缩率以及更高质量的编码标准所替代。ISO/IEC动态图像专家组和ITU-T视频编码的专家组共同建立了视频编码合作小组，出台了H.265/HEVC标准。H.265的压缩率有了显著提高，一样质量的编码视频能节省40%至50%的码流，还提高了并行机制以及网络输入机制。

1. H.261

H.261即其速率为64kb/s的整数倍(1～30倍)。它最初是针对在ISDN(综合业务数字网)上双向声像业务(特别是可视电话、视频会议)而设计的。H.261是最早的运动图像压缩标准，它只对CIF和QCIF两种图像格式进行处理，每帧图像分成图像层、宏块组(GOB)层、宏块(MB)层、块(Block)层来处理；并详细制定了视频编码的各个部分，包括运动补偿的帧间预测、DCT(离散余弦变换)、量化、熵编码，以及与固定速率的信道相适配的速率控制等部分。实际的编码算法类似于MPEG算法，但不能与后者兼容。H.261在实时编码时比MPEG运行时的CPU运算量少得多，此算法为了优化带宽占用量，引进了在图像质量与运动幅度之间的平衡折中机制。也就是说，剧烈运动的图像比相对静止的图像质量要差。因此这种方法属于恒定码流可变质量编码。

2. H.263

H.263是国际电联ITU-T的一个标准草案,是为低码流通信而设计的。但实际上这个标准可用在很宽的码流范围中,在许多应用中它可以取代H.261。H.263的编码算法与H.261一样,但做了一些改善,以提高性能和纠错能力。H.263标准在低码率下能够提供比H.261更好的图像效果。两者存在一些区别,例如H.263的运动补偿使用半像素运动补偿,并增加了4种有效的压缩编码模式,而H.261则用全像素精度;除了支持H.261所支持的QCIF和CIF外,H.263还支持SQCIF、4CIF和16CIF格式。

ITU-T在H.263发布后又修订发布了H.263标准的版本2,非正式地命名为H.263+标准。它在保证原H.263标准核心句法和语义不变的基础上,H.263+提供了12个新的可协商模式和其他特征,进一步提高了压缩编码性能并增强了应用的灵活性。例如H.263只有5种视频源格式,H.263+则允许使用更多的源格式;H.263+标准允许更大范围的图像输入格式,自定义图像的尺寸,从而拓宽了标准使用的范围,使之可以处理基于视窗的计算机图像、更高帧频的图像序列及宽屏图像。为提高压缩效率,H.263+采用先进的帧内编码模式;增强的PB-帧模式改进了H.263的不足,增强了帧间预测的效果;去块效应滤波器不仅提高了压缩效率,而且提高了重建图像的主观质量。另一重要的改进是可扩展性,它允许多显示、多速率及多分辨率,增强了视频信息在易误码、易丢包异构网络环境下的传输能力。

H263++在H263+基础上增加了3个选项,主要是为了增强码流在恶劣信道上的抗误码性能,同时提高增强编码效率。这3个选项为:

(1) 选项U称为增强型参考帧选择,它能够提供增强的编码效率和信道错误再生能力,特别是在包丢失的情形下。

(2) 选项V称为数据分片,它能够提供增强型的抗误码能力,特别是在传输过程中本地数据被破坏的情况下。

(3) 选项W用于在H263+的码流中增加补充信息,保证增强型的反向兼容性。

3. H.264

H.264是一种视频高压缩技术,也称为MPEG-4 AVC或MPEG-4 Part10。ITU-T从1998年开始制定了H.26L和H.26S两个分组,H.26L针对节目时间较长的高压缩编码技术,H.26S为短节目标准。前面的H.263就是H.26S标准化技术,而H.264标准是在H.26L基础上发展而来的。为了不引起误解,ITU-T推荐使用H.264作为这一标准的正式名称。H.264集中体现了当今国际视频编码解码技术的最新成果。在相同的重建图像质量下,H.264比其他视频压缩编码具有更高的压缩比、更好的IP和无线网络信道适应性。

首先,H.264具备超高压缩率,其压缩率为MPEG-2的2倍,MPEG-4的1.5倍。这样的高压缩率是以编码的大运算量来换取的。H.264的编码处理计算量有MPEG-2的十多倍,不过其解码的运算量并没有上升很多。从CPU频率和内存的高速发展的角度来看,1995年推出MPEG-2时,主流的CPU是奔腾100,内存更是小得可怜。而如今主流CPU的工作频率比那个时候快了30倍,内存扩大了50多倍。所以H.264编码的大运算现在也不算什么大问题了。

高压缩率使图像的数据量减少,给存储和传输带来了方便。加上基本规格公开的国际标准和公正的许可制度,所以,电视广播、家电和通信三大行业都开始了H.264的实际运用研发。美国高等电视系统会议和日本无线电工业和事务协会都准备把 H.264 作为地面便携式数字电视广播的编码方式。欧洲数字电视广播标准化团体也正在将 H.264 作为数字电视的一种编码方式来采用。

家电行业中的视频存储设备厂商也看中了 H.264。东芝和 NEC 推出的下一代采用蓝色激光的光碟 HD DVD-ROM,因为容量小于 Sony 等九大公司的蓝光碟,故将视频压缩编码改用 H.264,从而使最终的节目录制时长能与蓝光碟相近。H.264 也使 HDTV 节目录像和 SDTV 的长时间录像成为可能。因而,生产 LSI 芯片的厂商也十分重视 H.264。D9 型 DVD 碟只有 8.5GB,不足以存放 2 小时的 HDTV 节目,如用 H.264 来压缩就变得有可能。同时,在通信领域,互联网工程任务已开始将 H.264 作为实时传输协议流的格式进行标准化。互联网和手机的视频传送也会用 H.264 作为编码方式。

相对于 MPEG 压缩编码,H.264 的变化之一是在帧内编码 I 画面中加入了帧内预测编码技术,即解码时可用周围数据的差分值来重构画面。在运动预测块中,H.264 采用全面运动预测和 I 画面帧内预测后,编码量得到减少,但 LSI 的运算处理量增大。为此,H.264 引入了 DCT 的简化处理技术,来减轻 LSI 的负担,画质也有所改善。H.264 与 MPEG-2 和 MPEG-4 的不同还存在于熵编码块中,H.264 的熵编码 CAVLC(内容自适应可变长度码)和 CABAC(内容自适应二进制算法编码)能提高纠错能力。而 MPEG-2 和 MPEG-4 是霍夫曼编码。另外,还加入了解锁滤波器(Deblocking Filter),有降低噪声的效果。H.264 的整数变换以 4×4 像素块为单位,比原来的 8×8 像素块的块噪声更少,画质得到了进一步提高。

H.264 标准分为 3 档:基本档次,主要档次(可用于 SDTV、HDTV 和 DVD 等)以及扩展档次(用于网络的视频流)。其中 H.264 的基本档次是免费,用户可以无偿使用,现得到美国苹果公司和 Cisco 公司、中国联想公司、诺基亚、美国 On2 技术公司、德国西门子、TI 公司等的支持;其许可体系要比 MPEG-4 单纯。H.264 替代 MPEG-4 的呼声很高,除了其高性能外,低额专利费和公正的无差别许可制度也至关重要。由于技术的日益成熟,半导体厂商已在进行 H.264 的编码/解码 LSI 的开发。特别是在 HDD 录像机和 DVD 录像机等设备中,采用 H.264 的实例已很多,这更引起了半导体厂商的关注。另外,H.264 采用的动画编码方式和音频编码方式具有多样化特性,今后几乎将会是全部厂商的主要规格之一。

4. H.265

H.265 是 ITU-T VCEG 继 H.264 之后所制定的新的视频编码标准。H.265 标准围绕着现有的视频编码标准 H.264,保留原来的某些技术,同时对一些相关的技术加以改进。新技术使用先进的技术用以改善码流、编码质量、延时和算法复杂度之间的关系,达到最优化设置。具体的研究内容包括:提高压缩效率、提高鲁棒性和错误恢复能力、减少实时的时延、减少信道获取时间和随机接入时延、降低复杂度等。H.264 由于算法优化,可以低于 1Mb/s 的速度实现标清(分辨率在 1280×720 以下)数字图像传送;H.265 则可以实现利用 1~2Mb/s 的传输速度传送 720P(分辨率为 1280×720)普通高清音视频传送。

H.265/HEVC 的编码架构大致上和 H.264/AVC 的架构相似,主要也包含帧内预测(intra prediction)、帧间预测(inter prediction)、转换(transform)、量化(quantization)、去区块滤波器(deblocking filter)、熵编码(entropy coding)等模块,但在 HEVC 编码架构中,整体被分为了 3 个基本单位,分别是编码单位(Coding Unit,CU)、预测单位(Predict Unit,

PU)和转换单位(Transform Unit,TU)。与 H.264/AVC 标准相比,H.265/HEVC 提供了更多不同的工具来降低码率,以编码单位来说,H.264 中每个宏块(macroblock)大小都是固定的 16×16 像素,而 H.265 的编码单位可以选择从最小的 8×8 到最大的 64×64。

8.3.3 分布式信源编码

视频

在无线多媒体传感器网络中,不同节点采集的图像之间以及同一节点采集的视频信息帧之间都有非常强的空间及时间相关性,若采用传统的联合编码方式对 WMSN 采集的图像进行编码,为了消除冗余信息,节点间必须进行大量的无线收发。若对视频进行编码,则编码端节点必须进行复杂的运动估计及运动补偿,这将使得编码端复杂性及能耗远远高于解码端。在 WMSN 中,编码端节点资源和能量严重受限,而解码端节点(基站或汇聚节点)处理能力可以很强,因此传统的编解码方式不再适合。针对这种情况,分布式信源编码技术开始引起人们极大的关注,该编码技术和传统的编码技术恰恰相反,它以增加解码端的复杂性换取编码端的简单化,并且能够实现高效的压缩,重建图像质量接近传统编码方式。另外,由于它是对多个信源应用独立编码器进行编码,所以避免了传感器节点间的信息交互,简化了传感器网络分布结构的设计,节省了由于信息交互带来的带宽需求和能量消耗。分布式信源编码思想最早是 20 世纪 70 年代由 Slepian 和 Wolf 以及 Wyner 和 Ziv 提出来的,虽然提出较早,但一直没有具体的实现方法,直到 1999 年 Pradhan 等人提出应用校正子的相关信源编码方法并说明 Slepian-Wolf 界的可实现性。随后很多学者都进行了相关研究,提出了一系列分布式编码技术和具体的实现方法。Bajcsy 等人提出使用 Turbo 码作为统计相关的二值信源的压缩方法,使用 turbo 码进行分布式信源编码其压缩性能可以接近 Slepian-Wolf 的理论下限。

目前分布式信源编码技术在 WMSN 中应用面临的主要问题是时间相关性和空间相关性模型的建立,信源之间存在很强的相关性是分布式信源编码的前提条件,在很多面向不同应用场合的传感器网络中,特别是在网络拓扑结构未知的情况下,通常很难得到各节点的联合概率模型和分布函数,由此导致相关性模型的建立非常困难。另外,信道编码及运动补偿在解码端的实现也是一个重要的研究内容。

8.4 无线多媒体传感器网络的数据融合

视频

针对用于获取监控区域彩色图像覆盖率较高的无线多媒体传感器网络,存在邻近的视频传感器节点以不同视角监控同一物理场景的情况,如何利用节点之间的相关性,合理地分配传感任务,均衡节点的资源和能量消耗,并在汇聚节点融合重现彩色场景图像是一个具有挑战性的问题。

多传感器高精度图像融合算法包括直方图匹配、图像配准、像素级融合方法,可以实现现实场景下采集的图像信息的融合。该算法首先要选择一幅参考图像作为其他图像的配准目标,需要做的工作是从多幅低分辨率图像估计出一幅具有改善分辨率的图像。为了达到这一目的,需要做的工作有:

(1) 数据校准,去除不同多媒体传感器的响应差异;

(2) 图像配准,找到图像之间的空间对应关系;

(3) 像素级融合,从多幅图像估计像素值。

其中,对初始图像的双线性插值和对相关函数的样条插值,提高了图像配准的精度。下面依次给出每个问题的解决方案。

8.4.1 直方图匹配

即使在拍摄时间和地点相同的情况下,不同多媒体传感器对相同音/视频的响应也是不同的。在实际应用中,不同多媒体传感器获得同一目标场景的信息会存在外界条件和传感器自身响应造成的差异,克服这种差异的做法是直方图匹配。

直方图是图像的像素值的统计分布图,通过匹配两幅相同场景的图像的直方图可以减少两幅图的像素值差异。这里采用动态规划方法对图像的直方图进行匹配的策略。

通常,图像的灰度值的取值范围是0~255,也就是$v\in[0,255]$,传感器的严格线性响应特性难以满足,则直方图的匹配关系呈现单调性。因此可以用动态规划来对直方图进行匹配,寻求不同传感器信息之间的对应关系。

定义像素值之间的映射关系$T_k: v_k \rightarrow v_{ref}$,$v_k$和$v_{ref}$分别是源图像的像素值和参考图像的像素值。$T_k$通过最小化两者直方图的差异来获得,也就是

$$\min \| \boldsymbol{h}_k - \boldsymbol{h}_{ref} \| \tag{8-4-1}$$

通过以上最小化过程可以获得每个源图像像素值和参考图像像素值的对应关系T_k,可以根据T_k对每幅源图像的像素值进行校准,从而减少外界条件和传感器自身响应造成的图像差异。

8.4.2 双线性插值

为了得到高精度的图像配准结果,首先对图像进行双线性插值。插值一方面可以得到图像的更多细节,提高图像配准的精度;另一方面,还可以把参考图像的双向性差值结果作为对融合图像的一个初始估计。

定义f为任意图像,其中,只有1/4的像素是已知的,假设点(x,y)最近的4个已知点是$f(x_0,y_0)$、$f(x_0,y_1)$、$f(x_1,y_0)$和$f(x_1,y_1)$通过双线性插值可得到

$$f(x,y)=\begin{bmatrix} x_1-x & x-x_0 \end{bmatrix}\begin{bmatrix} f(x_0,y_0) & f(x_0,y_1) \\ f(x_1,y_0) & f(x_1,y_1) \end{bmatrix}\begin{bmatrix} y_1-y \\ y-y_0 \end{bmatrix} \tag{8-4-2}$$

8.4.3 图像配准

在直方图匹配和双线性插值之后,还需要图像配准。简单地说,图像配准就是找到不同图像的空间对应关系。普遍适用的图像配准方法是一个尚未解决的问题,在我们的应用中,可以假设不同图像之间的差异是由比例放缩、旋转和平移造成的,仿射变换可以校正这些因素造成的差异。图像配准的步骤依次是特征提取、特征匹配,最后确定变换关系,通过对图像进行变换实现图像配准。

8.4.4 像素值图像融合

参考图像I_{ref}的插值结果g_{ref}视为高分辨率图像的一个初始估计,在如图8-4-1所示的2×2像素阵列中,左上角的像素1保持不变,另外3个像素2、3、4由另外3幅图像确定。

具体方法是用3幅图像中与 g_{ref} 相应位置上的像素值差异最小的一个替代相应像素。记 (p,q) 为第 (p,q) 个 2×2 像素块，其中 $p=0,1,\cdots,M-1,q=0,1,\cdots,N-1,M\times N$ 为原图像的尺寸，插值图像的尺寸是 $2M\times2N$。通过式(8-4-3)来确定像素 (m,n) 的取值，即

$$\min_{k}\left|g_{\mathrm{ref}}(m,n)-g_{k}(m,n)\right| \tag{8-4-3}$$

其中，$(m,n)=(2p,2q-1)$，$(2p+1,2q)$ 以及 $(2p+1,2q+1)$，最优的 k 值对应的像素用来替代参考图像中的相应位置的原像素。

完整的图像融合流程如图8-4-2所示。

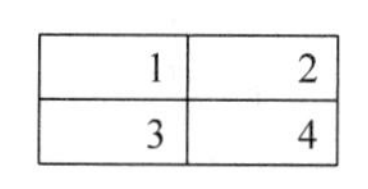

图8-4-1 2×2像素阵列

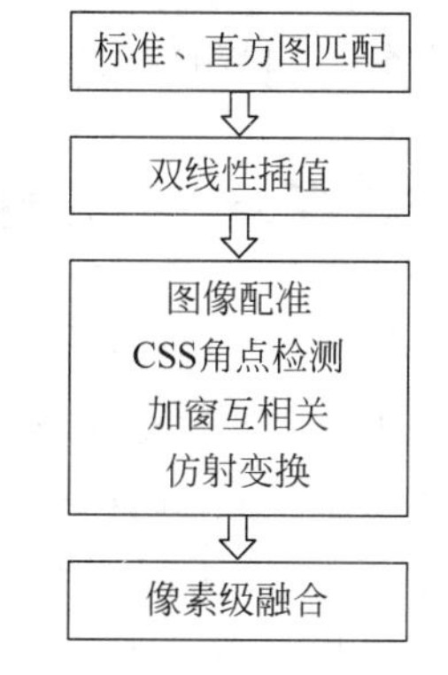

图8-4-2 图像融合流程

8.4.5 图像/视频数据融合方法

1. 基于对象块的单源融合

(1) 融合方法：基于对象编码方式，提出了基于块(block)的融合概念，依次提取出 t_1，$t_2,t_3,\cdots,t_{n-1}$ 时刻图像帧中的对象块进行融合，以预测并得出 t_n 时刻图像帧中对象块信息，以此大大降低传感器网络中视频数据的传输及处理规模。

(2) 特点：基于对象块的单源融合是一种非多节点协作的融合方法，仅从视频序列中图像帧的时间冗余特性出发来研究视频信息的融合。它主要针对感兴趣对象进行融合，可有效节约能量。

2. 基于空间相关性多源同类融合

(1) 融合方法：利用相邻视频节点间信息相关性，基于2D视频传感模型将同一场景的视觉监测任务分配到两个相关度较大的视频节点上，每个视频传感器节点只负责传输部分场景信息，两部分数据在汇聚节点进行融合处理。

(2) 特点：基于空间相关性多源同类融合是一种多节点协作的融合方法。利用“分而治之”思想，明显降低单个视频传感器节点的传输负载，有效延长网络工作寿命，计算简单，便于实现，但协作节点选取不恰当会造成监测质量的降低。

3. 基于极线约束的多源同类融合

(1) 融合方法：利用立体视觉中极线约束性质对两路传输的视频信息进行融合处理，以重建监测场景的视觉信息。

(2) 特点：基于极线约束的多源同类融合是一种多节点协作的融合方法，融合处理的

计算量增大,融合质量也有显著提高。

另外,在多类数据融合研究中,可引入音频、红外等传感数据,以提高监测范围及监测能力。有的利用声强信息辅助场景监测,为场景视觉信息变化提供重要的参考依据,有效地解决了以往因光照强度变化而造成的“误监测”情况,提高了监测的可靠性。有的在对同一场景实现多角度监测时,利用红外线感知能力消除不确定感知问题,尤其是多移动目标间彼此遮挡而造成的不确定感知,以从多源视频序列中有效地区分出多个移动目标。

无线多媒体传感器网络的数据融合技术可以结合网络的各个协议层来进行。例如,在应用层,可通过RGB模型,利用监控区域彩色图像的视频传感器节点的相关性,融合重现彩色场景的效果;在网络层,可以选择路由方式,减少信息的传输量。

8.5 无线多媒体传感器网络的跨层控制

经典的通信协议设计方法将网络协议从上至下分为5层,即应用层、传输层、网络层、数据链路层(逻辑链路子层和介质接入控制子层)和物理层。每一层分别进行协议的设计和优化,相邻层之间通过静态的接口进行访问和调用,跨层的访问与操作不被允许。这种设计方法简化了网络设计,具有较好的通用性。但是,这种严格的分层协议设计对于无线多媒体传感器网络来说不一定适用,其原因是:不同层之间存在着信息冗余,并且在传输多媒体数据流时,各层的处理目标不一定相同,各层独立进行优化时不一定能达到整体性能上的最优。这种情况在无线网络环境下更为严重。例如,在无线多媒体传感器网络中,传输层与物理展是相互独立的,传输层不了解物理层的当前状态。因此,无论是由于信道不理想还是网络拥塞所造成的报文丢失,传输层均认为是由于网络拥塞造成的,便采取降低传输速率的方法来减轻拥塞,这样很可能会导致网络吞吐量的下降。

已经有不少研究人员认识到这种设计方法的缺陷,并提出采用跨层设计的方法来弥补。所谓跨层设计方法,就是在设计协议时不仅仅单独考虑某一层,而是把多层联合起来综合考虑。这样处理的原因是,在无线多媒体传感器网络中,通信协议栈的所有层之间都具有较强的相关性。物理层、MAC层和网络层一起影响网络资源的竞争与使用。例如,当网络层要转发数据时,它就不可以把数据发送给MAC层正在休眠的节点,并且当传送数据时,如果出现了较高的传输延时或者较低的带宽,路由层也需要相应地改变路由决策。不同的路由决策会导致不同的信道接入,因而也会影响MAC层的性能。此外,对于多媒体传感器网络中的多媒体数据而言,应用层性能的好坏也与底层的支持密切相关。为了使多媒体传输的性能最优化,需要根据低层的信息来进行信源编码。

由于层间耦合,分层控制之间存在相互影响。物理层调节传输功率可以影响MAC层和路由决策。负责竞争、调度的MAC层可以决定每跳传输延迟及带宽如何利用,从而影响到链路选择及路由决策。网络层可以选择合适的链路转发数据包到目的地,反过来路由决策可以改变MAC层的竞争及物理层的干扰。另外,当物理层配置固定时,由MAC层和网络层决定的网络QoS为传输层速率和许可控制提供基本准则。因此,为开发高效通信QoS保障协议,需挖掘层间相互依赖关系,进行跨层交互及联合优化。

8.5.1 采用跨层方法的原因

无线传感器的最重要的优点就是可以放在任何地方，以测量到有线传感器不能测量的现象。无线传感器自身必须提供能量源，且能量受限。网络中多个节点能量消耗完，就会损害应用，即网络的设计必须全面考虑节能。WSN是任务驱动的，而传感器放置较近，测量值密切相关，从而导致冗余。并且多媒体传感器节点间的多媒体内容存在严重相关，传输相关、事件重复的数据将浪费能量。另外，传感器节点不会一直转发数据包，节点一直处于打开状态也会浪费能量。判断网络生存周期的度量值即第一个能量耗尽的节点时间，需与网络能耗、QoS需求取得平衡。

路由协议与网络的生存周期紧密相关，路由协议洪泛控制包引发的能耗会影响路由。网络中拓扑会经常改变，尤其是当节点耗尽能量会引起网络拓扑变化。路由时维护相关信息必须进行控制包信息交换，这增加了传输开销并耗费节点能量。也就是说，路由协议必须是能量感知、能量有效的，开销增加最小、网络生存周期延长到可接受的时间。用于测量任务关键的数据(监视的视频或音频)必须具有严格的延迟限制和合适的总吞吐量。这些QoS需求需要更多的传输能量降低信道发生的误差，更快的访问介质与更少的能耗问题冲突。

以无线介质传输数据的，数据包易于受其他传输的干扰，导致出错。而数据包出错导致需要更多能量进行重传，所以与能量受限紧密关联。另外，重传也会影响延迟、数据吞吐量和QoS。利用误差控制技术可避免重传，但是以引进传输开销为代价，又会增加传感器的能耗。因此，传输误差、QoS受限和能量消耗紧密相连，都需要跨层方案来同时解决这些问题。最优解决方案需研究自动重传请求(ARQ)、前向纠错(FEC)以及结合两者对参数的影响。

传感器个数影响整个网络的性能。传感器节点个数少，到达其他节点就需要较多能量，这将减少网络的生存周期，并且转发数据所依赖的中继节点耗尽能量后会与网络隔离。而传感器节点个数过多时，覆盖和能量消耗将不是问题，但转发信息会引起拥塞，需要能效高的路由引入计算复杂度。因此，传感器网络容量规划是高效利用稀有资源的一个重要设计参数。

为了处理这些相互依存的问题，需要跨层解决方案。跨层方法比分层方案复杂得多，必须尽力减少网络能量消耗，延长网络工作时间。理想的跨层方案复杂度会很高，需要包括协议栈所有层的参数，因为这些参数都在一定程度上影响能量消耗。跨层设计中增加传感器设计复杂性是必要的，且与传感器的能量成反比。

8.5.2 跨层设计方法及其优势

视频

8.5.2.1 跨层设计

跨层设计是针对传统的开放系统互连参考模型(OSI/RM)而言的，一切不符合分层协议模型的设计都被称为跨层设计。跨层设计的核心思想是实现两个或更多协议层之间的优化和控制，以及相互间信息的交换，从而达到显著改善系统性能的目的。

在无线多媒体传感器网络中，跨层设计的目的同样是为了提高网络整体性能(如尽可能延长网络生存周期等)。具体而言，就是在保留分层协议栈部分结构的基础上，综合考虑协议栈各层之间的关系,打破严格的分层结构,允许协议栈各个层次、各个模块之间直接交互,为网络提供较好的 QoS 保障。如图 8-5-1 所示是一个跨层协议栈实例。在这个协议栈中,各层所关心的公共信息通过一个共享通道进行共享,并且应用层和 MAC 层之间还可以直接进行访问和调用。

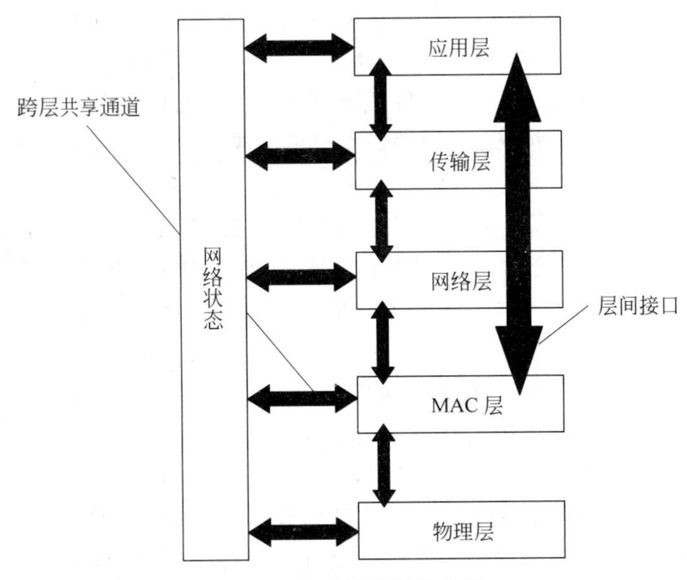

图 8-5-1 跨层协议栈实例

8.5.2.2 跨层设计的优点

在无线多媒体传感器网络中,系统的动态性是网络设计的难题,如节点的移动、链路的变化、环境的干扰等。跨层设计可以增强系统的灵活性。适应环境的动态变化,优化系统并提供优质服务。具体而言,使用跨层设计具有以下优点。

(1) 通过跨层设计,可以增强各层协议对其他层内容的感知度,使得各层协议能够在全局范围进行协调,从而满足特定应用的 QoS 要求。

(2) 在跨层协议体系中,不同层之间直接交互、共享信息,每层无须备份相同的信息。这样不仅可以减少网络中的冗余信息,而且可以提高对信息的访问速度和处理速度。

(3) 跨层设计可以提高系统的自适应能力。协议栈的各层可以根据参数的变化在本层进行优化,如果本层的处理无法满足业务的需求,则可以通过调用其他层的功能来实现对业务的支持。

8.5.3 跨层设计的应用

8.5.3.1 跨层设计的步骤

在无线多媒体传感器网络中,针对不同的应用场合与业务要求,从不同的角度出发,跨层设计的方法多种多样。但不管设计的过程与目的如何,它们基本都遵循如下步骤:

(1) 针对网络所要承载业务的种类、特征、需求和模式等进行研究,确定其所必需的服务性能参数。

(2) 对体系结构中的各层进行分析,找到与服务性能参数相关的层次。

(3) 针对这些层次进行联合考虑与设计,以达到服务性能参数的整体优化。

(4) 实现设计方案,并进行调整与修改。

8.5.3.2　跨层设计的思路

根据跨层设计中分析与实现手段的不同,其思路一般有3种:信息交互、联合优化和相邻层融合。下面分别进行介绍。

1. 信息交互

在网络协议的多个层次上相互交换信息是目前比较常用的方法。其主要原理是:在原有协议栈的基础上,通过增加层间的接口实现不同层间的信息直接传递,以此增强不同层之间信息交互的灵活性和协议执行效率。例如,应用层可以根据业务的不同特征做上不同的标记。用于区分数据流的紧急程度和服务要求。网络层可以根据这些标记的内容,进行区别化操作。例如,将路由质量较高的路径用于紧急内容,将带宽较高的路径用于传输多媒体数据等。通常,实现信息交互的主要途径有协议层之间直接进行通信、通过共享信息或数据库来进行信息交互、采用全新的数据抽象结构等。根据参数传播方向的不同,信息交互方法又可以具体分为以下3种。

(1) 信息下行。所谓信息下行,就是指在跨层设计中,协议架构中高层的信息(如应用层的QoS信息)直接传递至低层协议。低层协议收到高层的指标信息以后,根据本层特性,调整自己的策略,尽量满足高层的要求,从而提高网络的整体性能。

(2) 信息上行。信息上行则与信息下行刚好相反,也就是将协议栈中低层的一些状态参数传递给高层协议。高层协议根据低层传来的参数信息,作出适当的决策,协调系统性能,从而达到提高服务质量的目的。例如,显式拥塞通告(Explicit Congestion Notification, ECN)机制,即在网络层中增加一个ECN标志比特。发生报文丢失时,网络检测到拥塞发生了就在数据分组中进行标记。目的节点收到该报文后,将网络拥塞的信息反馈给源节点,源节点的传输层便可以判断报文丢失是由于拥塞还是由于信道出错造成的,同时采取相应措施,这样就可以达到提高网络吞吐量的目的。

(3) 信息同时上下行。信息上下行指的是层与层之间互相共享信息,即上层的信息传到下层的同时也需要将下层的信息传给上层。例如,为了达到较高的吞吐量,可以让物理层、MAC层和网络层相互交换各自所需的信息:物理层利用MAC层的信道资源预留信息和自身时变的信道信息不断调整数据发送速率;同时,MAC层根据物理层传来的信道信息进行资源预留;另外,MAC层的信道自适应信息传给网络层,为网络层作出合适的路由选择提供决策依据。

2. 联合优化

在无线多媒体传感器网络中,有QoS要求的应用往往需要将协议栈中的多层协议联合起来进行设计才能获得满意的效果。例如,Li Yun等提出将网络层、数据链路层和物理层联合起来进行设计,同时考虑功率控制、链路调度和路由选择等要求。实验结果表明,使用该措施获得了较好的网络性能,不仅节约了网络能量的消耗,也提高了网络服务的质量。

3. 相邻层融合

无线多媒体传感器网络的有些协议层联系非常紧密,相互之间信息交互频繁。因此从理论上来说,可以将这几个协议层融合为一个新的虚拟协议层。该协议层可以加强内部协议模块之间的整合。在整个网络结构中,这个虚拟协议层从逻辑上作为一个单独的协议层存在,可以调用下层服务,并为上层提供支持。虚拟协议层在某些特定的应用中可以提供比原有协议架构更完善的服务。在现有的网络协议栈中,由于MAC层和网络层关系紧密,因此有不少专家学者建议将这两层进行融合。

8.5.3.3 跨层设计的注意事项

跨层设计作为一种弥补分层模型缺陷的方法,已经得到了不少学者的认同。目前,研究者们已经提出了多种多样的跨层优化协议,用以解决各种不同的应用或问题,如节能、路由、功率控制、数据采集、多媒体传输等。

值得注意的是,跨层设计不是一种万能的设计方法。对网络进行跨层优化设计可以提高总体性能,但是这种方法还处于完善阶段,所以也存在一些问题。首先,跨层设计打破了传统的分层结构中层次之间的独立性,同时也失去了网络设计的规律性与结构化,这就使得网络的设计和优化变得极其复杂。其次,就是跨层设计的尺度问题,太过简单达不到设计的效果,太过复杂则会造成修改和维护的困难,阻碍网络将来的升级和改造。最后,由于不同层次的协议对于同一个性能参数会有不同甚至矛盾的处理方法,因此在针对此类问题时,设计需要特别谨慎,以防振荡控制环的生成。

习题8

1. 和一般的无线传感网络相比,无线多媒体传感器网络有什么特点?
2. 无线多媒体传感器网络一般有几种节点结构?各有什么特点?
3. 无线多媒体传感器网络有哪些关键技术?
4. 简述DPCM的基本原理。
5. 分布式信源编码的特点是什么?和传统的信源编码相比有哪些优势?
6. 无线多媒体传感器网络为什么要进行跨层控制?

第9章

CHAPTER 9

无线传感器网络应用开发技术

目前在无线传感器网络软件、硬件及仿真测试方面都有相应的发展，在基于国际标准、操作系统之上，许多公司都研发了自己的硬件平台、中间件软件。

基于ZigBee技术构建的无线传感器网络已经成为一种全新的信息获取和处理模式。无线传感器网络追求更低的功耗，更低的成本以及更简易的使用方式。在这种情况下，ZigBee技术应时而生，弥补了低成本、低功耗和低速率无线通信市场的空缺，为无线传感器网络发展提供了有力的支持。本章引入对实现ZigBee网络的Z-Stack协议栈的基本阐述，给出ZigBee节点控制芯片CC2530的器件特性及应用电路设计。TI公司的CC2530芯片可以承载运行Z-Stack协议栈，轻松地实现无线传感器网络的应用设计。

TinyOS是一个由加州大学伯利克分校开发的开源嵌入式操作系统，TinyOS本身提供了一系列的组件，可以很方便地编制程序，用来获取和处理传感器的数据，并通过无线方式来传输信息。本章主要讨论TinyOS和Contiki操作系统的实现特点并进行对比分析。

仿真与测试贯穿于传感器网络的研究、开发和应用的每个阶段，是度量网络性能指标和评价网络满足应用需求能力的主要技术手段。通过仿真，可以在可控制的软件仿真环境中观察所有传感器节点的内部执行逻辑，也能提高节点部署在真实网络环境中的成功率，从而减少节点投放后对网络的维护。目前较成熟的传感器网络模拟器有TOSSIM、OMNeT++、NS-2、OPNET等。

9.1 无线传感器网络应用设计原则

视频

9.1.1 体系结构设计原则

由于无线传感器网络的特点，许多功能要求一些新的在传统网络体系结构中无法实现的机制的支持，即使能够实现也必定会引起性能的下降。无线传感器网络的一些特点和新服务的需求，引起了对新体系结构一些值得思考的问题：无线传感器网络是否采取层次性的结构；如何抽象和定义各层的功能；如何将无线传感器网络的特殊需要，例如分组融合、数据网内处理、数据查询、分布式存储和时间同步的MAC层增强机制等抽象定义在恰当的功能层中；IP网络中的地址方案和路由协议是否适合无线传感器网络，等等。为了回答这些问题。下面将讨论一些由无线传感器网络应用模式、运行环境和自身特征带来的网络体系结构设计所面临的问题，或者说所产生的需求。

1. 资源管理和使用

在大多数无线传感器网络的应用中，能耗、通信带宽、计算能力和存储空间等始终属于稀缺资源。因此，有效管理和使用稀缺资源，最大限度地延长网络寿命，充分利用网络的传输、计算和存储的功能就成为无线传感器网络设计中面临的一个非常关键的问题。

无线传感器网络的体系结构必须提供有效的能耗管理、无线通信带宽利用以及节点的分布式计算等机制。能耗管理涉及绝大多数层次，低功耗的硬件设备、MAC协议、路由协议等一直是研究的热点。由于无线传感器网络系统的各个层次和各个功能模块的空闲睡眠不同步，因此在各个层次和功能模块之间都存在能耗管理的需求。例如，MAC应该管理无线通信模块的活动与睡眠，路由协议则应该根据网络流量的变化来控制路由保持的开销等。

为了延长网络的生命周期，对于能耗均衡分布的研究也逐渐受到重视。带宽资源有限造成无线传感器网络的应用仅局限于简单信息的获取和传输，一直没能应用在音/视频信息的获取和传输领域。不排除随着无线通信技术的进步，带宽不断增加，无线传感器网络在不远的将来可以胜任类似的任务。但由于传输信息量的增加，带宽将再次成为影响系统性能的瓶颈。同时，在大规模网络中，信息量的快速增长也会造成带宽资源迅速枯竭。因此，采取数据融合策略，利用广播路由等手段减少传输信息量，提高带宽利用率，也是无线传感器网络体系结构设计必须考虑的问题。

2. 各层协议间的协作

在无线传感器网络系统开发中需要各个层次之间为了同一性能优化目标(如降低能量提高传输效率、降低误码率等)进行协作。这种优化往往使得传统体系结构中各个层次之间的耦合更加紧密，体系结构中上层协议需要了解下层协议所提供服务的质量和相关内容等信息；下层协议的运行需要上层协议的命令指示等，尤其是考虑能耗时。由于各层之间均有相应的能耗管理策略，因此各个层之间的协调较为复杂。这与传统网络体系结构的分层概念是不相同的，这种协议体系增加了系统的复杂度，使系统模块的独立性变差。例如，数据链路层协议可能需要了解物理层的速率、能级、信道和播送角度等参数，而网络层协议又可能需要指示低层协议尽量提供符合哪种标准的数据传输服务。

在无线传感器网络中，如果采用协议跨层策略，则必然会增加体系结构设计的复杂程度，但它的确是到目前为止提高系统整体性能的最有效方法。或许在资源限制逐渐被技术进步所克服的未来，就不再需要这种性能优化的方法了，但现在的网络体系结构必须提供对协议跨层的支持。要实现这种层次的跨越，就必须在层与层之间提供复杂和全面的接口，因为不仅上层需要了解下层所使用的协议类型和服务质量，下层也需要接受上层协议的支配和管理。

3. 网内数据处理

在传统的互联网网络体系结构中，数据处理通常在网络终端进行，如在TCP/IP和OSI等体系结构中，根据网络边缘化的原则，必须在端到端的网络边缘进行数据处理，这一原则简化了网络，有利于网络规模的扩展。由于无线传感器网络本身的特点，如能耗、带宽等资源有限，网内数据处理是非常必要的，但无线通信操作消耗的能量比处理器操作大得多。需要在网内对采样数据进行一定程度的融合处理，将冗余信息尽可能早地消除，最大程度地减少通信量，从而大大减少对能源的损耗。另外，减少需要传输的数据包的数目，可以协助处理拥塞控制和流量控制。例如，当检测到网络拥塞时，也可以进行高强度的数据融合，以便减轻拥塞程度。

考虑到方便实现，无线传感器网络的体系结构必须在网络内部节点支持数据的过滤和融合，使无线传感器网络更加实时地反映动态的物理环境。这种网内数据处理的功能打破了网络边缘化的传统网络体系结构设计原则，势必会增加网络设计的难度，但也是无线传感器网络必须提供的功能。另外，数据融合往往会带来采样信息精度的降低，这就需要对融合程度进行调控，根据需求权衡多种因素。

4. 数据完整性

正如普适计算所表明的，随着无线传感器网络的发展，它必将深入人们的生活，在未来人们生活的智能环境中无处不在，互联网中由无线传感器网络所产生的通信量会越来越多甚至占据相当大的比例。而传感器本身也容易受到物理环境（如噪声和外界因素）的干扰，而且由于节点自身功能有限和所处的特殊环境，很难进行调校。即使传感器本身可以维持采集数据的准确性，也必须考虑物理连接部分及冲突等因素的干扰。另外，无线传感器网络的通信方式也使其容易受到攻击，或收到伪装者发送的欺骗信息。因此，数据安全问题在无线传感器网络中非常突出。如果使用没有安全性保证的数据，那么在应用中会有很多安全隐患。

无线传感器网络体系结构应该有一定的数据完整性保证机制。在无线传感器网络中，对同一事件通常有多个节点进行检测，多个节点的数据通常会造成数据冗余。因此在数据处理上需要保证数据完整性，同时尽可能减小数据冗余，具体来说，这种机制可能要求在无线传感器网络中集合数据校正和入侵，干扰监测服务。当无线传感器网络受到干扰或者破坏时，需要有一定的自调节措施来保证网络继续运行。

5. 安全和保密

考虑到在很多应用中，无线传感器网络都与互联网相连，因此无线传感器网络对互联网的接口应该提供数据安全验证，同时也要防止来自互联网的破坏，包括病毒、木马以及其他一些影响无线传感器网络正常工作的因素。

传统的网络体系结构和 TCP/IP 等协议在设计的时候没有考虑到安全方面的问题，这使得安全成为现代互联网所面临的最棘手的难题之一。由于采用无线信道进行通信，缺少物理线路的保护，无线传感器网络的通信信道更容易受到攻击，所传输的信息更容易遭到窃取。因此，无线传感器网络体系结构必须提供适当的安全保密机制，以确保所提供服务的安全性和可靠性。这些机制必须自下而上地贯穿体系结构的各个层次，为安全保密提供全面的保障。例如，对节点物理地址的使用提供验证和确认机制；对访问点、端设备和网络控制信息（路由表）提供确认机制；防止非法对无线通信内容进行分析的机制。

6. 网络层次多样化

互联网中的网络层协议是基于确定地址的，如 IP 地址，每一个终端都可以通过 IP 实现端到端的通信。由于无线传感器网络是面向应用的网络，随着应用需求的变化，必然会导致其网络协议的多样化，简单的端到端的通信方式不再适用。例如，在同一无线传感器网络的子网中，多数节点的协同动作，主要采用数据广播的通信方式，因此可以为全部的节点分配同一地址，由网关来负责进行统一的数据融合和命令分发。无线传感器网络的体系结构必须适应网络协议多样化存在的事实，向外部网络屏蔽内部协议，同时提供与外部网络实现无缝的信息交互手段。

通过上面的分析可以看出,能耗、带宽、计算能力和存储空间等有限资源要求无线传感器网络的体系结构尽量简洁,以实现整体性能上的优化,尽可能延长网络生命周期。因此,设计简单高效的协议栈,使其在无线传感器网络中有效运行,是无线传感器网络体系结构设计时首先需要注意的问题。由于在实际应用中网络规模可能比较庞大,网络的拓扑结构、跨层设计、路由协议、数据处理机制以及通信模式等也是无线传感器网络需要解决的问题。

9.1.2 节点设计原则

由于传感器节点工作的特殊性,在设计时应从以下几方面考虑:

1. 微型化

微型化是无线传感器网络追求的终极目标。只有节点本身体积足够小,才能保证不影响目标系统环境或者造成的影响可以忽略不计。另外,在某些特殊场合甚至要求目标系统能够小到不容易被人察觉的程度,如在战争侦察等特定用途的环境下,微型化更是首先考虑的问题之一。

2. 低能耗

节能是传感器节点设计最主要的问题之一。线传感器网络要部署在人们无法接近的场所,而且不常更换供电设备,对节点的功耗要求就非常严格。在设计过程中,应采用合理的能量监测与控制机制,功耗要限制在几十毫瓦甚至更低数量级。

3. 低成本

成本的高低是衡量传感器节点设计好坏的重要指标,只有成本低才能大量地布置在目标区域中,表现出传感器网络的各种优点。这就要求传感器节点的各个模块的设计不能特别复杂,使用的所有器件都必须是低功耗的,否则不利于降低成本。

4. 可扩展性和灵活性

可扩展性也是传感器节点设计中必须考虑的问题,需要定义统一、完整的外部接口,在需要添加新的硬件部件时可以在现有节点上直接添加,而不需要开发新的节点,即传感器节点应当在具备通用处理器和通信模块的基础上拥有完整、规范的外部接口,以适应不同的组件。

5. 稳定性和安全性

设计的节点要求各个部件都能在给定的外部环境变化范围内正常工作,在给定的温度、湿度、压力等外部条件下,传感器节点各部件能够保证正常功能,且能够工作在各自量程范围内。另外,在恶劣环境条件下能保证获取数据的准确性和传输数据的安全性。

6. 深度嵌入性

传感器节点必须和所感知场景紧密结合才能非常精细地感知外部环境的变化。正是通过所有传感器节点与所感知场景的紧密结合,才能对感知对象有了宏观和微观的认识。

9.1.3 跨层设计

在分层的协议结构中,各层独立设计和工作,在相邻两层之间维护了有限的数据交换和服务调用接口,各层仅与相邻层交互,信息的处理和通信延迟较大,这种结构难以适应传感器网络动态变化的特点。传感器网络底层无线链路的时变性,以及能量和计算等资源的约束都要求减少协议层间的信息传递和处理开销,所以需要进行协议的跨层设计(cross-layer design)。

跨层设计是针对无线网络的协议设计方法,通过减少跨层通信开销和处理层次,利用各层之间的协同处理来提高节点的资源利用率,优化系统的整体性能,增强网络对无线通信环境的适应能力。跨层设计的主要目的是将很多功能跨越多个层次,例如能耗管理就跨越了所有的网络层次,不仅需要开发低能耗的硬件设备,而且需要节能的数据链路层和网络层,甚至应用程序也必须要考虑能源问题。位置和时间同步信息可能被多个网络层次同时使用,因此定位和同步必须跨越多个层次提供服务。另外,不同层次间协议的交换在这种特殊的情况下变得非常必要。例如,位于网络层的路由协议可能需要根据物理层提供的链路质量指标进行路由选择。

由于传感器网络的节点特性,通信方式及网络结构都与传统网络不同,所以传统的分层协议结构不能很好地适用于传感器网络。跨层设计可以不破坏分层结构,但需要能够在非相邻层之间进行交互。跨层设计也允许每一层维护内部状态,但要能够向其他层提供本层协议参数,使各层可以根据从其他层获得的信息来调整本层的行为。参考分层体系结构,目前提出的跨层设计方式可以分为4类:增加跨层接口、合并相邻层、多层共享参数和增加层间耦合。

1. 增加跨层接口

该类跨层设计方式是在层间建立新接口,利用这些新接口既可以进行低层到高层或者高层到低层的单向通信,也可以进行层间的双向通信,如图9-1-1(a)所示,低层到高层的通信可以及时将低层协议的状态信息传递给高层,使高层协议做出更有效的决策,例如物理层将邻居节点的接收信号强度直接传递给网络层,及时防止网络层选择信号接收强度较低的节点进行路由,提高通信效率。高层到低层的通信可以使高层协议及时将需求通知给低层,指导低层协议做出更有效的操作,例如应用层将期望的事件感知精度传递给数据链路层,数据链路层采用合理的休眠调度策略,减少节点能量的损耗。有时对网络资源的优化配置还需要层间双向通信、多次协作,例如物理层根据传输层的拥塞信息调整节点的功率,增加“瓶颈”节点的发射功率或者减小其邻居节点的发射功率,传输层根据物理层交付的节点信号强度及时进行拥塞控制。

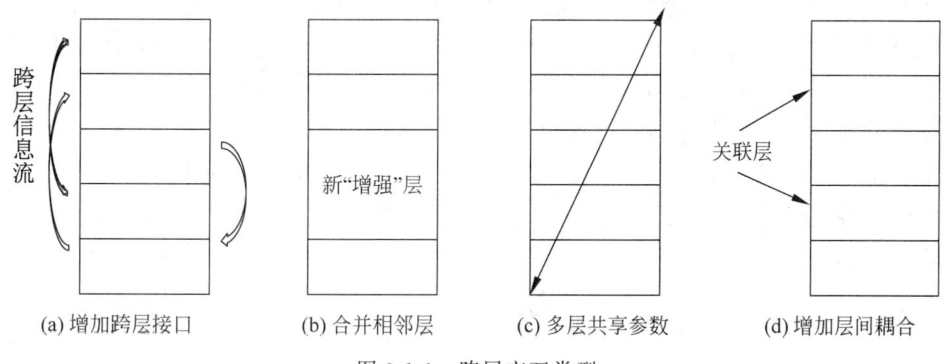

图9-1-1 跨层交互类型

2. 合并相邻层

该类跨层设计方式是将两个或两个以上相邻层合为一体设计,构成新的“增强”层,如

图 9-1-1(b)所示。“增强”层内部各子层之间不需要增加任何新的接口。从协议结构上来讲,它和其余层之间的接口均可保持不动,执行原来功能,合并相邻层的设计方式不仅能够使各层快速获取信息,还可以消除功能冗余和信息冗余,避免多层对同一功能进行重复设计及相同信息的多次存储。

3. 多层共享参数

这种类型的跨层结构通过调整那些“贯穿”于各层之间的通信参数来提升系统性能,如图 9-1-1(c)所示。从应用层次来看,网络性能是以下各层通信参数的一个函数。因此对“贯穿”各层的参数的调整比单纯调整某一层的参数更为有效。

共用参数可通过静态方式设定,也可以通过动态方式设定。静态设定是指在协议设计阶段就通过某种最优化准则确定通信参数。因为在系统运行时这些参数恒定不变,所以其实现难度不大。动态设定是指“贯穿”各层的参数在系统运行时根据信道质量、业务流量等变化不断自适应调整。显然这种方式效果更佳,但同时会带来很大的系统开销,因为要保证更新信息的实时准确,这在具体实现上有相当的难度。

4. 增加层间耦合

这种类型的跨层结构不需要建立共享信息的新接口,但增加了跨层的耦合关系,如图 9-1-1(d)所示。耦合的含义可以理解为:某一层协议的设计需要以其他层的设计作为参考,如果想对某层协议进行修改,则必须同时对其余与它耦合的层进行修改,否则是不可能的。单纯地对某层进行协议变更则更不可能。

视频

9.2 ZigBee 硬件平台与协议栈组网

TI 公司的 CC2530 是真正的系统级 SoC 芯片,适用于 2.4GHz IEEE 802.15.4、ZigBee 和 RF4CE 应用,CC2530 包括了性能一流的 RF 收发器、工业标准增强型 8051MCU。系统中可编程的闪存(8KB RAM)具有不同的运行模式,使得它尤其适合超低功耗要求的系统,以及许多其他功能强大的特性,结合 TI 的业界领先的黄金单元 ZigBee 协议栈(Z-Stack),提供了一个强大和完整的 ZigBee 解决方案。2.4GHz 的 CC253x 片上系统解决方案具有广泛的应用。它们可以很容易地建立在 IEEE 802.15.4 标准协议(RemoTI 网络协议、TIMAC 软件和用于 ZigBee 兼容解决方案的 Z-Stack 软件),或是专门的 SimpliciTI 网络协议之上,还适用于 LoWPAN 和无线 HART 的实现。

2007 年 4 月,TI 推出业界领先的 ZigBee 协议栈。Z-Stack 符合 ZigBee 2006 规范,支持多种平台,包括基于 CC2420 收发器以及 TI MSP430 超低功耗单片机的平台、CC2530 平台等。Z-Stack 包含了网状网络拓扑的几乎全功能的协议栈,在竞争激烈的 ZigBee 领域占有很重要的地位。

9.2.1 CC2530 芯片的配置

CC2530 是一个真正用于 2.4GHz IEEE 802.15.4 与 ZigBee 应用的 SoC 解决方案。这种解决方案能够提高性能并满足以 ZigBee 为基础的 2.4GHz ISM 波段应用对低成本、低功耗的要求。它结合了一个高性能 2.4GHz DSSS(直接序列扩频)射频收发器核心和一个工业级小巧、高效的 8051 控制器。

CC2530芯片内部结构如图9-2-1所示。内含模块大致可以分为3类：CPU和内存相关的模块、外设、时钟和电源管理相关的模块以及射频相关的模块。CC2530在单个芯片上整合了8051兼容微控制器、ZigBee射频（RF）前端、内存和闪存等，还包含串行接口（UART）、模/数转换器（ADC）、多个定时器（Timer）、AES128安全协处理器、看门狗定时器（Watchdog Timer），32kHz晶振的休眠模式定时器、上电复位电路（power on reset）、掉电检测电路（Brown Out Detection）以及21个可编程I/O口等外设接口单元。

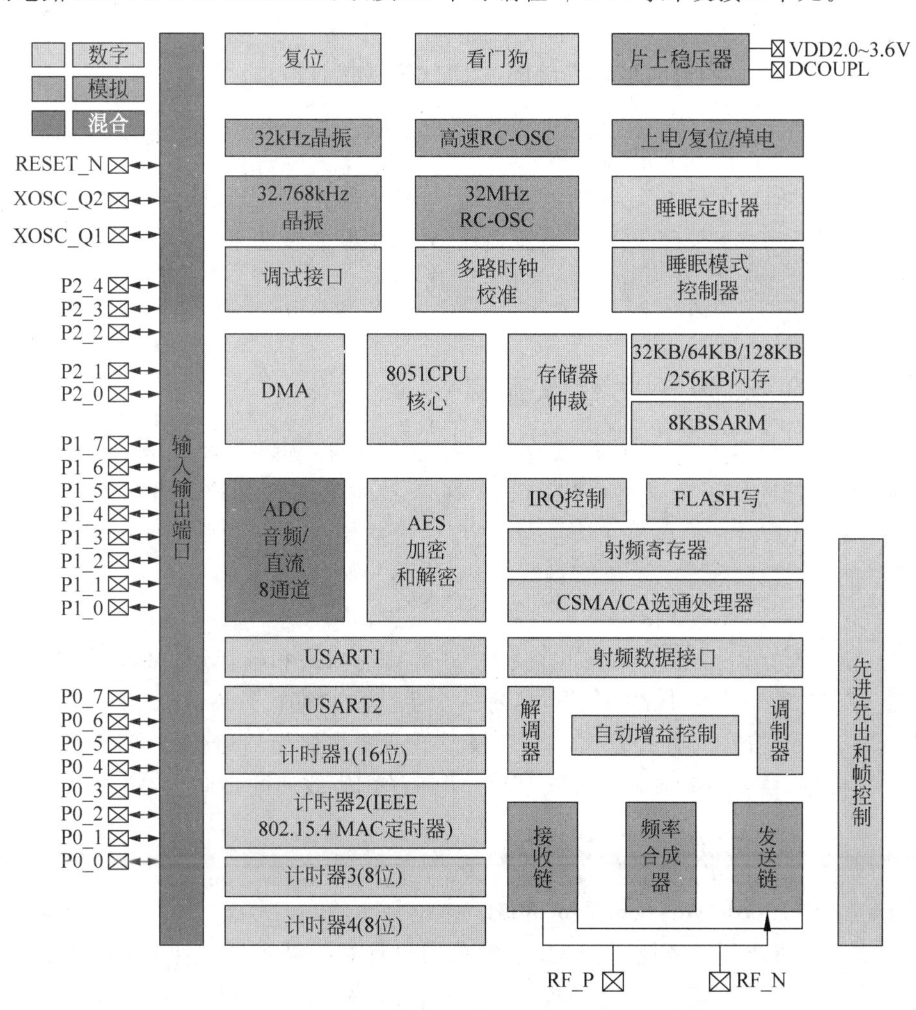

图9-2-1 CC2530内部结构图

CC2530的基本配置：

（1）高性能、低功耗、带程序预取功能的8051微控制器内核；

（2）32KB/64 KB/128 KB或256KB的系统可编程Flash；

（3）8KB在所有模式都带记忆功能的RAM；

（4）2.4GHz IEEE 802.15.4兼容RF收发器；

（5）优秀的接收灵敏度和强大的抗干扰性；

（6）精确的数字接收信号强度指示/链路质量指示支持；

（7）最高到4.5dBm的可编程输出功率；

(8) 集成 AES 安全协处理器，硬件支持的 CSMA/CA 功能；

(9) 具有 8 路输入和可配置分辨率的 12 位 ADC；

(10) 强大的 5 通道 DMA；

(11) IR 发生电路；

(12) 带有两个强大的支持几组协议的 UART；

(13) 一个符合 IEEE 802.15.4 规范的 MAC 定时器，一个常规的 16 位定时器和两个 8 位定时器；

(14) 看门狗定时器，具有捕获功能的 32kHz 睡眠定时器；

(15) 较宽的电压工作范围(2.0～3.6V)；

(16) 具有电池监测和温度感测功能；

(17) 在休眠模式下仅 0.4pA 的电流损耗，外部中断或 RTC 能唤醒系统；

(18) 在待机模式下低于 1μA 的电流损耗，外部中断能唤醒系统；

(19) 调试接口支持，强大和灵活的开发工具；

(20) 仅需很少的外部元件。

9.2.2 CC2530 的无线收发器

CC2530 接收器是一款中低频接收器。接收到的射频信号首先被一个低噪放大器(LNA)放大，并把同相正交信号下变频到中频(2MHz)，接着复合的同相正交信号被滤波放大，再通过 AD 转换器转换成数字信号，其中自动增益控制、最后的信道滤波、扩频、相关标识位、同步字节都是以数字方法实现的。

CC2530 收发器通过直接上变频器来完成发送，待发送的数据存在一个 128 字节的 FIFO 发送单元(与 FIFO 接收单元相互独立)中，其中帧头和帧标识符由硬件自动添加上去。按照 IEEE 802.15.4 中的扩展顺序，每一个字符(4b)都被扩展成 32 个码片，并被送到数模转换器以模拟信号的方式输出。一个模拟低通滤波器把信号传递到积分上变频混频器，得到的射频信号被功率放大器(PA)放大，并被送到天线匹配。

9.2.3 CC2530 的开发环境

1. IAR Embedded Workbench for 8051

IAR 嵌入式集成开发环境，是 IAR 系统公司设计用于处理器软件开发的集成软件包。包含软件编辑、编译、连接、调试等功能，它包含用于 IAR Embedded Workbench for ARM (ARM 软件开发的集成开发环境)、用于 IAR Embedded Workbench for AVR(Atmel 公司单片机软件开发的集成开发环境)、用于兼容 8051 处理器软件开发的集成开发环境(IAR Embedded Workbench for 8051)，用于 TI 公司的 CC24XX 及 CC25XX 家族无线单片机的底层软件开发，ZigBee 协议的移植、应用程序的开发等。

2. SmartRF Flash Programmer

SmartRF Flash Programmer 用于无线单片机 CC2530 的程序烧写，或用于 USB 接口的 MCU 固件编程、读写 IEEE 地址等。配合 SmartRF 仿真器即可对 CC2530 开发板进行仿真。

9.2.4 ZigBee 协议栈原理

Z-Stack 是美国 TI 公司提供的基于 ZigBee 规范实现的应用型协议栈，能良好地运行在 CC2430 系列与 CC2530 系列芯片上，有助于快速组建 ZigBee 无线传感器网络。应用在无线传感器节点上的 Z-Stack 协议启动以后，经过一系列初始化操作，最终将设备的控制权托管于 OSAL 操作系统，进入任务循环状态。

运行 OSAL 操作系统的无线传感器节点已经转变为 ZigBee 网络设备，具备完全的网络功能，可以组建网络，也可以在网络间收发射频数据包。在此基础之上，用户可以设计基于事件响应结构的应用程序，通过消息回调函数响应并处理不同类型的事件消息。Z-Stack 协议软件包具有清晰的目录结构，各目录下的代码都按功能分层，在应用层给用户提供了方便易使用的开发接口。

9.2.4.1 Z-Stack 的概念

Z-Stack 是完全遵循 ZigBee 规范实现的具备完整功能的 ZigBee 协议栈，提供便捷的 ZigBee 无线传感器网络应用开发方案。Z-Stack 主要运行在 TI 公司的 CC2430 系列、CC2530 系列芯片中，运行 Z-Stack 的芯片就将转变为 ZigBee 网络设备，作为无线传感器网络中的协调器、路由器成终端设备。

截至目前，在 TI 公司网站上发布的 Z-Stack 软件包的版本仍在更新。总的来说 Z-Stack 软件包中提供了 4 个典型的用户示例工程，它们分别是：

(1) SimpleApp 工程；

(2) GenericApp 工程；

(3) SampleApp 工程；

(4) SensorDemo 工程(新版本中已经不存在)。

此外，还有家庭自动化(HomeAutomation)项目中的 SampleLight 工程与 SampleSwitch 工程实例。在这些工程实例的基础上，用户可以设计点对点、组播或广播模的无线射频通信，将传感器测量与无线组网(星状、树状、网状型)应用联系起来，相当快捷地开发用户自定义的无线传感器网络。

应用程序接口
硬件抽象层
介质访问控制
ZigBee网络层
操作系统抽象系统
安全
服务
ZigBee设备对象

图 9-2-2 Z-Stack 分层结构

9.2.4.2 Z-Stack 的结构

Z-Stack 根据 IEEE 802.15.4 和 ZigBee 规范按功能分层设计，每层都提供层函数接口，供其他分层调用。Z-Stack 分层结构主要包括以下各层，如图 9-2-2 所示。

在集成开发环境中，Z-Stack 按协议实施的不同功能，采用不同的目录分层管理协议栈代码，Z-Stack 按图 9-2-2 组织各层的程序代码。常用的 App 目录是用户应用程序目录，HAL 目录是硬件接口层目录，NWK 目录是网络层目录，MT 目录是串口操作工具目录，Zmain 日录是协议栈入口目录。各目录及其主要实现的功能如表 9-2-1 所示。

表 9-2-1 Z-Stack 的目录结构

目录名称	作用与功能
App	应用层目录——存放用户创建工程项目文件的区域
HAL	硬件层目录——存放与硬件相关的配置、驱动及 API 函数
MAC	MAC 层目录——存放 MAC 层的参数配置文件及 MAC LIB 库函数接口文件
MT	监控调试层目录——存放实现通过串口显示各层调试及交互的信息
NWK	网络层目录——存放网络层参数配置、库通数接口及 APS 函数接口文件
OSAL	操作系统抽象层目录——存放涉及协议栈的操作系统代码
Profile	AF 层目录——存放 AF 层处理函数文件
Security	安全层目录——存放密钥、安全处理函数等
Services	地址工具函数目录——存放地址模式的定义及地址处理函数
Tools	工程配置目录——存放空间划分及 Z-Stack 相关配置信息
ZDO	ZDO 目录——存放用户自定义对象调用 APS 子层服务和 NWK 层服务的接口
ZMac	MAC 层目录——存放 MAC 层参数配置及 MAC LIB 库函数的回调处理函数
Zmain	主函数目录——存放入口函数及硬件配置文件
Output	输出文件目录——存放程序输出结果，由 IDE 软件自动生成的

Z-Stack 程序可以用 3 个关键词描述，分别是主函数、OSAL 操作系统及应用程序，在各个目录中，这 3 个关键词对应的 App 目录、OSAL 目录、Zmain 目录就是用户主要的工作区目录。

9.2.4.3 Z-Stack 的功能

Z-Stack 是具备完整功能的 ZigBee 规范协议栈，依次实现了物理层、MAC 层、网络层与应用层的所有功能，协议代码具有可扩展性，用户可以在了解 Z-Stack 功能的基础上，开发新的应用。简要地说，Z-Stack 具有以下功能。

(1) 定义设备类型。Z-Stack 定义了 3 种 ZigBee 设备类型：协调器、路由器与终端设备。

(2) 地址分配。Z-Stack 内部管理两种类型的地址，分别是 IEEE 地址(64 位，也称作 MAC 地址、扩展地址)与网络地址(16 位，也称作逻辑地址、短地址)。在 2007 版本协议中采用树状地址分配为网络设备节点分配地址，在 Pro 版本中采用随机地址分配的方案。Z-Stack 通信时，数据包可以指定单播地址、广播地址、组寻址或者使用绑定表的间接寻址。

(3) 绑定(binding)。建立绑定表(binding table)，绑定节点与节点的端口之间的地址，在发送数据包时可以不指定接收终端的地址，通过查找绑定表建立通信。

(4) 路由功能。支持建立路由表、路由发现表，提供路由发现协议、路由选择协议、路由维护协议、路由过期协议等，并且，在 ZigBee Pro 版本中开始提供多对一路由协议。

(5) 网络管理。分配信道与 PAN ID，并监测信道干扰(channel interference)与 PAN ID 冲突，提供相应的解决方案；管理节点加入网络与退出网络的请求；节点通信的异步链机制，大数据分包传输(fragmentation)；广播消息，对于非广播数据包，进行端对端的确认。

(6) ZDO 层消息的请求(request)与响应(response)。

(7) PAN 网络间的数据传输。

(8) 安全措施，包括密钥方案、加密算法、网络访问控制、密钥更新、智能能量安全加入(Smart Energy Secure Joining)等。

9.2.4.4　Z-Stack 的工作流程

Z-Stack 依据操作系统运行的思想来构建，采用事件轮询机制，当各层初始化之后，系统进入低功耗模式，当事件发生时，唤醒系统，开始进入中断处理事件，结束后继续进入低功耗模式。如果同时有几个事件发生，判断优先级，逐次处理事件。这种软件架构可以极大地降低系统功耗。如图 9-2-3 所示，Z-Stack 启动运行后，最终将设备控制权托管给 OSAL 操作系统（抽象层）。

设备上电以后，Z-Stack 开始控制设备的硬件加载，初始化硬件模块的驱动，提供基础的硬件平台。随后，开始初始化 OSAL 操作系统抽象层，启动 OSAL 的各项功能，最终进入任务循环状态。这便是 Z-Stack 的主要运行流程。

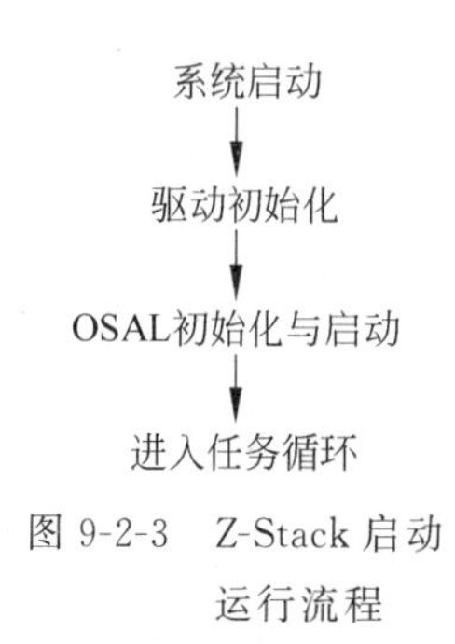

图 9-2-3　Z-Stack 启动运行流程

应用 Z-Stack 时，核心问题是操作系统抽象层 OSAL 的启动，关键问题是系统最终运行在任务循环状态，这是把握 Z-Stack 运行原理的重要两点。OSAL 实现了一个分时复用的操作系统平台，通过时间片轮转函数实现任务调度，提供多任务处理机制。用户可以调用 OSAL 提供的相关 API 进行多任务编程，将设计的应用程序作为一个系统任务来实现。Z-Stack 的工作流程如图 9-2-4 所示。

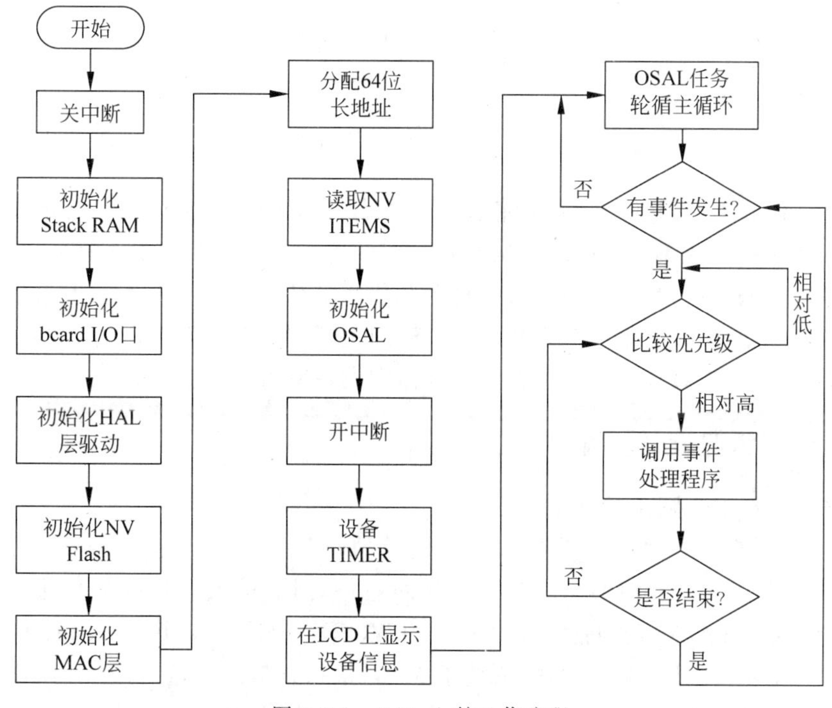

图 9-2-4　Z-Stack 的工作流程

9.2.4.5　OSAL 中的任务处理

由图 9-2-4 可知，Z-Stack 运行至最后阶段，将设备的控制权托管给 OSAL 操作系统，设备进入任务循环状态。OSAL 操作系统在初始化阶段就已经对系统任务以及用户任务进行了登记与编号，并且注册了各个任务对应的事件处理函数地址，系统就是基于这些信息才可以循环运行下去的。

OSAL操作系统采用事件驱动机制，任务由模块的事件驱动，每个模块内的所有事件都放在一个任务中进行响应与处理，任务之间通过传递系统消息的方式进行通信。

在OSAL控制设备进入操作系统平台上的循环状态之后，OSAL的任务调度函数将按照优先级(任务编号)顺序循环检测各个任务是否就绪。如果存在就绪的任务，则OSAL自动查找系统任务列表中注册的相应任务的处理函数地址，转到该地址调用事件处理函数响应与处理任务事件。

之后OSAL的任务调度函数将继续检测任务列表，直到执行完所有就绪的任务。如果任务列表中已经没有就绪的任务，那么OSAL控制微处理器进入休眠状态实现低功耗。OSAL中的任务处理流程如图9-2-5所示。

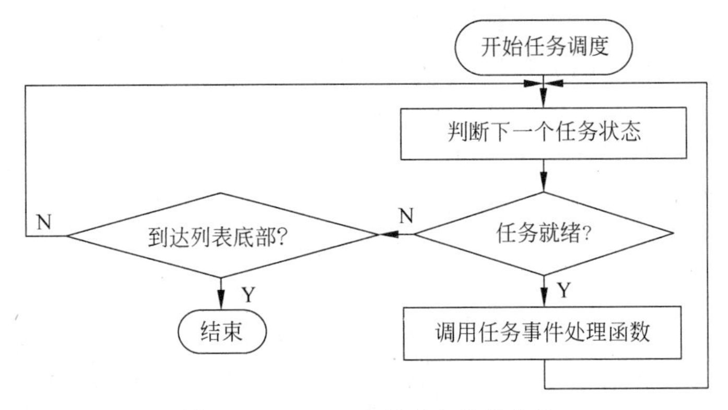

图9-2-5 OSAL中的任务处理流程

由Z-Stack组建的ZigBee无线传感器网络中定义的协调器、路由器及终端设备3类不同功能的设备可以形成不同的网络结构形式。在任何一种网络结构中，任何一种类型的节点设备同其他设备通信时，都需要定义一种射频信号的传播方式。基本的射频信号传播方式有3种类型：点对点、组播及广播方式。Z-Stack协议栈支持节点间以点对点、组播或广播方式进行射频通信，在应用中可以根据实际需求设置适当的节点通信方式。

9.2.5 ZigBee组网

9.2.5.1 ZigBee网络的建立

ZigBee网络最初是由协调器发动并且建立的。在一个ZigBee网络中，只有协调器(coordinator)设备可以建立网络，在建立网络过程中，所有的实现过程都是通过原语实现的，首先协调器设备的应用层调用NLME_NETWORK_FORMATION.request原语，发出建立网络请求，网络层收到这个原语，就要求MAC层执行信道能量扫描(在IEEE 802.15.4协议中规定，在2.4GHz频段，共有16个信道，每个信道的带宽为5MHz)。再调用MLME_SCAN.request，主要找到信道能量低于设定能量值的信道，并且标注这些信道是可用信道，下一步就在可用信道中执行活动情况扫描(active scan)，就是在可接受的信道搜寻ZigBee设备，找到一个最好的信道，通过记录的结果，选择一个信道，该信道存在最少的ZigBee网络，最好是没有ZigBee设备。

组建一个完整的Zigbee网络分为两步：第一步是协调器初始化一个网络。协调器首先进行信道扫描(Scan),采用一个其他网络没有使用的空闲信道,同时规定 Cluster-Tree 的拓扑参数,如最大的儿子数(Cm)、最大层数(Lm)、路由算法、路由表生存期等;第二步是路由器或终端加入网络。加入网络又有两种方法:一种是子设备通过使用 MAC 层的连接进程加入网络,另一种是子设备通过与一个先前指定的父设备直接加入网络。协调器启动后,其他普通节点加入网络时,只要将自己的信道设置成与现有的协调器使用的信道相同,并提供正确的认证信息,即可请求加入(Join)网络。一个节点加入网络后,可以从其父节点得到自己的短 MAC 地址、ZigBee 网络地址以及协调器规定的拓扑参数。同理,一个节点要离开(Leave)网络,只需向其父节点提出请求即可。一个节点若成功地接收一个儿子,或者其儿子成功脱离网络,都必须向协调器汇报。因此,协调器可以及时掌握网络的所有节点信息,维护网络信息库(PAN Information Base,PIB)。

9.2.5.2 协调器初始化网络

协调器建立一个新网络的流程如图 9-2-6 所示。Zigbee 网络的建立是由网络协调器发起的,任何一个 ZigBee 节点要组建一个网络必须要满足以下两点要求:节点是完整功能设备(full-function device,FFD)节点,具备 ZigBee 协调器的能力;节点还没有与其他网络连接,当节点已经与其他网络连接时,此节点只能作为该网络的子节点,因为一个 ZigBee 网络中有且只有一个网络协调器。

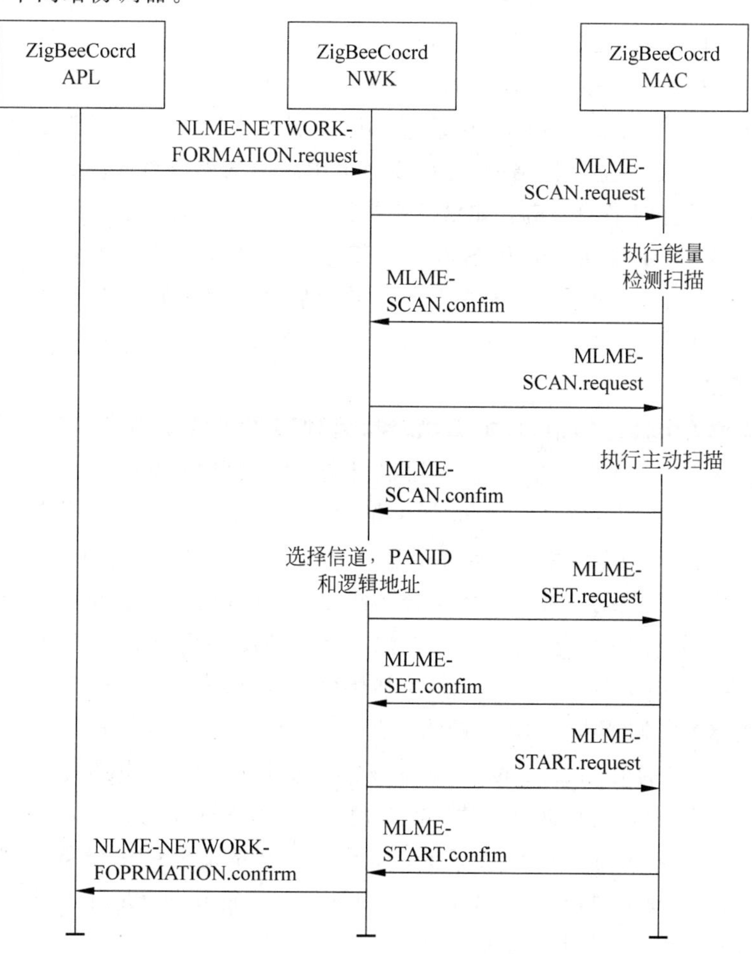

图 9-2-6 协调器建立一个新网络

1. 确定协调器

建立一个新的网络是通过原语 NLME_NETWORK_FORMATION. request 发起的，但发起 NLME_NETWORK_FORMATION. request 原语的节点必须具备两个条件，一是这个节点具有 ZigBee 协调器功能，二是这个节点没有加入到其他网络中。任何不满足这两个条件的节点发起建立一个新网络的进程都会被网络层管理实体终止，网络层管理实体将通过参数值为 INVALID_REQUEST 的 NLME_NETWORK_FORMATION. confirm 的原语来通知上层这是一个非法请求。即首先判断节点是否是 FFD 节点，接着判断此 FFD 节点是否在其他网络里或者网络里是否已经存在协调器。通过主动扫描，发送一个信标请求命令(Beacon request command)，然后设置一个扫描期限(T_scan_duration)，如果在扫描期限内都没有检测到信标，则认为 FFD 在其 pos(personal operating space，个人操作空间)内没有协调器，此时就可以建立自己的 ZigBee 网络，并且作为这个网络的协调器不断地产生信标并广播出去。

2. 信道扫描

协调器发起建立一个新网络的进程后，网络层管理实体将请求 MAC 子层对信道进行扫描。信道扫描包括能量扫描和主动扫描两个过程。首先对用户指定的信道或物理层所有默认的信道进行一个能量扫描，以排除干扰。网络层管理实体将根据信道能量测量值对信道进行一个递增排序，并且抛弃能量值超过可允许能量值的信道，保留可允许能量值范围内的信道等待进一步处理。接着在保留的信道执行主动扫描，搜索节点通信半径内的网络信息，这些信息以信标帧的形式在网络中广播。网络层管理实体通过审查返回的 PAN 描述符列表，确定一个用于建立新网络的信道，该信道中现有的网络数目是最少的，网络层管理实体将优先选择没有网络的信道。如果没有扫描到一个合适的信道，那么进程将被终止，网络层管理实体通过参数名为 STARTUP_FAILURE 的 NLME_NETWORK_FORMATION. confirm 的原语来通知上层初始化启动网络失败。在主动扫描期间，MAC 层将丢弃物理层数据服务接收到的除信标以外的所有帧。

3. 配置网络 ID

如果扫描到一个合适的信道，那么网络层管理实体将为新网络选择一个网络标识符(PAN ID)，该 PAN ID 可以是由设备随机选择的，也可以是在 NLME_NETWORK_FORMATION. request 中指定的，但必须满足 PAN ID≤0x3fff，不能为广播地址 0xFFFF(此地址为保留地址，不能使用)，并且在所选信道内是唯一的 PAN 描述符，没有任何其他 PAN 描述符与之是重复的。如果没有符合条件的 PAN 描述符可选择，那么进程将被终止，网络层管理实体通过参数值为 STARTUP_FAILURE 的 NLME_NETWORK_FORMATION. confirm 的源语来通知上层初始化启动网络失败。确定好 PAN 描述符后，网络层管理实体为协调器选择 16 位网络地址 0x0000，MAC 子层的 macPANID 参数将被设置为 PAN 描述符的值，macShortAddress PIB 参数设置为协调器的网络地址。

在 ZigBee 网络中有两种地址模式：扩展地址(64 位)和短地址(16 位)，其中扩展地址由 IEEE 组织分配，用于唯一的设备标识；短地址用于本地网络中设备标识，在一个网络中，每个设备的短地址必须唯一，当节点加入网络时由其父节点分配并通过使用短地址来通信。对于协调器来说，短地址通常设定为 0x0000。

4. 运行新网络

网络参数配置好后，网络层管理实体通过 MLME_START. request 源语通知 MAC 层启动并运行新网络，启动状态通过 MLME_START. confirm 源语通知网络层，网络层管理实体再通过 NLME_NETWORK_FORMATION. confirm 源语通知上层协调器初始化的状态。

5. 允许设备加入网络

只有 ZigBee 协调器或路由器才能通过 NLME_PERMIT_JOINING. request 原语来设置节点处于允许设备加入网络的状态。当发起这个进程时，如果 PermitDuration 参数值为 0x00，那么网络层管理实体将通过 MLME_SET. request 源语把 MAC 层的 macAssociationPermit PIB 属性设置为 FALSE，禁止节点处于允许设备加入网络的状态；如果 PermitDuration 参数值介于 0x01 和 0xfe 之间，那么网络层管理实体将通过 MLME_SET. request 原语把 macAssociationPermit PIB 属性设置为 TRUE，并开启一个定时器，定时时间为 PermitDuration，在这段时间内节点处于允许设备加入网络的状态，定时时间结束时，网络层管理实体把 MAC 层的 macAssociationPermit PIB 属性设置为 FALSE；如果 PermitDuration 参数的值为 0xff，网络层管理实体将通过 MLME_SET. request 原语把 macAssociationPermit PIB 属性设置为 TRUE，表示节点无限期地处于允许设备加入网络的状态，除非有另外一个 NLME_PERMIT_JOINING. request 原语被发出。允许设备加入网络的流程如图 9-2-7 所示。

通过以上流程协调器就建立了一个网络并处于允许设备加入网络的状态，然后等待其他节点加入网络。节点入网时将选择范围内信号最强的父节点（包括协调器）加入网络，成功后将得到一个网络短地址并通过这个地址进行数据的发送和接收，网络拓扑关系和地址就会保存在各自的 Flash 中。

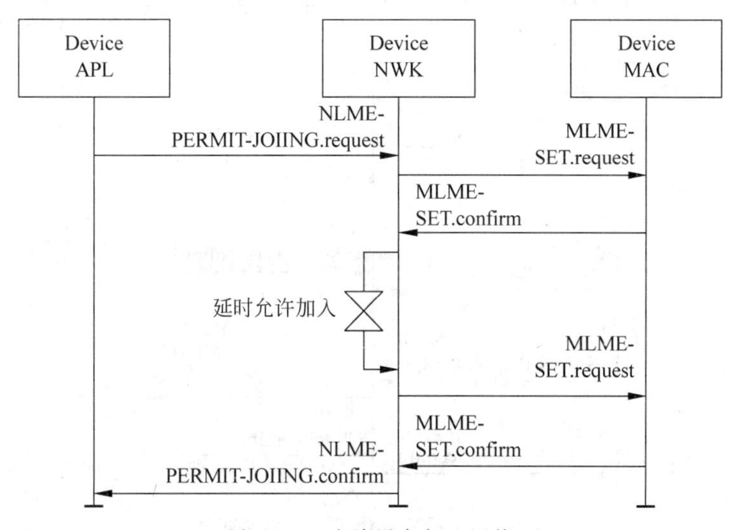

图 9-2-7　允许设备加入网络

9.2.5.3　节点加入网络

一个节点加入网络有两种方法：一种是通过使用 MAC 层关联进程加入网络；另一种是通过与先前指定父节点连接而加入网络。关联方式是 ZigBee 网络中新节点加入网络的主要途径，对于一个节点来说，只有没有加入过网络的才能进行加入。在这些节点中，有些是曾经加入过网络的，但是与它的父节点失去联系（这样的节点被称为孤儿节点），而有些则是新节点。当是孤儿节点时，在它的邻居表中存有原父节点的信息，于是它可以直接给原父节点发送加入网络的请求信息。如果父节点有能力同意它加入，则直接告诉它的以前被分配的网络地址，它便入网成功；如果此时它原来的父节点的网络中，子节点数已达到最大值，也就是说，网络地址已经分配满，父节点无法批准它加入，那么它只能以新节点身份重新寻找并加入网络。

1．通过 MAC 层关联加入网络

子节点请求通过 MAC 关联加入网络进程如图 9-2-8 所示。父节点响应通过 MAC 关联加入网络进程如图 9-2-9 所示。

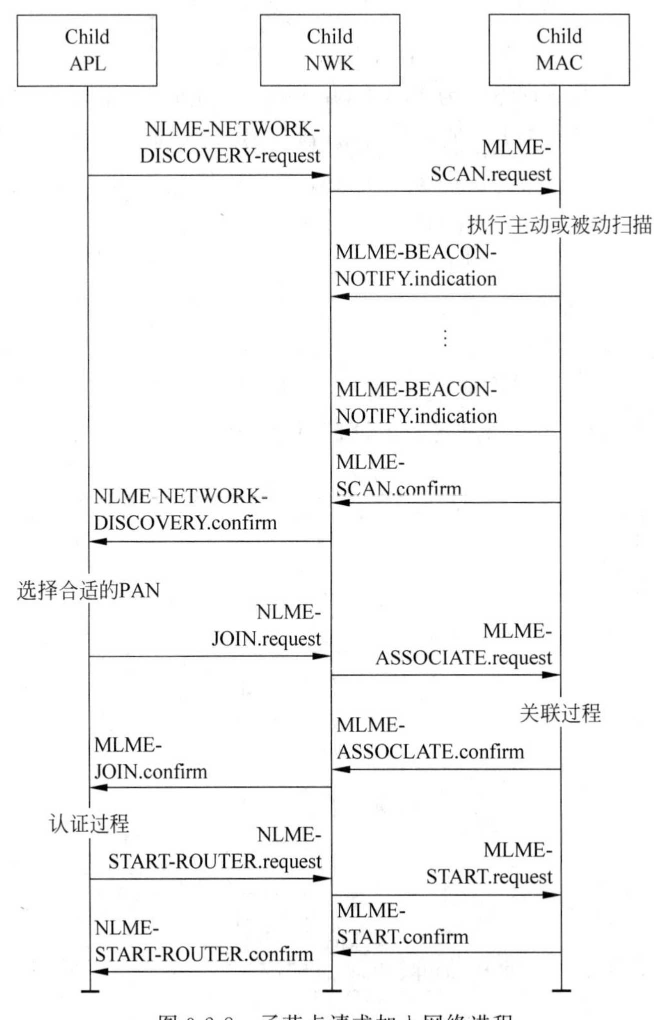

图 9-2-8 子节点请求加入网络进程

1）子节点发起信道扫描

子节点通过 NLME_NETWORK_DISCOVERY. request 原语发起加入网络的进程，网络层接收到这个原语后通过发起 MLME_SCAN. request 原语请求 MAC 层执行一个主动扫描或被动扫描以接收包含了 PAN 标志符的信标帧，扫描的信道以及每个信道的扫描时间分别由 NLME_NETWORK_DISCOVERY. request 原语的参数 ScanChannels 和

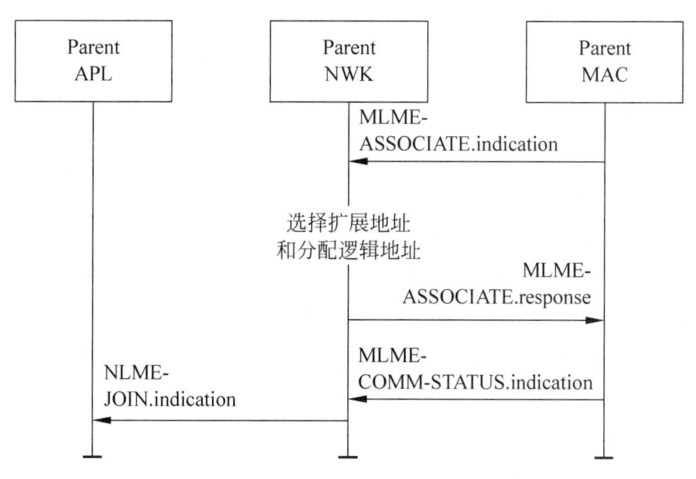

图 9-2-9 父节点响应加入网络进程

ScanDuration 决定。

2）子节点存储各 PAN 信息

MAC 层通过 MLME_BEACONNOTIFY. indication 原语将扫描中接收到的信标帧信息发送到网络层管理实体，信标帧信息包括信标设备的地址、是否允许连接以及信标净载荷。如果信标净载荷域里的协议 ID 域与自己的协议 ID 相同，那么子设备就将每个匹配的信标帧相关信息保存在邻居表中。信道扫描完成后，MAC 层通过 MLME_SCAN. confirm 原语通知网络层管理实体，网络层再通过 NLME_NETWORK_DISCOVERY. confirm 原语通知上层，该原语包含了每个扫描到的网络的描述符，以便上层选择一个网络加入。

3）子节点选择 PAN

如果上层需要发现更多网络，则可以重新执行网络发现；如果不需要，则通过 NLME_JOIN. request 原语从被扫描到的网络中选择一个网络加入。参数 PANID 设置为被选择网络的 PAN 标识符。

4）子节点选择父节点

一个合适的父节点需要满足 3 个条件：匹配的 PAN 标志符、链路成本最大为 3、允许连接，为了寻找合适的父节点，NLME_JOIN. request 原语请求网络层搜索它的邻居表，如果邻居表中不存在这样的父节点则通知上层；如果存在多个合适的父节点则选择具有最小深度的父节点；如果存在多个具有最小深度的合适的父节点则随机选择一个父节点。

5）子节点请求 MAC 关联

确定好合适的父节点后，网络层管理实体发送一个 MLME_ASSOCIATE. request 原语到 MAC 层，地址参数设置为已选择的父节点的地址，可尝试通过父节点加入网络。

6）父节点响应 MAC 关联

父节点通过 MLME_ASSOCIATE. indication 原语通知网络层管理实体一个节点正尝试加入网络，网络层管理实体将搜索它的邻居表查看是否有一个与尝试加入节点相匹配的 64 位扩展地址，以便确定该节点是否已经存在于它的网络中了。如果有匹配的扩展地址，那么网络层管理实体获取相应的 16 位网络地址并发送一个连接响应到 MAC 层。如果没有匹配的扩展地址，那么在父节点的地址分配空间还没耗尽的条件下网络层管理实体将为尝试加入的节点分配一个 16 位网络地址。如果父节点地址分配空间耗尽，则拒绝节点加入请求。当同一节点加入网络的请求后，父节点网络层管理实体将使用加入节点的信息在邻居表中产生一个新的项，并通过 MLME_ASSOCIATE. request 原语通知 MAC 层连接成功。

7）子节点响应连接成功

如果子节点接收到父节点发送的连接成功信息，则发送一个传输成功响应信息以确认接收，然后子节点 MAC 层将通过 MLME_ASSOCIATE. confirm 原语通知网络层，原语包含了父节点为子节点分配的网内唯一的 16 位网络地址，然后网络层管理实体设置邻居表中的相应邻居设备为它的父设备，并通过 MLME_JOIN. confirm 原语通知上层节点成功加入网络。

8）父节点响应连接成功

父节点接收到子节点的传输成功响应信息后，将通过 MLME_COMM_STATUS. indication 原语将传输成功的响应状态发送给网络层，网络层管理实体通过 MLME_JOIN. indication 原语通知上层节点一个节点已经加入了网络。

2. 通过与先前指定父节点连接加入网络

子节点通过与指定的父节点直接连接加入网络，这个时候父节点预先配置了子节点的 64 位扩展地址。父节点处理一个直接加入网络的进程如图 9-2-10 所示。子节点通过孤立方式加入网络进程如图 9-2-11 所示。

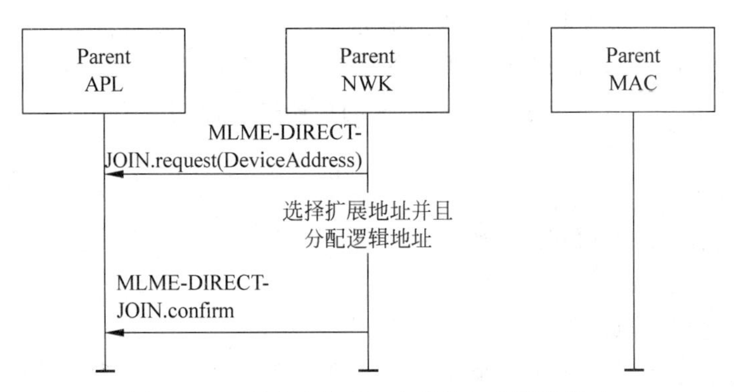

图 9-2-10 父节点处理一个直接加入网络流程

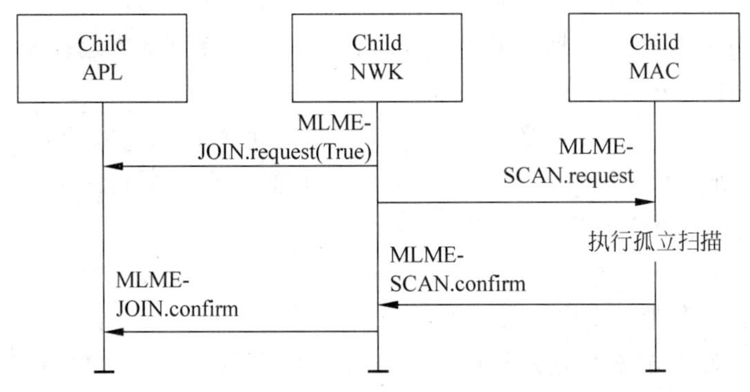

图 9-2-11 子节点通过孤立方式加入网络进程

1）父节点处理子设备直接加入网络

父节点通过 MLME_DIRECT_JOIN. request 原语开始处理一个设备直接加入网络的进程。父节点网络层管理实体将首先搜索它的邻居表，查看是否存在一个与子节点相匹配的 64 位扩展地址，以便确定该节点是否已经存在于它的网络中了。如果存在匹配的扩展地址，那么网络层管理实体将终止这个进程并告诉上层该设备已经存在于设备列表中了。如果不存在匹配的扩展地址，那么在父节点的地址分配空间还没耗尽的条件下网络层管理实体将为子节点分配一个 16 位网络地址，并使用子节点的信息在邻居表中产生一个新的项。然后通过 MLME_DIRECT_JOIN. confirm 原语通知上层设备已经加入网络。

2）子节点连接父节点确认父子关系

子节点通过 MLME_JOIN. request 原语发起孤立扫描来建立它与父节点之间的关系。这时网络层管理实体将通过 MLME_SCAN. request 请求 MAC 层对物理层默认的所有信道进行孤立扫描，如果扫描到父设备，那么 MAC 层通过 MLME_SCAN. confirm 原语通知网络层，网络层管理实体再通过 MLME_JOIN. confirm 原语通知上层节点请求加入成功，即与父节点建立了父子关系，可以互相通信。

对于新节点来说，它首先会在预先设定的一个或多个信道上通过主动或被动扫描周围它可以找到的网络，寻找有能批准自己加入网络的父节点，并把可以找到的父节点的资料存入自己的相邻表。存入邻居表的父节点的资料包括 ZigBee 协议的版本、堆栈的规范、PAN ID 和可以加入的信息。在相邻表中所有的父节点中选择一个深度最小的，并对其发出请求信息，如果出现相同最小深度的两个以上的父节点，那么随机选取一个发送请求；如果相邻表中没有合适的父节点的信息，那么表示入网失败，终止过程。如果发出的请求被批准，那么父节点同时会分配一个 16 位的网络地址，此时入网成功，子节点可以开始通信；如果请求失败，那么重新查找邻居表，继续发送请求信息，直到加入网络或者相邻表中没有合适的父节点。

9.3 无线传感器网络软件平台

视频

无线传感器网络软件平台在体系架构上与传统无线设备具有鲜明的差异性，传统无线设备解决的问题重点在于人与人的互联互通，而传感器网络技术则将通信的主体从人与人扩展到了人与物、物与物的互联互通，因此必须在软件平台设计中详细考虑传感器、协同信息处理、特殊应用开发等。

9.3.1 无线传感器网络操作系统

对于某些只需执行单一任务的设备(如数码照相机、微波炉等)，在其微处理器上运行更多的是针对特定应用的前后台系统；相反，通用设备(如掌上电脑、平板电脑等)采用嵌入式操作系统提供面向多种应用的服务，以降低开发难度。

传感器节点介于不需要操作系统执行的单一任务设备和需要嵌入式操作执行更多扩展性应用的通用设备之间，因而需要设计符合无线传感器网络需求的操作系统。从传统操作系统定义出发，无线传感器网络操作系统并不是真正意义上的操作系统，它只为开发应用提供数量有限的共同服务，最为典型的是对传感器、I/O 总线、外置存储器件等的硬件管理。

根据应用需求,无线传感器网络操作系统还提供诸如任务协同、电源管理、资源受限调整等共同服务。

无线传感器网络操作系统与传统的PC操作系统在很多方面都是不同的,这些不同来源于其独特的硬件结构和资源。无线传感器网络操作系统的设计应考虑以下几个方面的问题。

1. 硬件管理

操作系统的首要任务是在硬件平台上实现硬件资源管理。无线传感器网络操作系统提供如读取传感器、感知、时钟管理、收发无线数据等抽象服务。由于硬件资源受限,所以无线传感器网络操作系统不能提供硬件保护,这直接影响到调试、安全及多任务系统协同等功能。

2. 任务协同

任务协同直接影响调度和同步。无线传感器网络操作系统需为任务分配CPU资源,为用户提供排队和互斥机制。任务协同决定了以下两种代价:CPU的调度策略和内存。每个任务需要分配固定大小静态内存和栈,对资源受限的传感器节点来讲,在多任务情况下内存代价是很高的。

3. 资源受限

资源受限主要体现在数据存储、代码存储空间和CPU速度。从经济角度出发,无线传感器网络操作系统总是运行在低成本的硬件平台上,以便于大规模部署。硬件平台资源受限只能依赖于信息技术的进步。目前芯片技术的进步还无法大规模降低无线传感器网络的硬件成本。

4. 电源管理

近几十年来,根据摩尔定律,CPU的速度和内存大小有了很大的进步,但是电池技术不像芯片技术那样发展迅速。传感器节点大部分采用电池供电,电池技术没有实质性地提高,因而只能减少节点的电池消耗,延长电池寿命。在传感器节点中,无线传输产生的功耗是最大的。发送1bit数据的功耗远大于处理1bit数据的功耗。

5. 内存

内存是网络协议栈主要代价之一。为最大化利用数据内存,应整合利用网络协议栈和无线传感器网络操作系统的内存。

6. 感知

无线传感器网络操作系统必须提供感知支持。感知数据来源于连续信号、周期性信号或事件驱动的随机信号。

7. 应用

与用户驱动的应用不同,一个传感器节点只是一个分布式应用中的很少一部分。优化无线传感器网络操作系统以实现与其他节点的交互,对系统应用具有很重要的意义。

8. 维护

大量随机部署的传感器节点,很难通过人工的方法实现维护。无线传感器网络操作系统应支持动态重编程,允许用户通过远程终端实现任务的重新分配。

9.3.2 TinyOS操作系统

TinyOS是一个开源的嵌入式操作系统,含义是“微型操作系统”,它是由美国加州大学伯克利分校(U. C. Berkeley)开发的,主要应用于无线传感器网络方面。它是基于组件

(Component-Based)的架构方式，因此能够快速实现各种应用。TinyOS 的程序采用的是模块化设计，所以它的程序核心往往都很小(一般来说，核心代码和数据大概为 400B)，能够突破传感器存储资源少的限制，这能够让 TinyOS 很有效地运行在无线传感器网络上并去执行相应的管理工作等。TinyOS 本身提供了一系列的组件，可以简单方便地编制程序，用来获取和处理传感器的数据并通过无线电来传输信息。可以把 TinyOS 看成是一个可以与传感器进行交互的 API 接口，它们之间可以进行各种通信。TinyOS 在构建无线传感器网络时，会有一个基地控制台，主要用来控制各个传感器子节点，并聚集和处理它们所采集到的信息。TinyOS 在控制台发出管理信息，然后由各个节点通过无线网络互相传递，最后达到协同一致的目的，非常方便。

9.3.2.1　nesC 语言简介

针对无线传感器网络的编程语言目前最流行的是 nesC 语言。nesC 是一种 C 语法风格、开发组件式结构程序的语言，支持 TinyOS 的并发模型，以及将组件组织、命名和连接成为健壮的嵌入式网络系统的机制。利用 nesC 语言开发的 TinyOS 软件开发系统是专门针对无线传感器网络的操作系统。

nesC 是对 C 语言的扩展，它基于体现 TinyOS 的结构化概念和执行模型而设计。TinyOS 是为无线传感器网络节点而设计的一个事件驱动的操作系统，传感器节点拥有非常有限的资源(例如，8KB ROM，512B RAM)，TinyOS 用 nesC 重新编写。

1. 结构和内容的分离

程序由组件构成，它们装配在一起(配线)构成完整程序。组件定义两类域：一类用于对它们的描述(包含它们的接口请求名称)，另一类用于对它们的补充。组件内部存在作业形式的协作，控制线程可以通过它的接口进入一个组件，这些线程产生于一项作业或硬件中断。

2. 根据接口的设置说明组件功能

接口可以由组件提供或使用，被提供的接口表现它为使用者提供的功能，被使用的接口表现使用者完成它的作业所需要的功能。

3. 接口有双向性

它们叙述一组接口供给者(指令)提供的函数和一组被接口的使用者(事件)实现的函数。接口是一组相关函数的集合，它是双向的并且是组件间的唯一访问点。接口声明的两种函数：

(1) 命令(command)——接口的提供者必须实现它们；

(2) 事件(event)——接口的实现者必须实现它们。

4. 组件通过接口彼此静态地相连

这增加了运行效率，支持鲁棒设计，而且允许更好的程序静态分析。

5. nesC 基于由编译器生成完整程序代码的需求设计

这考虑到较好的代码重用和分析，这方面的一个例子是 nesC 的编译-时间数据竞争监视器。

nesC 的协作模型作用于从开始直至完成作业的整个过程，并且中断源可以打断彼此的作业。nesC 编译器标记由中断源引起的潜在的数据竞争。

9.3.2.2 TinyOS 框架

图 9-3-1 是 TinyOS 的总体框架。物理层硬件为框架的最底层,传感器、收发器以及时钟等硬件能触发事件的发生,交由上层处理。相对下层的组件也能触发事件交由上层处理。而上层会发出命令给下层处理。为了协调各个组件任务的有序处理,需要操作系统采取一定的调度机制。

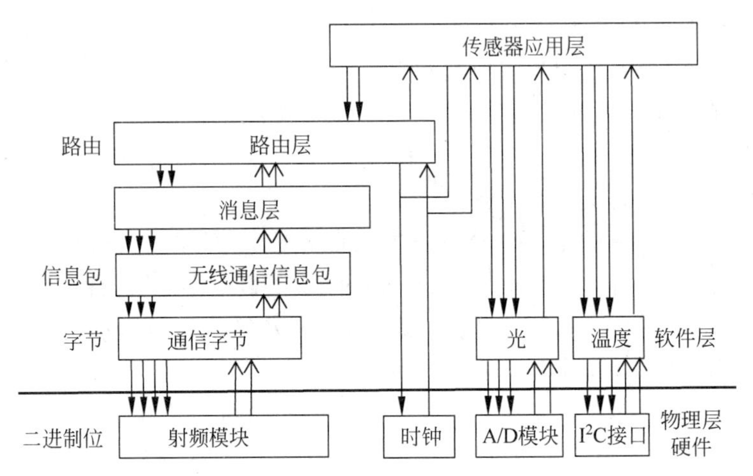

图 9-3-1 TinyOS 总体框架图

图 9-3-2 提供了 TinyOS 组件所包括的具体内容,包括一组命令处理函数、一组事件处理函数、一组任务集合、一个描述状态信息和固定数据结构的框架。除了 TinyOS 提供的处理器初始化、系统调度和 C 运行时库(C Run-Time) 3 个组件是必需的以外,每个应用程序可以非常灵活地使用任何 TinyOS 组件。

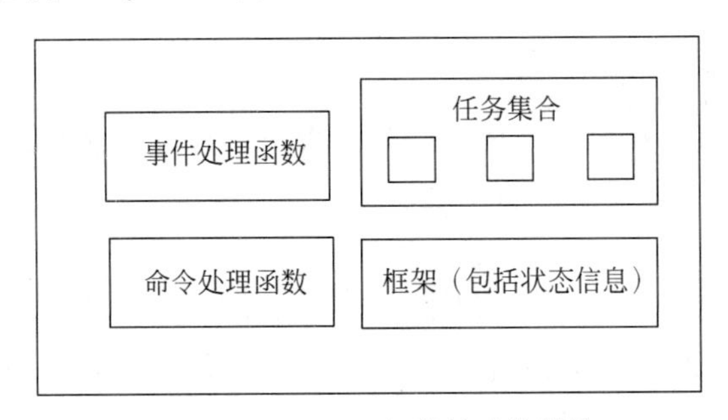

图 9-3-2 TinyOs 组件的功能模块

这种面向组件的系统框架的优点如下：首先,"事件-命令-任务"的组件模型可以屏蔽底层细节,有利于程序员更方便地编写应用程序；其次,"命令-事件"的双向信息控制机制,使得系统的实现更加灵活；再次,调度机制独立成单独的一块,有利于为了满足不同调度需求进行的修改和升级。

9.3.2.3 TinyOS 内核

1. 调度机制

TinyOS 的调度模型为"任务+事件"的两级调度,调度的方式是任务不抢占,事件要抢占。即任务一旦运行,就必须执行到结束,当任务主动放弃 CPU 使用权时才运行下一个任务。硬件事件处理句柄响应硬件中断，它可以抢占任务或者其他的硬件事件处理句柄。当这个事件被处理完成之后，CPU 进入睡眠状态，直至其他事件将它唤醒。调度的算法是简单的先入先出(FIFO)，任务队列是功耗敏感的。调度模型具有以下特点：

(1) 基本的任务单线程运行到结束，只分配单个任务栈，这对内存受限的系统很重要。

(2) FIFO 的任务调度策略是电源敏感的。当任务队列为空时，处理器休眠，等待事件发生来触发调度。

(3) 两级的调度结构可以实现优先执行少量同事件相关的处理，同时打断长时间运行的任务。

(4) 甚于事件的调度策略，只需少量空间就可获得并发性，并允许独立的组件共享单个执行上下文。与事件相关的任务集合可以很快被处理，不允许阻塞，具有高度并发性。

TinyOS 只是搭建好了最基本的调度框架，只实现了软实时，而无法满足硬实时要求，这对嵌入式系统的可靠性会产生影响。同时，由于是单任务的内核，吞吐量和处理器利用率不高，因此有可能需要设计多任务系统。为保证系统的实时性，多采用基于优先级的可抢占式的任务调度策略。依赖于应用需求，出现了许多基于优先级多任务的调度算法的研究。把 TinyOS 扩展成多任务的调度，给 TinyOS 加入了多任务的调度功能，提高了系统的响应速度。Pankaj G. Sodagam 提出在 TinyOS 中实现基于时限(deadline)的优先级调度，有利于提高无线传感器网络系统的实时性。Venkat Subramaniam 提出了一种任务优先级调度算法来相对提高过载节点的吞吐量，以解决本地节点包过载的问题。

2. 中断

在 TinyOS 中，代码运行方式为响应中断的异步处理或同步调度任务。TinyOS 的每一段应用代码里，约有 41%～64%的中断代码，可见中断的优化处理非常重要。对于低功耗的处理而言，需要长时间休眠，可以通过减少中断的开销来降低唤醒处理器的功耗。目前通过禁用和打开中断来实现原子操作，这个操作非常短暂。然而，让中断关掉很长时间会延迟中断的处理，造成系统反应迟钝。TinyOS 的原子操作能工作得很好，是因为它阻止了阻塞的使用，也限制了原子操作代码段的长度，而这些条件的满足是通过 nesC 编译器来协助实现的。nesC 编译器对 TinyOS 做静态的资源分析以及其调度模式决定了中断不允许嵌套。在多任务模式下，中断嵌套可以提高实时响应速度。

3. 时钟同步

TinyOS 提供获取和设置当前系统时间的机制，同时在无线传感器网络中提供分布式的时间同步。TinyOS 是以通信为中心的操作系统，因此更加注重各个节点的时间同步。例如，传感器融合应用程序收集一组从不同地方读来的信息(如较短距离位置需要建立暂时一致的数据)，TDMA 风格的介质访问协议需要精确的时间同步，电源敏感的通信调度需要发送者和接收者在它们的无线信号开始时达成一致等。

加州大学洛杉矶分校(UCLA)、范德堡大学(Vanderbilt)、加州大学伯克利分校(UC Berkeley)分别用不同方法实现了时间同步。应用程序需要一套多样的时间同步，因此只能把时钟作为一种服务来灵活地提供给用户取舍使用。

在某些情况下允许逐渐的时间改变，但另一些则需要立即转换成正确的时间。当时间同步改变下层时钟时，会导致应用失败。某些系统(如 NTP)通过缓慢调整时钟来同居邻居节点同步的方式规避这个问题。NTP 方案很容易在像 TinyOS 那样对时间敏感的环境中出错，因为时间即使早触发几毫秒都会引起无线信号或传感器数据丢失。

目前，TinyOS 采用的方案是提供获取和设置当前系统时间的机制（TinyOS 的通信组件 GenericComm，使用 hook 函数为底层的通信包打上时间戳，以实现精确的时间同步），同时靠应用来选择何时激活同步。例如，在 TinyDB 应用中，当一个节点监听到来自路由树中父节点的时间戳消息后会调整自己的时钟，以使下一个通信周期的开始时间跟父节点一样。它改变通信间隔的睡眠周期持续时间而不是改变传感器的工作时间长度，因为减少工作周期会引起严重的服务问题，如数据获取失败。

J. Elson 和 D. Estrin 给出了一种简单实用的同步策略。其基本思想是，节点以自己的时钟记录事件，随后用第三方广播的基准时间加以校正，精度依赖于对这段间隔时间的测量。这种同步机制应用在确定来自不同节点的监测事件的先后关系时有足够的精度。设计高精度的时钟同步机制是无线传感器网络设计和应用中的一个技术难点。

也有一些应用更重视健壮性而不是最精确的时间同步。例如，TinyDB 只要求时间同步到毫秒级，但需要快速设置时间。在 TinyDB 中，简单的、专用的抽象是一种很自然的提供这种时间同步服务的方式，但是这种同步机制并不满足所有需要的通用的时间同步。另外，还可以采取 Lamport 分布式同步算法，并不全部靠时钟来同步。

4. 任务通信和同步

任务同步是在多任务的环境下存在的。因为多个任务彼此无关，并不知道有其他任务的存在，如果共享同一种资源就会存在资源竞争的问题。它主要解决原子操作和任务间相互合作的同步机制。TinyOS 中用 nesC 编译器检测共享变量有无冲突，并把检测到的冲突语句放入原子操作或任务中来避免冲突（因为 TinyOS 的任务是串行执行的，任务之间不能互相抢占）。TinyOS 单任务的模型避免了其他任务同步的问题。如果需要，则可以参照传统操作系统的方法，利用信号量来给多任务系统加上任务同步机制，使得提供的原子操作不是关掉所有的中断，从而使得系统的响应不会延迟。

在 TinyOS 中，由于是单任务的系统，不同的任务来自不同的网络节点，因此采用管道的任务通信方式，也就是网络系统的通信方式。管道是无结构的固定大小数据流，但可以建立消息邮箱和消息队列来满足结构数据的通信。

9.3.2.4 TinyOS 内存管理

TinyOS 的原始通信使用缓冲区交换策略来进行内存管理。若网络包被收到，则无线组件传送一个缓冲区给应用，应用返回一个独立的缓冲区给组件以备下一次接收。在通信栈中，管理缓冲区是很困难的。传统的操作系统把复杂的缓冲区管理推给了内核处理，以复制复杂的存储管理以及块接口为代价，提供一个简单的、无限制的用户模式。AM 通信模型不提供复制而只提供简单的存储管理。消息缓冲区数据结构是固定大小的。若 TinyOS 中的一个组件接收到一个消息，则它必须释放一个缓冲区给无线栈。无线栈使用这个缓冲区来存放下一个到达的消息。一般情况下，一个组件在缓冲区用完后会将其返回，但是如果这个组件希望保存这个缓冲区以备后用，则会返回一个静态的本地分配缓冲区，而不是依靠网络栈提供缓冲区的单跳通信接口。

静态分配的内存有可预测性和可靠性高的优点，但缺乏灵活性。不是预估大了造成浪费，就是预估小了造成系统崩溃。为了充分利用内存，可以采用响应快的、简单的 slab 动态内存管理。

9.3.2.5 TinyOS 通信模型

TinyOS 的通信模型基于主动消息通信技术设计，是一种高性能并行通信方式。无线传感器节点每次发送消息后，接收节点需要返回一个同步的确认消息。该确认消息是在主动消息层的最底层生成，其内容是一个特殊码字序列，发送节点可根据接收到的应答确认消息判定发送是否成功、是否需要重发消息等。

无线传感器节点接收到无线射频数据后，先将其存储在消息缓存中，然后由主动消息分发层传送到上层应用组件。应用组件的消息处理函数对收到的消息进行处理，执行解包分析、计算、存储或发送应答消息等一系列工作。

串口消息包和无线消息包一样，都需要通过主动消息层与上层应用程序进行数据包收发，因此，TinyOS 系统中定义的串口通信格式与无线射频通信方式很类似，都封装了底层接口。

TinyOS 要求应用程序处理完每条消息后，释放占用的内存空间，向系统返回一块已经清理过的消息缓存，以接收下一个将要到达的消息。TinyOS 通信系统依然是基于组件堆叠构建的，各组件通过接口相互通信，连接组成分层次模型，其结构如图 9-3-3 所示。

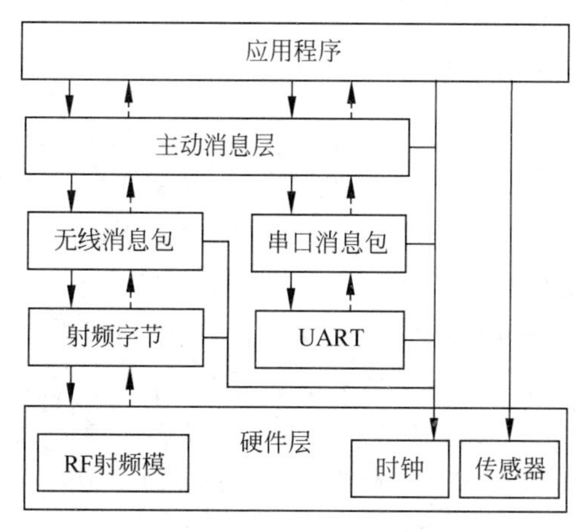

图 9-3-3 TinyOS 通信模型

9.3.2.6 低功耗实现技术

1. 电源管理服务

TinyOS 的电源管理服务就是提供功能库，供应用程序决定何时用何种功能，不是强迫应用必须使用，而是给应用很大的决定权。

2. 编译技术

由于在无线传感器网络中，许多组件长时间不能维护，因此需要具有稳定性和健壮性，而且因为资源受限，要求非常有效的简单接口，只能静态分析资源和静态分配内存。nesC 就是满足这种要求的编译器，使用原子操作和单任务模型来实现变量竞争检测，消除了许多变量共享带来的并发错误；使用静态的内存分配和不提供指针来增加系统的稳定性和可靠性；使用基于小粒度的函数剪裁方法(inline)来减少代码量和提高执行效率(减少了 15%～34%的执行时间)；并利用编译器对代码整体的分析做出对应用代码的全局优化。nesC 提供的功能，整体优化了通信和计算的可靠性和功耗。又如 galsC 编译器，它是对 nesC 语言的扩展,具有更好的类型检测和代码生成方法,并具有应用级的很好的结构化并发模型,在很大程度上减少了并发的错误,如死锁和资源竞争。

3. 分布式技术

计算和通信的整体效率的提高需要用到分布式处理技术。借鉴分布式技术,实现优化有两种方式:数据迁移和计算迁移。数据迁移是把数据从一个节点传输到另一个节点,然后由后一个节点进行处理,而计算迁移是把处理数据的计算过程从一个节点传输到另一个节点。在无线传感器网络系统中,假设节点运行的程序一样,那么计算过程就不用迁移,只要发送一个过程的名字就可以了。这就是AM通信模型的做法。

4. 数据压缩

在GDI项目中,使用霍夫曼编码或Lempel-Ziv对数据进行了压缩处理,使得传输的数据量减少为原来的$\frac{1}{2}\sim\frac{1}{4}$。但是,当把这些压缩数据写入存储区时,功耗却增加了许多。综合起来并未得到好的功耗结果。由于GDI项目的重点在于降低系统的功耗,因此它并未分析压缩处理同增加系统可靠性的关系,最后它摒弃了数据压缩传送的方法。事实上,可以对数据压缩法给功耗和可靠性带来的影响做进一步分析。

9.3.3 Contiki操作系统

瑞典皇家科学院2003年发布了世界上最小的嵌入式操作系统Contiki。Contiki是彻底的开源操作系统,系统代码全部使用C语言编写,可提供多任务环境,内建TCP/IP支持,仅有不到10KB的源代码,只需几百字节的内存,典型情况下只需要2KB的RAM和40KB的ROM,非常适合传感器节点这样的资源受限设备。

Contiki的系统架构如图9-3-4所示。Contiki采用模块化架构,系统由Contiki内核库、加载程序和进程组成。Contiki内核不提供硬件抽象,用户需要实现所需的库或驱动,应用程序可以直接访问底层硬件。在内核中遵循事件驱动调度模型,对每个进程都提供可选的线程设施,运行在内核上的应用程序可以在运行时动态加载并卸载。Contiki支持事件优先级,高优先级的事件可以优先处理,提高了操作系统的实时性。Contiki在内核之上通过轻量级的protothread提供了与线程类似的编程风格,线程间可以通过事件传递机制实现通信。

9.3.3.1 编程模型

如前所述,事件驱动的系统中所有进程共用一个栈空间,以节省内存,但相对于多线程通过阻塞实现的顺序代码流,事件驱动的代码流是松耦合的。在事件驱动的执行模型中,对应用程序进行建模在大多数情况下需要使用状态机,难以对复杂应用建模。Contiki中引入了protothread机制,在事件驱动的内核上提供了阻塞等待的功能,不使用复杂的状态机或多线程就实现了多任务并发处理,且无须进行栈切换。

引入protothread后,进程在切换前记录下进程被阻塞时所执行的代码行数将其记录在进程结构中的两字节变量中。在进程被再次执行时,通过switch语句切换到被保存的行号上继续执行。简单地说,protothread利用switch-case语句的直接跳转功能,实现了有条件阻塞,从而实现了虚拟的并发处理。在protothread线程实现时简单利用了几个宏定义,其核心是通过PT_BEGIN()和PT_END()之间的PT_WAIT_UNTIL()实现条件阻塞

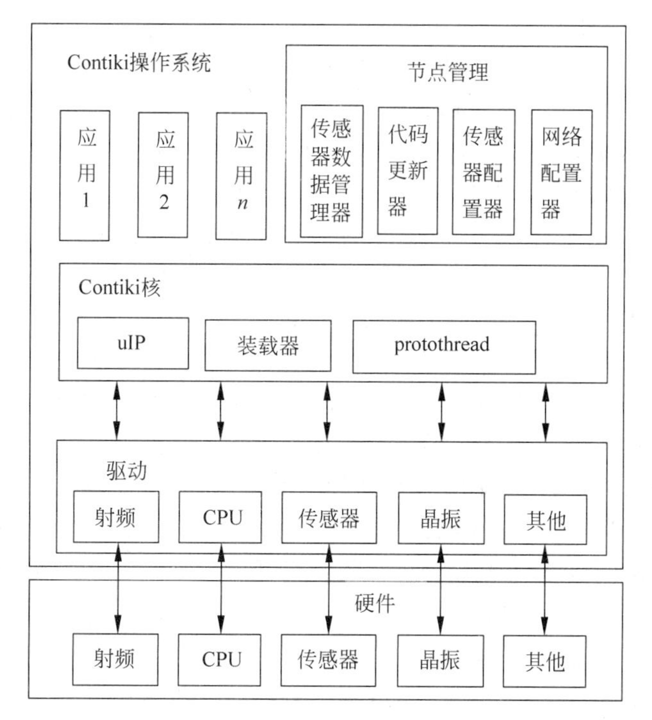

图 9-3-4 Contiki 体系结构

(conditional block)。图 9-3-5 为 protothread 线程与执行过程示意,其中在两个位置会出现阻塞等待。

```
//protothread 线程
int a protothread(struct pt *pt){
PT_BEGIN（pt）；/线程开始
PT_WAIT_UNTIL（pt，conditionl）；//阻塞
if something){
PT_WAITr_UNTILI（pt,condition2）；//阻塞
}
PT_END（pt）；//线程结束
}
```

图 9-3-5 protothread 线程与执行过程示意图

传统的多线程系统中通过线程的上下文切换可以达到并发的目的,在线程切换时要经历当前线程保存现场、为下一个要执行的线程恢复现场的过程,从而浪费了一定的 RAM 资源和 CPU 时间。实际上,protothread 并不是真正的线程,在多任务的切换中并不会真正涉及上下文的切换,其线程的调度也仅仅是通过隐式的 return 来退出函数体。protothread 也不需要为每个线程分配一个独立的堆栈空间。像事件处理一样,protothread 不能被抢占,但是,Contiki 系统在整个进程切换时进程栈中的内容会被清空,所以要避免在 protothread 中使用局部变量。

protothread 简化了传统多线程环境中的线程概念,其优点是：不需要堆栈空间,而只

在进程内部保存必要的状态信息,实现了很多只有线程编程方法才能实现的机制,例如阻塞。而在用宏进行了封装之后,使用者完全可以像使用线程一样使用它们,而且其逻辑更加简化,大大增加了程序的清晰度,并降低了开发维护的难度。

9.3.3.2 执行模型

Contiki 的内核实现了事件驱动的调度,事件调度器将事件分派给相应的进程(这里的进程不是传统意义上的进程,可理解为任务)。每个进程必须实现为事件处理函数,只能通过这些事件处理函数开始执行,都是运行到结束,进程之间不能抢占,但可以被中断抢占,类似于 TinyOS 中的任务,Contiki 中的进程都在同一个堆栈中运行,并没有自己的私有栈。

Contiki 有两种类型的事件:异步事件和同步事件。当异步事件发生时,调度器将事件与响应的进程绑定并插入到事件队列中,通过轮询机制按优先级逐个执行队列中的事件,也达到了延后处理异步事件的目的。同步事件发生后调度器立即分派到目标进程,导致进程被调度,并在处理结束后返回。同步事件比异步事件有更高的处理优先级。

Contiki 进程只能由内核调度执行,内核的事件分派或轮询两种机制都会触发进程的执行。内核的轮询机制可以周期性轮询进程链表和事件队列,每次轮询都会执行所有满足执行条件的进程,但只处理事件队列的一个事件(事件处理进程)。轮询处理程序也不会被抢占,总是能运行到结束。图 9-3-6 为 Contiki 总的调度流程:do_poll()函数完成所有进程的遍历,遍历过程中如果进程中已做标志(needpoll),则进程被调度执行;在遍历结束后,通过函数 do_event()取出事件队列的队首事件来处理。

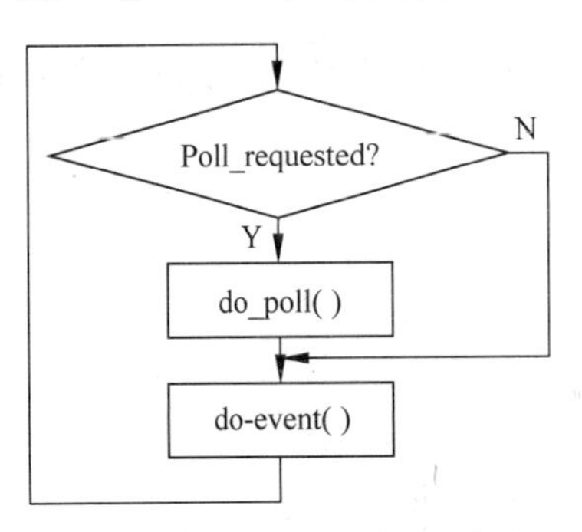

图 9-3-6　Contiki 系统进程调度流程

Contiki 中有两种类型的进程:抢占型(preemptive)和合作型(cooperative)/非抢占型。抢占型的进程优先级较高,可以在任何时候直接打断非抢占型的进程执行。抢占型的进程可以由硬件中断或者是实时定时器(real-time timer,即 Contiki 系统维护的 rtimer)来触发。

非抢占型的进程优先级相对较低,可以在 Contiki 系统启动时运行,或者由其他事件触发,这里的事件是指 timer 或者是外部的触发条件。非抢占型进程在执行时,上一个非抢占型进程必须执行完。在图 9-3-7 中,进程 B 必须等进程 A 执行完毕后才能执行非抢占型进程执行的过程中,如果有抢占型的进程执行,例如进程 B,则必须要等到抢占型的进程执行完之后,进程 B 才能完成它剩下的工作。

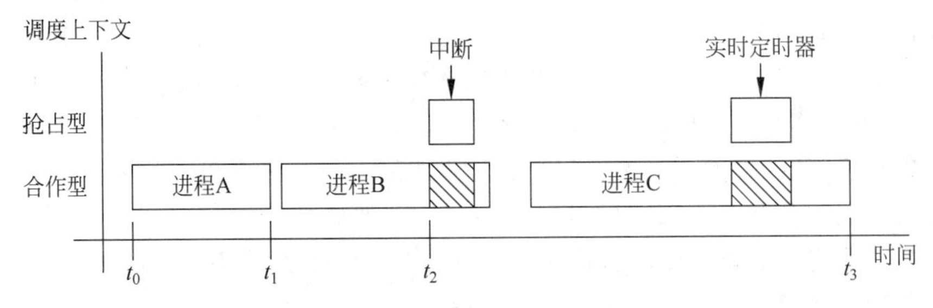

图 9-3-7　Contiki 两种进程调度示意图

在Contiki事件驱动型内核之上可以开发其他执行模型。一方面，可以通过protothread提供多线程支持，且线程不可被抢占，除非自己进入等待状态；另一方面，可以通过用户级多线程库提供抢占式多线程，应用程序使用时需要与该多线程库进行链接。与protothread不同，这种多线程机制为每个线程分配了私有堆栈。

9.3.3.3　uIP与Rime协议栈

Contiki中集成了两套通信协议栈：uIP和Rime。uIP是轻量级的IPv4协议栈，同时还实现了基于6LoWPAN的IPv6协议栈，使传感器节点可以使用IP协议进行通信。uIP模块非常小，uIPv4只需要占用5KB的内存空间，uIPv6也仅占用11KB。Rime是一个轻量级的传感器网络通信协议栈，其中实现了一系列灵活的MAC协议及通信原语。图9-3-8显示了uIP和Rime，以及上层应用程序之间的通信关系。

uIP协议栈实现了最基本的IP、ICMP、TCP、UDP等协议，由于对协议栈内部的通信机制做了精简，代码量和内存占用都非常小，能够在内存空间极为有限的节点上运行。为了减少代码量，uIP裁剪了标准TCP/IP中的高级协议功能，如滑动窗口、拥塞控制等，这些功能可交由上层实现。uIP内存管理的主要思想是不用动态内存分配方案，而使用单一的全局数据缓冲区来存储数据包，并且有一个固定的表用于记录连接状态。uIP重复完成以下工作：

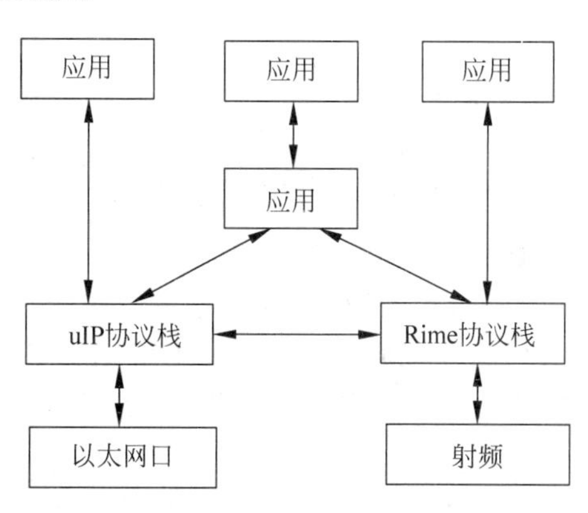

图9-3-8　Contiki中uIP与Rime的通信关系

(1) 检查是否收到数据包，如果收到数据包，则立即进行处理；

(2) TCP等协议定时器的超时处理。

uIPv6是在uIP的基础上开发的，实现最基本的IPv6、ND、ICMPv6协议，通过6LoWPAN实现与IEEE 802.15.4设备适配，可以实现节点间的IPv6协议通信，如图9-3-9所示。

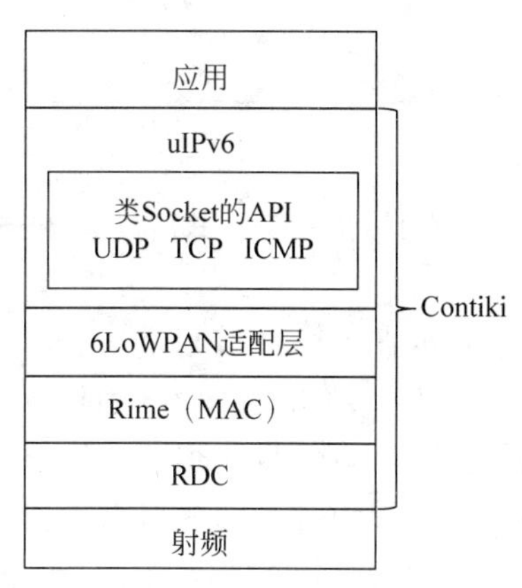

图9-3-9　Contiki中传感器网络IPv6协议栈

Rime协议栈提供了广播、单跳和多跳3种无线通信机制。Rime将复杂协议的实现被分解为多个简单部分，并提供了一系列通信原语，上层协议可以借助这些原语完成更加复杂的协议功能。这些通信原语有：尽力匿名本地广播(best effort anonymous local area broadcast)、可靠的本地单播(reliable local neighbor unicast)、可靠网络洪泛(reliable network flooding)和可靠的多跳单播(hop-by-hop reliable multihop unicast)。Rime协议栈没有规定数据包的路由方式，方便了应用根据需要来扩展实现路由等其他通信协议。

另外，Contiki采用多种机制保证无线通信的低功耗。Contiki中的RDC(radio duty cycling)层可实现数据帧头封装与解析以及循环检测射频信号的功能，还允许节点在不进行无线通信时关闭无线收发机进入休眠状态，以最大限度地降低节点的能耗。

9.3.4 常见操作系统的对比分析

TinyOS主要的特点是其组件化的结构、事件驱动的模型以及高效的能量管理。TinyOS开发所采用的nesC语言学习曲线长。TinyOS是学术界使用最广的传感器网络操作系统。Contiki尽管是一个事件驱动型的操作系统，却引入了一种称为protothread的机制，在事件驱动的基础上提供了一种类似线程驱动的编程方式。

MansOS发展源于LiteOS，架构上融入了Contiki的一些优点，使其在易用性、可裁剪性、目标代码大小以及平台可移植等方面均有良好表现。相比于TinyOS，MansOS采用C语言，代码更易编写、理解和管理。相比Contiki，MansOS的组件化设计与裁剪机制使资源利用更合理，生成目标代码更小。相比LiteOS，MansOS分离出了架构相关、平台相关的代码，可移植性更好。

由于传感器网络发展的历史非常之短，硬件平台和应用方向也多种多样，小型团队在不长的时间内即可完成操作系统的设计开发，这就使得传感器网络操作系统的发展空前繁荣。另一方面，除TinyOS、Contiki外，其他大部分操作系统的用户非常少，基本上仅限于开发者自己在研究中使用，或者在典型硬件平台上应用，影响范围非常有限。即使是TinyOS和Contiki也不能满足很多应用的苛刻要求，一些研究机构在不断地对其加以改进。表9-3-1对比了几个典型传感器网络操作系统。

表9-3-1　典型传感器网络操作系统对比

待性	TinyOS	Contiki	LiteOS	MansOS	Mantis
体系架构	组件	模块化	模块化	模块化、分层	分层
编程模式	事件	事件	事件、多线程	事件、多线程	多线程
调度策略	FIFO	中断、优先级	基于优化级轮换	中断、优先级	多层优化级
文件系统	支持	支持	支持	支持	不支持
编程语言	nesC	C	LiteC++	C	C
实时性保证	不支持	不支持	不支持	不支持	支持
命令行	不支持	支持	支持	支持	支持
无线重编程	支持	支持	支持	支持	不支持
低功耗模式	支持	支持	支持	支持	不支持

另外，还有一些传感器网络应用中，甚至没有操作系统的概念，节点系统程序是从设备驱动程序和封装好的各种功能子程序演变而来，一般针对的是专用硬件平台，却满足了特定的应用需要。

操作系统是传感器节点系统软件的核心，实现了对节点硬件的抽象，以及对资源的高效管理和利用，使应用开发人员无须直接面对硬件进行编程，从而提高了开发效率。同普通的操作系统相比，传感器网络在节点资源极端受限、处理任务特殊、节点数量众多且无线交互等方面具有独特性，需要设计传感器网络专用的操作系统。许多国内外的知名研究机构纷纷开发出各具特色的传感器网络操作系统，其中知名的有TinyOS、Contiki、SOS，以及Mantis。

目前对传感器网络操作系统的研究主要是在减少节点的能耗、提高节点的实时处理能力、尽量减少系统代码的体积等要求的前提下来研究操作系统的体系结构、调度、文件系统、内存分配、动态重编程等技术。由于传感器网络以数据流为中心，无线通信是节点的基本功能，因此操作系统一般将协议栈的设计作为非常重要的一个方面。协议栈直接关系到整个传感器网络的通信性能，还关系到网络的能耗水平，关系到节点操作系统开发和使用者开发应用程序的编程体验。

9.4　无线传感器网络的仿真平台

视频

网络模拟仿真以数学建模和统计分析方法为基础，以计算机为工具，通过对网络系统建立相应的计算机模型，对网络运行状态及各节点的行为变化进行数值模拟研究。模拟仿真提供了一种低成本、高效的验证和分析方法，是大规模传感器网络协议和算法性能评价的有效手段。

传感器网络的模拟仿真面临着很多的困难和挑战。传感器节点具有的能量、计算、存储和通信能力等资源都十分有限，传感器网络模拟仿真要充分考虑上述因素导致的节点缓冲溢出、丢包频繁和能量耗尽等节点行为；传感器网络的部署环境往往非常复杂，网络运行容易受到诸多不确定环境因素的干扰，有效模拟这些干扰因素对准确评估传感器网络的性能非常重要；同时，传感器网络系统往往包含大量的节点，网络拓扑动态变化，传感器节点不仅具有信息感知和数据通信的能力，还兼具路由器的功能。模拟呈现上述网络行为是必要和十分困难的，模拟仿真大规模复杂场景下的传感器网络的行为更是非常具有挑战性的。

传感器网络模拟仿真技术受到了学术界和工业界的广泛关注。目前已经研发出多种传感器网络模拟仿真工具，它们可以划分为两类：程序代码模拟器和网络协议仿真软件。

1. 程序代码模拟器

程序代码模拟器通过模拟传感器节点的硬件组成和节点程序的执行过程，呈现传感器节点在程序运行时的某些行为和特征。程序代码模拟器的特点是对单个节点的操作提供高精度的模拟，能够准确地模拟应用程序在节点上的行为，但同时存在节点间的通信模型比较简单，模拟器的实现依赖于具体的硬件平台等局限性。典型代表如 TOSSIM、Avrora、PowerTOSSIM、EmStar 和 TOSSF 等。

2. 网络协议仿真软件

网络协议仿真软件通过建立网络设备和网络链路的统计模型，模拟网络数据流的传输和协议的执行过程，获取网络协议设计或优化所需要的网络性能数据。网络协议仿真软件的特点是对节点间的通信提供一个相对更可靠的模型，能够准确地模拟节点间的交互行为，不依赖于具体实现的硬件平台，但往往会简化对节点内部程序运行的细粒度模拟。典型代表如 OMNeT++、OPNET、SensorSim、GloMoSim、NS-2/NS-3 等。

9.4.1　TOSSIM

TOSSIM(TinyOS mote SIMulator)是基于 TinyOS 的程序代码模拟器，它和 TinyOS 都是由美国加州大学伯克利分校研发的。TOSSIM 能够同时模拟成百上千个传感器节点运行同一个程序及程序在实际节点上的执行过程，提供运行时的调试和配置，实时监测网络状况，并向网络注入调试信息、信号等，以便研发人员分析和验证 TinyOS 程序的可行性。

9.4.1.1 TOSSIM 的体系结构

TOSSIM 是一个用于 TinyOS 传感器网络的离散事件仿真器，能够模拟 nesC 程序在传感器节点上的执行过程。TOSSIM 的体系结构主要包括编译支撑组件、离散事件队列、硬件模拟组件、无线模型和 ADC 模型、通信服务及接口等 5 个部分，它们之间的关系如图 9-4-1 所示。其中，编译支撑组件能够把 TinyOS 程序编译到运行在 PC 上的 TOSSIM 架构中；离散事件队列实现对中新事件的模拟；硬件模拟组件实现对节点硬件资源组件的模拟，并为上层提供与 TinyOS 硬件资源相同的标准接口；无线模型和 ADC 模型为硬件模拟组件提供不同精确度和复杂度的模型支持；通信服务及接口用于和外部程序进行交互。

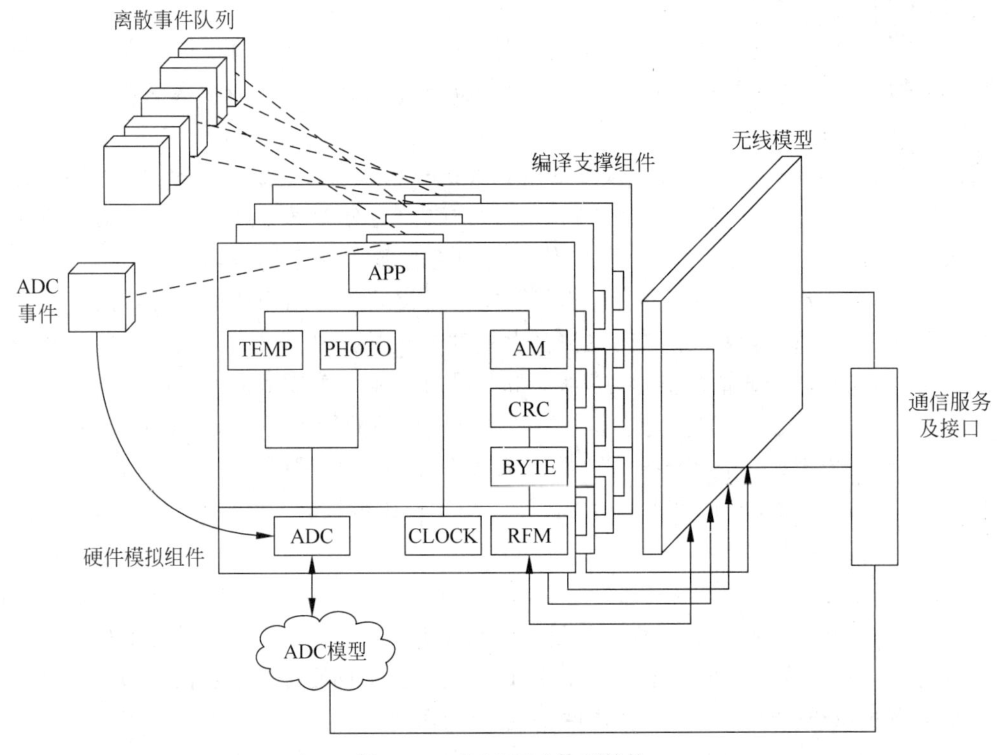

图 9-4-1 TOSSIM 体系结构

1. 编译支撑组件

编译支撑组件主要包括改进的 TinyOS nesC 编译器，它能够把硬件节点上运行的 TinyOS 程序编译成仿真程序。编译过程的核心操作是通过替换一些底层组件（如 ADC、Clock 等），将硬件中断翻译成离散模拟器事件，并将离散事件放入离散事件队列等待处理，除上述处理之外，在 TOSSIM 模拟器中运行的代码与在节点中运行的代码基本相同。

2. 离散事件队列

离散事件队列是 TOSSIM 模拟器的核心。在 TOSSIM 中，每个硬件中断都被模拟成一个模拟器事件，每个模拟器事件都具有一个时间戳，并以全局时间的顺序在离散事件队列中被处理。模拟器事件能够调用硬件抽象组件中的中断处理程序，然后就像在节点上一样，由中断处理程序调用 TinyOS 命令并触发 TinyOS 事件。这些 TinyOS 的事件和命令处理程序又可以生成新的模拟器事件，并将所生成的模拟器事件插入队列，重复此过程直到仿真结束。

3. 硬件模拟组件

TinyOS 把传感器节点硬件资源抽象为各种资源组件，TOSSIM 模拟了时钟和 ADC 等 TinyOS 的底层硬件资源，形成相应的硬件模拟组件。编译器利用硬件模拟组件替代硬件资源，将硬件中断转换成离散仿真事件，使得 TOSSIM 能够模拟底层硬件资源组件的行为，为上层提供与 TinyOS 硬件资源相同的标准接口。硬件模拟组件为仿真程序运行的物理环境提供了接入点。通过修改硬件模拟组件，TOSSIM 能够支持程序运行的各种硬件环境，满足模拟不同应用设备的需求。

4. 无线模型和 ADC 模型

TOSSIM 模拟器本身对节点间的通信只是提供了一个非常简单的模型，它没有考虑节点间的物理距离、物理信号传输过程中的衰减与干扰等问题。在上述无线模型中，无线传感器网络被抽象为一张有向图，顶点代表节点，每条边代表节点之间的通信链路，每条通信链路具有一定的误码率，每个节点都有一个能够监听和存储无线信道信息的内部状态变量。在 TOSSIM 中，用户能够配置不同节点对之间通信的误码率。对同一个节点来说，双向误码率是独立的，能够模拟不对称链路。

TOSSIM 提供了两个 ADC（模数转换器）模型：随机式和通用式。ADC 模型的功能是规定 ADC 产生读数的方式。在随机式 ADC 模型中，ADC 中任一信道的采样读数都是一个 10bit 的随机数值；默认情况下，通用式 ADC 模型也提供随机值，但只是增加了设置端口号和取值范围的功能函数。

5. 通信服务及接口

TOSSIM 提供了一系列的通信服务及接口，允许外部程序通过 TCP 套接字与 TOSSIM 交互通信，监视和控制模拟器的运行。TinyViz（TinyOS Visualizer）是 TOSSIM 自身提供的一个监控程序，用户能够利用它来设置模拟器参数，添加 DadioLink 和 ADCReading 等已有插件，或者用户自己编写插件来扩充 TOSSIM 的功能。

9.4.1.2 TOSSIM 原理及使用流程

TOSSIM 的设计目标是为 TinyOS 程序提供一个高保真的仿真器，支持对基于 TinyOS 的应用程序在 PC 上运行，实现程序在“智能尘埃（mote）”节点上运行过程的高精度和细粒度模拟。TOSSIM 仿真器的输入是用户编写好的 TinyOS 应用程序，TOSSIM 上运行代码和实际传感器节点执行代码源自相同的 TinyOS 程序。TOSSIM 仿真编译器能直接用 TinyOS 应用的组件表编译仿真程序，在具体编译过程中，通过替换 TinyOS 下层部分硬件相关的组件，TOSSIM 把硬件中断替换成离散仿真事件，由离散仿真事件抛出中断来驱动上层应用，其他的 TinyOS 组件尤其是上层的应用组件都保持不变。TOSSIM 可以同时模拟成百上千个传感器节点，并且所有的节点运行着相同的 TinyOS 程序。

TOSSIM 能够实现在比特粒度模拟传感器网络中节点的行为和网络交互，可以很好地观察 TinyOS 程序在网络中的行为，并能发现一些潜在的错误。编写一个 TinyOS 程序后，可以先在 TOSSIM 模拟器上运行，TOSSIM 模拟器提供运行时调试输出信息，允许用户在一个可控和可重复的环境里从不同的角度来调试、测试和分析 TinyOS 程序。TinyViz 是 TOSSIM 提供的一个基于 Java 的 GUI 应用程序，它可以使用户以可视化方式控制程序的模拟过程。

使用 TOSSIM 对基于 TinyOS 的节点程序进行模拟包括多个操作步骤：

(1) 编译 TOSSIM。TOSSIM 可看作是 TinyOS 的一个库，核心代码位于 tos/lib/tossim。对 TinyOS 程序进行编译以后便可以直接执行 TOSSIM，TOSSIM 目前只支持虚拟 micaz 传感器节点，编译命令为：$ make micaz sim。

(2) 执行 TOSSIM。TOSSIM 支持两种编程接口：Python 和 C++。在 Python 中运行 TOSSIM 仿真时有两种方式：第一种是写一个 Python 脚本，然后使用 Python 编译执行；第二种是使用 Python 命令行方式交互执行。

(3) 调试语句。TOSSIM 自带了一个调试输出系统 DBG。DBG 调试消息命令格式为 DBG(<mode>,const char * format,…)，其中 mode 参数指定在哪种 DBG 模式下输出这条消息，参数 format 及其后面的其他参数指明将要输出的字符串。

(4) 配置网络。当直接运行 TOSSIM 时，节点之间仍无法实现通信。为了能够仿真网络行为，还需要指定一个具体的网络拓扑。在 TOSSIM 中，默认的 TOSSIM radio 模型是基于信号的，用户可以指定接收器敏感度和描述传播强度的数据集等。

(5) 变量检查。在运行 TinyOS 程序时，TOSSIM 支持检查变量，但目前仅支持基本数据类型。例如用户可以检查状态变量的名字、大小以及类型，但无法观察结构体变量的结构域。

(6) 分组注入。TOSSIM 允许动态地向网络中注入数据包。由于注入的数据包能够绕过 radio 堆栈，数据包可以在任何时候到达指定节点，即在 TOSSIM 模拟环境中的传感器节点当正在用无线电接收一个无线数据包时，也能够接收到一个向其注入的数据包。

9.4.1.3 TOSSIM 的图形化界面

TinyViz 是基于 Java 的 TOSSIM 图形化调试界面，使得用户能够以可视化的方法控制节点程序的模拟执行。用户通过设置断点和查看变量等方式，跟踪程序的具体执行过程。通过设置无线通信参数、节点位置分布和邻居关系等网络属性，模拟传感器节点间的网络交互过程。用户可以在图形化界面中自由拖动节点在显示区域的位置，根据需求调整传感器节点的位置。

TinyViz 运行界面大致上分为 3 个部分：顶部的菜单栏、左边的显示窗口和右边的插件窗口。菜单栏主要包括 File、Plugins 和 Layout 等。其中，File 用于文件的新建和打开等；Plugins 包含若干可选择性启用或禁用的用于监测仿真过程的插件菜单项，如 debug messages、set breakpoint、ADC readings、sent radio packets、radio links、set location 和 radio model 等；Layout 用于控制传感器网络拓扑显示方式，具体包括 random、grid-based 和 grid+random 等方式。左边的显示窗口主要用于显示网络拓扑结构和运行相关插件结果，用户能够用鼠标选择特定的节点进行操作，例如开关该节点的电源、暂停/启动节点和显示节点状态等。右边窗口是控制 TinyViz 工作的一系列 Java 插件，每个插件在 TinyViz 中显示的都是一个面板，在面板上有各自对程序的控制组件。TinyViz 运行界面右上方的 pause/play 按钮可以用于暂停或重启模拟过程，grid button 用于在显示区启动边框，clear button 清除所有显示状态，stop button 结束模拟，delay 拖曳滑动条来调整模拟器执行速度，on/off button 可用于启动/关闭所选 motes power。

9.4.1.4 评价

TOSSIM 是目前最常用的 TinyOS 程序的传感器网络模拟仿真工具，仿真规模可达到成百上千个传感器节点，能够实现在比特粒度与模拟无线传感器网络中 TinyOS 节点的行为和网络交互，其提供的命令操作比较简便，而且它提供了许多非常有效的工具，如 GDB 调试工具、TinyViz 图形界面以及众多的插件支持。但也存在很多不足，如它只能用于 TinyOS 程序和协议的模拟，只适用于同构网络（网络中所有的节点运行相同的程序），所提供的节点间的通信模型过于简单，也没有提供能量模型，无法对能耗有效性进行评价。

9.4.2 OMNeT++

OMNeT++(Objective Modular Network Testbed in C++)是由布达佩斯大学通信工程系开发的一个开源的、基于组件的、模块化的开放网络仿真平台。作为一个基于 C++的面向对象的模块化离散事件仿真工具，OMNeT++具备强大完善的图形界面接口和嵌入式仿真内核，可运行于多个操作系统平台。它能够简便定义网络拓扑结构，具备编程、调试和跟踪支持等功能。OMNeT++被广泛用于通信网络和分布式系统的仿真，且能够很好地支持传感器网络的仿真。

9.4.2.1 OMNeT++工作原理

OMNeT++采用自身特有的网络描述语言 NED 和 C++进行建模。NED 是模块化的网络描述语言，包括输入声明、信道定义、网络定义、简单模块和复合模块定义等，能够实现动态加载，便于更新仿真模型的拓扑结构。C++用来实现模型的仿真和消息的处理等功能，而且 NED 文件可以编译为 C++代码，连接到仿真程序中。

OMNeT++中的消息传输主要由简单模块完成，传输方式包括端口传输和直接传输两种。端口传输通过定义模块之间的端口和连接，按照一定的规则将消息逐步传输到目的模块；直接传输通过仿真内核直接传输消息到目的模块。通过这套机制，能够灵活地使用 C++或者 OMNeT++本身定义的几个基本类，实现对目前绝大多数网络模型的仿真。

OMNeT++提供了 TKENV 和 CMDENV 两种用户界面用于显示仿真结果。其中，TKENV 是 OMNeT++的 GUI(Graphical User Interface，图形用户界面)用户接口，具有跟踪、调试和执行仿真等功能，在执行仿真过程中的任意时刻都能够提供详细的状态信息，它提供了 3 种仿真结果输出工具：动画自动生成、模块输出窗口和对象监测器。CMDENV 是纯命令行的界面，可以在所有平台上编译运行，其设计的基本目的是用于批处理。CMDENV 存在两种模式：Normal 和 Express，其中 Normal 模式用于调试，详细信息将写入标准输出文件（事件标志、模块输出等）；Express 模式仅仅显示关于仿真进度的周期状态更新，可以用于长期仿真运行。

9.4.2.2 OMNeT++体系结构

OMNeT++的体系结构主要包括 6 部分：仿真内核库（simulation kerne library，Sim）、网络描述语言编译器（network description comple，NEDC）、图形化网络编辑器（grphical network deseription editor，GNED）、仿真程序的图形化用户接口 Tkenv、仿真程序的命令行用户接口 Cmdenv 以及图形化的输出工具 Plove 和 Scalar，其中，Sim 是仿真内核和类库，用户编写的仿真程序要同 Sim 连接；NEDC 是 OMNeT++使用的模块化的网络描述语言 NED(Network Description)的编译器，实现将. NED 文件编译成. cpp 文件；GNED 是图形化的 NED 编辑器；Tkenv 是基于 Tcl/Tk 脚本的图形化窗口用户界面，Cmdenv 是用于批处理的命令行用户界面，通常在 Tkenv 下测试和调试仿真，使用 Cmdenv 从命令行或 shell 脚本运行实际的仿真实验；Plove 和 Scalar 分别是 OMNeT++ 中向量和标量的图形化输出工具。

OMNeT++ 具有模块化的结构，图 9-4-2 是 OMNeT++ 仿真程序的逻辑架构。其中，Sim 为嵌入式仿真内核，它是处理和运行仿真的核心。当有事件发生时，仿真内核就调用执行模型中的模块；在 Sim 和用户接口 Cmdenv 或 Tkenv 之间是一个通用接口 Envir，用户能够通过定制其中的插件接口来定义仿真的运行环境；模型组件库包含所有已经编译好的简单模块和复合模块；执行模型包含一些常用的网络协议、应用和通信模型。图 9-4-2 中的箭头表示两组件之间的交互，5 个箭头表示了组件间的 5 种关系。

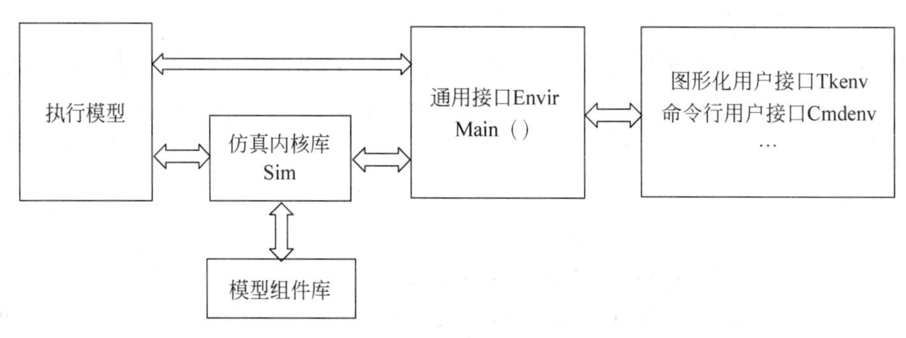

图 9-4-2　OMNeT++ 仿真程序的逻辑架构

(1) 执行模型和 Sim：仿真内核管理将来的事件，当有事件发生时，仿真内核就调用执行模型中的模块。执行模型的模块存储在 Sim 的主对象中，执行模型依次调用仿真内核的函数并使用 Sim 库中的类。

(2) Sim 和模型组件库：当仿真开始运行并创建了仿真模型的时候，仿真内核就实例化简单模块和其他的组件。当创建动态模块时，仿真内核也要引用模型组件库。在模型组件库中注册和查询组件也是 Sim 的功能。

(3) 执行模型和 Envir：ev 对象作为 Envir 的一部分，是面向执行模型的用户接口。执行模型使用 ev 对象来记录调试信息。

(4) Sim 和 Envir：Envir 决定创建何种模型，以及包含主要的仿真循环，并调用仿真内核以实现必需的功能；Envir 捕捉并处理执行过程中发生在仿真内核、类库中的错误和异常。

(5) Envir 和 Tkenv、Cmdenv：Envir 定义了表示用户接口的 TOmnetApp 基类，Tkenv 和 Cmdenv 都是 TOmnetApp 的派生类。Main() 函数是 Envir 的一部分，为仿真决定选用合适的用户接口类，以及创建用户接口类的实例并执行。Sim 对 ev 对象的调用通过实例化 TOmnetApp 类进行。Envir 通过 TOmnetApp 和其他类的方法实现 Tkenv 和 Cmdenv 的框架和基本功能。

9.4.2.3　OMNeT++ 使用方法

OMNeT++ 仿真主要经历模型建立、模拟实现和结果分析 3 个阶段，具体流程为：

(1) 采用通过信息交换进行通信的组件(模块)构建一个 OMNeT++ 模型。模块可以嵌套实现，即几个模块可以组成一个复合模块。在创建 OMNeT++ 模型时，需要将系统映射到一个相互通信的模块体系中。

(2) 使用 NED 语言定义模型的结构。在 OMNeT++ 提供的 IDE 中以文本或图形化方式来编辑 NED 文件。

(3) 使用 C++ 编程实现模型的活动组件(简单模块),其中需要利用仿真内核及类库。

(4) 为模型提供一个拥有配置和参数的 omnetpp.ini 文件,配置文件可以用不同的参数来描述若干个仿真过程。

(5) 构建仿真程序并运行之。将程序代码链接到 OMNeT++ 的仿真内核及其提供的用户接口、命令行接口或图形化接口。

(6) 仿真结果被写入输出向量和输出标量两个文件中,此后可以使用 IDE 中提供的分析工具来进行可视化结果分析,同时也可以使用 MATLAB 或其他工具来对结果进行绘图分析。

9.4.2.4 特点和评价

OMNeT++ 主要面向 OSI 模型,用于模拟计算机网络通信协议、多处理器、排队网络、分布式系统及并行系统,应用领域包括移动/无线网络到 ATM 和光网络的仿真,从硬件仿真到排队系统,能够实现仿真执行上千个节点。OMNeT++ 内核采用 C++ 语言编写,使用 NED 实现网络拓扑描述,同时提供了图形化的用户界面,能够动态地观察仿真程序的运行情况。面向对象的设计易于根据需要进行功能扩展,使用参量方式,可以在不修改源代码和重新编译的情况下,对不同条件的网络模型进行仿真,提高了仿真效率。基于 PVM 支持,能够同时在多台机器上并行运行仿真程序。同时,OMNeT++ 有相应的支持传感器网络仿真的开源项目及网站,特别有利于初学者学习和使用。

OMNeT++ 也有其不足之处：OMNeT++ 仿真模型采用了混合式的建模方式。相对于其他仿真设计,其使用方法仍然有其特殊性和复杂性。在已发表的研究成果中,使用 OMNeT++ 得到的协议性能评价较少,不利于研究人员与已有科研成果比较,验证其设计的协议的优越性。

9.4.3 NS-2

NS(Network Simulator,网络仿真器)是一种针对网络技术的源代码公开的、免费的软件模拟平台,研究人员使用它可以很容易地进行网络技术的开发,而且发展到今天,它所包含的模块已经非常丰富,几乎涉及了网络技术的所有方面。所以,NS 成了目前学术界广泛使用的一种网络模拟软件。然而,对初学者来说,NS 是非常难以掌握的,因为一方面,NS 内容庞杂,软件所提供的手册更新不够快；另一方面,使用 NS 还要掌握其他很多必备的相关知识以及相关工具,这会使初学者感到无从入手；有的使用者可能还不了解网络模拟的过程或是对 NS 软件的机制缺乏理解,这也影响了对 NS 的掌握。

NS-2(Network Simulator version2)是美国加州 Lawrence Berkeley 国家实验室于 1989 年开始开发的软件,是一种面向对象的网络仿真器,它本身有一个虚拟时钟,本质上是一个离散事件模拟器。NS 是一种可扩展、可配置、可编程、事件驱动的仿真工具,可以提供有线网络、无线网络中链路层及其上层精确到数据包的一系列行为的仿真。最值得一提的是,NS 中的许多协议代码都和真实网络中的应用代码十分接近,其真实性和可靠性高居世界仿真软件的前列。

NS-2 使用 C++和 OTcl 作为开发语言。NS-2 可以说是 OTcl 的脚本解释器，它包含仿真事件调度器、网络组件对象库以及网络构建模型库等。事件调度器计算仿真时间，并且激活事件队列中的当前事件，执行一些相关的事件；网络组件通过传递分组来相互通信，但这并不耗费仿真时间。所有需要花费仿真时间来处理分组的网络组件都必须要使用事件调度器。它先为这个分组发出一个事件，然后等待这个事件被调度回来之后，才能做下一步的处理工作。事件调度器的另一个用处就是计时。NS-2 是用 OTcl 和 C++编写的。由于效率的原因 NS-2 将和控制通道的实现相分离。为了减少分组和事件的处理时间，事件调度器和数据通道上的基本网络组件对象都使用 C++写出并编译，这些对象通过映射对 OTcl 的脚本解释器可见。

当仿真完成以后，NS-2 将会产生一个或多个基于文本的跟踪文件。只要在 OTcl 脚本中加入一些简单的语句，这些文件中就会包含详细的跟踪信息。这些数据可以用于下一步的分析处理，也可以使用 NAM 将整个仿真过程展示出来。目前 NS-2 可以用于仿真各种不同的 IP 网，已经实现的一些仿真有：网络传输协议，例如 TCP 和 UDP；业务源流量产生器，例如 FTP、Telnet、Web CBR 和 VBR；路由队列管理机制，例如 Droptai、RED 和 CBQ；路由算法，例如 Dijkstra 等。NS-2 也为进行局域网的仿真而实现了多播以及一些 MAC 子层协议。

9.4.3.1 NS-2 仿真的步骤

网络仿真的过程由一段 OTcl 的脚本来描述，这段脚本通过调用引擎中各类属性方法，定义网络的拓扑，配置源节点、目的节点，建立连接，产生所有事件的时间表，运行并跟踪仿真结果，还可以对结果进行相应的统计处理或制图。NS-2 仿真系统体系结构如图 9-4-3 所示。

图 9-4-3 NS-2 仿真系统体系结构

进行网络仿真前，首先分析仿真涉及哪个层次，NS 仿真分两个层次：一个是基于 OTcl 编程的层次。利用 NS-2 已有的网络元素实现仿真，无须修改 NS 本身，只需编写 OTcl 脚本；另一个是基于 C++和 OTcl 编程的层次。如果 NS-2 中没有所需的网络元素，则需要对 NS-2 进行扩展，添加所需网络元素，即添加新的 C++和 OTcl 类，编写新的 OTcl 脚本。仿真软件功能示意图如图 9-4-4 所示。

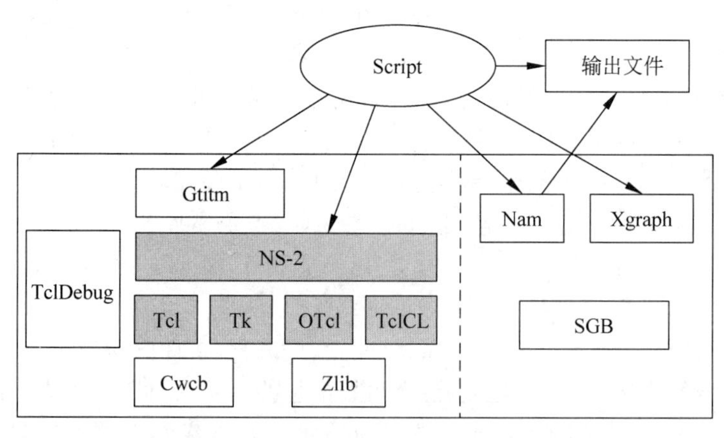

图 9-4-4 NS-2 仿真软件功能示意图

假设用户已经完成了对 NS-2 的扩展，或者 NS-2 所包含的构件已经满足了要求，那么进行一次仿真的步骤大致如下：

（1）开始编写 OTcl 脚本。首先配置模拟网络拓扑结构，此时可以确定链路的基本特性，如延迟、带宽和丢失策略等。

（2）建立协议代理，包括端设备的协议绑定和通信业务量模型的建立。

（3）配置业务量模型的参数，从而确定网络上的业务量分布。

（4）设置 Trace 对象。NS-2 通过 Trace 文件来保存整个模拟过程。仿真完后，用户可以对 Trace 文件进行分析研究。

（5）编写其他的辅助过程，设定模拟结束时间，至此 OTcl 脚本编写完成。

（6）用 NS-2 解释执行刚才编写的 OTcl 脚本。

（7）对 Trace 文件进行分析，得出有用的数据。

（8）调整配置拓扑结构和业务量模型，重新进行上述模拟过程。

NS-2 采用两级体系结构，为了提高代码的执行效率，NS-2 将数据操作与控制部分的实现相分离，事件调度器和大部分基本的网络组件对象后台使用 C++ 实现和编译，称为编译层，主要功能是实现对数据包的处理；NS-2 的前端是一个 OTcl 解释器，称为解释层，主要功能是对模拟环境的配置、建立。从用户角度看，NS-2 是一个具有仿真事件驱动、网络构件对多库和网络配置模块库的 OTcl 脚本解释器。NS-2 中编译类对象通过 OTcl 连接建立了与之对应的解释类对象，这样用户间能够方便地对 C++ 对象的函数进行修改与配置，充分体现了仿真器的一致性和灵活性。

9.4.3.2 NS-2 的功能模块

通常情况下，NS 仿真器的工作从创建仿真器类(simulator)的实例开始，仿真器调用各种方法生成节点，进而构造拓扑图，对仿真的各个对象进行配置，定义事件，然后根据定义的事件，模拟整个网络的运行过程。NS-2 仿真过程如图 9-4-5 所示。仿真器封装了多个功能模块。

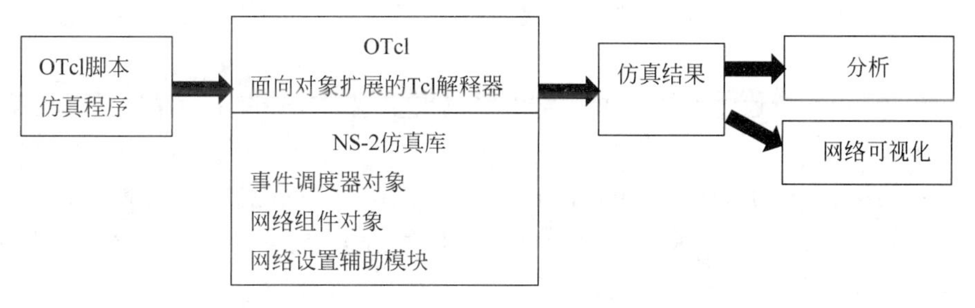

图 9-4-5 NS-2 仿真过程

1. 事件调度器

由于 NS-2 是基于事件驱动的，调度器也成为 NS-2 的调度中心，可以跟踪仿真时间，调度当前事件链中的仿真时间并交由产生该事件的对象处理。目前 NS-2 提供了 4 种具有不同数据结构的调度器，分别是链表、堆、日历表和实时调度器。

2. 节点(node)

是一个复合组件，在 NS-2 中可以表示端节点和路由器，节点为每个连接到它的节点分配不同的端口,用于模拟实际网络中的端口。

3. 链路(link)

由多个组件复合而成,用来连接网络节点。所有的链路都是以队列的形式来管理分组的到达、离开和丢弃。

4. 代理(agent)

代理类包含源及目的节点地址,数据包类型、大小、优先级等状态变量,负责网络层分组的产生和接收,也可以用在各个层次的协议实现中。每个代理链接到一个网络节点上,通常连接到端节点,由该节点给它分配端口号。

5. 数据包(packet)

由头部和数据两部分组成。

9.4.3.3 NS-2 的软件构成

NS-2 包含 Tcl/Tk、OTcl、NS-2、Tclcl。其中 Tcl 是一个开放脚本语言,用来对 NS-2 进行编程;Tk 是 Tcl 的图形界面开发工具,可帮助用户在图形环境下开发图形界面;OTcl 是基于 Tcl/Tk 的面向对象扩展,有自己的类层次结构;NS-2 为本软件包的核心,是面向对象的仿真器,用 C++编写,以 OTcl 解释器作为前端;Tclcl 则提供 NSh 和 OTcl 的接口,使对象和变量出现在两种语言中。为了直观地观察和分析仿真结果,NS-2 提供了可选的 Xgraph 和 Nam。

9.4.3.4 NS-2 的仿真元素

下面从网络拓扑仿真、协议仿真和通信量仿真等方面介绍 NS-2 的相应元素。

(1) 网络拓扑主要包括节点、链路。NS 的节点由一系列的分类器(Classifier,如地址分类器等)组成,而链路由一系列的连接器(Connector)组成。

(2) 在节点上,配置不同的代理可以实现相应的协议或其他模型仿真。如 NS 的 TCP 代理,发送代理有 TCP、TCP/Reno、TCP/Vegas、TCP/Sack1、TCP/FACK、TCP/FULLTCP 等,接收代理有 TCPSINK、TCPSINK/DELACK、TCPSINK/SACK1、TCPSINK/ SACK1/DELACK 等。此外,还提供有 UDP 代理及接收代理 Null(负责通信量接收)、Loss Monitor(通信数接收和维护)。

(3) 网的路由配置通过对节点附加路由协议来实现。NS 中有 3 种单播路由策略:静态、会话、动态。

(4) 在链路上,轮询调度(Round-Robin Scheduling)可以配置带宽、时延和丢弃模型。NS 支持 Drop-tail(FIFO)队列、RED 缓冲管、CBO(包括优先权和 Round-Robin 调度)。各种公平队列包括 FQ、SFQ 和 DRR 等。

(5) 在通信量仿真方面,NS 提供了许多通信应用,如 FTP,它产生较大的峰值数据传输;Telnet 则根据相应文件随机选取传输数据的大小。此外,NS 提供了 4 种类型的通信量产生器:EXPOO,根据指数分布(On/Off)产生通信量,在 On 阶段分组以固定速率发送,在 Off 阶段不发送分组,On/Off 的分布符合指数分布,分组尺寸固定;POO,根据 Pareto 分布(On/Off)产生通信量,它能用来产生大范围相关的急剧通信量;CBR,以确定的速率产生通信量,分组尺寸固定,可在分组间隔之间产生随机抖动;Traffic Trace,根据追踪文件产生通信量。

NS-2 采取对真实网络元素进行抽象,保留其基本特征,并运用等效描述的方法来建立网络仿真模型。它们由大量的仿真组件构成，用于实现对真实网络的抽象和模拟。

9.4.4 其他工具

除了上述介绍的TOSSIM、OMNeT＋和NS-2外，还有很多模拟仿真工具。下面简要介绍一些典型的模拟仿真工具。

1. Avrora

Avrora是由加州大学洛杉矶分校的Ben L. Titzer、Jens Palsberg和康奈尔大学的Danil K. Lee等人联合开发的一个程序代码模拟器。其设计目标是提供一个AVR模拟和分析框架，其应用不局限于TinyOS程序，能够模拟所有基于AVR指令集的无线传感器网络程序。Avrora是基于ATEMU和采用Java进行实现的，具有很好的灵活性和可移植性。

2. PowerTOSSIM

PowerTOSSIM是哈佛大学在TinyOS环境下开发的一款传感器网络程序代码模拟器。它是对TOSSIM的扩展，采用实测的Mica2节点的能耗模型，能够计算节点的各种操作所消耗的能量，从而实现无线传感器网络的能耗性能评价。PowerTOSSIM的不足是所有节点的程序代码必须是相同的，以及无法实现网络级的抽象算法的仿真。

3. EmStar

EmStar是由加州大学洛杉矶分校嵌入式网络感知中心(Center for Embedded Networked Sensing，CENS)开发的用于仿真分布式系统的平台。EmStar提供了在仿真和基于iPAQ的运行Linux的节点之间灵活切换的环境，用户可以选择在一台主机上运行多个虚拟节点进行仿真，也可以在一台主机上运行多个与真实的节点进行桥接的虚拟节点。EmStar虽然不是一个真正意义上的无线传感器网络仿真工具，但是一个很有用的能够对传感器网络的应用程序进行测试的环境。它能够将传感器网络部署在一个友好的基于Linux的环境中，并进行跟踪和调试程序。

4. NS-3

NS-3(Network Simulator Version 3)是一个开源的新型网络模拟器，是目前广泛使用的网络模拟软件NS-2的最终替代软件。与NS-2相比，NS-3没有沿用NS-2的架构，而是进行了全新的设计和实现，在实用性、兼容性、易操作性、可扩展性等方面有更突出的表现。由于NS-3提供了灵活的扩展支持，研究者可以根据自己的需要进行任意的扩展。NS-3的目标是能够支持对各种网络和协议及其各个层次进行模拟和研究。目前NS-3的很多模块仍在开发中，NS-2模块向NS-3的移植工作以及二者的过渡和整合也一直在稳步进行中。

5. OPNET

OPNET建模工具是商业化的通信网络仿真平台。OPNET采用网络、节点和过程三层模型实现对网络行为的仿真，其无线模型是采用基于流水线的体系结构来确定节点间的连接和传播，用户可指定频率、带宽、功率，以及包括天线增益模式和地形模型在内的其他特征。已有一些研究人员在OPNET上实现对TinyOS的NesC程序的仿真。但要实现无线传感器网络的仿真，还需要添加能量模型，而OPNET本身似乎更注重网络QoS的性能评价。

6. SensorSim

SensorSim是一个基于NS-2的模拟器，其思路是在NS-2上建立适应无线传感器网络的模型库。SensorSim 对 NS-2 主要进行了 3 方面的扩展。首先是扩展了能耗模型,其次是建立了传感信道,最后是加入了与外界交互的功能。SensorSim 的主要贡献是针对传感器网络提出了一个完整的模拟仿真架构,并首次建立了电池模型和传感信道模型,但同时也存在传感数据采集模型过于单一和仿真规模受限等问题。

7. GloMoSim

GloMoSim(Global Mobile Information Systems Simulation Library)是一个可扩展的用于无线网络的仿真系统。对应于 OSI 模型,GloMoSim 的协议栈也进行分层设计,在层与层之间提供了标准的 API 接口函数。GloMoSim 采用 Parsec 语言进行设计开发,提供了对并行离散时间仿真的支持。GloMoSim 是专门针对无线网络的,而且由于使用了并行的设计方法,可以显著地降低仿真模型的执行时间,因此可支持大规模的无线网络仿真,同时仿真库代码的开放也使得用户自定义算法的实现更加灵活。

习题 9

1. 简述无线传感器网络应用的设计原则。
2. 简述 CC2530 的特性。为什么 CC2530 可以进行 ZigBee 组网?
3. 简述 ZigBee 技术的主要特点、功能和结构。
4. 简述 ZigBee 组网的流程。
5. 简述 TinyOS 操作系统的主要特点。
6. 简述 NS-2 的仿真步骤。

第10章 无线传感器网络应用实例

CHAPTER 10

无线传感器网络是由应用驱动的网络，凭借其可快速部署、可自组织、隐蔽性等技术特点，广泛应用于国防军事、环境监测、医疗卫生、工业监控、智能电网、智能交通等多个领域。本章将列举无线传感器网络在一些重要领域的应用实例，如智能家居、智能温室系统及智能化远程医疗监护等典型应用系统的设计，深入理解无线传感器网络软硬件相关技术的设计与应用。

10.1 无线传感器网络应用系统开发过程

无线传感器网络应用系统的开发过程包括以下步骤，如图10-1-1所示。

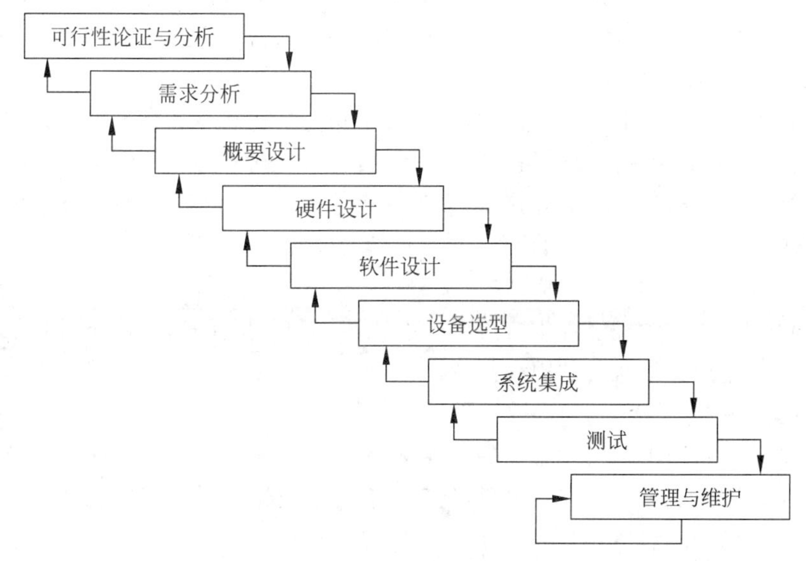

图10-1-1 无线传感器网络应用系统开发过程

1. 可行性论证与分析

了解客户的业务过程存在哪些需要解决的问题，哪些问题可以通过WSN工程项目来解决，哪些不能；如果不能解决，是否可以通过调整业务流程或业务重组的方式解决。

2. 需求分析

以项目清单的方式列举用户对WSN工程项目应用的各种可能需求，分析存在的问题，为项目设计、开发、实施、运行以及售后服务提供依据。明确各企业、各部门的责任,从而成为客户、系统集成商以及元件/芯片产品供应商之间的项目合作、验收和提供质量保障的依据,也可以作为设备供应商和集成商沟通的依据和基础。

需求分析的任务:

(1) 确定系统的运行环境。

硬件环境的要求:如外存种类、数据的输入方式、数据通信接口等。

软件环境的要求:如应选哪种操作系统、数据库系统等。

(2) 系统性能的要求。如,系统所需的存储容量、安全性、可靠性、期望的响应时间要求,也就是从终端输入数据到系统后,系统在多长时间内可以有反应等。

(3) 系统功能,即确定目标系统具备的所有功能。

3. 概要设计

设计系统的软硬件结构,包括组成模块、模块的层次结构、模块的调用关系、每个模块的功能等等。

概要设计的主要任务是根据需求分析确定系统的整体架构,设计其中的硬件结构、软件结构和数据结构。设计硬件结构的具体任务是确定系统相关功能所需要的硬件环境以及这些硬件之间的相互关系。设计软件结构的具体任务是:将一个复杂系统按功能进行模块划分、建立模块的层次结构及调用关系、确定模块间的接口及人机界面等。数据结构设计包括数据特征的描述、确定数据的结构特性以及数据库的设计。

概要设计的主要目的不是各功能模块的详细实现,设计时会大致考虑并照顾模块的内部实现,但不会过多纠缠于此,主要集中于划分模块、分配任务、定义模块间的调用关系。

4. 硬件设计和软件设计

为每个模块完成的功能进行具体的描述,要把功能描述转变为精确的、结构化的过程描述。在这个阶段,各个模块可以分组并行设计。设计者按照模块化、结构化的设计方法,根据概要设计赋予的局部任务和对外接口,设计并表达出模块的算法、流程、状态转换等内容。

5. 设备选型

根据生产工艺要求和市场供应情况,按照技术上先进、经济上合理、生产商适用的原则及可行性、维修性、操作性和能源供应等要求进行调查和分析比较,以确定设备的优化方案。性能指标是设备选型必须考虑的因素。

6. 系统集成

系统集成是在系统工程科学方法的指导下,根据用户需求,优选各种技术和产品,将各个分离的子系统连接成为一个完整可靠经济和有效的整体,并使之能彼此协调工作,发挥整体效益,以达到整体性能最优。

7. 测试

将已经确认的软件、计算机硬件、外设、网络等其他元素结合在一起,进行信息系统的各种组装测试和确认测试。系统测试是针对整个产品系统进行的测试,目的是验证系统是否满足了需求规格的定义,找出与需求规格不符或与之矛盾的地方,从而提出更加完善的方案。

8. 管理与维护

系统运行管理与维护的目的是保证系统安全、正常、可靠地运行,对系统进行评价,不断地改善和提高系统的性能或其他属性，使产品适应新环境，延长系统的生命周期。

10.2　基于无线传感器网络的智能交通

智能交通系统(Intelligent Transport System，ITS)是将先进的信息技术、数据通信传输技术、电子传感技术、控制技术及计算机技术等有效地集成运用于整个地面交通管理系统而建立的一种在大范围内、全方位发挥作用的，实时、准确、高效的综合交通运输管理系统。它的突出特点是以信息的收集、处理、发布、交换、分析、利用为主线，为交通参与者提供多样性的服务。它可以有效地利用现有交通设施、减少交通负荷和环境污染、保证交通安全、提高运输效率，因而，日益受到各国的重视。

车联网(Internet Of Vehicle，IOV)或无线车载网(VANET)的设想如下：所有接入网络的车都采用自动驾驶技术，这样即使是盲人也可以开车穿行于城市中。“车联网”的引入使人们不再被交通事故所困扰；将车联网与城市交通信息网络、智能电网以及社区信息网络相连接，司机再也不会担心拥挤和道路施工带来的堵车现象的出现；借助于车联网，司机也不再为找不到加油站、停车位而烦恼。车联网正蓄势待发，它将改变以往的交通体系，使未来的交通体系更安全、更环保、更高效、更舒适。有了车联网，交通信号灯以及交警就只是为行人而设的，因为车联网可以实现车辆的自动驾驶和自动导航，汽车就像被一只无形的手所掌控，可以自由穿梭于大街小巷。

10.2.1　需求分析

目前随着我国国民经济水平的提高，车辆的拥有量也在与日俱增，所以会给道路交通带来以下几个问题：

(1) 汽车车速慢、路网运行效率低；

(2) 汽车能耗高、尾气排放量大；

(3) 交通安全事故发生频率高。

智能交通的发展将带动多个产业的发展，分别包括智能汽车、导航、车辆远程信息系统、运载工具与同种运载工具或者不同运载工具之间的通信技术、动态实时交通信息发布技术等；还会使多个相关行业的运营模式发生改变，分别包括汽车保险行业、汽车维修行业、交通运输管理行业等，具有很广泛的应用需求。

10.2.2　系统架构

智能交通系统是一个信息化的系统，它的各个组成部分和各种功能都是以道路交通安全运行，以交通信息合理应用为中心展开的，因此，实现城市交通智能化要求道路交通信息可以做到实时监测与发布、合理规划与稳定传输。智能交通模型如图10-2-1所示。

交通诱导系统工作流程如图10-2-2所示。交通采集设备采集到的原始交通数据，经过一系列的数据处理形成准确的交通数据。然后，基于交通流量历史数据库、行程时间历史数据库、城区路网地理数据库等基本信息，根据预先设定的自动诱导模型进行处理、运算及预测，自动生成旅行时间、拥堵状况等交通诱导信息。最后通过车载导航设备、车辆终端、Internet、用户手持终端设备电视广播等各种媒体将有效诱导信息发布给出行者。

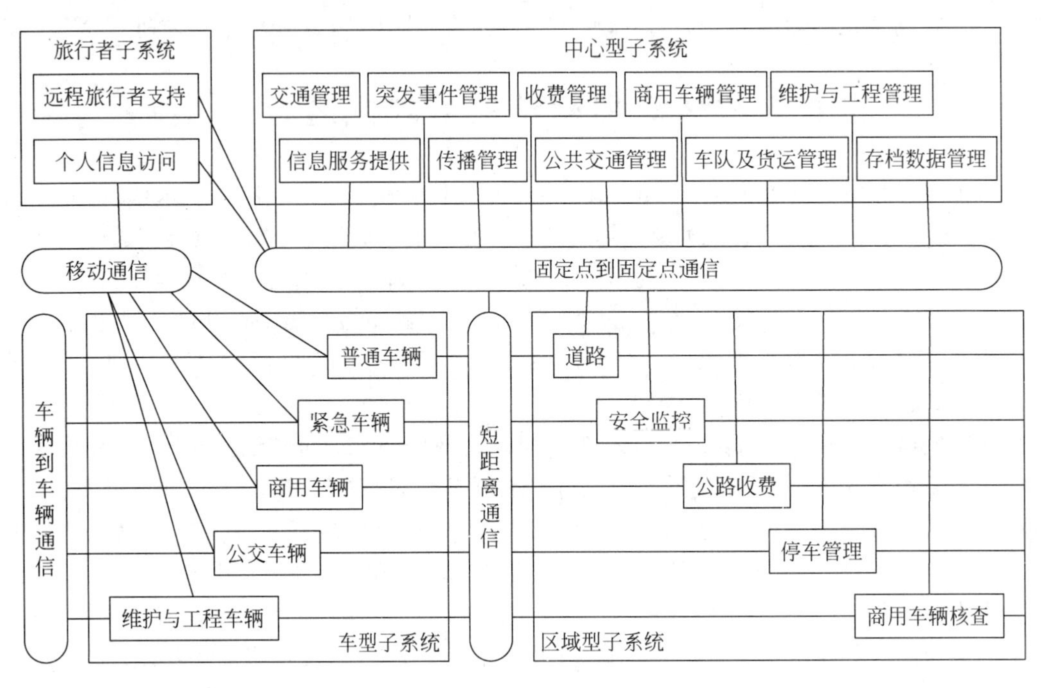

图 10-2-1 智能交通模型

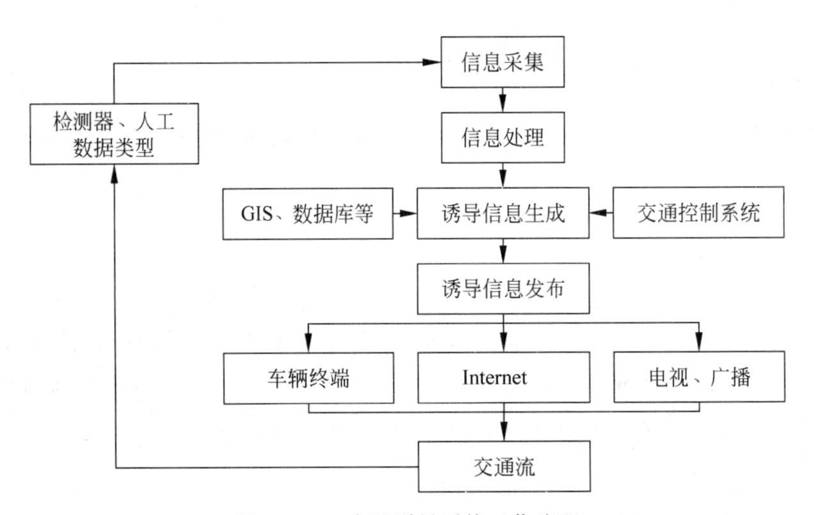

图 10-2-2 交通诱导系统工作流程

图 10-2-3 显示了一个典型的城市交通综合诱导系统。通过各种交通信息采集手段如线圈和摄像头等进行实时采集,经交通信息传输系统传输到交通信息控制中心,再经分析处理后,计算出新的交通诱导策略,再通过车载导航设备和车辆终端等各种媒体将有效诱导信息发布出去。

10.2.3 功能模块

车联网充分利用传感网、RFID、环境感知、定位技术、无线自组网与智能控制技术,车联网中的车辆是无线传感网中的独立节点,它们可以实时感知车辆自身的信息,能够根据获取

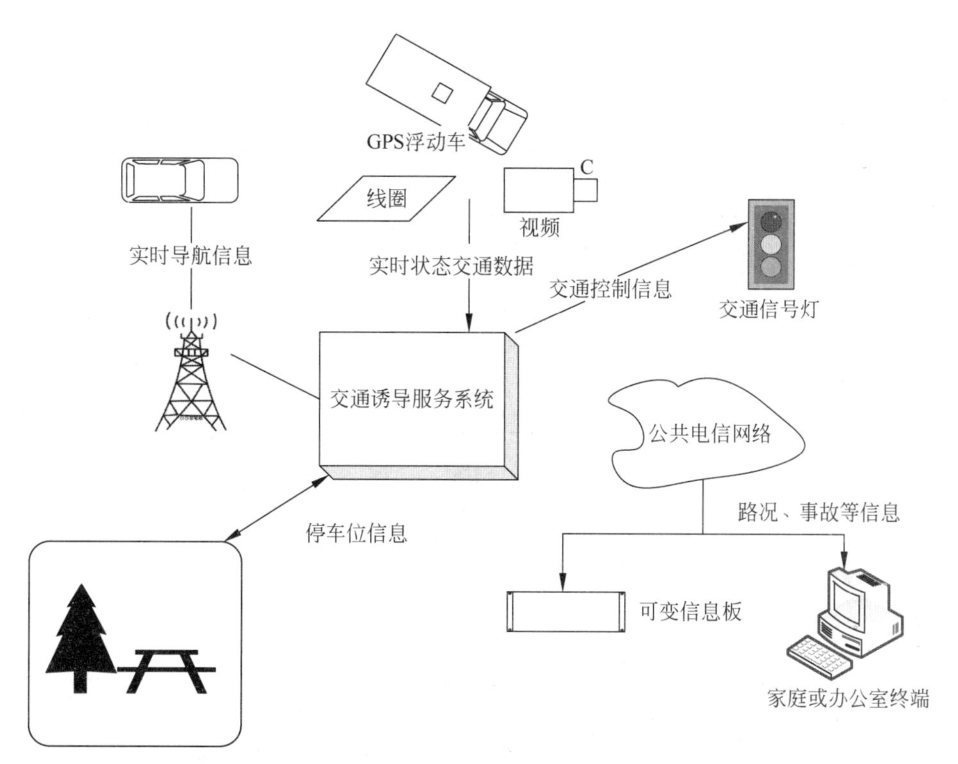

图 10-2-3 典型的城市交通综合诱导系统

的信息，智能地判断路况，提高车辆运行的安全性，并能通过无线传感网与城市智能交通网络，实现车与车、车与人、车与城市基础设施之间的信息互联互通。同时，车联网中的车辆也可以具有智能机器人的特征，实现自动驾驶。图 10-2-4 所示为车联网的示意图。

图 10-2-4 车联网示意图

根据国内外发展现状，面向车联网的车载信息服务系统应具有网络功能、娱乐功能、人机界面功能、语音控制功能、定位导航等功能。系统设计选用 K210＋Android 操作系统。K210 凭借其强大的数据处理能力和图像处理能力，可以获得流畅的视觉体验。同时借助 Android 的开源和可裁剪性，可以迅速开发，缩短开发时间。

车联网研究的主要内容包括车辆的主动安全技术和驾驶员状态感知与预警。车辆系统硬件总体设计图如图 10-2-5 所示，图 10-2-6 是自动泊车系统涉及的相关技术，图 10-2-7 是驾驶员状态感知与预警的结构图。车联网将驾驶员、行人、汽车、道路、交通设施与网络融为一体,体现出"人-机-物"融合的典型特征。

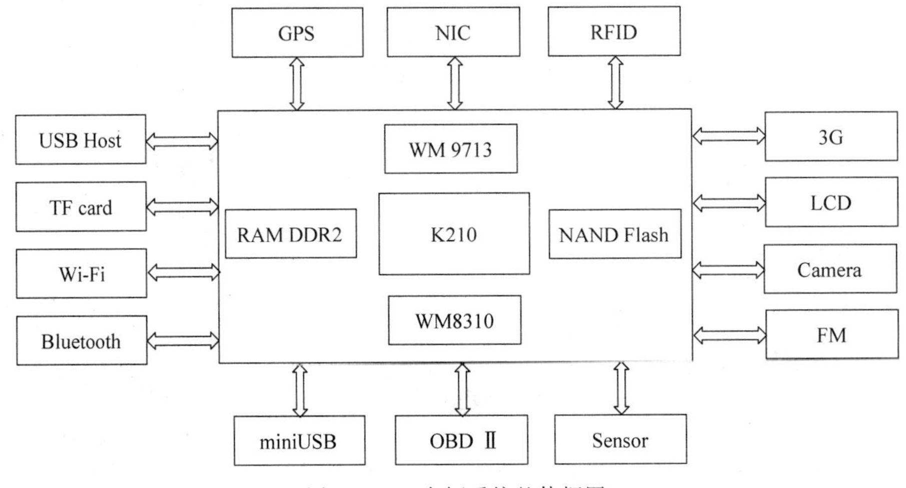

图 10-2-5　车辆系统整体框图

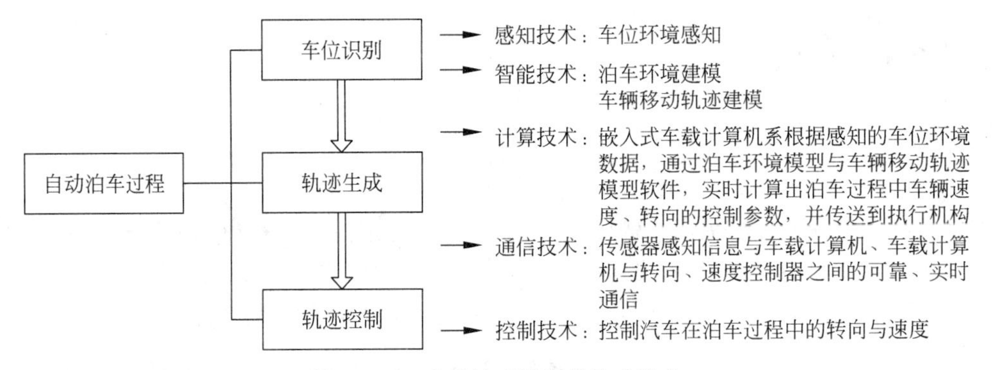

图 10-2-6　自动泊车过程的技术特点

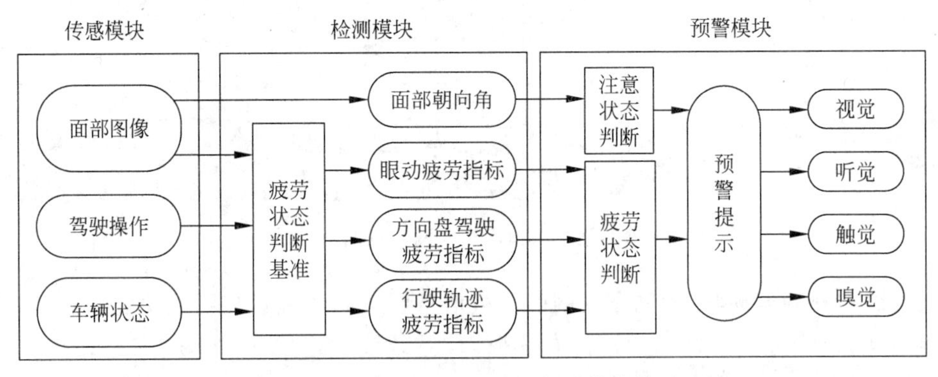

图 10-2-7　驾驶员状态感知与预警结构图

(1) 处理器模块。这是整个系统最核心的部分,要求具备较强的处理能力和计算能力,主要包括 CPU、SDRAM、NAND Flash。

(2) 音频处理模块。这部分主要负责语音的输入、输出。在语音控制或者录音的过程中,可以对语音信号进行采集;同时可以通过外接车载音响等实现音乐播放等功能。

(3) 电源管理模块。作为移动设备对于电源的管理是至关重要的，尤其在停车过程中和汽车共用电瓶电源时，否则有可能造成汽车启动故障。

(4) 网络模块和 GPS 模块。通过 3G 模块可以实现随时随地获取信息资讯和一些网络服务，通过 GPS 模块可以实现车辆的定位与导航，并根据汽车位置提供本地服务/基于定位的服务。

(5) 摄像头模块。通过摄像头模块可以实现辅助倒车等功能。

(6) 蓝牙模块。通过蓝牙模块可以使车载信息娱乐终端与手机相连，完成一些短信阅读及回复等功能。

(7) 交互接口模块。这部分硬件主要负责人机的交互，主要包括 LCD 模块、触摸屏模块、按键。

(8) FM 功能模块。广播依然是现在最为流行的车载娱乐方式。

(9) 传感器模块。结合车内应用，外接了温度传感器来获取车内温度信息，酒精传感器来进行酒驾提醒。

(10) 扩展接口模块。为了方便以后扩展，本系统扩展出两路主 USB 接口，可以连接 USB 设备。同时扩展了一路从 USB 接口，可以方便数据传输。同时还扩展了一路 TF 卡，外接存储接口和一路 Wi-Fi 模块接口。

(11) OBDⅡ模块。为了实时获取车辆信息又不影响汽车的行车安全，采用 OBD 模块与汽车 ECU 进行通信以获取车辆信息。

车联网研究的最终目标是建立一个不依赖于视觉、天气状态与人工操作的交通系统，解决城市交通拥塞问题，为汽车驾驶员、乘客与行人提供更加安全、便捷、舒适、环保的社会环境。无人驾驶汽车已经成为产业竞争的一个新的制高点。未来的车联网是将行驶在公路上的各种车辆，通过无线车载网与互联网，与各种智能交通设施互联起来，实现车与人、车与车、车与路的互联，将汽车与交通参与方、道路基础设施、社会环境融为一体，建立"泛在、可视、可信、可控"的智能交通体系。

10.2.4 软件设计与测试

10.2.4.1 软件设计

1. 系统软件设计

系统软件部分主要包括 3 部分：BootLoader、内核和驱动、Android 文件系统。系统软件结构主要包括：BootLoader 主要功能为内核引导及内核和文件系统的烧写；Linux 内核主要完成底层硬件的驱动、任务管理、资源分配和时间管理等功能；Android 文件系统主要包括 Android HAL 层 Dalvik 虚拟机、系统库、FRAMWORK 层及系统应用层。

系统硬件设计基于 K210，因此选择在 K210 的基础上修改 U-Boot。

Android 是基于 Linux 操作系统的。Linux 是类 UNIX 操作系统，同时也是开源的、免费的。Android 实现对 Linux 内核的定制。

Linux 设备驱动概述及模型：音频驱动的移植，sensor 驱动的移植。系统设计中使用的 Sensor 有酒精传感器和温度传感器。酒精传感器采用模拟输入接口，温度传感器采用 DS18B20 单总线协议。

Android 的传感系统用于获取外部信息，传感系统下层的硬件是各种传感器设备。

Android 传感系统中有 7 种类型的传感器,包括加速度、磁场、方向、陀螺测速、光线-亮度、压力和温度等。

2. 应用软件设计

应用开发采用 Eclipse + ADT。需要安装 JDK、Eclipse、ADT 插件、Android SDK Tools。安装好上述软件后可以在 Eclipse 中使用 Android SDK Manager 下载 Android SDK,安装详细过程参考其他资料。

1) 交互式车载短信

交互式车载短信功能是指利用手机蓝牙连接车载信息平台,当手机收到短信时利用蓝牙将发信人和信息内容发送至车载信息平台。车载信息平台会提示收到信息,并询问是否阅读。如果选择了阅读,在阅读完成后还可以做简单回复,流程图如图 10-2-8 所示。

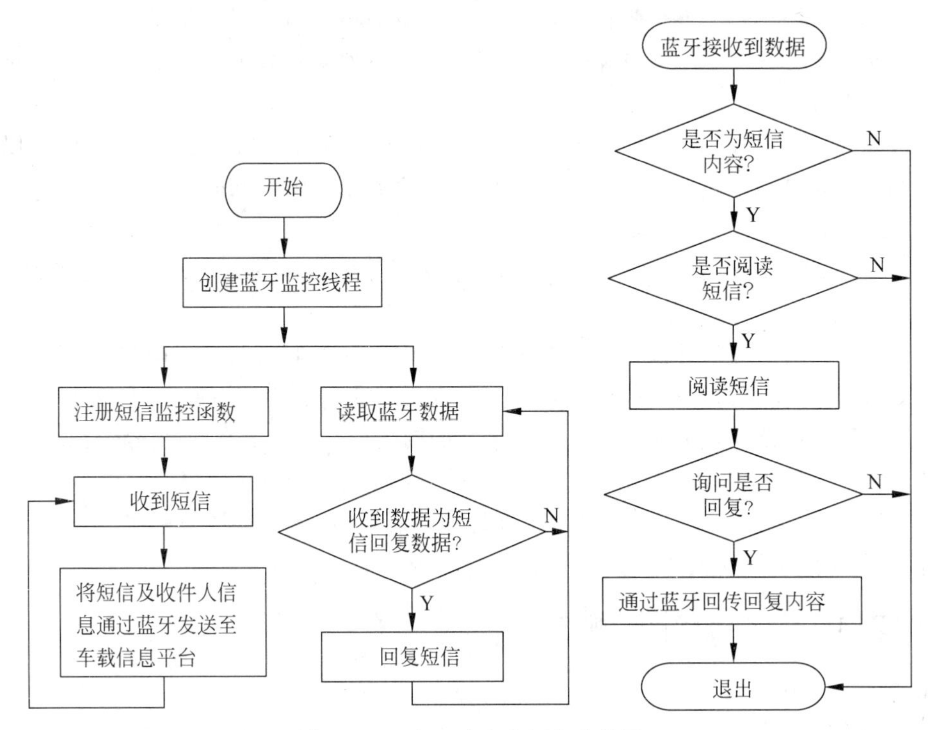

图 10-2-8　交互式车载短信流程图

在手机端的应用使用了短信阅读、短信发送、蓝牙、通讯录等功能,车载信息平台使用了蓝牙、网络功能。在设计 Android 应用程序时要使用 Android 的权限管理对应用程序开放上述权限,具体修改 AndroidManifest. xml 增加 permission。

Android 中对于短信的监听同样果用 broadcast 方式,当系统收到短信时可以触发 receiver 的 onreceiver 方法。接收到短信后可以提取出发件人电话号码,在通讯录中查询电话号码,如果不存在,则返回 null。

2) 车况实时监控系统

车况包括车内温度、酒精浓度、车速、转速、冷冻液温度、故障状况和车流量位置信息。车内温度和酒精传感器是通过传感器获得的,车速、转速、冷冻液温度、故障状况是通过 OBD 接口和 ECU 获得的。位置信息通过 GPS 获得。酒精传感器除实时监测车内酒精浓度外，还可以做酒驾预警。使用 android. intent. action. BOOT→COMPLETED 方式启动 service 服务，该服务监听酒精传感器数据，当酒精浓度超过阈值时就以短信的方式进行预警。

为了行车安全考虑，使用 TL718 模块来进行 OBDⅡ通信的监听。CPU 只需要通过串口向 TL718 发送命令，TL718 负责监听 OBDⅡ总线上的各种信号。OBDⅡ支持 J1939CAN 总线通信协议、KW128 双绞线协议、GM ALDL160/8192 通信协议。OBDⅡ向上服务使用 ISO15031-5(SAEJ1979)标准。该标准中定义了 9 种诊断模式：Mode1 请求动力系当前数据，Mode2 请求冻结数据，Mode3 请求排放相关的动力系诊断故障码，Mode4 清除/复位排放相关的诊断信息，Mode5 请求氧传感器监测测试结果，Mode6 请求非连续监测系统 OBD 测试结果，Mode7 请求连续监测系统 OBD 测试结果，Mode8 请求控制车载系统、测试或者部件，Mode9 读车辆和标定识别号。

OBD 通信格式如下：请求命令第一字节 MODE，第二字节 PID，第三～第七字节根据不同 MODE 和 PID 定义，请求命令由 OAOD 结束。命令回复第一字节为请求响应，第二～第七字节根据不同的 MODE 和 PID 有不同的意义。

采用双线程读写的方式操作，使用一个线程专门负责发送，另外一个线程用于接收数据。在发送命令时会对计数加 1，接收到命令时会对计数减 1。当两者相差大于 10 及丢包严重时对 TL718 进行软件复位。

3) RFID 信息读取

采用基于 ISO14443 标准的非接触读卡机专用芯片 FM1702S。该芯片可以支持 Mifare one S50、Mifare one S70、Ultra Light & Mifare Pro、FM11RF08 等兼容卡片，可以自动寻卡，使用内置天线即可读取 6cm 以内的卡。

设计了 M1 卡的读卡程序，读取 M1 卡中存储的信息。M1 卡分为 16 个扇区，每个扇区 4 块，其中第三块为控制块。控制着 0、1、2 数据块的访问。读卡流程如图 10-2-9 所示，每次选择扇区后要选对扇区校验才能读写。

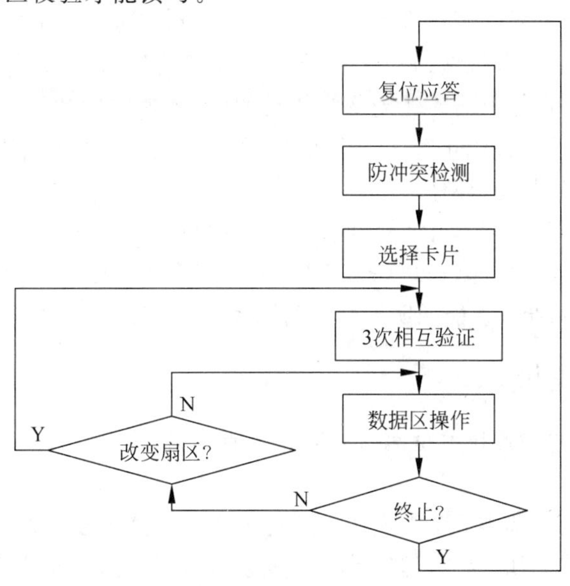

图 10-2-9 RFID 读卡流程

10.2.4.2 测试

系统软件测试首先测试平台的稳定性，即设备开机可以正常运行，长时间运行不会出现重启、崩溃等现象。系统开机工作24小时无重启崩溃现象，网络、各个软件模块工作正常，无应用程序无故退出现象。

前期软件测试主要采用各个模块的独立测试，测试过程中着重于各个模块的功能及健壮性测试。对各个模块测试时进行无规律操作，以验证应用程序的健壮性。

模块单独测试完成后，对整体各个模块之间的协同工作做集成测试。集成测试首先采用黑盒测试方法进行功能测试。对于找到的漏洞采用白盒测试，定位具体问题进行修改。同时对于网络进行压力测试，即频繁发送数据，直到出现异常，然后测试网络是否依然正常。在软件设计中对于网络连接失败重新连接，数据重传要做考虑和优化，保证网络连接。

软件测试项目包括：

(1) 语音控制功能。在主界面根据语音命令，可控制音乐、倒车等多个应用程序。

(2) 车内温度与酒精浓度的监测报警功能。可以通过传感器检测到车内温度与酒精浓度，当酒精浓度超标时，可以通过短信提醒指定手机。

(3) 交互式车载短信功能。可以通过蓝牙连接手机，并读取手机新来信息及简单回复。

(4) RFID 信息读取功能。可以读取 RFID 读取卡片信息。

10.3 基于无线传感器网络的智能家居

良好、宜居的生活环境一直是人类对于幸福生活的憧憬与追求之一。随着社会的不断发展和居民的生活水平持续提高，人们对于家居环境的要求也越来越高。目前我国现有大多数住宅的家居环境都存在能耗过高与安防措施落后等问题。进入信息时代，家居环境构建思路正在转向健康、舒适、便利、安全。家居智能化已经成为人们的迫切需求。

智能家居(又称智能住宅)是集系统、结构、服务、管理等于一体的居住环境。它以住宅为平台，利用先进的计算机控制技术、智能信息管理技术与通信传输技术，将家庭安防系统、家电控制系统等各子系统有机地结合在一起，通过统筹管理，使家居环境变得更加舒适与安全。与传统家居相比，智能家居让住宅变为能动的、有智慧的生活工具，它不仅能够提供安全、宜居的家庭空间，还能够优化家居生活方式，帮助人们实时监控家庭的安全性并能高效地利用能源，实现低碳、节能、环保。

智能家居利用计算机、传感、网络、通信与自动控制等技术，将与家庭及生活有关的各种应用子系统有机地结合在一起，通过综合管理，使得家庭生活更舒适、安全、有效和节能。智能家居一般包括以下系统：智能照明、网络通信、家电控制、家庭安防等，如图10-3-1所示。

10.3.1 相关技术

智能家居系统中的关键技术是信息传输和智能控制，涉及综合布线技术、电力线载波技术、无线网络技术等。

(1) 综合布线技术：需要重新额外布设弱电控制线，信号比较稳定，比较适合于楼宇和小区智能化等大区域范围的控制，但安装比较复杂，造价较高，工期较长。

(2) 电力线载波技术：可以通过电线传递信号，无须重新布线，但存在噪声干扰强、信

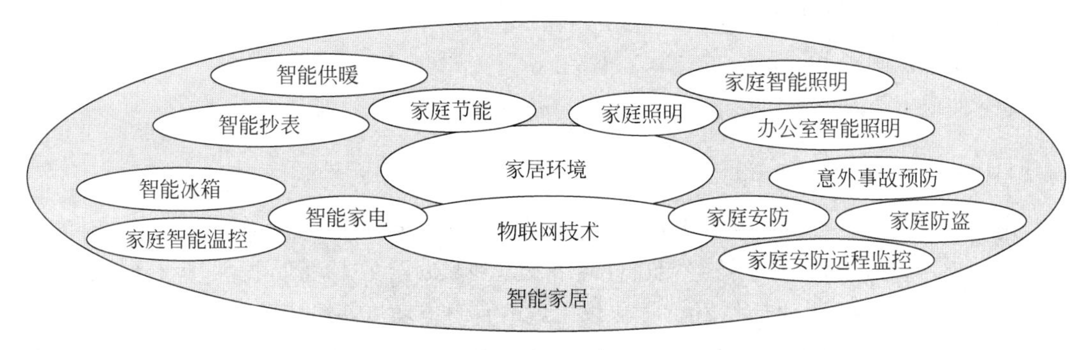

图 10-3-1 智能家居研究的主要内容

号会在传输过程中衰减等缺点。

(3) 无线网络技术：通过红外线、蓝牙、ZigBee 等技术实现了各类电子设备的互联互通与智能控制。无线网络技术可以提供更大的灵活性、流动性，省去了花在综合布线上的费用和精力，无线网络技术应用于家庭网络已成为势不可挡的趋势。红外技术比较成熟，但必须进行直线视距连接；蓝牙适合于语音业务及需要高数据量的业务，如耳机、移动电话等；ZigBee 作为一种低成本、低功耗、低数据速率的技术，更适合家庭自动化、安全保障系统及进行低数据速率传输的低成本设备。目前，ZigBee 是智能家居最理想的选择。

10.3.2 需求分析

当前国内信息化产业发展迅速，数字化的家居设备层出不穷，智能家居系统在人们日常生活中的作用变得越来越重要，随着数字化设备的增多和人们对舒适度要求的提高，现有的智能家居系统越来越难以满足人们的要求。

目前的智能家居系统在家庭内部的通信方式要么采用有线的方式，要么采用蓝牙等短距离通信协议，有线的通信方式不仅费用高，而且复杂的布线会使家居的美观程度大打折扣，并且灵活度很低；对于蓝牙的通信方式，虽然改善了有线通信的不足，但是其设备的高额成本在很大程度上限制了智能家居的发展。由此看来，需要选择一种灵活、可靠，而且成本低廉的内部通信方式。

通过借鉴国内外智能家居系统的设计经验和思想，家庭内部网络通过 ZigBee 协议形成自组织的无线局域网络，不受布线的限制，而且成本低廉，适于大量生产使用，真正地实现智能化控制。

1. 功能需求

(1) 借助传感器实现对温度、湿度、照度的监测。

(2) 防盗系统红外感应及报警。

(3) 消防系统煤气及烟感报警。

(4) 家电的控制系统的开关状态。

(5) 移动网络相连通的远程监控。

2. 应用需求

(1) 系统整体安全性。

(2) 传输数据可靠性。

(3) 用户操作简单易行。

(4) 设备控制规范。

(5) 低成本运行(包括低功耗)。

10.3.3 系统架构

用户通过安装在手持终端的上位机软件(通常为PC、智能手机、平板电脑等)来对家居设备进行控制,控制命令由手持终端通过网络发送到家庭网关中,家庭网关接收到控制指令后,下发到中央控制器中,即由ZigBee协议组成的自组织局域网络协调器,中央控制器对命令进行解析,形成内网控制帧,发送给相应的控制终端节点完成控制操作。控制结果会及时反馈到上位机界面中进行显示。智能家居系统架构图如图10-3-2所示。

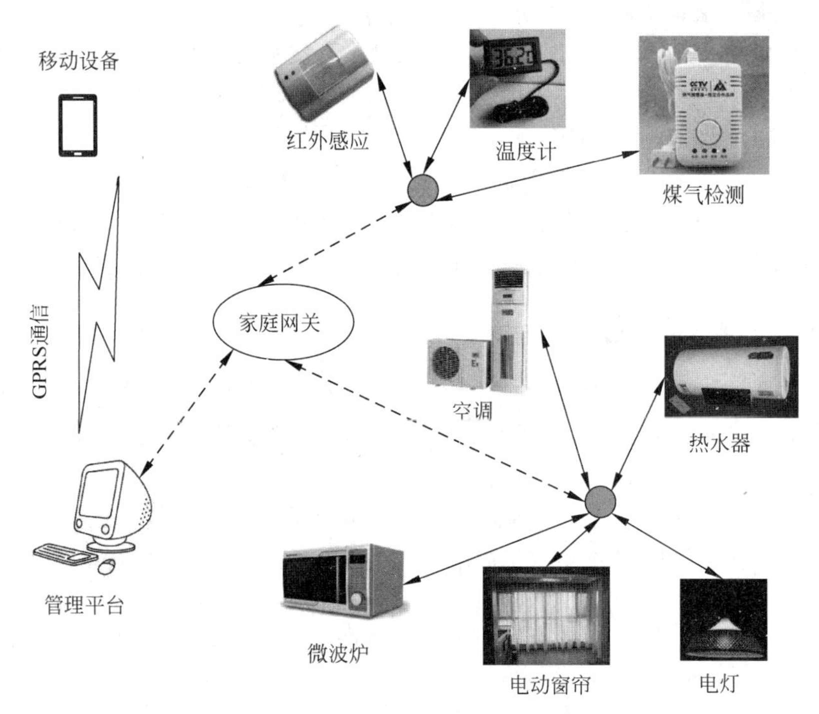

图10-3-2 智能家居系统架构图

10.3.4 功能模块

根据系统各模块的不同功能,对系统进行详细划分,可得到如图10-3-3所示的系统功能模块图。最上层为客户端应用软件,属于整个系统的上位机部分,为用户提供友好的操作和反馈界面。用户首先需要通过Wi-Fi、GPRS或Internet连接到家庭网关,然后进入登录界面,输入授权账号和密码,获得对智能家居系统的操作权,进入操作界面后,可通过单击交互界面中的控制按钮,甚至是通过语音的方式实现对家居的远程无线控制。

位于客户端下面的是系统的家庭网关,它在系统中充当服务器的角色,负责侦听和处理来自客户端发起的连接请求,由于用户通常不只有一个,网关服务器需要对多个用户的接入进行管理,并保存用户操作记录,同时负责从网络上接收来自用户的操作指令,对命令进行

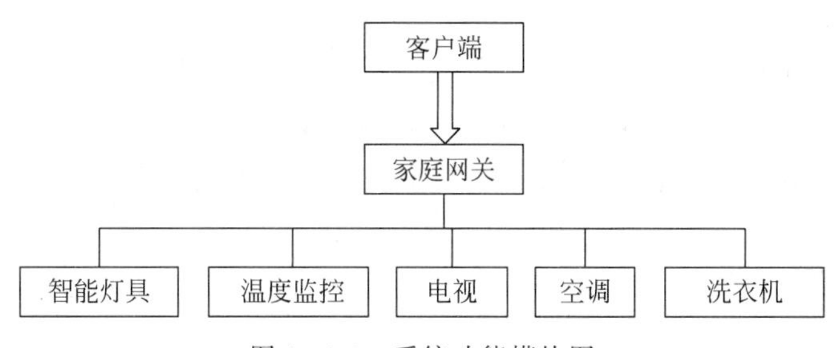

图 10-3-3　系统功能模块图

解析和处理后发送到家庭内部网络的中央控制器中。智能家居设备的操作结果和数据也要通过网关反馈给相应的用户上位机程序以进行显示，当用户退出时，负责切断当前的连接。家庭网关的设立有助于整个系统安全性的提升，使内网协议与外网协议完全独立开来，内外网络通信协议的改变对整个系统其他模块没有影响，便于系统的开发扩展，同时可以做到为不同的用户设定不同的权限，进行身份验证，保证位于内网的智能设备不被非法访问和操作。

家庭网关中集成智能家居系统内部网络的 ZigBee 控制器，负责解析来自客户端的控制命令，同时以 ZigBee 协议与下端的控制节点、监测节点形成网络，解析来自网关的控制命令后，发送到相应的控制节点中，完成对智能设备的控制动作。同时，ZigBee 控制器收集来自终端控制节点和监测节点的状态数据，如温度数据、控制结果反馈数据等。收集到的数据通过外部网络传递到用户界面中进行显示。

智能家居系统的最下端是与家用电器相连的控制终端节点，或者是用于环境检测的传感节点，控制节点与家用电器相连，对家用电器进行直接控制，如开关、电视的调台、空调的温度调节等。传感节点用于室内温度和湿度的监控。

系统中还包括视频监控功能，可以通过 IP 摄像头远程获得视频流，随时随地了解家中的情况，同时实现手势识别功能，位于摄像头范围内的人员可以通过手势动作对家居设备进行控制。

10.3.5　软件设计与测试

10.3.5.1　软件设计

智能家居系统软件设计分为客户端、家庭网关和控制终端 3 个部分。

（1）客户端为运行于手机及平板电脑的控制软件。

（2）家庭网关是客户端通过外部网络接入到家庭内部网络的关口，包含网络接入和中央控制器等模块。ZigBee 控制是家庭内部的网络的核心部分，是家居设备和网关的连接桥梁。

（3）控制终端则直接负责执行控制动作和数据采集。

一个智能家居系统中只能有一个网关，终端控制节点和温度监控节点数量根据用户的需求确定。

上位机的主要功能是提供友好的人机交互界面，用户通过可视化界面触控、语音和手势控制等发送指令，同时控制结果和数据也及时地显示在用户的操作界面中。

下位机为家庭网关，包括网络接入模块、ZigBee 控制器和控制监控终端 3 部分，其中网络接入模块的主要任务是为上位机与ZigBee控制器建立连接的桥梁,使上位机通过Wi-Fi、GPRS、互联网等方式与ZigBee控制器进行通信;ZigBee控制器负责解析接收到的客户端指令,通过ZigBee网络分发到相应的ZigBee控制终端,并且负责汇集控制监控终端的信息;ZigBee控制终端的作用是接收ZigBee控制器的无线指令,完成对家居的控制动作,或者进行温度监控。

10.3.5.2 测试

各项评测要求如下。

1. 稳定性测试

长时间运行系统,检查电源电压、液晶显示、传感器、无线模块等。经测试,系统各电源运行正常,电压均在正常值范围之内;液晶显示清晰、无闪屏;传感器工作正常,采样的数据正确;无线模块无死机现象等。

2. 硬件安全性

电路板焊接完毕后,找出硬件整体上的错误,如接口松动、接触不良,电源不稳定等;检查各类接口,保证电路不出现短路等问题;长时间运行程序并检查芯片工作情况与工作状态(温度、电压等)。

3. 传感器采样程序测试

以间隔1s或2s的频率采集各个传感器,连续采集24小时以上,观察LCD显示是否有异常数据出现。

4. 单片机与无线模块通信测试

单片机每采样到一次传感器信号,处理后及时将数据发送到无线模块,通过观察电路板上的通信指示灯观察无线模块是否接收到数据。

5. 人机操作界面程序测试

多次重复操作按键菜单,设置各个系统参数,查看程序是否正常运行,分析是否有问题(bug)。

6. 上位机通信程序测试

以间隔1s的频率发送命令(24小时以上),查看系统是否能及时返回数据,返回数据是否正确;设置不同的波特率参数,查看通信是否正常。

参考文献

[1] 李善仓，张克旺. 无线传感器网络原理与应用[M]. 北京：机械工业出版社，2008.

[2] 孙利民，张书钦，李志，杨红，等. 无线传感器网络理论及应用[M]. 北京：清华大学出版社，2018.

[3] 许毅，陈立家，甘浪雄，章阳. 无线传感器网络技术原理及应用[M]. 北京：清华大学出版社，2015.

[4] 张蕾. 无线传感器网络技术与应用[M]. 北京：机械工业出版社，2019.

[5] 赵成. 无线传感器网络应用技术[M]. 北京：清华大学出版社，2016.

[6] 施云波. 无线传感器网络技术概论[M]. 西安：西安电子科技大学出版社，2017.

[7] 青岛英谷教育科技股份有限公司. 无线传感网络技术原理及应用[M]. 西安：电子科技大学出版社，2013.

[8] 王汝传，孙立娟. 无线传感器网络技术及其应用[M]. 北京：人民邮电出版社，2011.

[9] DARGIE W，POELLABAUER C. 无线传感器网络基础理论和实践[M]. 孙利民，张远，等译. 北京：清华大学出版社，2013.

[10] 冯涛，郭显. 无线传感器网络[M]. 西安：西安电子科技大学出版社，2017.

[11] 李晓维. 无线传感器网络技术[M]. 北京：北京理工大学出版社，2007.

[12] OBAIDAT M S. 无线传感器网络原理[M]. 吴帆，译. 北京：机械工业出版社，2017.

[13] 王汝传，孙立娟. 无线多媒体传感器网络技术[M]. 北京：人民邮电出版社，2011.

[14] 吴功宜，吴英. 物联网导论[M]. 2 版. 北京：机械工业出版社，2021.